素数大百科

Chris K. Caldwell 編著
SOJIN 編訳

共立出版

Web Page Title: The Prime Pages
Original Copyright © Chris K. Caldwell 1994–2003
Japanese Title: Encyclopedia of the Prime Numbers
Copyright of the Japanese edition © SOJIN 2004
All Rights Reserved

JCLS ＜㈱日本著作出版権管理システム委託出版物＞
本書の無断複写は著作権法上での例外を除き禁じられています。複写される場合は,そのつど事前に
㈱日本著作出版権管理システム(電話03-3817-5670, FAX 03-3815-8199)の許諾を得てください。

『素数大百科』正誤表 〔初版 1 刷・2 刷用〕

頁・行	誤	正
iv頁↑6行目	ている．	ている．理論編と用語編の翻訳を分担し，資料編のすべてを訳した．本書全体にわたり非常に多くの部分の翻訳を行った．
14頁↓1行目	$+\dfrac{1}{7}+\dfrac{1}{13}$	$+\dfrac{1}{7}+\dfrac{1}{11}+\dfrac{1}{13}$
161頁 左段↓5行目	, 13, 19,	, 13, 17, 19,
161頁 左段↓8行目	, 23, 19, 31, $\cdots$	, 23, 29, 31, $\cdots$
161頁 左段↓12行目	, 3, 7, $\cdots$	, 3, 5, 7, $\cdots$
163頁 右段↓2行目	Goldbach の定理	Goldbach 予想
168頁 左段↓1行目	$a(p-1)/2 \pmod{p}$	$a^{(p-1)/2} \pmod{p}$
169頁 左段↑13行目	$-nv1$	$-n-1$
169頁 左段↑12行目	$+2avn^2$	$+2a-n^2$
178頁 右段↓4行目	【11.72pt plus 0.1pt minus 0.1pt】	削除
179頁 左段↓16行目	【11.78pt plus 0.1pt minus 0.1pt】	削除
186頁 右段↓17行目	113, 187,	113, 197,
190頁 左段↓15行目	Elva	Elba
190頁 左段↓15行目	33331333	333313333
215頁 右段↓9行目	,7,13,	,7,11,13,
376頁 左段↓14行目	リベンモイム	リベンボイム

はじめに

この本は何か？

　素数については，古代より多くの研究がなされ，いまなお多くの新しい事実が発見され，未解決問題の宝庫である．素数は人々を魅了してやまない．

　Chris K. Caldwell 氏は，1994 年に素数に関する膨大な情報を集成した Web ページ群 "The Prime Pages — prime number research, records, and resources" (http://primes.utm.edu/) の作成を開始した．既知の最大素数の記録を保持するとともに関連する概念や定理の解説を行っている．その後も内容の増補と改訂を続け，常に最新の情報となるように維持している．このページは数学の初学者，素数の愛好者，素数を使う技術者，あるいは素数の研究者など広い範囲の人々にとって重要な情報源であり，他の素数のページへの出発点ともなり，大きい価値のあるページとして使われ続けてきた．

　本書は Prime Pages の多くのページを翻訳したものである．ただし，書物としての利便性を考慮して独自に再構成している．書籍の形での出版は初めてのものとなる．

　原編著者 Caldwell 氏は，カリフォルニア大学バークレイ校において代数的整数論の分野で 1984 年に博士号を取得した．氏は素数性およびコンピュータによる素数の計算に関する多くの論文を著し，Web などのコンピュータを利用した数学教育にも興味を持っている．現在はテネシー大学マーティン校数学統計学科に所属して数学を教えている．

　ここで Prime Pages の表紙から素数の説明を引用しておこう．

　Webster's New Collegiate Dictionary は "prime" という単語を次のように定義している．

prime　\\'prim\\n [**ME**, fr. **MF**, fem. of *prin* first, **L** primus;

akin to **L** *prior*] **1 :** first in time : ORIGINAL **2 a :** having no factor except itself and one <3 is a ∼ number >**b :** having no common factor except one <12 and 25 are relatively ∼ >**3 a :** first in rank, authority or significance : PRINCIPAL **b :** having the highest quality or value <∼ television time >[Webster's New Collegiate Dictionary]

本サイトには Webster の四つの定義のどれを当てはめてもよいのだが，いちばん適切なのは**2a:** 1 より大きい整数で正の約数がそれ自身と 1 しかないもの（そうでなければ合成数である）である．たとえば 15 は合成数である．二つの素数の約数 3 と 5 を持っている．（引用終り）

本書の構成と方針

　Prime Pages では素数に関する情報が互いにリンクされて，多元的に配置されている．本書では読者の利便を考えて 4 部構成とした．第 I 部「理論編」では，素数の探索，関連する定理，派生した話題を整理してある．各章ごとに通読することも可能である．第 II 部「用語編」では，素数に関連する用語や定理の説明を載せた．元ページでは "Prime Glossary" の部分に相当する．これは素数専用の数学事典としても使えるだろう．第 III 部「資料編」では，素数のリスト，各種の最大既知素数のリスト，発見者のリストなどを載せている．また，第 IV 部「参考文献，URL 一覧，索引」では辞典のような使い方を想定し，網羅的であることを心掛けた．

　数学用語には原則として日本語訳をあてることにしたが，まだ訳語が定まっていない用語や定着していない用語も多々ある．そのような用語には新しい訳語を作った．たとえば "probable prime" には「概素数」という訳を作り「擬素数 (pseudoprime)」と明確に区別している．人名も読みを片仮名で付けることにした．用語訳も人名読みも正確を期したつもりであるが，編訳者の浅学による誤りがあることを恐れる．読者の方々のご批判をお待ちする．

　本書の原本は書物ではなく Web ページであり，時々刻々と改訂されている．特に最大既知素数の記録については，発見された瞬間に以前のリストが

古びてしまうことになる．しかし，翻訳を行うためには，ある時点を区切りにしてそれを底本にせざるを得ないという事情がある．2002年4月時点で一応の区切りとしたものの，翻訳作業の遅れなどにより出版までに時間がかかることとなった．記録などはなるべく最新のものに置き換えたが，出版時点では若干の遅れが生じている可能性もある．最新のデータについてはPrime Pages を直接参照していただきたい．

編訳者紹介 — SOJIN

始まりは『放浪の天才数学者エルデシュ』*であった．

SOJIN のメンバーは東京大学基礎科学科の同期生であり，そのメーリングリストを通じて話に花を咲かせていた．数学の話題はメンバーの興味をひく話題の一つであり，盛り上がって談論風発の趣きがある．上記の本から成田がいくつかの話題を紹介すると，田中をはじめとする各メンバーの興味深い反応が得られた．また，擬素数計算のコンピュータプログラムを作り，速さを競いあった．まだこの分野の理論を知らず初等的考察に基づく素朴な実装ではあったが，しだいに関連する深い理論や情報を求めて，Richard Pinch の擬素数アーカイブが紹介され，ついに Prime Pages にたどり着いた．

Prime Pages の翻訳をしようと言い出したのは田中である．それに対して数名の者が手をあげたが，どのように大変な作業になるかを察知しえずに，実際に翻訳プロジェクトに参加したのは，田中に加えて，成田，泉谷，茂垣，鈴木の4名であった．

各メンバーはそれぞれに多忙で離れた場所に居住している．また，使用しているコンピュータ環境も異っている．そのため，原稿は TeX で執筆することにし，共同作業のためにメーリングリストと作業用 Web ページを作成し，また，原稿を置く FTP サーバーを用意した．作業が本格化してからは節目で編集会議を行って進めていった．

なお，SOJIN というグループ名は素数にかけたしゃれである．漢字で「素人」と書き「そじん」と読む（「しろうと」ではない）．以下に SOJIN の各

---

* ポール・ホフマン著（平石律子訳），草思社 (2000).

メンバーを紹介し，本書での分担を記す．

田中裕一 1953年東京生まれ．(財)新世代コンピュータ技術開発機構 (ICOT) 研究所，(株)富士通研究所，(株)ジャストシステムをへて，現在，アルティスリサーチを運営．日本大学経済学部非常勤講師．専門は自然言語処理．最初に本書の道筋を定め，目次などの全体構成を行った．また，翻訳稿が揃ってから，内容や表現に関して多くの間違いを正した．原著者との連絡も担当した．

成田良一 1954年熊本生まれ．数学を専門とするはずであったが，コンピュータの世界に足を踏み入れる．(株)富士通研究所をへて，1991年より東邦学園短期大学で情報科学を教えている．理論編と用語編の翻訳を分担した．翻訳稿が揃ってから全体的に内容と表現のチェックを行い，用語の統一をはかり，構成変更や修正を加えて最終稿とした．また，上記の各種サーバー類を用意して運用した．

泉谷益弘 1956年東京生まれ．関数論を専攻していたが，実習で触れた数値計算に興味を持ち，大学院では数値計算を専攻した．現在は東京都杉並区の矢島塾で数学を教えている．理論編と用語編の翻訳を分担し，本書を出版する上で不可欠な $\TeX$ のスタイルおよびマクロ作成を行った．人名と用語のマクロにより整理が進み作業の自動化をはかった．

茂垣眞人 1956年栃木生まれ．大学でプログラミングの魅力にとりつかれ，(株)日立製作所入社後はLSIの自動設計システムの研究開発を長年生業としてきた．近年SE部署に異動．ソリューション事業に従事している．理論編と用語編の翻訳を分担し，資料編のすべてを訳した．本書全体にわたり非常に多くの部分の翻訳を行った．

鈴木真理子 1956年東京生まれ．TIS(株)にて，いわゆる技術計算系のソフトウェア開発からセキュリティ対策関係の業務をへて，最近は社内標準・品質管理等の推進部門にて解説教材の作成を中心に各種普及・推進活動に携わっている．会議に参加して決定事項など議事録を取りまとめた．翻訳稿を読み，全体にわたって表現をチェックした．

謝辞

　素晴らしい Prime Pages を作成した Chris K. Caldwell 氏はもちろんのこと，このページに投稿し素数の記録を塗り替えた多くの人々に感謝する．

　いくつかの訳語や人名については石田雄一氏，長野督氏，謝旭珍氏にご教示いただいた．引用されたブラウニングの詩に関しては鈴木繁夫氏に文献をご教示いただいた．また，吾郷孝視氏には貴重な文献をお借りすることができた．

　共立出版(株)の小山透氏には田中が本書出版の企画を持ち込んだときからさまざまな面でご支援をいただいた．メンバーの都合で日曜日にしか編集会議を行うことができなかったが，休日出勤して参加していただくなど，ご尽力に感謝する．

　最後に，翻訳メンバーの職場の同僚と家族の理解が無ければ，忙しい時間を削っての作業は進められなかった．ご理解とご協力に感謝する．

2004 年 1 月　　　　　　　　　　　　　　　　　　　　　　　　　SOJIN

〈付記〉

　本書の校正中に，GIMPS による新しい Mersenne 素数 $M(20996011)$ 発見のニュースが入ってきた．これは約 632 万桁の巨大な素数であり，最大既知素数の記録を塗り替えた．

目　次

第 I 部　理論編　　1

第 1 章　素数の分布　　3

1.1 素数の個数 …………………………………………… 3
 1.1.1 $\pi(x)$ は x 以下の素数の個数 …………………… 3
 1.1.2 $\pi(x)$ の数表 ………………………………… 5

1.2 素数定理：$\pi(x)$ の近似 ……………………………… 6

1.3 素数定理の歴史 ……………………………………… 10

1.4 $\pi(x)$ の最新値 ……………………………………… 12

1.5 素数の無限の大きさ ………………………………… 13
 1.5.1 問題の意味は？ ……………………………… 13
 1.5.2 可算性 ………………………………………… 14
 1.5.3 収束と発散 …………………………………… 14
 1.5.4 素数の逆数の和 ……………………………… 15

1.6 素数間ギャップ ……………………………………… 17
 1.6.1 $g(p)$ の導入と定義 …………………………… 17
 1.6.2 $\liminf g(p) = 1$ の予想と $\limsup g(p) = \infty$ の定理 …… 17
 1.6.3 記録的ギャップの表とグラフ ……………… 18
 1.6.4 極大ギャップの表 …………………………… 19
 1.6.5 $g(p)$ の上界 ………………………………… 20
 1.6.6 $g(p)$ の精密な評価 ………………………… 22

第 2 章　素数の判定法　　23

2.1 概要 …………………………………………………… 23
 2.1.1 手軽な判定法 ………………………………… 23
 2.1.2 古典的判定法 ………………………………… 24
 2.1.3 汎用の判定法 ………………………………… 25

2.2 手軽な判定法 ………………………………………… 25

	2.2.1	非常に小さい素数を見つける	25
	2.2.2	Fermat の小定理・概素数・擬素数	26
	2.2.3	強概素数性・実用的な判定法	29
	2.2.4	素数判定法の組合せ	30
	2.2.5	Miller の判定法	31
2.3	**古典的判定法**	**32**
	2.3.1	$n-1$ 判定法・Pepin 判定法	32
	2.3.2	$n+1$ 判定法・Lucas-Lehmer 判定法	35
	2.3.3	複合判定法	38
	2.3.4	素因数の下限	39
2.4	**汎用の判定法**	**41**
	2.4.1	非古典的テスト：APR と APR-CL	41
	2.4.2	楕円曲線と ECPP 判定法	43
	2.4.3	素数判定法のまとめ	44
2.5	**概素数が素数である確率**	**45**
2.6	**RSA-130 の素因数分解**	**46**

第 3 章　最大の既知素数　　51

3.1　概要　　51

3.2　ジャンル別素数トップ 10　　52

  3.2.1　最大素数トップ 10　　52
  3.2.2　双子素数トップ 10　　53
  3.2.3　Mersenne 素数トップ 10　　54
  3.2.4　素数階乗素数, 階乗素数, 多重階乗素数トップ 10　　55
  3.2.5　Sophie Germain 素数トップ 10　　56

3.3　巨大素数のその他の情報源　　56

第 4 章　素数の探索　　59

4.1　なぜ大きい素数を探すのか？　　59

4.2　素数探索の歴史　　63

  4.2.1　コンピュータ登場前　　63
  4.2.2　コンピュータ時代　　66
  4.2.3　今後の予想　　69

4.3　Mersenne 素数 —— 歴史, 理論, リスト　　70

	4.3.1 黎明期	70
	4.3.2 完全数に関する定理	71
	4.3.3 既知の Mersenne 素数	72
	4.3.4 Lucas-Lehmer 判定法と最近の歴史	74
	4.3.5 予想と未解決問題	76
	4.3.6 Wagstaff 予想	79
	4.3.7 次の Mersenne 素数は何か？	82

第 5 章　素数探索プログラム　　87

5.1　Eratosthenes の篩 87

5.2　二進二次形式を用いた篩 88

5.3　NewPGen 88
　　5.3.1　概要 89
　　5.3.2　使用法 89
　　5.3.3　プログラムの仕様 89
　　5.3.4　ダウンロード方法 91

5.4　Proth プログラム 91
　　5.4.1　概要 91
　　5.4.2　ダウンロード方法 92
　　5.4.3　プロジェクトに参加しよう 92
　　5.4.4　関連ページ 92
　　5.4.5　もし素数を見つけたら 93

第 6 章　巨大 Mersenne 素数発見の記録　　95

6.1　$M(1257787)$：記録的大きさの素数 95

6.2　$M(1398269)$：GIMPS が素数を発見！ 96

6.3　$M(2976221)$：GIMPS が記録を更新！ 97

6.4　$M(3021377)$：巨人打倒の技術が洗練された 97

6.5　$M(6972593)$：大当りの数は … 98

6.6　$M(13466917)$ の発見 99

第 7 章　素数に関する定理　　103

7.1　素数の無限性 103

	7.1.1 Euclid の証明	103
	7.1.2 Kummer の証明	104
	7.1.3 Goldbach の証明	104
	7.1.4 Fürstenberg の位相的証明	105
7.2	Fermat の小定理	106
7.3	Wilson の定理	107
7.4	完全数の桁の和	108
7.5	擬素数の無限性	109
7.6	二つの数が互いに素である確率	109
7.7	Mersenne 素数に関する定理	111
	7.7.1 偶数の完全数	111
	7.7.2 $2^n - 1$ が素数ならば n も素数である	112
	7.7.3 Mersenne 約数の剰余の条件	113
	7.7.4 Euler と Lagrange の結果	113
	7.7.5 Lucas-Lehmer の定理	114
	7.7.6 Mersenne 約数の素数平方因子	116
7.8	Mills の定理 の一般化	117
7.9	Dirichlet の定理	119
7.10	Riemann 予想	120
7.11	その他の予想と未解決問題	122

第 8 章　素数 FAQ　　125

8.1	なぜ 1 は素数ではないのか？	125
8.2	負の数は素数になりうるか？	127
8.3	素数を表す式はあるか？	128
8.4	2 数の積の最速の計算法は？	130
8.5	既知の素数の最長のリストは？	130
8.6	$M(107)$ の真の発見者は誰か？	131

8.7　新しい結果を発見したら？ 131

8.8　発見した素数を Prime Pages に登録するには？ 134

第 II 部　用語編　　135

利用者へ向けて　　137

Beal 予想 139	Fibonacci 157	RSA 暗号の例 176
Bernoulli 数 139	Fibonacci 数 158	Sierpiński 数 177
Bertrand の仮説 140	Fibonacci 素数 158	Smith 数 177
Brun 定数 140	Frobenius 擬素数 159	Sophie Germain 素数 .. 178
Carmichael 数 140	Gauss 的 Mersenne 数 . 159	Stirling の公式 178
Catalan の問題 141	Gilbreath 予想 161	Vinogradov 179
Cullen 数 142	GIMPS 162	Wall-Sun-Sun 素数 179
Cunningham 鎖 143	Goldbach 予想 163	Wieferich 素数 180
Cunningham プロジェクト 143	Ishango の骨 164	Wilson 素数 181
	Jacobi 記号............ 165	Wilson の定理 181
Dickson 予想 144	k 組 166	Wolstenholme 素数 181
Diophantus 145	k 組素数予想 166	Woodall 数 182
Dirichlet の定理 146	Lamé の定理 167	一般 Fermat 数 183
Eratosthenes 146	Legendre 記号 167	一般 Fermat 素数 183
Eratosthenes の篩 147	Linnik 定数 168	一般単位反復数 184
Erdös 148	Matijasevic 多項式 168	違法な素数 184
Euclid 149	Mersenne 数 169	円環的素数 186
Euclid のアルゴリズム . 149	Mersenne 素数 169	円分判定法 186
Euclid の『原論』..... 150	Mersenne 約数 170	同じオーダ 187
Euler 150	Mersenne 予想 170	階乗 187
Euler 概素数 150	Mertens の定理 171	階乗素数 188
Euler 定数 151	Miller の判定法 171	概素数 188
Euler のゼータ関数 152	Mills 定数 172	回転対称素数 188
Euler の定理 153	Mills の定理 172	回文 190
Euler のファイ関数 153	NSW 数 172	回文素数 190
Fermat 153	Pepin 判定法 172	過剰数 190
Fermat 商 154	Proth 素数 173	仮説 H 191
Fermat 素数 155	Pythagoras 173	完全乗法的関数 191
Fermat の最終定理 155	Riemann のゼータ関数 .174	完全数 192
Fermat の小定理 156	Riemann 予想 174	ギガ素数 193
Fermat の素因数分解法 156	Riesel 数 175	基数 193
Fermat 約数 157	RSA 暗号系 175	奇数 Goldbach 予想 193

擬素数 194	真 k 組素数 211	独自素数 226
強概素数 195	新 Mersenne 素数予想 .. 212	2 個ずつ互いに素 227
強力な数 195	数素 212	二進冪乗法 227
極限 196	数列 212	発見的議論 228
極小素数 197	正則素数 213	左切詰め素数 229
切上げ関数 198	整列可能原理 213	ビッグ O 229
切捨て関数 198	ゼータ関数 214	覆素数 229
経済的数 198	漸近的に等しい 214	不足数 230
幸運数 199	線形合同列 214	双子素数 230
公開鍵暗号系 199	全体に素 215	双子素数定数 230
合成数 200	素数 215	双子素数予想 231
合成数階乗 201	素数階乗 216	平方剰余 231
合同式 201	素数階乗素数 216	ほとんどすべての 232
合同類 202	素数間ギャップ 216	未解決問題 232
最小公倍数 202	素数座 217	右切詰め素数 232
最大公約数 203	素数性証明書 217	三つ組素数 233
最大整数関数 203	素数定理 218	無限 233
最頻ギャップ 203	素数の周期 219	無理数 234
算術の基本定理 204	素数表 219	メガ素数 234
三方対称素数 205	素数を表す式 221	約数 234
シグマ関数 206	対数関数 221	約数の個数 235
試行除算 206	代数的数 222	約数和列 235
実行可能素数 206	タイタン素数 222	唯一 236
四方対称素数 207	タウ関数 222	友好数 236
社交的数 207	楕円曲線素数判定法 ... 223	有理数 237
十進展開の周期 208	互いに素 223	予想 238
消去可能素数 208	多重階乗素数 223	四つ組素数 238
小数の法則 209	単位反復数 223	リトル o 238
乗法的関数 210	置換可能素数 224	輪転因数分解 239
乗法的完全 210	中国剰余定理 225	零点(関数の) 239
剰余 210	等差数列 225	割り切る 239
除算アルゴリズム 211	等比数列 226	

第 III 部 資料編 241

第 9 章 小さい素数のリスト 243

9.1 小さい素数 243

9.2 はじめの 1,000 個の素数 248

9.3 回文素数となる米国の ZIP コード 251

9.4 2 の冪乗より少し小さい素数のリスト 252

第 10 章 単独の素数　255

10.1 36,007 ビットのほぼランダムな素数 256

10.2 50,005 ビットのほぼランダムな素数 257

10.3 Ondrejka の素数トップ 10 — 素数の構成カタログ 257

10.4 最小のタイタン素数 258

第 11 章 素数の記録庫（トップ 20）　261

11.1 素数の記録庫入りの基準 261

11.2 素数の大きさの基準 262

11.3 最大既知素数 266

11.4 Mersenne 素数 268

11.5 Fermat 約数 270

11.6 一般 Fermat 約数（底＝10） 274

11.7 一般 Fermat 約数（底＝12） 276

11.8 一般 Fermat 約数（底＝6） 277

11.9 一般 Fermat 素数 279

11.10 Cullen 素数 280

11.11 Woodall 素数 282

11.12 Sophie Germain 素数 283

11.13 第 1 種 Cunningham 鎖 285

11.14 第 2 種 Cunningham 鎖 289

11.15 Lucas 数の Aurifeuille 原始部分 292

11.16 NSW 素数 295

11.17	階乗素数と素数階乗素数	297
11.18	双子素数	299
11.19	等差数列上の素数	301
11.20	等差数列中の連続素数	306
11.21	一般単位反復素数	308
11.22	準反復数素数	310

第12章　発見者のリスト　　313

12.1	発見者コードトップ20	313
12.2	素数発見者トップ20	315

第IV部　参考文献，URL一覧，索引　　319

参考文献	321
URL一覧	336
英日索引	347
日英索引	357
人名索引（アルファベット順）	369
人名索引（50音順）	379

記号一覧

記号	意味
$\log x$	自然対数
$p!$	階乗
$p!_n$	n 階多重階乗
$p\#$	素数階乗
$\lfloor x \rfloor$	切捨て関数
$\lceil x \rceil$	切上げ関数
$\zeta(s)$	Riemann のゼータ関数
$\Gamma(s)$	ガンマ関数
$\varphi(n)$	Euler のファイ関数
$\sigma(n)$	シグマ関数
$\tau(n)$	タウ関数
$\mu(x)$	Möbius 関数
$\pi(x)$	x 以下の素数の個数
$g(p)$	素数間ギャップ
$\mathrm{Li}(n)$	Riemann の Li 関数
$\gcd(m,n)$	最大公約数
$\mathrm{lcm}(m,n)$	最小公倍数
$\left(\dfrac{a}{p}\right)$	Legendre 記号
$\left(\dfrac{a}{n}\right)$	Jacobi 記号
$u(n)$	n 番目の Fibonacci 数
F_n	n 番目の Fermat 数
$F_{b,n}$	b を底とする n 番目の一般 Fermat 数（表中では $\mathrm{GF}(b,n)$ と書く）
$M(n)$	n 番目の Mersenne 数

記号	意味
$MM(n)$	n 番目の二重 Mersenne 数
B_n	n 番目の Bernoulli 数
a-PRP	a を底とする概素数
a-SPRP	a を底とする強概素数
$\binom{n}{r}$	n から r を選ぶ組合せの数
$a \sim b$	a と b とが漸近的に等しい
$a \fallingdotseq b$	a と b とが近似的に等しい
$\mathbf{N}$	自然数全体の集合
$\mathbf{Z}$	整数全体の集合
$\mathbf{Q}$	有理数全体の集合
$\mathbf{R}$	実数全体の集合
$\mathbf{C}$	複素数全体の集合

第Ⅰ部

理論編

第1章

素数の分布

1.1 素数の個数

2000年以上前にEuclid(ユークリッド)が素数は無限にあることを証明したが,そこから二つの問題が生じる:

1. x 以下の素数はいくつあるか?
2. 素数は無限に存在するが,その無限の大きさは?

本節では,はじめの質問に焦点を絞る.2番目の質問は1.5節で議論する.

1.1.1 $\pi(x)$ は x 以下の素数の個数

x を正の整数とする.「x 以下には素数が何個あるか?」という質問に答えるため,次の関数が定義されている:

$$\pi(x) = x \text{ 以下の素数の個数}$$

25までの素数は 2, 3, 5, 7, 11, 13, 17, 19, 23 なので,$\pi(3) = 2$, $\pi(10) = 4$, $\pi(25) = 9$ である.図1.1のグラフを見ると,x の小さいところで $\pi(x)$ のグラフがいかに不規則であるかがわかるだろう.

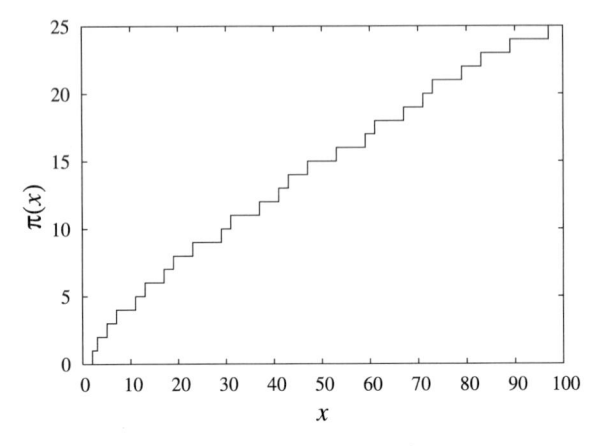

図 1.1 : $\pi(x)$ ($x < 100$) のグラフ

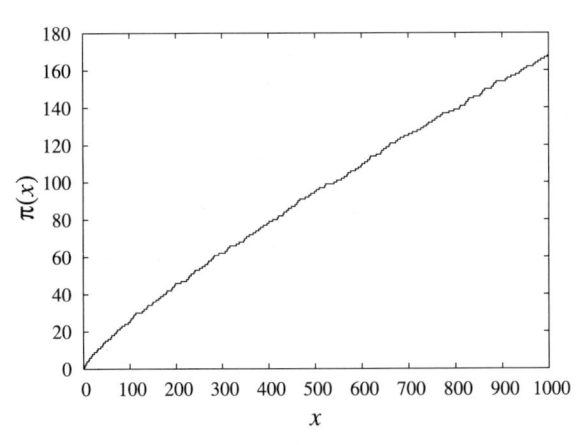

図 1.2 : $\pi(x)$ ($x <$ 1,000) のグラフ

　次に倍率を下げて，$\pi(x)$ をより大局的に眺めてみよう（図 1.2）．$\pi(x)$ は依然として「局所的に」不規則であるが，値の変化には明白な傾向がある．以下の節では関数 $\pi(x)$ と，$\pi(x)$ の傾向を定量的に示す素数定理と，いくつかの古典的な $\pi(x)$ の推定式を扱う．

1.1.2　$\pi(x)$ の数表

表 1.1 の小さい x（たとえば 10,000,000,000 まで）に対する $\pi(x)$ の値はすべての素数を数えあげることで得られる.

コンピュータ以前の時代に，多くの数学者が素数表を作った．いちばん広く使われたのは，D. H. Lehmer(レーマー)が 1914 年に出版した 10,006,721 までの素数表である[Leh14]．しかし，1867 年に Kulik(クーリック)が 100,330,200 までの整数の最小素因子（すなわちすべての素数）の表を完成させていたのは驚くべきことである.

表 1.1: $\pi(x)$

x	$\pi(x)$	論文
10	4	
100	25	
1,000	168	
10,000	1,229	
100,000	9,592	
1,000,000	78,498	
10,000,000	664,579	
100,000,000	5,761,455	
1,000,000,000	50,847,534	
10,000,000,000	455,052,511	
100,000,000,000	4,118,054,813	
1,000,000,000,000	37,607,912,018	
10,000,000,000,000	346,065,536,839	
100,000,000,000,000	3,204,941,750,802	[LMO85]
1,000,000,000,000,000	29,844,570,422,669	[LMO85]
10,000,000,000,000,000	279,238,341,033,925	[LMO85]
100,000,000,000,000,000	2,623,557,157,654,233	[DR96]
1,000,000,000,000,000,000	24,739,954,287,740,860	[DR96]
10,000,000,000,000,000,000	234,057,667,276,344,607	
100,000,000,000,000,000,000	2,220,819,602,560,918,840	
1,000,000,000,000,000,000,000	21,127,269,486,018,731,928	
10,000,000,000,000,000,000,000	201,467,286,689,315,906,290	

1870 年代に Meissel(メイセル)は，それまで知られた素数表のはるか先まで $\pi(x)$ を計算する巧妙な方法を編み出し，1885 年に $\pi(10^9)$ を計算した（わ

ずかに間違いはあったが). Meissel の方法は 1959 年に D. H. Lehmer により簡単化され, 1985 年に Lagarias(ラガリア), Miller(ミラー), Odlyzko(オドリズコ)によって篩を使って改良された[LMO85](彼らは表 1.1 の $\pi(10^{16})$ を得た).

1994 年に Deléglise(デレグリーズ)と Rivat(リバット)はさらにこの計算法を改良し, $\pi(10^{17})$ および $\pi(10^{18})$ の値を得た[DR96]. Deléglise はさらに改良したアルゴリズムを使ってこの仕事を続け, $\pi(10^{20})$ その他の値を計算した (1.4 節の彼の電子メール). これらの値の具体的な計算手順については[Rie94]を参照せよ.

2000 年 10 月には, Xavier Gourdon(グルドン)の分散計算プロジェクトにより, ついに $\pi(10^{21})$ が計算された. 詳しい情報は彼の Web サイト[u1] を見てほしい. 希望者はそのプロジェクトに参加して新しい記録を作る手助けもできる.

1.2 素数定理：$\pi(x)$ の近似

素数の分布はランダムに見える. 実際, 隣り合う素数同士の間隔を調べると, 双子素数が（おそらく）無限に存在する一方で, 任意の大きさの間隔が（確実に）存在する. それにもかかわらず, 関数 $\pi(x)$ は驚くほど整然とした振舞いをする. 事実, 次の命題が成り立つ（証明については次節を参照せよ）：

素数定理　x 以下の素数の個数は $\dfrac{x}{\log x}$ に漸近的に等しい.

$\pi(x)$ を用いれば次のように書ける：

素数定理　$\pi(x) \sim \dfrac{x}{\log x}$.

この定理は（おおまかに言うと）$\dfrac{x}{\log x}$ が $\pi(x)$ の良い近似であることを示している. この定理とその帰結の考察に入る前に,「良い近似」という意味を精密化しておこう.

「$a(x)$ が $b(x)$ にしだいに近づく」,あるいは「$a(x) \sim b(x)$」という表現はどちらも,比率 $\dfrac{a(x)}{b(x)}$ の(x を無限に近づけたときの)極限が 1 であることを意味する.

解析学を履修していないなら,これは x を十分大きくとれば,$\dfrac{a(x)}{b(x)}$ をいくらでも 1 に近づけられることだと思えばよい.

注意 $a(x) \sim b(x)$ は $a(x) - b(x)$ が小さい事を意味しない!たとえば,x^2 は $x^2 - x$ にしだいに近づく,しかしその差 x は x を無限に大きくすれば,いくらでも大きくなる.

帰結 1 $\pi(x)$ は $\dfrac{x}{\log x - 1}$ で近似できる.

素数定理から明らかに(任意の定数 a をとって)$\dfrac{x}{\log x - a}$ で $\pi(x)$ を近似できる.素数定理は $a = 0$ として表現されているが,$a = 1$ が最良の選択であることがわかっている(表 1.2):

表 1.2: $\pi(x)$ とその近似

x	$\pi(x)$	$x/\log x$	$x/(\log x - 1)$
1000	168	145	169
10000	1229	1086	1218
100000	9592	8686	9512
1000000	78498	72382	78030
10000000	664579	620420	661459
100000000	5761455	5428681	5740304

より大きい表が後の表 1.3 に,また($\pi(x)$ だけだが)表 1.1 にある.

例 最近私に電子メールで最大 300 桁までのすべての素数のリストを欲しいと言ってきた人がいる.素数定理から,このリストにはおよそ 1.4×10^{297} 個の数が含まれることになるので,そんなリストが存在するはずはない!

Pierre Dusart(デュザール)[Dus99]は，もし $x > 588$ ならば次の式が成り立つことを示した：

$$\frac{x}{\log x}\left(1 + \frac{0.922}{\log x}\right) \leq \pi(x) \leq \frac{x}{\log x}\left(1 + \frac{1.2762}{\log x}\right)$$

この上限値はすべての $x > 1$ で成り立つ．この式はより大きい x に対して，より厳しい限界を与える[*1]．

帰結 2 n 番目の素数はおよそ $n \log n$ である．

p_n を n 番目の素数とする．素数定理が次の命題と等価であることは容易に示すことができる：

定理 $p_n \sim n \log n$ 　　　[HW79, p.10]

より良い予測式は次のようになる：

定理 $p_n \sim n(\log n + \log \log n - 1)$ 　　　[Rib95, p.249]

例 100万番目の素数に対するこの二つの式による予測値は，それぞれ 13800000 と 15400000 となる．実際の100万番目の素数は 15485863 である．

これらの限界値はいろいろと改良されてきている．たとえば，Robin(ロバン)[Rob83]は $n > 8601$ ならば次の式が成り立つことを示した[*2] (Robin は $n > 7021$ としたが，それは間違いである)：

$$n(\log n + \log \log n - 1.0073) < p_n < n(\log n + \log \log n - 0.9385)$$

さらに最近 Massias(マシアス)と Robin [MR96]は，$n \geq 15985$ ならば上限が

$$p_n \leq n(\log n + \log \log n - 0.9427)$$

[*1] (訳注) 上下限の幅と x との比 $0.354/(\log x)^2$ は，x の増加に伴い減少する．
[*2] (訳注) [Rib95, p.249]によれば，この式の左側の不等号については，Robin は $n \geq 2$ で成立することを示している．

であり，また $n \geq 13$ ならば

$$p_n \leq n\left(\log n + \log\log n - 1 + \frac{1.8\log\log n}{\log n}\right)$$

であることを示した．この式は，より大きい n でより良い近似になる．Pierre Dusart [Dus99] は下限の結果を強め，

$$p_n > n(\log n + \log\log n - 1)$$

がすべての $n \geq 2$ に対して成り立つことを示した．Dusart は同じ論文の中で，よく知られた p_n の漸近展開式を改良した（もとの展開式は Cipolla（シッポラ）[Cip02] によって 1902 年に得られたものである）：

$$p_n = n\left\{\log n + \log\log n - 1 - \frac{\log\log n - 2}{\log n}\right.$$
$$\left. - \frac{(\log\log n)^2 - 6\log\log n + 11}{2(\log n)^2} + O\left(\left(\frac{\log\log n}{\log n}\right)^3\right)\right\}$$

[Rib95] と [Rie94] は，ここでもより深い情報を調べるための優れた出発点となる．また，小さい（1,000,000,000 以下の）n 番目の素数に興味があれば「n 番目の素数のページ」[u2] を試してみてほしい．

帰結 3 ランダムにとった整数 x が素数である確率はおよそ $\dfrac{1}{\log x}$ である．

x を正の整数とする．x 以下の正の整数のうちおよそ $\dfrac{x}{\log x}$ 個が素数であるから，その中のある一つの数が素数である確率は，およそ $\dfrac{1}{\log x}$ である．

例 1,000 桁の素数を一つ見つけたいとする．ランダムに選んだ 1,000 桁の整数を一つ一つ何らかの素数判定法で検査していくと，約 $\log(10^{1000})$ 個，つまり約 2,302 個の整数を検査すれば素数が見つかると期待できる．明らかに，奇数だけを選べばこれを半分にでき，さらに 3 で割り切れない数に限ればその $\dfrac{2}{3}$ にできる．以下同様．

1.3 素数定理の歴史

1798 年に Legendre(ルジャンドル)は最初の重要な $\pi(x)$ の近似式を予想し,その著 *Essai sur la Thèorie des Nombres*(『整数論試論』)の中で,次のことを主張した:

Legendre の予想 $\pi(x)$ はおよそ $\dfrac{x}{\log x - 1.08366}$ である.

明らかに Legendre の予想は素数定理と同値である.定数 1.08366 は,彼の知り得た(わずか $x = 400,000$ までの)限られた $\pi(x)$ の値に基づいている.一般的には,Legendre の 1.08366 よりも 1 のほうが精度が良い.Gauss(ガウス)もまた,素数表を研究して別の推測式にたどり着き(おそらく 1791 年が最初と思われる),1849 年に Encke(エンケ)との書簡に次のように書き記し,1863 年に最初に出版している:

Gauss の予想 $\pi(x)$ はおよそ $\mathrm{Li}(x)$ である.

ただし,
$$\mathrm{Li}(x) = \int_0^x \frac{du}{\log u} \quad (\text{主値}^\star)$$

である.Gauss の予測式もまた素数定理と同値であることに注意せよ.これらの予測を比較してみよう.

表 1.3: 予測式の比較

x	$\pi(x)$	Gauss の Li	Legendre	$x/(\log x - 1)$
1000	168	178	172	169
10000	1229	1246	1231	1218
100000	9592	9630	9588	9512
1000000	78498	78628	78534	78030
10000000	664579	664918	665138	661459
100000000	5761455	5762209	5769341	5740304
1000000000	50847534	50849235	50917519	50701542
10000000000	455052511	455055614	455743004	454011971

---

* (訳注) $u = 1$ の前後で積分区間を $(0, 1-\varepsilon)$ と $(1+\varepsilon, x)$ の二つに分け,$\varepsilon \to +0$ の極限をとる.

1.3 素数定理の歴史

表 1.3 で Gauss の $\mathrm{Li}(x)$ は常に $\pi(x)$ より大きい．これはすべての小さい $x \geq 2$ で成り立つ．しかし 1914 年に Littlewood(リトルウッド)は，$\pi(x) - \mathrm{Li}(x)$ の符号は正と負の間で無限回入れ替わることを証明した．1986 年に te Riele(テ・リエル)は，6.62×10^{370} と 6.69×10^{370} の間にある 10^{180} 個より多くの連続する整数 x に対して $\pi(x) > \mathrm{Li}(x)$ が成立することを示した．

Chebyshev(チェビシェフ)は，1850 年に素数定理の証明に向けた最初の真の進歩となる事実，すなわち，ある正の定数 $a < 1 < b$ が存在して，

$$a\left(\frac{x}{\log x}\right) < \pi(x) < b\left(\frac{x}{\log x}\right)$$

となり，もしも $\pi(x) \Big/ \left(\dfrac{x}{\log x}\right)$ が極限値を持つならばそれは 1 であることを示した．Sylvester(シルベスター)は，1982 年に Chebyshev の手法を精密化し，x を大きくとれば $a = 0.95695$ および $b = 1.04423$ とできることを示した（1962 年にすべての $x > 10$ に対して $a = 1$ とできることが証明された[RS62]）．

最終的に 1896 年に Hadamard(アダマール)と de la Vallèe-Poussin(ド・ラ・ヴァレ・プサン)が独立に，$\pi(x)$ を複素ゼータ関数*の性質に関連づける Riemann(リーマン)の研究を応用して**素数定理を完全に証明した**．de la Vallèe-Poussin は，$\dfrac{x}{\log x - a}$ は $a = 1$ のとき最良近似となること，さらにそれよりも Gauss の $\mathrm{Li}(x)$ のほうがより良い近似であることを示した．これらの近似式についての詳細は[Rib91]，[Rie94]を参照せよ．

1949 年に，Atle Selberg(セルバーグ)[Sel49]と Paul Erdös(エルデシュ)[Erd49]は独立に素数定理の最初の初等的な証明を与えた．ここで初等的というのは近代的な複素解析の手法を用いていないことを意味しており，実のところ彼らの証明は非常に難しい！ よりやさしい（より初等的でない）証明が Hardy(ハーディ)と Wright(ライト)の教科書にある[HW79, 22 節 pp.15-6]．

---

* (訳注) Riemann のゼータ関数については，7.10 節を参照せよ．

最後に,Hadamard と de la Vallèe-Poussin が素数定理を証明したとき,実際に示したのは,

$$\pi(x) = \mathrm{Li}(x) + O\left(xe^{-a\sqrt{\log x}}\right)$$

が,ある正の定数 a に対して成り立つことであった.

誤差項は,Riemann のゼータ関数の臨界帯内の零点のない領域について判明している性質に依存しており,この領域に関する知識が増えるほど,誤差項は小さくなる.1901 年に von Koch(フォン・コッホ)は,Riemann 予想が次のより強い評価式と同値であることを示した:

$$\pi(x) = \mathrm{Li}(x) + O(x^{1/2}\log x)$$

1.4 $\pi(x)$ の最新値

Marc Deleglise からのメール:

```
Date: Wed, 19 Jun 1996 16:16:11 +0200
From: Marc Deleglise <...>
To: Chris Caldwell <...>
```

ようやく新しい $\pi(x)$ の値が求まったので,さっそくお送りします.次の表で,$2e18$ は 2×10^{18} を意味しており,その他も同様です:

$\pi(2e18)$	=	48 645 161 281 738 535
$\pi(3e18)$	=	72 254 704 797 687 083
$\pi(4e18)$	=	95 676 260 903 887 607
$\pi(4185296581467695669)$	=	100 000 000 000 000 000
$\pi(5e18)$	=	118 959 989 688 273 472
$\pi(6e18)$	=	142 135 049 412 622 144
$\pi(7e18)$	=	165 220 513 980 969 424
$\pi(8e18)$	=	188 229 829 247 429 504
$\pi(9e18)$	=	211 172 979 243 258 278
$\pi(1e19)$	=	234 057 667 276 344 607
$\pi(2e19)$	=	460 637 655 126 005 490
$\pi(4e19)$	=	906 790 515 105 576 571
$\pi(1e20)$	=	2 220 819 602 560 918 840

これらの値は次のようにして検証しました.

(1) $\pi(x)$ と $\pi(x+10^7)$ の値を計算し,その短い区間内の素数の個数が二つの π の値と整合していることを確かめる.
(2) これらの値を,計算に使われている二つのパラメータ y, z の値を変えて2回計算する.

この計算にあたっては INRIA Nancy* の Paul Zimmermann(ツィマーマン)に感謝しています.彼はコンピュータを数日使わせてくれただけでなくコンパイルを数時間手伝ってくれました! 上のリストにある $\pi(418\cdots)=10^{17}$ の値が計算できたのも彼のおかげです.使った手法は[DR96]で発表したものです.プログラムはそこで発表したものの改良版です.時間計算量は $O\left(\dfrac{x^{2/3}}{(\log x)^2}\right)$,空間計算量は $O(x^{1/3}(\log x)^3)$ であり,変わっていません.$\pi(1e19)$ の計算には DEC-Alpha 5/250 を使って40時間かかり,80Mバイトのメモリを必要としました.$\pi(1e20)$ は DEC-Alpha 5/250 で13日(メモリ不足のため時間を空間の犠牲にしました),R8000 でも13日かかりました.

— Marc Deleglise の寄稿による

1.5 素数の無限の大きさ

1.5.1 問題の意味は?

約2000年前に Euclid が素数は無限にあることを証明した.数学的に言うと「無限に多く」というだけでは不完全な解答であり,「**どのくらい大きい無限なのか?**」という疑問が生じる.素数定理による「x 以下の素数の数はおよそ $\dfrac{x}{\log x}$ である」というのが,おそらく最良の解であろう.別の解の与え方は,素数の逆数の和が収束するか否かに答えることであろう.すなわち,以下の有理数の和がどうなるかということである:

---

* (訳注)フランス国立情報学計算機研究所ナンシー支所.

$$\frac{1}{2} + \frac{1}{3} + \frac{1}{5} + \frac{1}{7} + \frac{1}{13} + \frac{1}{17} + \frac{1}{19} + \frac{1}{23} + \cdots$$

もし収束と発散という用語を知っているなら，以下の 1.5.4 項まで飛ばしてよい．

1.5.2 可算性

実解析の分野では，二つの集合の要素の間に 1 対 1 の対応がとれる（すなわち，全部を対にできる）とき，二つの集合は同等であると定義している．正の整数と同等な集合は可算であるという．たとえば素数の集合は，1 と最初の素数，2 と 2 番目の素数，$\cdots$ と対にできるので可算である．

$$(1,2), (2,3), (3,5), (4,7), (5,11), (6,13), (7,17), \cdots$$

同様に整数のすべての無限部分集合は可算である —— したがって，この視点はあまり役に立たない．

1.5.3 収束と発散

正の整数の無限集合の大きさを測りたいとき，よく使われるのが逆数の和をとる方法である．たとえば，平方数の逆数の和を考えてみよう：

$$\frac{1}{1} + \frac{1}{4} + \frac{1}{9} + \frac{1}{16} + \frac{1}{25} + \frac{1}{36} + \cdots$$

この級数の項を増やしていくと，合計はいくらでも $\frac{\pi^2}{6}$ に近づく（ここで π は円周率である）．この場合，この級数は $\frac{\pi^2}{6}$ に収束するという．2 番目の例として次の級数を考えてみよう：

$$0.9 + 0.09 + 0.009 + 0.0009 + 0.00009 + 0.000009 + \cdots$$

この級数は明らかに 1 に収束する．次に，正の整数の逆数の和を考えてみよう（これは調和級数と呼ばれている）：

$$\frac{1}{1} + \frac{1}{2} + \frac{1}{3} + \frac{1}{4} + \frac{1}{5} + \frac{1}{6} + \frac{1}{7} + \frac{1}{8} + \cdots$$

この級数の項を増やしていくと，その合計はいくらでも大きくなる — 任意の整数が与えられたとしても，それより大きくすることができる（すなわち，十分多くの項を加えれば，合計は 10 よりも，10^{10} よりも，$10^{1000000}$ よりも $\cdots$ 大きくなる）．こういう場合，級数は発散するという．なぜ調和級数が発散するのかが理解しにくかったら，こう考えるとよい：

$$\frac{1}{1}+\frac{1}{2}+\frac{1}{3}+\frac{1}{4}+\frac{1}{5}+\frac{1}{6}+\frac{1}{7}+\frac{1}{8}+\cdots$$
$$=\left(\frac{1}{1}\right)+\left(\frac{1}{2}\right)+\left(\frac{1}{3}+\frac{1}{4}\right)+\left(\frac{1}{5}+\frac{1}{6}+\frac{1}{7}+\frac{1}{8}\right)+\cdots$$

2 の冪乗の逆数のところで区切りを入れ，できたグループを括弧でくくってみる．各グループ中のすべての項をグループ中の最小の項で置き換えることにより，より小さい次の和が得られる：

$$\frac{1}{1}+\frac{1}{2}+\frac{1}{3}+\frac{1}{4}+\frac{1}{5}+\frac{1}{6}+\frac{1}{7}+\frac{1}{8}+\cdots$$
$$>\left(\frac{1}{1}\right)+\left(\frac{1}{2}\right)+\left(\frac{1}{4}+\frac{1}{4}\right)+\left(\frac{1}{8}+\frac{1}{8}+\frac{1}{8}+\frac{1}{8}\right)+\cdots$$
$$=\frac{1}{1}+\frac{1}{2}+\frac{1}{2}+\frac{1}{2}+\frac{1}{2}+\cdots$$

これは，明らかにいくらでも大きくなる！

1.5.4 素数の逆数の和

ある正の整数の集合の逆数の和が収束するとき（例：整数の平方数）この集合は「小さい」と考える．発散する場合（例：正の整数全体）は「大きい」と考える．すると，素数の集合はどちらであろうか？

以下に示すように素数の逆数の和は発散するので，素数は整数全体の「大きい」部分集合である．これは素数定理からの単純な帰結であるが，より初等的な証明が可能である（たとえば[Rib88, pp.156-7]参照）．一方，双子素数については，無限に存在することと，その逆数の和が $1.90216058\cdots$（Brun 定数）であるということが予想されている（これは双子素数予想と呼ばれ，ほとんどの人が正しいと信じているが，いまのところ証明は得られて

いない)．したがって，双子素数の集合は（おそらく）整数の「小さい」部分集合である．

［HW79, pp.16-7］に従って，素数の逆数の和が発散することを証明しよう．n に関する条件「n は x より小さい正の整数で，最初の i 番目までの素数だけでしか割り切れない」を考える．$N(x)$ をこの条件を満たす n の個数として，その上限を評価する．このような n は，非平方数 k を用いて km^2 と書ける．k を割り切ることのできる素数はちょうど i 個であるから，k の選び方はちょうど 2^i 通りである（i 個の素数は，それぞれ選ばれるか選ばれないかのどちらか）．同様に，$m^2 \leq n < x$ から（m の選び方は $\sqrt{x}$ より小さくなるので）$N(x) < \sqrt{x}\,2^i$ である．

ここで，素数の逆数の和が収束すると仮定すると，最初の i 項以降（級数の末尾）が $\frac{1}{2}$ より小さくなるような整数 i が存在して次の式が成り立つ：

$$\frac{1}{p_{i+1}} + \frac{1}{p_{i+2}} + \frac{1}{p_{i+3}} + \frac{1}{p_{i+4}} + \cdots < \frac{1}{2}$$

（分母は $i+1$ 番目の素数，$i+2$ 番目の素数などを表す）．x より小さい正の整数のうち p で割り切れるものの個数は高々 $\dfrac{x}{p}$ 個であるから，最初の i 個の素数以外で割り切れるものの個数 $x - N(x)$ は，高々

$$\frac{x}{p_{i+1}} + \frac{x}{p_{i+2}} + \frac{x}{p_{i+3}} + \frac{x}{p_{i+4}} + \cdots < \frac{x}{2}$$

である．したがって，$N(x) > \dfrac{x}{2}$．この式と，$N(x)$ の上限値から次の式を得る：

$$\frac{x}{2} < N(x) < \sqrt{x}\,2^i.$$

ところが，この式は 2^{2i+2} より大きい x については成立しない．よって証明は完了した．

1.6 素数間ギャップ

1.6.1 $g(p)$ の導入と定義

隣り合った素数間のギャップはどのくらい大きくなるのかという質問をよく受ける．この問いに答える前に，まずギャップとは何かを注意深く定義しておこう：各素数 p に対して，$g(p)$ を，p と次の素数との間にある合成数の個数と定義する．すると，p_n を n 番目の素数として，次の式が成立する．

$$p_{n+1} = p_n + g(p_n) + 1.$$

この $g(p_n)$ を，p_n と p_{n+1} の間のギャップ（の大きさ）と呼ぶ．

注　「ギャップ」には，二つの標準的な定義がある．p をある素数，q をその次の素数とすると，上記のように，この二つの素数の間の合成数の個数をギャップと定義する流儀がある．この場合，$g = q - p - 1$ である（素数 2 の次のギャップは 0 になる）．また，単純に $q - p$ と定義する流儀もある（素数 2 の次のギャップは 1 になる）．本書では前者の定義を使う．

素数定理により n 以下の素数はおよそ $\dfrac{n}{\log n}$ だから，n 以下の素数間の「ギャップの平均」は $\log n$ である．しかし，そのギャップはどんな範囲にあるのだろうか？　この疑問に対していくつかの側面から見ていこう．

1.6.2 $\liminf g(p) = 1$ の予想と $\limsup g(p) = \infty$ の定理

まず，双子素数 $p, p+2$ に対しては $g(p) = 1$ になることに注意すると，双子素数予想から，（ほとんど確実に正しい）予想「$g(p) = 1$ が無限に多くの場合に成り立つ」（および，これと同値な $\liminf g(p) = 1$）が得られる．

次に $g(p)$ はいくらでも大きくなりうることに注意しよう．これを見るため，n を 1 より大きい任意の整数として，次の連続した $n-1$ 個の整数の列を考える：

$$n! + 2,\ n! + 3,\ n! + 4,\ n! + 5,\ \cdots,\ n! + n$$

最初の数は 2 で割り切れ，次は 3 で，$\cdots$，最後の数は n で割り切れることに着目すると，これらの数はすべて合成数であることがわかる．したがって，p を $n! + 2$ 以下の最大の素数とすれば，$g(p) \geq n - 1$ となる．明らかにこれは過大な評価であって，同じ大きさのギャップは，もっと小さい数の後にもあるだろう．たとえば，素数 42842283925351 の後には 777 個の合成数が連続するが，これは 777 個のギャップを（後に）もつ最小の素数であり，$778! + 2$（1,914 桁の数）よりはるかに小さい．

以上で $\limsup g(p) = \infty$ を示すことができたが，「平均的ギャップ」が $\log n$ であることから，もっと詳しいことが言えそうである．

1931 年に Westzynthius (ウェスツィンティウス)[Wes31] は次のことを証明した：

$$\limsup \frac{g(p)}{\log p} = \infty$$

これは，任意の $\beta > 0$ に対して，$g(p) > \beta \log p$ となる素数 p が無限に多く存在することを意味している．先に進む前に数値的な証拠を見ておくべきだろう．

1.6.3 記録的ギャップの表とグラフ

表 1.4 に 381 までの**極大ギャップ**の一覧をあげる．この表は，ある長さに対して，**少なくともその長さを持つ**ギャップの最初の出現場所となる素数を示すものである．

たとえば，素数 139 の後には 9 個の合成数が連続する．これは，長さ 9 のギャップが現れる最初の場所であるが，より小さい素数 113 の後により長い 13 個の合成数が連続するので，9 は極大ギャップではない．

非負整数 g に対して，$p(g)$ を少なくとも g 個の合成数が後に連続する最小の素数とする．この表は $p(148) = p(149) = \cdots = p(153) = 4652353$ であることを示している．1,132 までの極大ギャップの表を作るために，どのように探索を行ったかについては [Nic99] と [NN] を参照せよ．もっと完全

表 1.4: ギャップの最初の出現場所

ギャップ	直前の素数	ギャップ	直前の素数	ギャップ	直前の素数
0	2	51	19609	219	47326693
1	3	71	31397	221	122164747
3	7	85	155921	233	189695659
5	23	95	360653	247	191912783
7	89	111	370261	249	387096133
13	113	113	492113	281	436273009
17	523	117	1349533	287	1294268491
19	887	131	1357201	291	1453168141
21	1129	147	2010733	319	2300942549
33	1327	153	4652353	335	3842610773
35	9551	179	17051707	353	4302407359
43	15683	209	20831323	381	10726904659

な極大ギャップのリストが表 1.5 にある．

また，表 1.4 を横軸に g をとり，縦軸に $\log p(g)$ をとってグラフにしたものが図 1.3 である．

このグラフから Shanks(シャンクス)の 1964 年の予想：

$$\log p(g) \sim \sqrt{g}$$

と，Weintraub(ウェイントラウブ)の 1991 年の推定：

$$\log p(g) \sim \sqrt{1.165746g}$$

の根拠が見えてくるだろう．

1.6.4 極大ギャップの表

表 1.5 に，1,131 までの極大ギャップを列挙する．この表は，ある長さに対して，**少なくともその長さを持つ**ギャップの最初の出現場所となる素数を示すものである．

たとえば，素数 277900416100927 の後には 879 個の合成数が連続する．これは，長さ 879 のギャップが現れる最初の場所であるが，極大ギャップで

図 1.3: $\log p(g)$ のグラフ

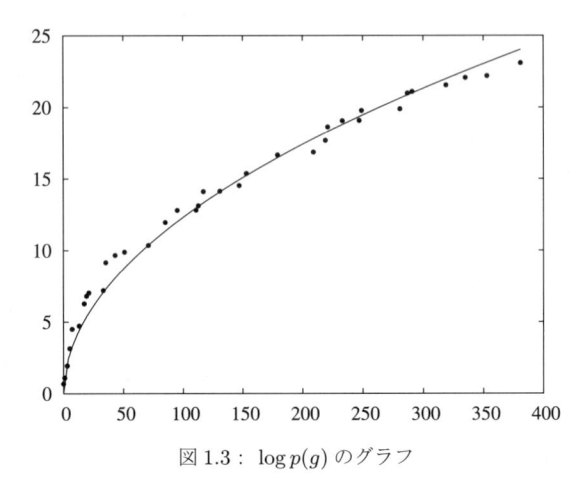

はない．なぜなら，もっと小さい素数 218209405436543 の後に 905 個の合成数が連続するからである（この例は[Nic99]からとられた）．

1.6.5 $g(p)$ の上界

与えられた p に対して，$g(p)$ の上限を求めることができる．素数定理から，任意の実数 $\varepsilon > 0$ に対して整数 m_0 が存在し，任意の $m > m_0$ に対して，次の式を満たす素数 p が常に存在する：

$$m < p < (1+\varepsilon)m$$

このことから，任意の $p > \max(m_0, 1 + \dfrac{1}{\varepsilon})$ に対して $g(p) < \varepsilon p$ である．あるいはもっと簡単に，$n > n_0$ に対して $g(p_n) < \varepsilon p_n$ である．[Rib95, pp.252-3]から具体的な n_0 と ε の組をいくつか引用しよう：

- $n > 9$ に対して $g(p_n) < \dfrac{p_n}{5}$ (Nagura(ナグラ)1952)
- $n > 118$ に対して $g(p_n) < \dfrac{p_n}{13}$ (Rohrbach(ロールバッハ)と Weis(ワイス)1964)
- $n > 2010760$ に対して $g(p_n) < \dfrac{p_n}{16597}$ (Schoenfeld(シェーンフェルド)1976)

表 1.5: 極大ギャップ

ギャップ	直前の素数	文献	ギャップ	直前の素数	文献
0	2		319	2300942549	
1	3		335	3842610773	
3	7		353	4302407359	
5	23		381	10726904659	
7	89		383	20678048297	
13	113		393	22367084959	
17	523		455	25056082087	
19	887		463	42652618343	
21	1129		465	1.27976E+11	
33	1327		473	1.82227E+11	
35	9551		485	2.41161E+11	
43	15683		489	2.97501E+11	
51	19609		499	3.03371E+11	
71	31397		513	3.046E+11	
85	155921		515	4.16609E+11	
95	360653		531	4.61691E+11	
111	370261		533	6.14487E+11	
113	492113		539	7.38833E+11	
117	1349533		581	1.34629E+12	
131	1357201		587	1.4087E+12	
147	2010733		601	1.96819E+12	
153	4652353		651	2.61494E+12	
179	17051707		673	7.17716E+12	
209	20831323		715	1.3829E+13	[YP89]
219	47326693		765	1.95813E+13	[YP89]
221	122164747		777	4.28423E+13	[YP89]
233	189695659		803	9.08743E+13	[Nicely99]
247	191912783		805	1.71231E+14	[Nicely99]
249	387096133		905	2.18209E+14	[Nicely99]
281	436273009		915	1.18946E+15	[NN99]
287	1294268491		923	1.68699E+15	[NN99]
291	1453168141		1131	1.69318E+15	[NN99]

(この表にない結果をご存じなら，著者まで連絡をお願いしたい)

1937 年 Ingham(インガム)は，先駆的な Hoheisel(ホハイゼル)の結果を精密化して，(任意の $\varepsilon > 0$ に対して) $g(p)$ が $\dfrac{5p}{8} + \varepsilon$ の定数倍で抑えられるこ

とを示した．多くの人が $\frac{5}{8}$ という値を改良しており，最新の記録は私の知る限りでは R. Baker(ベーカー)と G. Harman(ハーマン)による 0.535 である[BH96](しかし，現在ではもっと良い値が得られているに違いない)．

1.6.6 $g(p)$ の精密な評価

再び素数定理を用いて $\dfrac{g(p)}{\log p}$ の平均値が 1 であることがわかる．では，列 $\left\{\dfrac{g(p)}{\log p}\right\}$ については何がわかるだろう．Ricci(リッチ)は，この集合の集積点の集合は正の Lebesgue 測度を持っていることを示したが，証明できた集積点は（上で述べた）無限大だけである[EE85, p.22]．

$\liminf \dfrac{g(p)}{\log p}$ のいろいろな上限値が見つかっており，その一つが 0.248 である[Mai85](もちろん，双子素数予想と k 組素数予想は下極限が 0 になることを要請している)．Cramér(クラーメル)[Cra36]はこれに関連した予想の中で，

$$\limsup \frac{g(p)}{(\log p)^2} = 1$$

であることを予想している．また，Cramér は Riemann 予想が成り立つならば，

$$g(p) < kp^{\frac{1}{2}} \log p$$

となることを示した．ギャップの大きさ，および与えられたギャップの出現頻度に関する予想と定理については，言うべきことがまだまだたくさんあるのだが… [Rib95]の 4.2 節「n 番目の素数とギャップ」と一晩すごすのはいかがだろう．

第2章

素数の判定法

2.1 概要

素数を見つけるにはどうしたらよいか？見つけたら，それが本当に素数であることをどのようにして証明するのか？その答は素数の大きさに依存するし，どの程度の確実さで素数と示す必要があるかにも依存する[*1]．本章ではいくつかの節に分けて，それぞれに適切な解答を提供する．まず，その概略を見ておこう[*2]．

2.1.1 手軽な判定法

非常に小さい素数については，Eratosthenes の篩（ふるい）や試行除算の方法が使える．これらの方法は確実であり，小さい数に対しては最良の方法である．しかし，30 桁の数に達するまでには時間がかかりすぎる．

素数を「工業的」用途（たとえば RSA 暗号）に使おうとするならば，必ずしも素数であることを証明しなくてもよいことがある．それが合成数である

[*1] （訳注）少々奇異に感じる表現であるが，概素数や強概素数をそのまま素数と見なした場合の確実さを意味している．本文中で素数判定法の「精度」とあるのも同様である．

[*2] （訳注）本章には，本節で概説する三つの節 2.2～2.4 に加えて，原ページの中から関連する「概素数が素数である確率」と「RSA-130 の素因数分解」の 2 節を含めた．

確率が 0.000000000000000000000001%であることがわかるだけで十分だろう．このような場合には，概素数判定法または強概素数判定法を使用する．

これらの概素数判定法を組み合わせることにより，340,000,000,000,000以下の整数に対しては，素数判定の非常に高速のアルゴリズムを作ることができる．

2.1.2 古典的判定法

最大既知素数のリストを見ると，10万桁あるいは1億桁の数が並んでいる（表 2.1）．そしてこれらはすべて（概素数ではなく）素数であることが証明されたものである．それらが素数であることが，どのようにしてわかるのだろうか？ このリストの抜粋を眺めて，すべての数が共通に持っている性質を見つけよう．

表 2.1: 最大既知素数のリスト（抜粋）

順位	素数	桁数	発見年	備考
111	$189 \cdot 2^{34233} - 1$	10308	1989	
112	$15 \cdot 2^{34224} + 1$	10304	1993	
113	$(5452545 + 10^{5153}) \cdot 10^{5147} + 1$	10301	1990	回文
114	$23801\# + 1$	10273	1993	素数階乗+1
115	$63 \cdot 2^{34074} + 1$	10260	1995	
116	$213819 \cdot 2^{33869} + 1$	10201	1993	

これらはすべて1を足すか引くかすると，素因数分解できるのである！ これは偶然ではない．

整数 n に対して $n+1$ や $n-1$ の十分な因数がわかっている場合には，n が概素数（2.2 節）だと証明できただけで，n は素数と判定できる．このような証明を古典的判定法と呼ぶ．これについては 2.3 節で概説する．

これらの判定法を使ってこれまでに知られている大きい素数の 99.99%以上が見つけられた．Mersenne 素数に対する Lucas-Lehmer 判定法や Fermat 素数に対する Pepin 判定法は，この判定法の特別な場合である．

2.1.3 汎用の判定法

古典的判定法の明らかな問題点は，それが因数分解に依存することである．「平均的な」整数に対しては，素因数分解は素数判定よりもずっと困難だと考えられている．実際，広く使われている RSA 暗号は，この仮定に基盤を置いているのである！

古典的判定法は複雑な現代的技法を使って改良され，素因数分解を要しない一般の数に対する判定法となってきた．これには，APR, APRT-CL, ECPP などのアルゴリズムがある．2.4 節ではこれらの方法について簡単に述べて，これら（古典的判定法，汎用の判定法，...）のどの判定法を使うべきかを議論する．

第IV部の文献リストのうち，素数の判定法に関する文献には次のものがある：[AGP94b], [AM93], [APR83], [Atk86], [Bac85], [BvdH90], [BLS75], [BLS$^+$88], [Bre89], [CL84], [CL87], [CP01], [GK86], [Gra01], [Gra98], [Jae93], [Leh30], [LL90], [Mih98], [Mon80], [Mor75], [Pin93], [Pom84], [PSW80], [Rab80], [Rib95], [Rie94], [Wil95], [Wil78], [Wil98].

2.2 手軽な判定法

2.2.1 非常に小さい素数を見つける

小さい素数，たとえば 10,000,000,000 以下の素数をすべて見つけるために最も効率の良い方法は，Eratosthenes の篩を使うことである：

> n 以下のすべての整数のリストを作って，n の平方根以下のすべての素数の倍数を消していく．すると，残った数は素数である．

たとえば 100 以下のすべての奇数の素数を見つけるには，最初に 3 から 100 までの奇数のリストを作る．（なぜ偶数のリストは不要なのか？）最初の数は 3 だから 3 は最初の奇数の素数である．そしてその倍数すべてに×印を付

ける．さて，残った最初の数は 5 である．これは 2 番目の奇数の素数であり，またその倍数すべてに×印を付ける．7 についても繰り返すと，残った最初の数 11 は 100 の平方根よりも大きい．よって残ったすべての数は素数である．

この方法はとても速いので，素数のリストをコンピュータに保存しておく理由は無い — 効率的に実装すると，それはディスクから読むよりも速いのである．

Bressoud(ブレッスー)はこのアルゴリズムを擬似コードで表現した[Bre89, p.19]．Riesel(リーゼル)は Pascal でこれを書いた[Rie94, p.6]．プログラムへの実装については 5.1 節の Eratosthenes の篩プログラムの項目を参照せよ．また，これと同程度に速い 2 次形式に基づく篩の方法も可能である．

個々の小さい素数を見つけるためには試行除算もうまい方法である．n が素数であるかどうかを判定するため，n の平方根より小さいすべての素数で n を割ってみる．たとえば，211 が素数であることは，これを 2, 3, 5, 7, 11, 13 で割ってみればわかる（擬似コードは[Bre89, pp.21-2]，Pascal コードは[Rie94, pp.7-8]にある）．さらに，Mersenne 約数のように，数 n の型によっては特に効率的な場合もある．

単に素数で割るよりももっと実用的な方法もある．2, 3, 5 で割った後，30 を法として 1, 7, 11, 13, 17, 19, 23, 29 に合同なすべての数で割っていき，平方根に達したら終了する．この方法を輪転因数分解と呼ぶ．これにはより多くの割り算が必要（いくつかの約数は合成数だから）であるが，素数のリストを持っている必要がない．

n が 25 桁以上の数だとすると，その平方根以下の素数で割り算するのは実用的ではない．もし n が 200 桁であれば，試行除算は不可能なので，もっと高速な判定法が必要になる．このような判定法については以下の節で議論する．

2.2.2　Fermat の小定理・概素数・擬素数

Fermat(フェルマー)の「最大の」そして「最後の」定理は，$x^n + y^n = z^n$ が $n > 2$ の場合に正の整数解 x, y, z を持たない，というものである．これ

は1995年，最終的にWiles(ワイルズ)によって証明された．一方，ここでは彼の「小さい」定理のほうを扱う：

Fermatの小定理 p を素数，a を任意の整数とすると，$a^p \equiv a \pmod{p}$ が成り立つ．特に，p が a を割り切らないときには，$a^{p-1} \equiv 1 \pmod{p}$ である．

Fermatの小定理は合成数であることの強力な判定法を与える：$n > 1$ が与えられたとき，$a > 1$ を選び，n を法として a^{n-1} を計算する（これはやさしい反復2乗法によって高速に実行できる．用語編の「二進冪乗法」の項を参照せよ）．この結果が n を法として1に等しくないならば n は合成数である．1に等しい場合は，n のことを a を底とした概素数*(probable prime)と呼び，a-PRPと書く．古い文献ではこの判定法を満たすすべての数を擬素数(pseudoprime)と呼んでいたが，現在では擬素数という用語は合成数の概素数と定義されている．

いくつかの底に対し，それぞれ最小の擬素数は以下のとおりである（他の例は用語編の「概素数」の項を参照せよ）：

$341 = 11 \times 31$ は 2-PRP (Sarrus 1819),
$91 = 7 \times 13$ は 3-PRP,
$217 = 7 \times 31$ は 5-PRP,
$25 = 5 \times 5$ は 7-PRP.

25,000,000,000以下には1,091,987,405個の素数が存在する．しかし，同じ範囲に2を底とする擬素数は21,853個しかない[PSW80]．それでHenri Cohen(コーエン)は，2-PRPは「工業レベルの素数」であると冗談を言っている[Pom84, p.5]．幸いなことに，大きい n に対しては概素数判定法はもっと精度が上がる．2.5節を参照せよ．

1950年にLehmerは，弱い定義 $a^n \equiv a \pmod{n}$ に従って，$2 \cdot 73 \cdot 1103 = 161038$ が2を底とする擬素数であることを発見したが，おもしろいことにこの数は偶数である．この結果の要約と歴史については[Rib95, 第2章 viii]

---

* (訳注)弱概素数とも呼ぶ．原文では両者が混在しているが，本書では概素数に統一する．

に詳しいが，ここには中国数学史への誤解[*1]を解明する説明もある．Richard Pinch(ピンチ)は 10^{13} までの（いろいろな定義による）擬素数のリストを作成して，彼の FTP サーバーの PSP ディレクトリ[u3]に置いている[*2]．

擬素数は相対的に少ないが，しかしどの底 $a > 1$ に対しても，無限に多くの擬素数が存在する．したがって，もっと厳しい判定法が必要である．判定法をもっと正確にする方法の一つは，複数の底を使うことである（底 2 を試し，次に底 3，次に底 5，···）．しかし，それでも Carmichael 数という興味深い障害物に行き当たってしまう：

定義 合成数 n が Carmichael 数であるとは，$a^{n-1} \equiv 1 \pmod{n}$ が，n と互いに素であるすべての整数 a に対して成立することである．

悪いニュースがある．Carmichael 数 n に対して反復概素数判定法を適用しても，実際に n の因数の一つに行き当たるまでは，n が合成数であることを示すことができない．Carmichael 数は「稀」である（25,000,000,000 以下には 2,163 個しかない）．とはいえ，最近，それが無限に多く存在することが示された[AGP94b]．100,000 以下の Carmichael 数は次のとおりである：

561, 1105, 1729, 2465, 2821, 6601, 8911, 10585, 15841, 29341, 41041, 46657, 52633, 62745, 63973, 75361.

Richard Pinch(ピンチ)は彼の FTP サイト[u4]に 10^{16} までの Carmichael 数のリストを置いている[Pin93]．

注 Jon Grantham(グランサム)は[Gra01]で Frobenius 擬素数の概念を展開し，標準的なタイプの擬素数（Fermat，Lucas(リュカ)，···）を一般化して素数判定法の精度を上げた．彼の論文はオンライン[u5]で入手できる．

[*1] (訳注)近代ヨーロッパのいろいろな著作には，「古代中国では $2^n \equiv 2 \pmod{n}$ が n が素数であることの必要十分条件と考えられていた」という記述が現れる．これは正しくないようだが，どこから生まれてきた誤解なのか．

[*2] (訳注) PSP は擬素数 pseudoprime を表している．

2.2.3 強概素数性・実用的な判定法

Fermat 概素数判定法をもっと正確にする良い方法がある．奇数 n が素数であれば，n を法として 1 の平方根は二つある（1 と -1）．よって，a^{n-1} の平方根 $a^{(n-1)/2}$（n が奇数だから）は 1 または -1 のどちらかである（どちらであるかは，Jacobi 記号を使って計算できる．用語編の「Euler 概素数」の項を参照せよ．しかし，ここではもっと強い判定法を作ることが目的なので，それにはこだわらない）．もし $\frac{n-1}{2}$ が偶数であれば，さらに平方根をとることができ … と，これをできるところまで繰り返すのである．その過程を整理すると次の判定法となる．

強概素数判定法 $n-1 = 2^s d$ と書く．ここで d は奇数であり，s は非負である．$a^d \equiv 1 \pmod{n}$ であるか，$(a^d)^{2^r} \equiv -1 \pmod{n}$ が s より小さいある非負の r に対して成り立つとき，n のことを a を底とする強概素数 (strong probable prime) と呼び，a-SPRP と書く．強概素数でないすべての整数 $n > 1$ は合成数であり，強概素数は素数である可能性が高い．

いくつかの底に対する SPRP で，それぞれ最小の合成数は次のとおりである：

$$2047 = 23 \times 89 \text{ は 2-SPRP,}$$
$$121 = 11 \times 11 \text{ は 3-SPRP,}$$
$$781 = 11 \times 71 \text{ は 5-SPRP,}$$
$$25 = 5 \times 5 \text{ は 7-SPRP.}$$

この結果に基づく判定法はかなり高速であり，特に最初のいくつかの素数による試行除算と組み合わせると速い．これをプログラムするのが難しく感じたら，Riesel の強概素数判定法の Pascal コード [Rie94, p.100] や Bressoud の擬似コード [Bre89, p.77]，また Langlois(ラングロワ) の C コードが参考になるだろう．詳しい情報は用語編の「強概素数」の項を参照せよ．

[Mon80] と [Rab80] で証明されているように，強概素数判定法が誤った結果を出すのは全体の 4 分の 1 を超えることはない（強概素数と判定される 4

個の数のうち 3 個は素数である）．Jon Grantham(グランサム)の Frobenius 擬素数による判定法[Gra98]は，強概素数判定法の 3 倍の時間がかかるが，精度は 3 倍よりはるかに高い（誤り率は $\frac{1}{7710}$ 以下）．

2.2.4 素数判定法の組合せ

これらの判定法は，単独ではまだ弱い（ここでも，任意の底 $a > 1$ に対して無限に多くの a-SPRP が存在する[PSW80]ことに注意が必要である）．しかしこれらの判定法を組み合わせて，小さい整数 $n > 1$ に対しては強力な判定法を構成することができる（これを通ったものは確実に素数である）：

- もし $n < 1{,}373{,}653$ が 2-SPRP かつ 3-SPRP であれば，n は素数である．
- もし $n < 25{,}326{,}001$ が 2, 3, 5-SPRP であれば，n は素数である．
- もし $n < 25{,}000{,}000{,}000$ が 2, 3, 5, 7-SPRP であれば，n は素数であるか，または $n = 3{,}215{,}031{,}751$ である（実は，これは $n < 118{,}670{,}087{,}467$ に対して正しい）．
- もし $n < 2{,}152{,}302{,}898{,}747$ が 2, 3, 5, 7, 11-SPRP であれば，n は素数である．
- もし $n < 3{,}474{,}749{,}660{,}383$ が 2, 3, 5, 7, 11, 13-SPRP であれば，n は素数である．
- もし $n < 341{,}550{,}071{,}728{,}321$ が 2, 3, 5, 7, 11, 13, 17-SPRP であれば，n は素数である．

この最初の三つは Pomerance(ポメランス)，Selfridge(セルフリッジ)，Wagstaff(ワグスタッフ)[PSW80]によるものである．3 番目の項の注釈と他のすべての結果は Jaeschke(ジェシュケ)[Jae93]による（これらの結果と関連した結果が[Rib95, 第 2 章 VIII B]に整理してある）．[Jae93]で Jaeschke は他の素数の集合（素数の最初のほうだけでなく）を考察し，少し良い結果を得ている：

- もし $n < 9{,}080{,}191$ が 31-SPRP かつ 73-SPRP であれば，n は素数

である.

- もし $n < 4{,}759{,}123{,}141$ が 2, 7, 61-SPRP であれば, n は素数である.
- もし $n < 1{,}000{,}000{,}000{,}000$ が 2, 13, 23, 1662803-SPRP であれば, n は素数である.

この結果を使って高速な素数判定を行う方法は以下のとおりである：まず，最初のいくつかの素数（257 以下）で割り算する．次に底を 2, 3, $\cdots$ と変えながら，上記の条件を満たすまで SPRP 判定法を行う．たとえば $n < 25{,}326{,}001$ であれば，2, 3, 5 を底として確認すればよい．この方法は試行除算に比較して高速である（なぜならば他の誰かが既に多くのことをやってしまっているから）．しかし，この方法が適用できるのは小さい数（上記のデータでは，$n < 341{,}550{,}071{,}728{,}321$）に対してのみである.

2.2.5 Miller の判定法

本節で述べるべきことはもっとたくさんある．Euler 擬素数やその強擬素数との関係も議論していない．また $n+1$ タイプの素数判定法と関連の深い Lucas 擬素数や Fibonacci 擬素数，あるいはその他の重要な組合せ判定法についても述べていない[*]．しかし，これらを述べるには本の一章を費やす必要がある（既に［Rib95］にはこれらの内容が要領よく書かれている）．ここでは，次の結果を述べてこの節を締めくくることにする.

Miller の判定法 一般 Riemann 予想が正しいとする．すると，n が，$1 < a < 2(\log n)^2$ を満たす任意の整数 a に対して a-SPRP であれば，n は素数である.

一般 Riemann 予想はここで説明するには複雑すぎる．しかしそれが証明されたら，われわれは非常に単純な素数判定法を獲得することになる．それが証明されないままであっても，少なくとも次のことは期待できる：n が合成数であれば，それが合成数であることを示す a（証言数）を見つけるにはそれほど大きい数まで探さなくてもよい（多くの素数探索の試みでは，既に

---

[*]（訳注）その一部は用語編に解説がある.

Millerの判定法を利用している．式中の定数 2 は Bach(バック)[Bac85]による．[CP01, pp.129-130]も参照せよ).

Millerの判定法で合成数の判定が有効に働く底の有限集合は存在しないことに注意しよう．実際，合成数 n に対して，$W(n)$ を n の最小証言数（n が合成数であることを示す最小の a）とすると，

$$W(n) > (\log n)^{\frac{1}{3\log\log\log n}}$$

を満たす無限に多くの n が存在する[AGP94b]．

2.3 古典的判定法

2.3.1 $n-1$ 判定法・Pepin 判定法

最大既知素数のリストを見たことがあるだろうか？ 最大の 2, 3 千個の素数 p について最も明らかな特徴は，ほとんどすべての場合，$p-1$ や $p+1$ が簡単に素因数分解できることである．なぜだろう？ それは，このような場合，素数性が簡単に証明できるからである！

本節では，$n-1$ の十分な素因数がわかっているとき，n に対して Fermat 概素数判定法に似た判定法をどのように適用するかを説明する．これらは確実に素数であることを証明する判定法であって，「（たとえ確実性が高いとはいえ）おそらく素数だろう」と示唆するだけのものではない．

1891 年に Lucas(リュカ)は Fermat の小定理を使って実用的な素数判定法を構成した．以下は Kraitchik(クライチック)と Lehmer によって強化された*Lucas の判定法である[BLS75]：

定理 1 $n > 1$ とする．$n-1$ の任意の素因数 q に対して，

$$a^{n-1} \equiv 1 \pmod{n},$$
$$a^{\frac{n-1}{q}} \not\equiv 1 \pmod{n}$$

を満たす整数 a が存在するならば，n は素数である．

---
* (訳注) a は q に依存してもよい．

この定理の証明には多くの学ぶべきものがあるので，ここに証明を書く（もしわからなくなったら，次の定理に進んでもよい．私の言葉は信じた上で）．

証明　n が素数であることを示すには，$\varphi(n) = n-1$ であること，あるいはもっと単純に $n-1$ が $\varphi(n)$ を割り切ることを示せばよい（ここで $\varphi(n)$ は Euler のファイ関数である）．そうではないと仮定する．すると，ある素数 q と整数 $r > 0$ が存在して，q^r は $n-1$ を割り切るが $\varphi(n)$ を割り切らない．この素数 q に対して，定理の条件を満たす a をとる．m を n を法とした a の位数とすると，m は $n-1$ を割り切る（最初の条件）．しかし，$\dfrac{n-1}{q}$ を割り切らない（2番目の条件）．よって q^r は m を割り切り，m は定義から $\varphi(n)$ を割り切る．これは最初の仮定に反し，定理は証明された．

この証明の意味するところは何か？ 群 $(\mathbf{Z}/n\mathbf{Z})^*$ を考える．この大きさが $n-1$ であれば n は素数である．定理の二つの条件は，この群の大きさが $n-1$ であることを示すのに十分な情報を与えるのである！ **これがすべての現代的素数判定法の基礎である**．この原理は上の判定法のように単純なものから楕円曲線や数体を使う精巧なものまでを含んでいる．

定理1は $n-1$ の完全な素因数分解を必要とする．これをより強力なものにする鍵は，$n-1$ の一部だけの素因数分解で済むような形に変えることである．Pocklington(ポックリントン)は，おおむね $n-1$ の平方根程度の部分を素因数分解すれば済むように改良した．

Pocklington の定理 (1914)　$n - 1 = q^k R$ とする．ここで q は素数であり R を割り切らないとする．

$$a^{n-1} \equiv 1 \pmod{n},$$
$$\gcd(a^{\frac{n-1}{q}} - 1, n) = 1$$

を満たす整数 a が存在すれば，n の各素因数は $q^k r + 1$ の形をしている．

証明　p を n の任意の素因数とし，p を法とした a の位数を m と置く．定理1の証明のように m は $n-1$ を割り切る（a に関する最初の条件）．

しかし，$\frac{n-1}{q}$ を割り切らない（2番目の条件）．よって q^k は m を割り切る．もちろん m は $p-1$ を割り切るので，この帰結を得る．

この Pocklington の定理を n の各素因数の冪乗に適用して少し考察すると，次の結果を得る：

定理 2 $n-1 = FR$ で $F > R$, $\gcd(F, R) = 1$ とし，F の素因数分解が知られているとする．もし F の各素因数 q に対して，

$$a^{n-1} \equiv 1 \pmod{n},$$
$$\gcd(a^{\frac{n-1}{q}} - 1, n) = 1$$

を満たす整数 $a > 1$ が存在すれば，n は素数である．

ここで，a は各素因数 q に対して同じとは限らないことに注意せよ．定理 2 にもう少し条件を加えると，$F < R$ の場合にも適用できるように改良することができる．定理 2 の他の条件が成り立っているとき，R の任意の素因数が $\sqrt{\frac{R}{F}}$ より大きいならば n は素数である．また，$n < 2F^3$ であって，$R = rF + s$, $(0 < s < F)$ と表したときに，r が奇数であるか $s^2 - 4r$ が平方数でないならば，n は素数である．これらの定理に興味があるならば [BLS75] が参考になる．

$n+1$ タイプの判定法に進む前に，定理 2 から得られる 2, 3 の古典的定理を書いておく．

Pepin 判定法 (1877) F_n を n 番目 $(n > 1)$ の Fermat 数とする．つまり $F_n = 2^{2^n} + 1$ である．F_n が素数であるのは，$3^{(F_n-1)/2} \equiv -1 \pmod{F_n}$ であるとき，かつそのときに限る．

証明 $3^{(F_n-1)/2} \equiv -1 \pmod{F_n}$ ならば，定理 2 で $a = 3$ として，F_n は素数である．逆に F_n が素数であるとすると，

$$3^{(F_n-1)/2} \equiv \left(\frac{3}{F_n}\right) \pmod{F_n}$$

である．ここで $\left(\dfrac{3}{F_n}\right)$ は Jacobi 記号であり，$\left(\dfrac{3}{F_n}\right) = -1$ であることを示すのはやさしい．

Proth の定理 (1878)　$n = h2^k + 1, 2^k > h$ とする．

$$a^{\frac{n-1}{2}} \equiv -1 \pmod{n}$$

なる整数 a が存在するならば，n は素数である．

定理 3（Proth の定理の一般化）　$n = hq^k + 1$ とする．ここで q は素数，q と h は互いに素で $q^k > h$ とする．

$$a^{n-1} \equiv 1 \pmod{n},$$
$$\gcd(a^{\frac{n-1}{q}} - 1, n) = 1$$

なる整数 a が存在するならば，n は素数である．

古典的判定法に関する最も良い情報源は，おそらく Hugh Williams(ウィリアムズ)の著書 *Édouard Lucas and Primality Testing*（『エデュアルド・リュカと素数判定法』）[Wil98]であろう．$n^2 - 1$ について述べている他の有用なものとして[BLS75]がある．また，概観として標準的なものは[BLS$^+$88]，[Rib95]，[BLS75]である．これらの文献では，他の形の n の多項式（たとえば $n^6 - 1$）の因数分解へのポインタも含んでいる．これらの仕事の大部分は Williams と彼の協力者によるものである[Wil78]，[Wil98]．

これらの定理を使ったプログラムが開発され，大部分のコンピュータ・プラットフォーム上で動かすことができる．プログラムについては第 5 章を参照せよ．

2.3.2　$n + 1$ 判定法・Lucas-Lehmer 判定法

最大既知素数のリストの約半分の素数は $N - 1$ という形をしていて，この N（= 素数 + 1）は簡単に素因数分解できる数である．なぜか？ それは Fermat の小定理と似た定理が存在するからである．しかしそれを使う前に，

まず少し基礎的なことを調べてみよう．読者は，必要ならば詳細を省いてその定理に進んでもよいが，おもしろさの大半を失うことになる．

整数 p と q を判別式 $p^2 - 4q$ が n を法として平方数にならないように選ぶ．すると，多項式 $x^2 - px + q$ は分離した零点を持ち，その一つは $r = \dfrac{p + \sqrt{p^2 - 4q}}{2}$ である．そして（帰納法により）容易に示されるように，r の冪乗は次の形となる：

補題1 $\quad r^m = \dfrac{V(m) + U(m)\sqrt{p^2 - 4q}}{2}$

ここで U と V は次のように帰納的に定義される：

$$U(0) = 0, \quad U(1) = 1, \quad U(m) = pU(m-1) - qU(m-2)$$
$$V(0) = 2, \quad V(1) = p, \quad V(m) = pV(m-1) - qV(m-2)$$

これらを p と q に伴う Lucas 数列と呼ぶ．よく知られた特別な場合は $p = 1$, $q = -1$ によって与えられるものであり，このとき $U(m)$ は Fibonacci 数列となる．

これらの Lucas 数列は（下記のような）多くの性質を持つので非常に高速に計算できる（x^m の計算に反復2乗法を使うのと同様である）：

$$U(2m) = U(m)V(m)$$
$$V(2m) = (V(m))^2 - 2q^m$$

([BLS$^+$88]または[Rib95，第2章 IV]を参照せよ)．

さて，Fermatの小定理に対応する定理を述べる準備ができた（次の補題を読むときには補題1を念頭に置いてほしい）：

補題2 $\quad p, q, r$ を上記のものとする（$p^2 - 4q$ は n を法として平方数にならない）．偶奇が同じ整数 a, b について，$2r \equiv a + b\sqrt{p^2 - 4q} \pmod{n}$ と置く．n が素数であれば，$2r^n \equiv a - b\sqrt{p^2 - 4q} \pmod{n}$．

これは雑然としているので，補題1の U を使って書き直そう．補題2は，本質的には r^n が n を法として r^1 と共役だということを述べていることに注意せよ．二つを掛け合わせると次の補題を得る．

補題 3　p, q を上記のものとする．n が素数であれば，$U(n+1) \equiv 0 \pmod{n}$．

以上の準備のもとに，定理 1 に相当する $n+1$ タイプの定理を述べることができる：

定理 4　$n > 1$ を奇数とする．$n+1$ の任意の素因数 r に対して，互いに素な整数 p, q が存在して，$d = p^2 - 4q$ は Jacobi 記号 $\left(\dfrac{d}{n}\right) = -1$ を満たし，かつ

$$U(n+1) \equiv 0 \pmod{n},$$
$$U\left(\frac{n+1}{r}\right) \not\equiv 0 \pmod{n}$$

が成り立つならば，n は素数である．

判別式 d を変えない相異なる p, q を使ってもよいことに注意せよ．たとえば (p, q) を $(p+2, p+q+1)$ に置き換えてもよい．

$S(k) = \dfrac{V(2^{k+1})}{2^{2^k}}$ と置くことにより，この判定法の興味ある例を導くことができる：

Lucas-Lehmer 判定法 (1930)　$M(n)$ を n 番目の Mersenne 数，すなわち $M(n) = 2^n - 1$ とする．$M(n)$ が素数であるのは，$S(n-2) \equiv 0 \pmod{M(n)}$ であるとき，かつそのときに限る．ここで S は $S(0) = 4$, $S(k+1) = S(k)^2 - 2$ で決まる数列である．

（この証明は 7.7.5 項にある）．この判定法は割り算を必要としないので，二進コンピュータでは特に高速に実行できる．これをプログラムで書くのはやさしく，1978 年に二人の高校生（彼らはこの判定法の裏にある数学をほとんど理解していなかった）がこれを使って Mersenne 素数の当時の新記録 $2^{21701} - 1$ を発見した（記録については 4.3 節を参照せよ）．

Lucas 数列を使って，Pocklington の定理に対応する判定法を構成することも容易である．これは最初に D. H. Lehmer によって 1930 年に実行された（Lucas-Lehmer 判定法を発表したのと同じ論文[Leh30]）．この判定法に関する詳細は[BLS+88]や[BLS75]などを参照せよ．

Joerg Arndt(アーント)はこの判定法を次のような衝撃的な（しかし計算上は役に立たない）形で述べている:

定理 5 $p = 2^n - 1$ が素数であるのは, p が $\cosh(2^{n-2}\log(2+\sqrt{3}))$ を割り切るとき, かつそのときに限る.

Lucas もまた彼の定理の一つを同じように表現している.

2.3.3 複合判定法

$n-1$ または $n+1$ の素因数分解されている部分が n の立方根より大きいならば, n に対して素数判定法が適用できることをこれまでの項で指摘した. 本項では, $n-1$ と $n+1$ の素因数分解されている部分の積が n の立方根より大きい場合には, n が素数であることを証明するのに複合判定法が使えることを述べる（もし, この方法で n が素数であることを証明するのに十分な素因数を探せないならば, 次節の汎用の判定法を使う必要がある）.

$n > 1$ を奇数とする. $n-1 = F_1 R_1, n+1 = F_2 R_2$ と置く. ここで F_1, F_2 は完全に素因数分解されていて, $\gcd(F_1, R_1) = \gcd(F_2, R_2) = 1$ であるものとする. このとき, 前項で n に適用した 2 種類の判定法は以下のようになる:

条件 I F_1 を割り切る各素数 r に対して, 整数 a が存在して以下の条件を満たす:
$$a^{n-1} \equiv 1 \pmod{n},$$
$$\gcd(a^{\frac{n-1}{r}} - 1, n) = 1.$$

条件 II $\left(\dfrac{d}{n}\right) = -1$ とする. F_2 を割り切る各素数 r に対して, 判別式 d の Lucas 数列 $U(n)$ が存在して以下の条件を満たす:
$$U(n+1) \equiv 0 \pmod{n},$$
$$\gcd(U\!\left(\tfrac{n+1}{r}\right), n) = 1.$$

Pocklington の定理によって, 条件 I が正しいならば n の各素因数 q は

$k \cdot F_1 + 1$ の形をしていることがわかる.60 年後に Morrison(モリソン)は,条件 II が成り立っていれば,n の各素因数 q は $k \cdot F_2 \pm 1$ の形をしていることを証明した[Mor75].これらを合わせて次の結果を得る:

複合定理 1 n, F_1, F_2, R_1, R_2 は上のとおりとして,条件 I と II を満たすとする.もし

$$n < \max\left(\frac{F_1{}^2 F_2}{2}, \frac{F_1 F_2{}^2}{2}\right)$$

ならば,n は素数である.

証明 q を n の素因数として $n = mq$ と置く.条件 I から $q \equiv 1 \pmod{F_1}$ となり,$n \equiv 1 \pmod{F_1}$ だから $m \equiv 1 \pmod{F_1}$ である.条件 II から $q \equiv \pm 1 \pmod{F_2}$ がわかり,$n \equiv -1 \pmod{F_2}$ より $q \equiv 1 \pmod{F_2}$ または $m \equiv 1 \pmod{F_2}$ となる.n のすべての素因数 q に対して $q \equiv 1 \pmod{F_2}$ であれば $n \equiv 1 \pmod{F_2}$ となって矛盾するので,$m \equiv 1 \pmod{F_2}$ と仮定してもよい.また,$\gcd(F_1, F_2) = 2$ であるから*,これらを組み合わせて $m \equiv 1 \pmod{\frac{F_1 F_2}{2}}$ を得る.よって n が合成数であれば,次の二つが両方成り立つ:

$$n = qm > (1 + F_1)\left(1 + \frac{F_1 F_2}{2}\right) > \frac{F_1{}^2 F_2}{2},$$
$$n = qm > (-1 + F_2)\left(1 + \frac{F_1 F_2}{2}\right) > \frac{F_1 F_2{}^2}{2}.$$

これは条件に反するから n は素数である.

2.3.4 素因数の下限

n が十分小さく,上記の(あるいは類似の)結果を適用するのにほとんど十分な素因数がわかっている場合について,先人たちが $n \pm 1$ を素因数分解するためにどこまで議論を極めたかを知ることは役に立つことがあるだろう.

たとえば,R_1 と R_2 のすべての素因数が B より大きいと仮定する.次に条件 I と II をそれぞれ R_1, R_2 を対象として書き換えると次の条件を得る.

---

* (訳注)$n = F_1 R_1 + 1 = F_2 R_2 - 1$ より $F_2 R_2 - F_1 R_1 = 2$ となる.

条件 III 整数 a が存在して次の条件を満たす:
$$a^{n-1} \equiv 1 \pmod{n},$$
$$\gcd\left(a^{\frac{n-1}{R_1}} - 1, n\right) = 1.$$

条件 IV $\left(\dfrac{d}{n}\right) = -1$ とする．判別式 d の Lucas 数列 $U(n)$ が存在して以下の条件を満たす:
$$U(n+1) \equiv 0 \pmod{n},$$
$$\gcd\left(U\left(\tfrac{n+1}{R_2}\right), n\right) = 1.$$

この二つの条件からそれぞれ次のことが言える: n の各素因数 q は $k \cdot u + 1$ の形をしている．ここで u は R_1 の素因数である．また q は $k \cdot v \pm 1$ の形をしている．ここで v は R_2 の素因数である（u, v は q に依存することに注意せよ）．もちろん u と v はどちらも素因数の下限 B よりも大きい．以上の記法を用いることにより，ついに古典的判定法を締めくくる定理を述べることができる（複合定理 2 の証明は，複合定理 1 の下限の証明と本質的に同じである）．

複合定理 2 n, F_1, F_2, R_1, R_2, B は上のとおりとし，条件 I から IV までを満たすとする．整数 r と s を $R_1 = s \cdot \dfrac{F_2}{2} + r$ $\left(0 \leq r < \dfrac{F_2}{2}\right)$ によって定義する．もし
$$n < \max(BF_1 + 1, BF_2 - 1)\left(\frac{B^2 F_1 F_2}{2} + 1\right)$$
であれば，n は素数である．

複合定理 3 n, F_1, F_2, R_1, R_2, B は上のとおりとし，条件 I から IV までを満たすとする．整数 r と s を $R_1 = s \cdot \dfrac{F_2}{2} + r$ $\left(0 \leq r < \dfrac{F_2}{2}\right)$ によって定義する．ある整数 m に対して
$$n < (mF_1 F_2 + rF_1 + 1)\left(\frac{B^2 F_1 F_2}{2} + 1\right)$$

が成り立てば，n が素数であるか，または，ある非負整数 $k < m$ に対して $kF_1F_2 + rF_1 + 1$ は n を割り切る．

この二つの結果（あるいはその発展形）は，古典的結果に関する集大成である[BLS75]に載っている．この定理とその拡張に関する卓越した解説は Hugh Williams の前出の著書[Wil98]にある．

われわれは，この先どこまで進めるのだろうか？次の式に現れる高次の因数を考えることもできる：

$$n^6 - 1 = (n-1)(n^2+n+1)(n+1)(n^2-n+1).$$

（この技法の理論と例については，[Wil78]を参照せよ）．しかし，数学的複雑さにかかるコストは非常に高い．だから実用的には n^2+n+1 や n^2-n+1 のような項を付け加えるのはあまり努力に見合わない．むしろ，次節の汎用の判定法に移ることに意味がある．

2.4　汎用の判定法

2.4.1　非古典的テスト：APR と APR-CL

前節の判定法を改良するにはどうしたらよいだろう？70年代に Williams らが行った方法は，n^2+1, n^2+n+1, n^2-n+1 のような多項式の因数を使うことであった[Wil78]．しかし，そこで留まる必要はない．たとえば $m = 5040$ とするとき，$n^m - 1$ のような高次の指数を試してみよう．このとき，Fermat の小定理により，$q-1$ が 5040 を割り切るような任意の素数 q（n を割り切らない）は $n^{5040} - 1$ を割り切るはずである．

少し考えると，$m = 5040$ については素数 q を集めた積が 10^{48} より大きくなることがわかる．それで，古典的定理と同じような定理を示せば（n の平方根までの素因数分解だけが必要），同じ $m = 5040$ を使って，（陽には）素因数分解を行わず，97桁★よりも小さいすべての数について同じようにやれ

★（訳注）訳者の計算では q を集めた積の 2 乗がちょうど 100 桁となる最小の m は $m = 9660$ である．

る（これらすべての n に対して同じ q でうまくいく）．

もっと大きい桁数の n についてはどうだろう？ m の素因数を見つけることは常に可能である．実際，次の式を満たす整数 m が存在することが示された：

$$m < (\log n)^{\log \log \log n}.$$

ここで，素数 q は $n^m - 1$ を割り切るし，$q-1$ は m を割り切るとする．そういう q を集めた積は少なくとも n の平方根の大きさになる．通常，3,000 桁の数 n に対して，m は 100,000,000 ほどの大きさになる．

Adleman(アドルマン), Pomerance, Rumely(ルメリ)は，1979 年に APR 判定法[APR83]を発表して，ここから現代的素数判定法の時代が始まった．上に書いたことは彼らの仕事の粗い（非常に粗い！）要約である．彼らの方法による実行時間 t はほぼ多項式時間であり，

$$(\log n)^{c_1 \log \log \log n} < t < (\log n)^{c_2 \log \log \log n}$$

のように評価できる．

Cohen と Lenstra(レンストラ)[CL84]はこの判定法を改良して実用版とした．これは APRT-CL と呼ばれ，100 桁の数を秒の単位で扱える（また [CL87], [Mih98], [BvdH90]を参照せよ）．（それらは Jacobi 和を計算するために冪剰余記号に対する一般相互法則をもっと簡単なものに置き換えている）．このアルゴリズムを（DOS 上の）UBASIC で書いた公開ソフトウェアもあり，そのプログラムは 500 桁の数を扱える．このタイプの判定法の公開ソフトウェアのうち，最も進んだバージョンは Preda Mihailescu(ミハイレスク)の CYCLOPROV であろう．

また，二つのアプローチを組み合わせることも可能である（$n \pm 1$ の大きい素因数には古典的方法を，$n^m - 1$ の多くの小さい素因数には上の新古典的方法を使う）．このアプローチの一つの例は，Tony Forbes(フォーブス)の VFYPR（現在 2,982 桁まで）である．

2.4.2 楕円曲線と ECPP 判定法

素数判定法の次の大きい飛躍は何だろう？ Galois 群から他の群に移るともっと簡単に扱えるかもしれない．ここで n を法とした楕円曲線上の点を考える．種数 1 の楕円曲線とは次の形に書ける曲線である：

$$y^2 = x^3 + ax + b \qquad (4a^3 + 27b^2 \neq 0)$$

これが「楕円」と呼ばれるのは，この方程式が最初に楕円の弧長の計算に現れたからである．

このような曲線上の有理点は「弦と接線の方法」により群となる．つまり，二つの点 P_1 と P_2 が有理点（両座標が有理数である）とすると P_1 と P_2 を結ぶ線はこの曲線と 3 番目の有理点で交わる．この交点を $-(P_1 + P_2)$ とする（符号を負にするのは結合則が成り立つようにするためである）．これと x 軸に対して対称な点を $P_1 + P_2$ と置く（もし P_1 と P_2 が同じ場合は P_1 での接線を使う）．このとき，この曲線上の有理点は演算 + に関して群を成す（図 2.1）．これを $E(a, b)$ と書く．

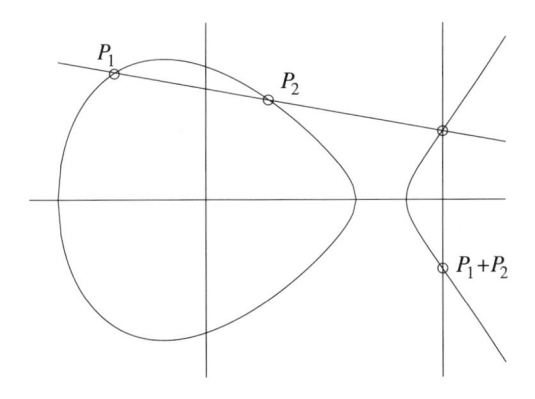

図 2.1: 弦と正接の方法

ここで，同じことを有限体 $F(p)$ 上で行うと，$E(a, b)$ の代りに小さい群 $E(a, b)/p$ を得ることができ，その群の位数は古典的判定法の場合の $(\mathbf{Z}/p\mathbf{Z})^*$ の位数とほぼ同じような役割を果たす．$|E|$ を群 E の位数とすると：

定理 $|E(a,b)/p|$ は区間 $(p+1-2\sqrt{p},\ p+1+2\sqrt{p})$ 内に存在し，a と b を変化させた場合，かなり一様に分布する．

明らかに，われわれはまた深淵で理解しにくいところにさしかかった．古典的判定法では位数 $n+1$ や $n-1$ の群が用いられるが，この方法では（二つだけではなく）ずっと多くの位数の群を使うことができると理解してほしい．「素因数」が見つかるまで曲線を交換していくことができるのである．この改良は，これらの群の実際の位数を見つけるという大変な作業のコストをかけることによって得られる．

1986年頃，S. Goldwasser(ゴールドワッサー)と J. Kilian(キリアン)[GK86] および A.O.L. Atkin(エトケン)[Atk86]は，楕円曲線素数判定法 (Elliptic Curve Primality Proving) を提案した．Atkin の方法 ECPP は多くの数学者（特に Atkin と Morain(モラン)[AM93]）によって改良を重ねられた．François Morain の C プログラム（[AM93]）は多くのプラットフォームに対応していて，WWW で入手できる．Windows プラットフォームでは，Titanix が使いやすいだろう．

ECPP の計算量は，ある $\varepsilon > 0$ に対して $O((\log n)^{6+\varepsilon})$ と実験的に推測されている[LL90]．

2.4.3 素数判定法のまとめ

実際問題としては，どの素数判定法を使うべきか決めることはやさしい．もし，あなたがやりたいことが記録になるような数を探すのであれば，Proth の定理（または $n+1$ タイプの同等な定理）を使う．数 n を注意深く選んで概素数であることを示せば，それが素数であることを示すのは（通常は）簡単なことである．大きい素数を見つける際にもっとも困難となるのは実は掛け算を高速に行うことである．さいわい，これに関しては既に多くの仕事がなされてきた．「巨大素数探索プログラム」リンク集[u6]には，大きい素数を発見し検証するためのプログラム*が集まっている．

もし，n を探すのではなく，与えられた n の素数性を判定する場合には，

---

* （訳注）本書では第5章を参照せよ．

まず小さい素因数をテストする．それが無かったら，Fermat 概素数判定法を試して概素数であるかどうかを調べる．概素数であれば，$n+1, n-1, \cdots$ の素因数を見つける．素因数が十分に存在すれば古典的方法を使う．もしそうでなければ，現代的方法を適用することになる．古典的方法では，100,000 桁の数を扱うのはやさしい．現代的方法では，5,000 桁の数を扱うのもかなり難しいだろう．勇敢な人でない限り，既に作られたプログラムを探すことをお勧めしたい．

Prime Pages には 5,000 個の最大既知素数のリストがある．このリストに載るような新しい素数を見つけたら，ぜひ知らせてほしい．

2.5　概素数が素数である確率

Fermat の小定理によれば，すべての素数 p は p で割り切れない任意の a に対して a-PRP である．どの底 a に対しても，無限に多くの合成数の a-PRP が存在する（2.2.2 項を参照せよ）．言うまでもなく，概素数は多くの場合素数であり，RSA 暗号などの用途に対しては十分役に立つ．ではどれくらい十分なのだろうか？

Su Hee Kim(キム) と Carl Pomerance は，[KP89] において x より小さい a-PRP が合成数である確率 $P(x)$ について考察した．もっと正確に言うと，x を正の数として，次のように与えられた奇数 n が合成数である確率として $P(x)$ を定義する：

(1) n は $1 < n \leq x$ の範囲でランダムに選ぶ．
(2) a は $1 < a \leq n-1$ の範囲でランダムに選ぶ．
(3) n は a-PRP である．

表 2.2 は彼らが発見したものの一部である [KP89, table 1, p.723]．

たとえば，ランダムに 120 桁の奇数 n を選び，小さいランダムな底 a を選ぶ．すると，n が a-PRP であるならば，n が合成数である確率は，0.00000000000528 よりも小さい！概素数判定法の代りに強概素数判定法を用い，この確率を $P_s(x)$ と書くと，$P_s(x)$ の上限値は $P(x)$ の上限値の半分

表 2.2: ランダム概素数が合成数である確率

x の桁数	$P(x)$ の上限	x の桁数	$P(x)$ の上限	x の桁数	$P(x)$ の上限
60	0.0716	200	3.85×10^{-27}	1000	1.2×10^{-123}
80	0.0000846	300	5.8×10^{-29}	2000	8.6×10^{-262}
100	0.0000000277	400	5.7×10^{-42}	5000	7.6×10^{-680}
120	5.28×10^{-12}	500	2.3×10^{-55}	10000	1.6×10^{-1331}
150	1.49×10^{-17}	700	1.8×10^{-82}	100000	1.3×10^{-10584}

になる．強概素数判定法（底はランダムに選ぶ）を k 回繰り返すと，この確率は高々

$$\frac{P_s(x)}{4^{k-1}(1-P_s(x))}$$

になる．

最後に，表 2.2 の確率の上限は x が ∞ に向かうにつれて 0 に近づいていくことは明らかである．これは Paul Erdös と Carl Pomerance によって，1986 年に [EP86] の中で証明された．

2.6　RSA-130 の素因数分解

以下は，RSA-130 の素因数分解に成功した*ことを知らせる電子メールである．

```
Date:       Fri, 12 Apr 1996 13:49:43 EDT
From:       Arjen K. Lenstra
Subject:    Factorization of RSA-130
To:         Multiple recipients of list NMBRTHRY
```

1996 年 4 月 10 日，われわれは

RSA-130 = 18070 82088 68740 48059 51656 16440 59055 66278 10251
          67694 01349 17012 70214 50056 66254 02440 48387 34112
          75908 12303 37178 18879 66563 18201 32148 80557

---

* （訳注）2003 年 8 月現在，RSA-140 および RSA-155 の記録がある．これに使われた素因数分解の方法は，RSA-130 と同じく数体篩の方法を踏襲している．

2.6 RSA-130 の素因数分解

が，次のように素因数分解できることを発見した：

RSA-130 = 39685 99945 95974 54290 16112 61628 83786 06757 64491
         12810 06483 25551 57243
       * 45534 49864 67359 72188 40368 68972 74408 86435 63012
         63205 06960 09990 44599

この素因数分解を行うのには，数体篩 (NFS; Number Field Sieve) 素因数分解アルゴリズムを使った．これは 1994 年 4 月 2 日に作られた二次篩 (QS; Quadratic Sieve) 素因数分解アルゴリズムによる 129 桁の記録[AGLL95]を塗り替えるものである．NFS による RSA-130 を素因数分解するのにかかった時間は，QS を使った RSA-129 のときの計算時間とほぼ同等である（詳細は下記を参照せよ）．NFS に関しては[LL93]を見よ．さらに，数体篩の実装とこれ以前の大きい数体篩素因数分解については，[BLZ94]，[DL95]，[EH95]，[GLM94]を見よ．

われわれは，次の多項式

$$5748\ 30224\ 87384\ 05200\ X^5 + 9882\ 26191\ 74822\ 86102\ X^4$$
$$- 13392\ 49938\ 91281\ 76685\ X^3 + 16875\ 25245\ 88776\ 84989\ X^2$$
$$+ 3759\ 90017\ 48552\ 08738\ X - 46769\ 93055\ 39319\ 05995$$

と，RSA-130 を法としたその根 125 74411 16841 80059 80468 を用いる．この多項式は Scott Huddleston(ハドルストン)が構成した 14 個の候補の一つであり，Saarland 大学の Joerg Zayer(ゼイヤー)が篩の方法を拡張する実験で使ったものを参考にしている．

篩の計算はいろいろな場所でさまざまなコンピュータを使って行われた．

28.37%	Bruce Dodson (Lehigh 大学)
27.77%	Marije Elkenbracht-Huizing (CWI, Amsterdam)
19.11%	Arjen K. Lenstra (Bellcore)
17.17%	WWW 因数分解プロジェクト
	(Jim Cowie, Wojtek Furmanski, Arjen Lenstra, 他)
4.36%	Matt Fante (IDA)
1.66%	Paul Leyland (Oxford 大学)
1.56%	Damian Weber (Saarland 大学)

CWI での計算の一部と Saarland 大学でのすべての計算を除いて，ほとん

どの参加者はBellcoreで開発された数体篩プログラムを使用した．このプログラムはPollard(ポラード)が[Pol93]で発表した「ベクトルによる篩計算を伴う束篩」を用い，[GLM94]で書かれた実装法に基づいている．最も大きい違いは，束を定義する「特殊q-素数」を駆使することである（[EH95]を参照せよ）．[GLM94]とは異なり，([Pol93]のように) これらの特殊q-素数は因子基底に属する必要がない．このアイデアは[Ber94]にも現れている．他の違いは，因子基底のサイズをもっと柔軟に解釈することである．その結果としてメモリーの使い方がもっと柔軟にできることになった．

これらの改良により，篩計算プログラムは並列に実行できることになった．少なくとも約6Mバイトのメモリーを持ったプロセッサであれば，いくらでも並列に実行できる．この方法はWebを利用した篩計算の中で発展してきた．それは，CGIスクリプト*の集まり（Cooperating Systems社の"FAFNER"）からなり，不特定の篩計算クライアントの世界的な分散ネットワークの中でタスクと「リレーション」の流れを自動化しかつ調整するものである．その結果，Webのユーザーは誰でもマウスをクリックするだけで，未来のもっと大きい素因数分解計算に寄与できることになった．

この改良によって，篩計算にかかる時間を評価することは難しくなった．篩計算マシンの効率は，それが使えるメモリーの量に依存するからである．しかし，もし24Mバイトのメモリーを持つ平均的なワークステーションで篩計算を実行した場合には，おおよそ500 MIPS年である（つまり，129桁の二次篩の10%）と言えるだろう．

篩計算は1995年9月に始まり，最初は非常に限られた数のワークステーションで実行された．Webを利用した篩計算は，少し遅れて1995年12月に始まった．Bellcoreで，リレーションを集めて混ぜ合わせ，重複をとり除いた．1996年1月14日には56,515,672個の独立のリレーションを得た．リレーションの量は，1回の素因数分解当たり，圧縮していないASCII形式では3.5Gバイトを要する．これは2,000,000以上の素数のリストだけである．250,001個の有理因子基底（3497867以下の素数に対応する）と750,001個の代数的因子基底（ノルム11380951以下のイデアルに対応する）を用い

---

* (訳注) Common Gateway Interface Script．Webサーバー上で動くプログラムのこと．

2.6 RSA-130 の素因数分解

ると，全リレーションと部分リレーションは以下のようになる：

3497867 より大きい 有理素数の個数	ノルム 11380951 より大きい素イデアルの個数						
	0	1	2	3	4	5	6
0	48400	479737	1701253	1995537	6836	403	9
1	272793	2728107	9617073	11313254	39755	2212	44
2	336850	3328437	11520120	13030845	56146	3214	71
3	1056	9022	24455	0	0	0	0
4	3	9	31	0	0	0	0

最初の成功した「依存関係」は，4,143,834 個のリレーションを使った．このうち 3,506 個は自由リレーションである．実際に使われたリレーションのうち，大きい素イデアルの分解は以下のものである：

0	24242	154099	330738	255742	1054	52	1
1	75789	443647	885136	648148	2734	164	2
2	56326	300369	565605	389046	1923	131	4
3	182	776	1105	0	0	0	0
4	2	4	7	0	0	0	0

毎週 1 回，Bellcore で結果を収集して，「サイクル」が数えられた．最終的には 56,467,272 個のリレーションを収集し，2,844,859 個のサイクルが一つ以上の大きい素数を生成した．これらのサイクルのうち，18,830,237 個 (33.3%) は部分リレーションが生じた（つまり有用だった）．以前の数体篩素因数分解のように，爆発的な数のサイクルが観察されたが，有用なリレーションは最初に急激に増加し，その後サイクルの個数が突然増加しだす．

部分リレーション	有用なリレーション	サイクル
41319347	47660	16914
45431262	8214349	224865
53282421	11960120	972121
56467272	18830237	2844859

[DL95]に概略を書いてあるアプローチを使って，これらのデータは重み 138690744（1 列当たり平均 39.4 個）の 3504823×3516502 の行列になる．Peter L. Montgomery(モンゴメリー)のブロック Lanczos アルゴリズム ([Mon95]) による Cray 上のプログラムを使って動かすと，CPU 時間で 67.5

時間と 700M バイトのメモリーが必要となる．このマシンは Amsterdam の SARA Computer Center にある線形代数計算用の Cray C90 である．これを SGI Challenge（150MHz R4400SC プロセッサ）1 プロセッサで，Montgomery の平方根プログラム（[Mon93]）を使って計算すると，一つの依存関係（分子と分母の初期値が約 970 万桁）当たり 49.5 時間かかる．RSA-130 の素因数分解は 3 番目の依存関係によって見つかった．

　篩計算をさらに進める（そしてより多くの部分リレーションに分解する）と，より小さい（計算しやすい）行列と平方根問題に帰着すると考えられる．

1996 年 4 月 11 日
Arjen K. Lenstra, Bellcore
および
Jim Cowie
Marije Elkenbracht-Huizing
Wojtek Furmanski
Peter L. Montgomery
Damian Weber
Joerg Zayer

　参加者に感謝するとともに，スーパーコンピュータ Cray C90 を使わせてくれたオランダの NCF[*] に感謝する．

参考文献　　[AGLL95], [Ber94], [BLZ94], [DL95], [EH95], [GLM94], [LL93], [Mon93], [Mon95], [Pol93]

---

[*] Dutch National Computing Facilities Foundation（オランダ国立計算機施設基金）．

第3章

最大の既知素数

3.1 概要

　算術の基本定理によれば，どんな正の整数でも素数の積として順序を除いて一通りに表せる．古代ギリシャ人は（紀元前 300 年頃）素数は無限にあることと，その間隔は不規則であること（引き続く素数の間の間隔でいくらでも大きいものがあること）を証明していた．一方，19 世紀に n 以下の素数の数は（n が非常に大きくなると）$\frac{n}{\log n}$ に近づくことが示された．したがって，n 番目の素数はおよそ $n \log n$ である（1.2 節を参照）．

　Eratosthenes の篩はいまでも，非常に小さい（たとえば 1,000,000 以下の）素数を求めるのに最も効率の良い方法である．しかし，最大素数のほとんどは，群論の Lagrange の定理の特殊な場合を用いて見つけられたものである．より詳しくは，第 2 章を参照せよ．

　1984 年に Samuel D. Yates（イェーツ）は，1,000 桁以上の素数をタイタン素数と定義した[Yat85]．この用語が導入された当時はたったの 110 個しか巨大素数は知られていなかった．しかしいまや，タイタン素数はその 1,000 倍以上もある！そして，コンピュータと暗号学はより大きい素数を求めて常に努力しているから，その数は増え続けるだろう．最初の 1,000 万桁の素数を目にする日もそう遠くないだろう．Prime Pages の Web サイトでは，5,000 個の最大素数（と，選りすぐった小さい素数）のデータベースを保守

している．約6,000個の完全な素数のリストがいくつかの形式で入手可能である（以下のファイルの大きさは2003年6月30日のもの）．

検索可能データベース[u7] キーワード，数の大きさ，発見者などで検索できる．

all.txt[u8] 全リスト！大きいファイル：366Kバイト．

all.zip[u9] 全リスト(all.txt)をpkZip圧縮したもの，all.txtの約1/4：79Kバイト．

short.txt[u10] 大きい素数のリスト，および「興味深い」小さめの素数（注釈付き）．かなり小さいファイル：156Kバイト．

本章では，引用句と少しばかりの記録を，通読できる程度に提供しておく：

> 素数と合成数を区別したり，合成数を素因数分解する問題は数論において最も重要で有用なものである．古代から現代までの幾何学者たちがこの問題に時間をかけ，知恵を絞ってきたことは，いまさら議論するまでもない… さらに言えば，この優雅で名高い問題を解くためにあらゆる方法を試せと荘厳たる科学そのものが要求しているように思えるのである．
>
> —Carl Friedrich Gauss, *Disquisitiones Arithmeticae*（『数論考究』），1801

3.2 ジャンル別素数トップ10

3.2.1 最大素数トップ10

2001年11月14日，Michael Cameron(キャメロン)，Woltman(ウォルトマン)，Kurowski(クロウスキ)らは新しい素数の記録 $2^{13466917} - 1$ を見つけた．詳しいことは6.6節を参照せよ．

現在の記録保持数と発見者は表3.1のとおりである．

表 3.1 : 最大素数トップ 10

順位	素数	桁数	発見年	発見者
1	$2^{13466917} - 1$	4053946	2001	Cameron, Woltman, Kurowski, GIMPS
2	$2^{6972593} - 1$	2098960	1999	Hajratwala, Woltman, Kurowski, GIMPS
3	$2^{3021377} - 1$	909526	1998	Clarkson, Woltman, Kurowski, GIMPS
4	$2^{2976221} - 1$	895932	1997	Spence, Woltman, GIMPS
5	$2^{1398269} - 1$	420921	1996	Armengaud, Woltman, GIMPS
6	$126606 2^{65536} + 1$	399931	2002	Underbakke, Gallot
7	$5 * 2^{1320487} + 1$	397507	2002	Toplic, Gallot
8	$857678^{65536} + 1$	388847	2002	Gallot, Fougeron
9	$843832^{65536} + 1$	388384	2001	Gallot, Fougeron
10	$671600^{65536} + 1$	381886	2002	Toplic, Gallot

資料編の素数発見の年別グラフ（図 11.1）と最大既知素数トップ 20 の表（11.3 節）を参照せよ．

3.2.2 双子素数トップ 10

双子素数とは p と $p+2$ で表せる素数，すなわち二つ違いの素数の組である．双子素数は無限にあると予想されているが，証明はされていない（これは，以下に出てくる形式の素数すべてに当てはまる）．

現在の記録保持数と発見者は表 3.2 のとおりである．

注 双子素数の定義は真三つ組素数，真四つ組素数さらに真 k 組素数に一般化できる．Tony Forbes はこれらの記録をリストしたページ[u11]を管理している．

表 3.2: 双子素数トップ 10

順位	素数	桁数	発見年	発見者
1	$318032361 \times 2^{107001} \pm 1$	32220	2001	Underbakke, Carmody, PrimeForm
2	$1807318575 \times 2^{98305} \pm 1$	29603	2001	Underbakke, Carmody, Gallot
3	$665551035 \times 2^{80025} \pm 1$	24099	2000	Underbakke, Carmody, Gallot
4	$781134345 \times 2^{66445} \pm 1$	20011	2001	Underbakke, Carmody, PrimeForm
5	$1693965 \times 2^{66443} \pm 1$	20008	2000	LaBarbera, Jobling, Gallot
6	$83475759 \times 2^{64955} \pm 1$	19562	2000	Underbakke, Jobling, Gallot
7	$291889803 \times 2^{60090} \pm 1$	18098	2001	Boivin, Gallot
8	$4648619711505 \times 2^{60000} \pm 1$	18075	2000	Indlekofer, Jarai, Wassing
9	$2409110779845 \times 2^{60000} \pm 1$	18075	2000	Indlekofer, Jarai, Wassing
10	$2230907354445 \times 2^{48000} \pm 1$	14462	1999	Indlekofer, Jarai, Wassing

資料編の最大の既知双子素数のリスト（11.18 節）を参照せよ．

3.2.3 Mersenne 素数トップ 10

Mersenne 素数は $2^p - 1$ の形の素数である．二進コンピュータで素数性を判定するのが最も簡単な種類の素数であるため，多くの場合，最大の既知素数でもある．

現在の記録保持数と発見者は表 3.3 のとおりである．

表 3.3: Mersenne 素数トップ 10

順位	素数	桁数	発見年	発見者
1	$2^{13466917} - 1$	4053946	2001	Cameron, Woltman, Kurowski, GIMPS
2	$2^{6972593} - 1$	2098960	1999	Hajratwala, Woltman, Kurowski, GIMPS
3	$2^{3021377} - 1$	909526	1998	Clarkson, Woltman, Kurowski, GIMPS
4	$2^{2976221} - 1$	895932	1997	Spence, Woltman, GIMPS
5	$2^{1398269} - 1$	420921	1996	Armengaud, Woltman, GIMPS
6	$2^{1257787} - 1$	378632	1996	Slowinski, Gage
7	$2^{859433} - 1$	258716	1994	Slowinski, Gage
8	$2^{756839} - 1$	227832	1992 [Peterson92]	Slowinski, Gage
9	$2^{216091} - 1$	65050	1985	David Slowinski
10	$2^{132049} - 1$	39751	1983	David Slowinski

詳細は 4.3 節を参照せよ. 既知の Mersenne 素数の完全な表もある. また, GIMPS*に参加して表の欠落を埋める手助けもできる.

3.2.4 素数階乗素数, 階乗素数, 多重階乗素数トップ 10

Euclid の素数の無限性の証明は, $n\# + 1 (= 2 \cdot 3 \cdot 5 \cdots n + 1)$ という式を使っている. Kummer(クンマー)の証明は $n\# - 1$ という式を使っている. 一部の学生はこれらの証明を見て, $n\# \pm 1$ という形の数は常に素数だと思ってしまうが, そうではない. $n\# \pm 1$ という形の数が素数であるとき, 素数階乗素数と呼ぶ. 同様に $n! \pm 1$ という形の素数を階乗素数と呼ぶ. 階乗素数を一般化して多重階乗素数を定義するが, この定義と多重階乗の記号については資料編 11.17 節を参照せよ.

現在の記録保持数と発見者は表 3.4 のとおりである.

---

* (訳注) The Great Internet Mersenne Prime Search. 詳しくは用語編の GIMPS の項を参照せよ.

表 3.4: 素数階乗素数, 階乗素数, 多重階乗素数トップ 10

順位	素数	桁数	発見年	発見者
1	$392113\# + 1$	169966	2001	HEUER, PrimeForm
2	$366439\# + 1$	158936	2001	HEUER, PrimeForm
3	$21480! - 1$	83727	2001	DavisK, Kuosa, PrimeForm
4	$145823\# + 1$	63142	2000	Anderson, Robinson, PrimeForm
5	$96743!_7 - 1$	62904	2002	Dohmen, PrimeForm
6	$92288!_7 - 1$	59738	2002	Dohmen, PrimeForm
7	$91720!_7 - 1$	59335	2002	Dohmen, PrimeForm
8	$27056!_2 - 1$	54087	2001	Kuosa, PrimeForm
9	$34706!_3 - 1$	47505	2000	Harvey, PrimeForm
10	$34626!_3 - 1$	47384	2000	Harvey, PrimeForm

「既知の素数階乗素数，階乗素数，多重階乗素数のすべて」[u12] でこれらの形の最大素数のリストが見られる．

3.2.5 Sophie Germain 素数トップ 10

Sophie Germain 素数は奇素数 p で, $2p+1$ も同時に素数になるものをいう．これは Sophie Germain (ジェルマン) が Fermat の最終定理 「$x^n + y^n = z^n$ は $n > 2$ に対して 0 以外の解を持たない」の第 1 の場合*について，指数がこの形の素因数を持つ場合に証明したことにより名づけられた. Fermat の最終定理は現在 Andrew Wiles によって完全に証明されている．

現在の記録保持数と発見者は表 3.5 のとおりである．

3.3 巨大素数のその他の情報源

執筆と出版の時間差のため，本では現在の素数の記録に追従できない（それで Prime Pages を作った），しかし限られた Web ページよりも，本のほうがこれらの記録の背後にある数学的な理論をずっとよく提供できる．最近，素数と素数性の証明に関する優れた本がいくつか出版された．ここに私の好

---

*（訳注）用語編の「Fermat の最終定理」の項を参照せよ．

3.3 巨大素数のその他の情報源

表 3.5 : Sophie Germain 素数トップ 10

順位	素数	桁数	発見年	発見者
1	$109433307 \times 2^{66452} - 1$	20013	2001	Underbakke, Jobling, Gallot
2	$984798015 \times 2^{66444} - 1$	20011	2001	Underbakke, Jobling, Gallot
3	$3714089895285 \times 2^{60000} - 1$	18075	2000	Indlekofer, Jarai, Wassing
4	$18131 \times 22817\# - 1$	9853	2000	Henri Lifchitz
5	$18458709 \times 2^{32611} - 1$	9825	1999	Kerchner, Gallot
6	$415365 \times 2^{30052} - 1$	9053	1999	Scott, Gallot
7	$18482685 \times 2^{27182} - 1$	8190	2001	Rouse, Gallot
8	$22717075 \times 2^{26000} + 1$	7835	2001	Paul Jobling
9	$161193945 \times 2^{25253} - 1$	7611	2001	Narayanan, Gallot
10	$121063995 \times 2^{25094} - 1$	7563	2001	Schoenberger, Gallot

「Sophie Germain primes のすべて」[u13] で最大素数のリストが見られる．

みの本をあげる：

- Paulo Ribenboim, *The New Book of Prime Number Records*, Springer-Verlag, New York, 1995 (QA246 .R472) [Ribenboim95].
- Paulo Ribenboim, *The Little Book of Big Primes*, Springer-Verlag, 1991 (QA246 .R47) [Ribenboim91]. （上記の本の数学色の薄い版）
- Hans Riesel, "Prime Numbers and Computer Methods for Factorization," *Progress in Mathematics*, Birkhäuser Boston, vol. 126, 1994 [Riesel94].

第 IV 部の文献リストにある [Bre89] および [Coh93] も見てほしい．Cunningham プロジェクトも興味深く，次の本のタイトルに載っている数の素因数分解に挑戦している．

- J. Brillhart, et al., *Factorizations of $b^n \pm 1$, $b = 2, 3, 5, 6, 7, 10, 11, 12$ up to high powers*, American Mathematical Society, 1988 [BLS$^+$88].

このプロジェクトからのデータは Web または FTP で得られる．

情報求む

これらのリストを維持する手助けとして，修正，意見，提案，非難，関連 WWW リンク，特に新たな巨大素数があれば，私に知らせてください．

第 4 章

素数の探索

4.1 なぜ大きい素数を探すのか？

「なぜそんなに大きい素数を探すのか」と質問されることがある．私はいまは「あなたは何かを集めたことがありますか」とか「競争に勝とうとしたことがありますか」とか答えている．なぜわれわれが大きい素数を集めるのかという問いに対する答の多くは，人が珍しいものをなぜ集めるのかという問いに対するものと同じである．以下に，いくつかの理由に分けて完全な答を示す：

(1) 伝統だから．
(2) 探求の副産物のため．
(3) 珍しく美しいものが好きだから．
(4) 栄光のため．
(5) ハードウェアのテストのため．
(6) 分布を知るため．

これらの主張ではあなたは納得しないかもしれない．もしそうなら，聞こえるものが見えないからといって，それで音の価値が下がるわけではないことを思い出してもらいたい．われわれにはわからない調べが常にあるのである．

伝統だから

Euclid は紀元前 300 年頃に *Elements*(『原論』) で初めて素数性を定義した. 最終的に彼は (6 や 28 のように自身の真の約数の和に等しい) 偶数の完全数を特徴づけた. 彼は偶数の完全数 (奇数の完全数は一つも見つかっていない) がある素数 p に対して $2^p - 1$ と表される (いまでは Mersenne 素数と呼ばれている) 素数と密接な関係があることを示した. つまり, これらの宝石の採取は紀元前 300 年頃に始まったことになる.

そして大きい素数, 特にこの形の大きい素数が多くの人の手によって研究されてきた. 年代順にあげると Cataldi(カタルディ), Descartes(デカルト), Fermat, Mersenne(メルセンヌ), Frénicle(フレニクル), Leibniz(ライプニッツ), Euler(オイラー), Landry(ランドリー), Lucas, Catalan(カタラン), Sylvester, Cunningham(カニンガム), Pepin(ペパン), Putnam(プトナム), Lehmer のような人たちである. このように有名なグループに加わらずにいられるだろうか.

初等整数論の大部分は, 大きい数を扱う方法を決めたり, 大きい数の因数の特徴を調べたり, 大きい素数を探したりする際に発展した (たとえば, 7.7.3 項や 7.7.4 項のように単純な証明を作り出すのに必要となる概念を見よ). つまり, 大きい素数 (特に Mersenne 素数) を探す伝統は長く実り多きものであり, 続ける価値が十分にある.

探索の副産物のため

人類を初めて月に送ることは, アメリカ合衆国にとって政治的に重要な価値があったが, 社会にとってはその競争の結果残った副産物こそが最も価値あるものとなっただろう. その競争のために開発された新しい技術や素材がいまでは日常的なものとなり, 教育が改善されたことで多くの人が科学者や技術者への道を進むことになった.

同じことが素数の記録の追求についても言える. 上の「伝統だから」の項で (Euclid や Euler や Fermat のように) 探索に参加した何人かの巨人をあげた. 彼らはその過程で (Fermat の小定理や平方剰余の相互法則のような)

初等整数論において重要な定理を残した.

最近では,探索するために大きい整数の積を求める新しくて速い方法が必要になった. 1968 年に Strassen(ストラセン)は FFT を用いて大きい整数の積を素速く求める方法を発見した. 彼と Schönhage(シェンハーグ)はこの方法を洗練して 1971 年に出版した. 長期間 Mersenne 素数の探索をしている Richard E. Crandall(クランドル)は,この方法を改良したアルゴリズムを作り [CF94],GIMPS ではこれを使っている.

Mersenne 素数の探索は,学校の先生が自分の生徒に対して数学の分野に興味を持たせ,科学者や技術者への道に導くためにも使われている. これらのことは探求の副産物のほんの一部にすぎない.

珍しく美しいものが好きだから

Mersenne 素数は既知の最大素数であることが多く,数が少なく美しい. Euclid が紀元前 300 年頃に探索を始めてから見つかったものはほんのわずかであり,人類の歴史上で 39 個が見つかったにすぎない. しかしそれらは美しい. すべての研究分野と同じように,数学にははっきりした美の概念がある. どんな性質が数学では美しいとされるのだろうか. 人は,これまでの異なる概念を結び付けたり新しいことを教えてくれるような短くて簡潔で明白な証明を探す. Mersenne 素数は $2^p - 1$ という最も単純な形をしている. その素数性の証明は単純で洗練されている. Mersenne 素数は美しく,さらに驚くべき応用がある.

栄光のため

アスリートはなぜ他の誰よりも速く走ったり,高く飛んだり,槍を遠くまで飛ばそうとするのだろうか. 槍を遠くへ飛ばす技術を仕事に使うからではないだろう. おそらく競争し(て勝ち)たいという欲求によるのだろう.

この競争したいという欲求は常に他人に向けられるとは限らない. 岩登りをする人は崖を挑戦と見ているだろうし,登山家がある山に抵抗することはできない.

これらの巨大な素数の信じられないほどの大きさを見てほしい．これらを見つけた人は，アスリートが競争相手に勝ったり，岩登りをする人がいままでにない高さまで登ることができたようなものである．人類に対するそれらの最大の貢献は単に現実的なものではなく，人間の好奇心や精神に対するものである．もっとうまくやろうという欲求を失えば，もはや競争は起こらなくなってしまうだろう．

ハードウェアのテストのため

この理由は歴史的に計算時間を得るのに使われてきたので，個人よりはむしろ会社にとっての動機になっている．

コンピュータの黎明期から，素数を見つけるプログラムはハードウェアのテストに用いられてきた．たとえば，Intel は Pentium II や Pentium Pro を出荷する前のテストに GIMPS のソフトを用いた．

他の誰よりも多くの Mersenne 素数を見つける貢献をした Slowinski(スロウィンスキ)は，Cray Research 社のハードウェアのテストに彼のプログラムを使った．悪名高い Pentium のバグは，Thomas R. Nicely(ナイスリー)が双子素数定数の計算をしているときに見つかった．

なぜ素数のプログラムはこのように使われたのだろう．それらは比較的短く，(既知の素数を与えれば数十億回の計算の後にそれが素数であると出力するので) 結果は容易にチェックできる．それらは他の重要な仕事をしながらバックグラウンドで走らせることができ，途中で止めたり再スタートすることが容易である．

分布を知るため

数学は実験科学ではないが (証明したい) 予想を調べるための例が必要になることがある．例が多くなれば素数の分布に対する理解も深まる．素数定理は素数表を眺めていて発見された．

4.2 素数探索の歴史

4.2.1 コンピュータ登場前

多くの古い文献では，p が素数ならば，$M(p) = 2^p - 1$ も素数だろうと（誤って）書かれていた．これらの数は現在 Mersenne 数と呼ばれているが，大きい素数を探す昔の人たちの多くはこれを追求していた．これらの数の初期の歴史には素数性についての多くの間違った主張が散在しており，中には著名な Mersenne, Leibniz, Euler によるものさえある．というわけで，最初の記録保持者として栄誉を与えるには少々疑問があるが：

1588 年に Pietro Cataldi は，正しく $2^{17} - 1 = 131071$ と $2^{19} - 1 = 524287$ は素数であると判定した．

しかし，Cataldi は誤って $2^n - 1$ は $n = 23, 29, 31, 37$ についても素数であると主張している．興味深いことに，Cataldi がこの発見をしたのは Shanks が「最初の大規模な素数表 — 750 まで」と呼んだものを作った結果であった [Sha78, p.14]．この表は $2^{19} - 1$ が素数であると判定するには十分な大きさがある（その平方根は約 724），しかしこれらの4個の大きい数を扱えるほど十分大きくはない．

1640 年 Fermat は p が奇数の素数ならば $2^p - 1$ の約数はすべて $2kp + 1$ という形であることを示した．そのことから直ちに，Cataldi が 23（$k = 1$ の約数を持つ）と 37（$k = 6$ の約数を持つ）の場合に間違っていたことを示した．最後に，1738 年に Euler が約数 233 を見つけて Cataldi が 29 でも誤っていたことを示した．ここで，$k = 4$ として Fermat の結果を使った．これは，$k = 2$ と $k = 3$ が合成数になるから Fermat の結果を使った 2 番目の試みになる（Fermat はこの約数を知っていたと思われる）．これらの三つの Cataldi の誤りを示す約数は，実に Cataldi 自身の表を使って発見できるのである！

Euler は Cataldi が 31 の場合には正しかったことを証明することで，最初の（日付をのぞき）明らかな記録をうち立てている．

1772 年 Euler は巧妙な論法と試行除算を使って $2^{31} - 1 = 2147483647$ が素数であることを示した.

Euler が Goldbach(ゴールドバッハ)に（既に素数としてリストにあげていながら）この数については確信がない，という手紙を書いたのは 1753 年 10 月である．後年 Euler が Bernoulli(ベルヌーイ)に宛てた手紙では，$2^{31} - 1$ の約数は $248n + 1$ または $248n + 63$ の形でなければならず，46,339 以下のそういった素数すべてで割ってみることで $2^{31} - 1$ が素数であることを示している．この手紙が公刊されたのは 1772 年である．実際の発見の日付はその二つの間に違いない [Dic19, pp.18-9]．この証明には上記の Fermat の定理よりも強い，簡単な定理が必要である．なお，Euler は 1732 年という早い時期に $2^{31} - 1$ を素数としてあげていたが，$2^{41} - 1$ と $2^{47} - 1$ も載せており，これは両方とも合成数である．

注 [BS96, p.309]等が，素数 999999000001（1851 年に Looff(ルフ)が「発見」）と 6728042130721（1855 年 1 月 1 日，Clausen(クラウゼン)）を素数表に載せている．前者は Looff の表に疑問符付きで載っているが，[Reu56, pp.3,18]は Looff は素数であることを証明していたと主張している．1964 年に Biermann(ビアマン)は，Thomas Causen(コザン)が $2^{64} + 1$ の素因数分解 $274177 \times 67280421310721$ を 1855 年 1 月 1 日付けの Gauss への手紙の中で与え，両因子とも素数であることを知っていたと主張している．

1867 年には，Landry はより大きい素数を見つけていた．それは試行除算により $2^{59} - 1$ の約数として見つけられた（すなわち $(2^{59} - 1)/179951 = 3203431780337$）．この素数は，他の（より以前にあるいは以後に発見された）どの非 Mersenne 素数よりも長く記録を保持していた．しかし，これらの努力も新しい数学的な発見によって追い越される運命にあった．ここでしばらく立ち止まり，（私の知る限りの）コンピュータ時代以前の素数の記録をまとめておこう (表 4.1).

表 4.1: コンピュータ以前の記録

数	桁数	発見年	発見者	方法
$2^{17} - 1$	6	1588	Cataldi	割算
$2^{19} - 1$	6	1588	Cataldi	割算
$2^{31} - 1$	10	1772	Euler	割算$+\alpha$
$(2^{59} - 1)/179951$	13	1867	Landry	割算$+\alpha$
$2^{127} - 1$	39	1876	Lucas	Lucas 数列
$(2^{148} + 1)/17$	44	1951	Ferrier	Proth の定理

1876 年には Lucas は Mersenne 数が素数かどうかの巧妙な判定法を開発していた．その方法は 1930 年代に Lehmer によって簡略化され，いまでも新記録の素数を見つけるために使われている：

1876 年に Lucas は
$2^{127} - 1 = 170141183460469231731687303715884105727$
が素数であることを証明した．

「これは 1951 年まで最大の既知素数であり続けた」[HW79, p.16]．また，この記録は 75 年間破られず，手計算で見つけられた最大の素数という記録を永遠に保持するだろう．

1951 年に，Ferrier(フェリエ)は機械式卓上計算機と，Fermat の小定理の部分的な逆に基づく手法（Proth の定理）を使い，この記録を少し更新して 44 桁の素数を発見した：

1951 年に Ferrier は素数
$(2^{148} + 1)/17 = 20988936657440586486151264256610222593863921$
を発見した．

この記録をもってコンピュータ以前の時代は終りを告げ，この年にはコンピュータによる 79 桁の記録が出現しようとしていた．

さらに詳しくは[Dic19]を参照せよ．

4.2.2 コンピュータ時代

1951年に Miller と Wheeler(ウィラー)は次の形の素数を見つけ，コンピュータ時代の幕開けを告げた：

$k \times M(127) + 1$

（ここで $k = 114, 124, 388, 408, 498, 696, 738, 744, 780, 934, 978$）

また，新たな79桁の素数の記録 $180(M(127))^2 + 1$ も見つけている[MW51]．この記録はすぐ翌年に SWAC(Standards Western Automatic Computer) を使って Raphael Robinson(ロビンソン)が発見した五つの新しい Mersenne 素数によって破られた．これは Robinson が初めて書いたプログラムであり，走らせてみたらすぐに動き，その日のうちに2個の新しい素数を見つけた．彼自身が以下のように書いている[Rob54]：

> このプログラムを SWAC で最初に試したのは1月30日であり，その日のうちに2個の新しい素数（$M(521)$ と $M(607)$）が見つかった．他の三つの素数は，それぞれ6月25日（$M(1279)$），10月7日（$M(2203)$），10月9日（$M(2281)$）に見つかった．

興味深いことに，1949年に位相幾何学者の M. H. A. Newman(ニューマン)が Manchester のコンピュータの試作機（1,024ビットの記憶装置を持つ）を用いてコンピュータによる Mersenne 素数探索の最初の試みをしている．Alan Turing(チューリング)は1948年から1950年にかけてこのコンピュータで仕事をしていたし，Newman のプログラムを改良した．おそらくそのためと思われるが，（電子）コンピュータを用いて素数を探す最初の試みは Turing によるものとされることがある（[Rob54]および[Rib95, p.93]）．*Alan Turing Internet Scrapbook*[u14] という素晴らしい Web ページにこの機械の写真がある．

Miller, Wheeler, Robinson の記録は図4.1の最初の点として載っているのがわかる（縦軸の目盛りに注意！）．

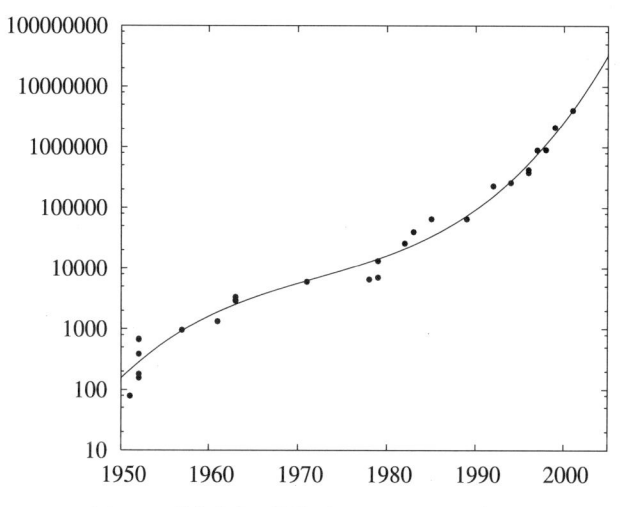

図 4.1: 最大素数の桁数（コンピュータの時代）

　それから数年間の進歩は，コンピュータの速度向上に応じて順調であった．Riesel は $M(3217)$ をスウェーデンの機械 BESK を使って発見し，Hurwitz（フルウィッツ）は $M(4253)$ と $M(4423)$ を IBM 7090 を使って見つけ（下記参照），Gillies(ギリーズ)は ILLIAC-2 を使って $M(9689)$ と $M(9941)$，$M(11213)$ を見つけた．Tuckerman(タッカーマン)は $M(19937)$ を IBM360 で見つけた．

　驚いたことに，Hurwitz は $M(4423)$ を $M(4253)$ より数秒前に知った（出力用紙が重なっていたからである）．John Selfridge は「それが『発見された』と言えるためには，コンピュータの出力結果を人間が見る必要があるのかな？」と尋ねた．Hurwitz の返事は「コンピュータが知っていたかどうかはさておき，出力用紙を積み重ねたコンピュータオペレータが見たとしたらどうだい？」であった．表 4.2 では，Hurwitz が出力を見たときに発見したということにした．というわけで $M(4253)$ が最大の既知素数になったことはない．

表4.2 : コンピュータによる記録

素数	桁数	発見年	発見マシン	証明者
$180(M(127))^2+1$	79	1951	EDSAC1	Miller, Wheeler
$M(521)$	157	1952	SWAC	Robinson (Jan30)
$M(607)$	183	1952	SWAC	Robinson (Jan30)
$M(1279)$	386	1952	SWAC	Robinson (June25)
$M(2203)$	664	1952	SWAC	Robinson (Oct7)
$M(2281)$	687	1952	SWAC	Robinson (Oct9)
$M(3217)$	969	1957	BESK	Riesel
$M(4423)$	1332	1961	IBM7090	Hurwitz
$M(9689)$	2917	1963	ILLIAC2	Gillies
$M(9941)$	2993	1963	ILLIAC2	Gillies
$M(11213)$	3376	1963	ILLIAC2	Gillies
$M(19937)$	6002	1971	IBM360/91	Tuckerman
$M(21701)$	6533	1978	Cyber174	Noll, Nickel
$M(23209)$	6987	1979	Cyber174	Noll
$M(44497)$	13395	1979	Cray1	Nelson, Slowinski
$M(86243)$	25962	1982	Cray1	Slowinski
$M(132049)$	39751	1983	CrayX-MP	Slowinski
$M(216091)$	65050	1985	CrayX-MP	Slowinski
$391581 \times 2216193 - 1$	65087	1989	Amdahl1200	Amdahl 6 人衆
$M(756839)$	227832	1992	Cray-2	Slowinski, Gage
$M(859433)$	258716	1994	CrayC90	Slowinski, Gage
$M(1257787)$	378632	1996	CrayT94	Slowinski, Gage
$M(1398269)$	420921	1996	Pentium (90Mhz)	Armengaud, Woltman et al.[GIMPS]
$M(2976221)$	895932	1997	Pentium (100Mhz)	Spence, Woltman et al.[GIMPS]
$M(3021377)$	909526	1998	Pentium (200Mhz)	Clarkson, Woltman, Kurowski, et al.[GIMPS,PrimeNet]
$M(6972593)$	2098960	1999	Pentium (350Mhz)	Hajratwala, Woltman, Kurowski, et al.[GIMPS,PrimeNet]
$M(13466917)$	4053946	2001	AMD T-Bird (800Mhz)	Cameron, Woltman, Kurowski, et al.[GIMPS,PrimeNet]

Mersenne 素数の記録はすべて Lucas-Lehmer 判定法を使って発見され，それ以外の二つの素数は Proth の定理（とそれに類した結果）を使って発見された．Amdahl 6 人衆とは Brown(ブラウン), Noll(ノル), Parady(パラディ), G. Smith(スミス), J. Smith(スミス), Zarantonello(ツァラントネロ)である．

4.2.3 今後の予想

10 億桁の素数が得られるのはいつになるだろう？ 最近のデータをもう少し詳しく見てみよう（図 4.2）．

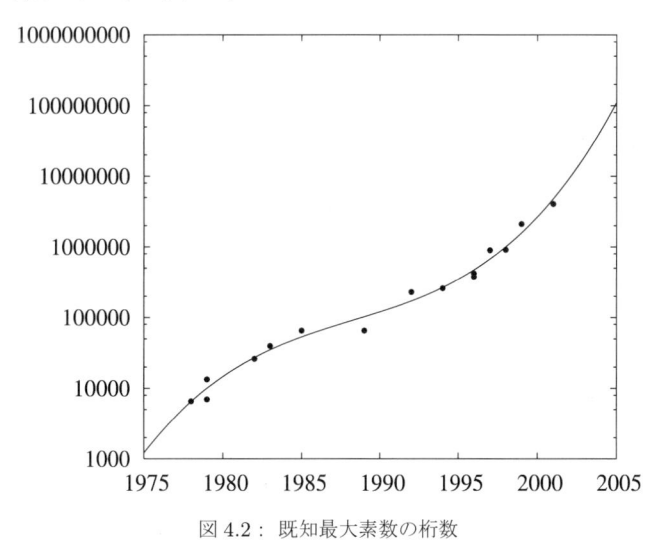

図 4.2：既知最大素数の桁数

三次回帰曲線を（グラフに）当てはめれば，誰かが次の時期に発見すると予想できる：

(1) 10,000,000 桁の素数発見　　2001 年末*
(2) 100,000,000 桁の素数発見　　2004 年中頃
(3) 1,000,000,000 桁の素数発見　　2006 年初頭

---

* (訳注) 2001 年末の記録では 405 万桁だから，この予想ははずれてしまった．

以前の予測はどうだっただろう？ 38番目の Mersenne 素数が1999年6月に見つかる以前は，100万桁の素数は1999年の1月末に，10億桁の素数は2009年の第一四半期に発見されると予想していた．これからすると，上の予想も遅く見積もりすぎているかもしれない．

4.3 Mersenne 素数 — 歴史，理論，リスト

4.3.1 黎明期

多くの古い文献では $2^n - 1$ と書ける整数は，すべての素数 n に対して素数であるとしていたが，1536年に Regius(レジウス)が $2^{11} - 1$ が素数ではない（$23 \cdot 89$ と素因数分解できる）ことを示した．1603年の Cataldi の結果と（誤った）予想については4.2.1項で詳述したので繰り返さない．

フランスの修道僧 Marin Mersenne(1588–1648) が登場する．Mersenne は1664年に *Cogitata Physica-Mathematica*（『物理数学思索』）の序文で，$2^n - 1$ は，$n = 2, 3, 5, 7, 13, 17, 19, 31, 67, 127, 257$ に対して素数であり，それ以外の257未満の正の整数に対しては合成数であると述べた．Mersenne の（誤った）予想は Regius のものよりも少しは良い程度のものだったが，これらの数と彼の名を結び付けることになった：

定義 $2^n - 1$ が素数なら，これを Mersenne 素数と呼ぶ．

Mersenne が，（実際に認めているように）それらの数をすべて調べられなかったことは同時代の数学者には明らかだったが，彼らも調べることはできなかった．Euler が Mersenne と Regius の表にある次の数 $2^{31} - 1$ が素数であることを証明したのは100年以上後の1750年のことである．さらに100年以上後の1876年に，Lucas は $2^{127} - 1$ が素数であることを証明した．7年後に Pervushin(パヴシン)が $2^{61} - 1$ が素数であることを示したので，Mersenne はこれを見逃していたことがわかった．1900年代の初期に Powers(パワーズ)は $2^{89} - 1$ と $2^{107} - 1$ も Mersenne が見逃したことを示した．結局，1947年までには $n < 158$ の範囲の Mersenne 素数が完全に調べ

られ，正しい表は

$$n = 2, 3, 5, 7, 13, 17, 19, 31, 61, 89, 107, 127$$

であることが確定した．この先については既知のMersenne素数の表（表4.3）を参照せよ．

4.3.2 完全数に関する定理

多くの古代文明が数とその約数の和との関係に興味を持ち，時には神秘的な解釈を与えた．ここではそのうちの一つだけを取り上げよう：

定義 正の整数nが自分自身以外の正の約数（ただしnは除く）の和と等しいとき，nを完全数と呼ぶ．

たとえば，$6 = 1+2+3$なので6は最初の完全数である．その次は$28 = 1+2+4+7+14$で，次の二つは496と8128である．紀元前に知られていたのはこの4個だけである．これらの数を部分的に素因数分解された形にしてみよう：

$$2 \cdot 3, \ 4 \cdot 7, \ 16 \cdot 31, \ 64 \cdot 127$$

これらがすべて$2^{n-1}(2^n - 1)$という形 ($n = 2, 3, 5, 7$) になっていて，$2^n - 1$がMersenne素数であるのに気づいただろうか？ 実際，次の定理が簡単に証明できる：

定理1 kが完全数となるのはkが$2^{n-1}(2^n - 1)$の形に表され，$2^n - 1$が素数のときに限る．

定理2 $2^n - 1$が素数ならnも素数である．

また，上にあげた完全数 (6, 28, 496, 8128) はみな6か8で終わっているのに気づいただろうか．これは簡単に証明できる（が，6と8が交互に繰り返さないことを証明するのは難しい）．この数字のパターンが好きなら，最初の四つの完全数の二進表示を見るとよい：

$$110$$
$$11100$$
$$111110000$$
$$1111111000000$$

(この二進表示のパターンは定理1の結論の一つである). 奇数の完全数があるかどうかはわかっていないが, あるとすれば非常に大きいことがわかっている. これは数学全体の中で最古の未解決問題かもしれない.

Mersenne 数が素数かどうかを調べるときは, 小さい約数を探すのが普通である. 次の Euler と Fermat の定理はこの点において非常に役立つ:

定理 3　p, q を素数とする. q が $M(p) = 2^p - 1$ を割り切れば
$$q \equiv \pm 1 \pmod{8} \text{ かつ } q = 2kp + 1$$
がある整数 k に対して成り立つ.

最後に,

定理 4　$p \equiv 3 \pmod{4}$ を素数とする. $2p+1$ が素数となるのは, $2p+1$ が $M(p)$ を割り切るときに限る.

定理 5　(6以外の) 偶数の完全数の各位の数字の和を計算し, 得られた数について同じ操作を繰り返す. このようにして得られた一桁の数は 1 である.

4.3.3　既知の Mersenne 素数

$M(p) = 2^p - 1$, $P(p) = 2^{p-1}(2^p - 1)$ とする. $M(p)$ が Mersenne 素数 (したがって $P(p)$ は完全数) となるような素数 p でわかっているものは表 4.3 のとおりである.

小さい指数のすべてが調べられたわけではないので, 現在の最大 Mersenne 素数が小さいほうから 39 番目なのか判明するまでにしばらく時間がかかるだろう. 詳しくは GIMPS のページ[u15]を見よ.

4.3 Mersenne 素数—歴史，理論，リスト　73

表 4.3：既知の Mersenne 素数の表

番号	指数 p	$M(p)$ の桁数	$P(p)$ の桁数	年代	発見者
1	2	1	1		
2	3	1	2		
3	5	2	3		
4	7	3	4		
5	13	4	8	1456	不明
6	17	6	10	1588	Cataldi
7	19	6	12	1588	Cataldi
8	31	10	19	1772	Euler
9	61	19	37	1883	Pervushin
10	89	27	54	1911	Powers
11	107	33	65	1914	Powers
12	127	39	77	1876	Lucas
13	521	157	314	1952	Robinson
14	607	183	366	1952	Robinson
15	1279	386	770	1952	Robinson
16	2203	664	1327	1952	Robinson
17	2281	687	1373	1952	Robinson
18	3217	969	1937	1957	Riesel
19	4253	1281	2561	1961	Hurwitz
20	4423	1332	2663	1961	Hurwitz
21	9689	2917	5834	1963	Gillies
22	9941	2993	5985	1963	Gillies
23	11213	3376	6751	1963	Gillies
24	19937	6002	12003	1971	Tuckerman
25	21701	6533	13066	1978	Noll, Nickel
26	23209	6987	13973	1979	Noll
27	44497	13395	26790	1979	Nelson, Slowinski
28	86243	25962	51924	1982	Slowinski
29	110503	33265	66530	1988	Colquitt, Welsh
30	132049	39751	79502	1983	Slowinski
31	216091	65050	130100	1985	Slowinski
32	756839	227832	455663	1992	Slowinski, Gage
33	859433	258716	517430	1994	Slowinski, Gage
34	1257787	378632	757263	1996	Slowinski, Gage
35	1398269	420921	841842	1996	Armengaud, Woltman
36	2976221	895932	179186	1997	Spence, Woltman
37	3021377	909526	181905	1998	Clarkson, Woltman, Kurowski
38	6972593	2098960	419791	1999	Hajratwala, Woltman, Kurowski
??	13466917	4053946	8107892	2001	Cameron, Woltman, Kurowski

4.3.4 Lucas-Lehmer 判定法と最近の歴史

Mersenne 素数 (したがって偶数の完全数) は次の定理を使って見つけられる:

Lucas-Lehmer 判定法　奇数 p に対して, Mersenne 数 $2^p - 1$ が素数となるのは $2^p - 1$ が $S(p-1)$ を割り切るときに限る. ここで, $S(n+1) = S(n)^2 - 2$, $S(1) = 4$ である.

($S(1) = 10$ から始めて p に依存するある数を使うことも可能である). この判定法を擬似コードで表せば次のようになる:

$Lucas\_Lehmer\_Test(p)$:
　$s := 4;$
　for i **from** 3 **to** p **do** $s := (s^2 - 2) \bmod (2^p - 1);$
　if $s == 0$ **then**
　　$2^p - 1$ は素数
　else
　　$2^p - 1$ は合成数;

この判定法に必要な定理は 1870 年代の後半に Lucas によって始められ, 1930 年頃に Lehmer によってこのように簡潔な形に変えられた. 時間を節約するために数列 $S(n)$ は $2^p - 1$ を法として計算される. $2^p - 1$ による割り算は (二進法では) ビット回転と加算だけで行うことができるので, 二進のコンピュータにとってこの判定法は理想的である (素数判定法の詳細は第 2 章を見よ).

1811 年に Peter Barlow(バーロウ)は彼の教科書 *Theory of Numbers* に次のように書いた: $2^{30}(2^{31} - 1)$ は「将来発見される中でも最大の完全数である. なぜなら, ただ奇妙なだけで役に立たないのでさらに大きい数を探そうとする人が現れるとは思えないから」. 私は彼が, 初めてエベレストに登ろうとしたり, 何マイルもの距離を人より速く走ろうとしたり, 走り幅跳びの記録を作ろうとしたりする人をどのように解釈するのだろうと思う. 1800

年代の後半に現代のコンピュータの力を想像した人は一人もいなかったのは明白である．いまから 50 年後の機械についてわれわれは何もわからない（4.1 節を見よ）．

イリノイ大学で 23 番目の Mersenne 素数が発見されると，数学科は誇らしく思い，郵便料金別納証印刷機のスタンプを「$2^{11213} - 1$ は素数だ」というものに変えて封筒に押すほどだった（図 4.3）．

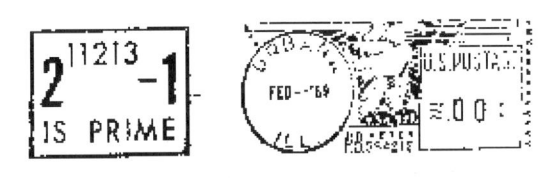

図 4.3

25 番目と 26 番目の Mersenne 素数は Nickel(ニケル)と Noll の二人の高校生によって発見された．彼らには数学的な内容はほとんど理解していなかったが，次の素数を見つけるために地元の大学（カリフォルニア州立大学 Hayward 校）のメインフレーム（CDC 174）で Lucas の簡単な判定法を使った．最初の素数の発見はテレビで全国放送され，*New York Times* の 1 面を飾った．一つ目の素数を発見した後，二人は別々の道に進んだが，Noll は二つ目の素数を見つけるためにプログラムを走らせ続けたので，Noll は完全な所有権を主張している．Noll はその後も検索を続け，別の Mersenne 素数は発見できなかったが，最大の非 Mersenne 素数の記録を持つ人々の一人である．現在，彼は Silicon Graphics 社で働いている．

Cray Computers 社で働く Slowinski は Lucas の判定法の一つの変形を書き，それを世界中の Cray 研究所のコンピュータで（無駄にされている）空き時間に走らせることを納得させた．彼はその検索の公式の許可を得るまで彼が発見した素数の記録の発表を遅らせなければならなかった．Slowinski の素数の探索は，「みんなが思っているほど組織的なものではない」と彼自身が言っているように系統的なものではなかった．実際，Mersenne 素数の表を見れば彼が 29 番目は見逃したのに 30 番目と 31 番目を見つけたことがわかるだろう．Colquitt(コルキット)と Welsh(ウェルシュ)はその間を埋めようとして 29 番目を見つけた．

卓越したプログラマで組織作りのうまい George Woltman が登場する．1995 年末から彼は異なるデータベースをかき集めて一つにまとめた．彼はこのデータベースを Mersenne 素数を探索する高度に最適化されたフリーのプログラムにして Web に置いた．これが GIMPS の始まりである．GIMPS はいまでは既知の最大 Mersenne 素数を発見し，これまでの素数の記録のすき間をすべて探索し，数十人の専門家の努力と数千人のアマチュアの努力をまとめていて，ほとんどすべてのプラットフォーム上で走るフリーソフトウェアを提供している．

1997 年末には Scott Kurowski らが PrimeNet[u16]を構築し，探索範囲を自動的に選択して結果を自動的に GIMPS に報告することができるようになった．いまでは誰でもこの探索に参加できる．

4.3.5 予想と未解決問題

奇数の完全数は存在するか？

偶数の完全数については，それが Mersenne 素数と 2 の冪との積である（4.3.2 項の定理 1）ことがわかっているが，奇数の完全数の場合はどうだろう．もし存在すれば，それは完全平方数と，ある一つの素数の奇数乗の積になる．それは少なくとも 8 個の素数で割り切れて（すべて異なるとは限らないが）少なくとも 29 個の素因数を持つ[Say86]．それは少なくとも 300 桁であり[BCtR91]，10^{20} より大きい素因数を持つ[Coh87]．詳しくは[Rib95]か[Guy94]を参照せよ．

Mersenne 素数は無限にあるか？

これは偶数の完全数は無限に多く存在するか？ という問題と同値である．（調和数列は発散するので）その答はおそらくイエスである．

Mersenne 合成数は無限にあるか？

Euler は

$k > 1$ で $p = 4k + 3$ が素数とする，$2p + 1$ が素数となるのは $2^p \equiv 1 \pmod{2p + 1}$ のときに限る．

であることを示した．したがって，もし $p = 4k + 3$ と $2p + 1$ が素数ならば Mersenne 数 $2^p - 1$ は合成数である（このことから p と $2p + 1$ の素数の組が無限に存在すると推測できる）．

新 Mersenne 素数予想

Bateman(ベイトマン), Selfridge, Wagstaff は次の予想をたてた [BSW89]：

p を奇数の自然数とするとき，次のうち二つが成り立てば残りの一つも同時に成り立つ：

(1) $p = 2^k \pm 1$ または $p = 4^k \pm 3$ である．
(2) $2^p - 1$ は（Mersenne）素数である．
(3) $(2^p + 1)/3$ は素数である．

この予想が前項の予想の Euler の定理とどのように関係しているか注意してほしい．この予想は $p \leq 1000000$ のすべての素数に対して確かめられている．

すべての Mersenne 数は平方因数を持たないか？

これは（成り立つだろうと予想する）予想というよりも（その答がわからない）未解決問題の範疇になるかもしれない [Guy94, A3]．素数 p の平方が Mersenne 数を割り切れば，p が Wieferich 素数になることは簡単に示すことができる．Wieferich 素数は非常に稀であり，4,000,000,000,000 以下ではたった二つしか知られておらず，そのどちらの平方も Mersenne 数を割り

切らない.

Catalan 数列の各項はみな素数か？

　Catalan 数列は, $C_0 = 2, C_{n+1} = 2^{C_n} - 1$ によって定義される. Dickson (ディクソン)([Dic19, v.1, p.22]) によれば, 1876 年に Lucas が $C_4 = 2^{127} - 1$ は素数であると述べたことに対する返事の中で Catalan がこの数列のことを書いた. これらの数は急激に大きくなる：

$C_0 = 2$
$C_1 = 3$
$C_2 = 7$
$C_3 = 127$
$C_4 = 170141183460469231731687303715884105727$
$C_5 > 10^{51217599719369681879879723386331576246}$

C_4 までは素数であるが, C_5 (やもっと大きい項) が素数になることはありそうもないので, これは Guy の小数の法則の例になることは疑いがない (Landon Curt Noll は彼のプログラムを使って C_5 には 10^{50} より小さい因数が無いことを確かめたと語った).

二重 Mersenne 素数はもっとあるか？

　初期の頃のもう一つの誤解は, $n = M(p)$ が素数ならば $M(n)$ も素数であるというものである. この数を $MM(p)$ と表し, 二重 Mersenne 数と呼ぼう. 実際, はじめの四つは素数である：

$MM(2) = 2^3 - 1 = 7$
$MM(3) = 2^7 - 1 = 127$
$MM(5) = 2^{31} - 1 = 2147483647$
$MM(7) = 2^{127} - 1 = 170141183460469231731687303715884105727$

しかし，その次の四つ $MM(13)$, $MM(17)$, $MM(19)$, $MM(31)$ は因数がわかっているので合成数である．この数列の中に他にも素数があるだろうか？たぶん無いだろうが，これも未解決問題のままである．Tony Forbes は次の項 $MM(61)$ の因数を探索するプロジェクトを運営している．これに参加して手助けをしてはどうだろうか．

前項の Catalan 数列はこの数列の部分数列であることに注意しよう．

4.3.6 Wagstaff 予想

$M(n)$ を n 番目の Mersenne 素数とする．n に対する $\log_2(\log_2(M(n)))$ のグラフを注意深く見てみよう（図 4.4）．

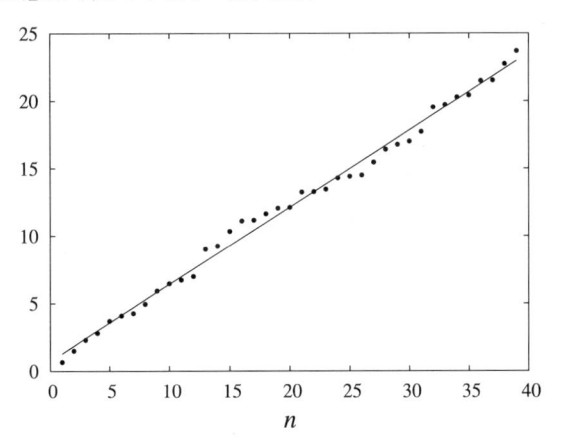

図 4.4: n 対 $\log_2(\log_2(M(n)))$ のグラフ

このグラフが驚くほど直線に近いことを見逃すことはないだろう．Erhardt (エアハルト) は限られた資料から連続する二つの Mersenne 素数の比は $3/2$ であると推測した．

少し後に Wagstaff（や彼と独立に Pomerance と Lenstra ら）は（$3/2$ でなく）2 の $1/e^\gamma$ 乗（およそ 1.47576）になるはずだと指摘した（ここで γ は Euler 定数である）．これは現在正しいとされている値であるが，その理由は？ 以下に簡単な発見的議論を用いてこの質問に対する答を示そう：あなたが急いでいるなら単に Ribenboim(リベンボイム)[Rib95] に従って e^γ が

Mertens の定理から導かれると言っておく．そうでなければ，コーヒーを一口すすって少し数学に付き合ってもらおう．

この予想を発見的に導く

より明確なのは 1983 年に Wagstaff が発表した彼の予想である [Wag83]：

(1) x 以下の Mersenne 素数の個数はおよそ $(e^\gamma/\log 2)\log\log x$ である．
(2) x と $2x$ の間にある Mersenne 素数 $2^p - 1$ の個数の期待値はおよそ γ である．
(3) $2^p - 1$ が素数である確率はおよそ $(e^\gamma \log ap)/(p \log 2)$ である．ここで，$p \equiv 3 \pmod 4$ ならば $a = 2$，$p \equiv 1 \pmod 4$ ならば $a = 6$ である．

ただし，γ は Euler 定数である．さて，どのようにしてこの結論に到達するのか．まず $2^k - 1$ が素数である確率の評価から始めよう．

$2^k - 1$ が素数である確率

はじめに，$2^k - 1$ が素数なら k は素数でなければならない（証明は 7.7.2 項）．任意の正の整数 k が素数である確率は素数定理によって（漸近的に）$1/\log k$ である．これからは k を素数と仮定しよう．

次に，再び素数定理を使えば $2^k - 1$ が素数である確率は $1/\log(2^k - 1)$，つまりおよそ $1/(k \log 2)$ になる．しかし，$2^k - 1$ は乱数のようには振る舞わない．たとえば，$2^k - 1$ はある m に対して $2mk + 1$ の形に表せる素数でしか割り切れない（7.7.3 項）．

特に，$2^k - 1$ は偶数となることはない．そこで，素数である確率のわれわれの評価を 2 倍しよう（2 は整数の 1/2 を割り切るから）．同様にして，k が 2 でなければ $2^k - 1$ は 3 で割り切れないので，素数である確率を $3/2 = 1/(1 - 1/3)$ 倍しよう（3 は整数の 1/3 を割り切る）．実際 $2^k - 1$ より小さい素数 q のそれぞれに対して評価を $q/(q-1) = 1/(1 - 1/q)$ 倍する．このようにして，$2^k - 1$ が素数である確率は（与えられた素数 q に対して）

およそ

$$\frac{1}{k\log 2} \cdot \frac{2}{1} \cdot \frac{3}{2} \cdot \frac{5}{4} \cdot \ldots \cdot \frac{q}{q-1}$$

である．ここで，q は 2^k より小さい最大の素数である．この積は Mertens の定理（用語編「Mertens の定理」の項）を用いて

$$\frac{e^\gamma \cdot \log(2k)}{k\log 2}$$

に漸近的に等しい．

「ちょっと待って．Wagstaff のは $\log(ak)$ で a は変化するのに，これは $\log(2k)$ になっている」と言うかもしれない．実は Mersenne 数の約数が 8 を法として ± 1 になるという事実をここでは明確には書いていなかった．k が 4 を法として 3 に等しいときは m は 4 を法として 0 か 3 でなければならないので，このような最小の素数は $6k+1$ となる．そこで，$2k$ を $6k$ に変えると Wagstaff のものと一致する．また，k が 4 を法として 1 のとき，m は 1 なので，この場合には $2k$ のままでよい．これで Wagstaff の第 3 の結論が導かれる．

もう 1 段進んで二つの確率（k が素数である確率と $2^k - 1$ が素数である確率）を結び付けよう．すると，任意の正の整数 k に対して $2^k - 1$ が素数である確率は

$$\frac{e^\gamma \cdot \log(ak)}{k\log 2 \cdot \log k}$$

である（前述のように $a = 2$ または $a = 6$ である）．大きい k に対しては，$\log(ak) = \log a + \log k$ は $\log k$ と非常に近いので，この確率の評価は簡単に

$$\frac{e^\gamma}{k\log 2}$$

となる．次に，この発見的な評価を用いて Wagstaff の三つの結論の 1 番目を導こう．

x より小さい Mersenne 素数の個数

さて，$1 \leq k \leq n$ に対する Mersenne 素数 $2^k - 1$ はどのくらいあるだろうか．これは $k = 1, 2, 3, \cdots, n$ に対して先の確率を加えれば得られる．この和を近似するには積分するのが最も簡単で，その結果

$1 \leq k \leq n$ に対する $2^k - 1$ のうち，およそ $e^\gamma \log n / \log 2$ 個が Mersenne 素数である．

ということがわかる．

言い換えてみよう．$2^k - 1 < x$ となるように n の大きさを制限しようとすれば，$n \log 2$ が $\log x$ に近くなるところで止めればよい．なぜならば，$\log n$ は $\log \log x$ に近いからである．よって，

x より小さい Mersenne 素数の個数はおよそ $e^\gamma \log \log x / \log 2$ 個である．

となる．これは Wagstaff の第 1 の結論であり，これから第 2 の結論が導かれるのは明らかである．

注 上に述べたことは Wagstaff の論文にある議論とはまったく異なるが，このほうがわかりやすいと思う．

4.3.7 次の Mersenne 素数は何か？

最初の 38 個の Mersenne 素数による経験値

4.3.6 項の Wagstaff 予想と図 4.4 のグラフを比べてみよう：この予想が正しいとすれば，Mersenne 素数の対数の対数の分布は Poisson 過程となり，n 対 $\log_2(\log_2(M(n)))$ のグラフは傾きが $1/e^\gamma$ およそ 0.56145948 の直線になる．はじめの 38 個の Mersenne 素数を使うと傾き回帰線が得られ，相関係数は $R^2 = 0.9929$ となる．非常に良い値だ．

どんな Poisson 過程でもギャップは特別な振舞いをすることがわかっている．たとえば，n 番目のギャップの表には相関がないはずである（はじめの 38 個からの計算では -0.032）．また，平均と標準偏差はその分布のパラメ

4.3 Mersenne 素数——歴史，理論，リスト

タに近いはずである（計算では 0.60 と 0.56 が得られるが，これはパラメタ $1/e^\gamma = 0.56\cdots$ と近い）．

Poisson 過程に従う値のギャップの累積分布は指数分布に従うはずである．特に，ギャップの密度の確率 $f(t)$ とギャップの長さの確率 $p(t)$ は次のようになる[Ros93, p.215]：

$$f(t) = \lambda e^{\lambda t}\frac{(\lambda t)^{n-1}}{(n-1)!}, \quad p(t) = 1 - e^{-\lambda t}\sum_{j=0}^{n-1}\frac{(\lambda t)^j}{j!}$$

通常 Poisson 過程のパラメタ t は時間を表すが，ここでは $\log_2(\log_2(M(n)))$ である．Mersenne 素数についての Noll の不明瞭な「島理論」（定量化されたのを見たことがない）は Mersenne 素数は固まって現れるというような内容だが，上の分布からこのことはどんな Poisson 過程についても成り立つ．

既知の Mersenne 素数に対して，予想される Poisson 過程のギャップの累積分布を調べてみよう．図 4.5 は，はじめの 38 個の Mersenne 素数について，黒丸はギャップを，曲線は分布を表す．わかっているデータは少ないが，両者はすばらしく一致する（はじめの 28 個の Mersenne 素数に対する同様の分析については[Sch83]を見よ）．

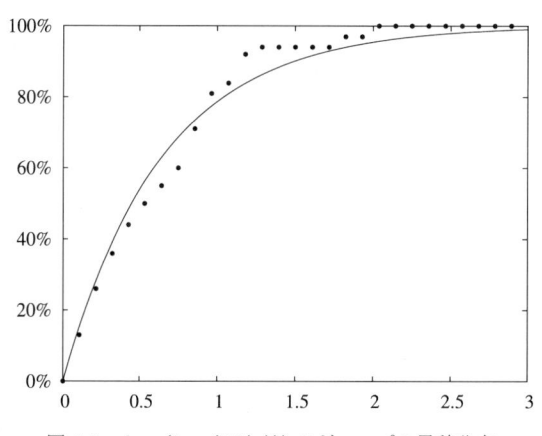

図 4.5： $\log_2(\log_2(M(n)))$ のギャップの累積分布

次の Mersenne 素数はどうか？

これから何がわかるだろうか．一つには，Mersenne 素数の指数 p が与えられれば，次の指数は平均的には $1.47576\,p$ の近くにあるということである．しかし，多くの場合は平均の非常に近くではなく，あるときはギャップは小さく，あるときは大きい．したがって，次の Mersenne 素数の指数はおそらく約 $10{,}000{,}000$ であり，300 万桁* になるだろう．しかし，そうでないかもしれない．

より視覚的にしよう．仮に，はじめの 38 個の Mersenne 素数がまったくわかっていないとすると，$t = \log_2(\log_2(M(n)))$ の値を次のように予測することができる（図 4.6，図 4.7）．

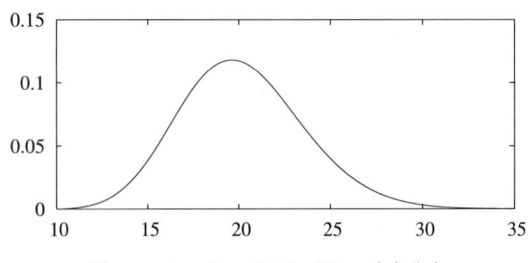

図 4.6: $\log_2(\log_2(M(39)))$ の確率分布

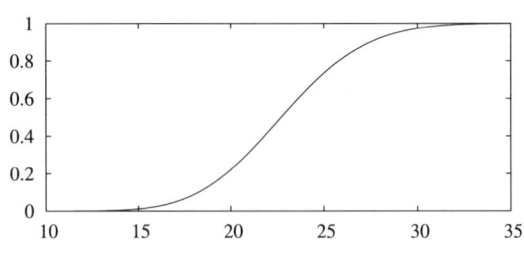

図 4.7: $\log_2(\log_2(M(39)))$ が現れる確率

しかし，われわれは，はじめの 38 個の Mersenne 素数を知っている．間には他の Mersenne 素数は存在しないので，ギャップの期待値を調べるだけで

---

* （訳注）2001 年に発見された Mersenne 素数 $M(13466917)$ は約 405 万桁である．これが 39 番目かどうかは，まだ判明していない．

よい（Poisson 過程は本質的にそれぞれの事象が起きるとやり直しになる）．
もっと狭いグラフになる（図 4.8，図 4.9）：

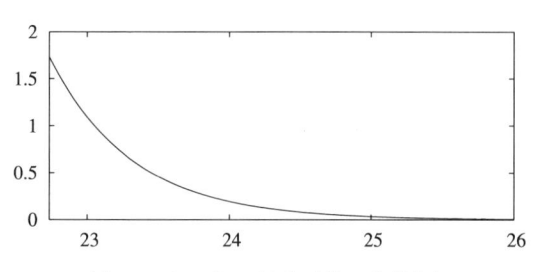

図 4.8：$\log_2(\log_2(M(39)))$ の確率分布

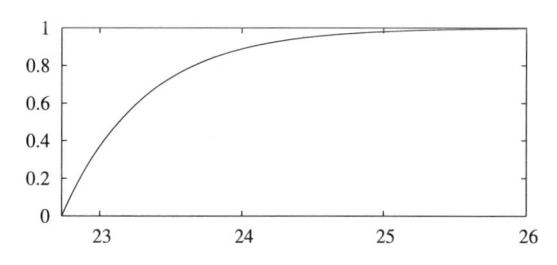

図 4.9：$\log_2(\log_2(M(39)))$ が現れる確率

これらの予想はどこからくるのか？

これらは Wagstaff の論文からのものである [Wag83]．その詳細については 4.3.6 項を参照せよ．

最後におもしろいグラフをもう二つあげよう（図 4.10，図 4.11）：n 番目の Mersenne 素数の確率密度関数のグラフと与えられた $t = \log_2(\log_2(M(n)))$ 以下に存在する確率のグラフである．両方とも既知の Mersenne 素数についての知識を仮定していないので $n = 50$ までにしてある．

86　第 4 章　素数の探索

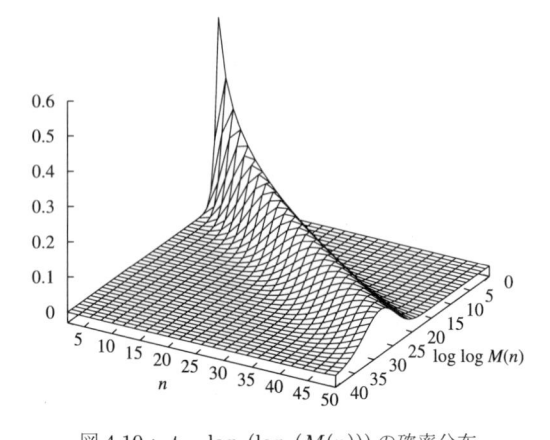

図 4.10 : $t = \log_2(\log_2(M(n)))$ の確率分布

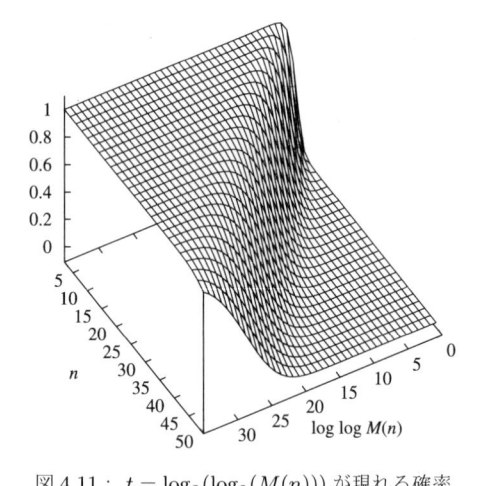

図 4.11 : $t = \log_2(\log_2(M(n)))$ が現れる確率

第5章

素数探索プログラム

本章ではさまざまな素数計算のプログラムを紹介する．

5.1 Eratosthenes の篩

歴史的にみて，（たとえば 10,000,000 より）小さいすべての素数を求めるのには Eratosthenes（紀元前 240 年頃）の篩を使うのが最も効率が良い．

まず（1 より大きく）n 以下の整数の表を作る．n の平方根以下のすべての素数の倍数を消せば残った数はすべて素数である．

例（と追加情報と擬似コード）は用語編の Eratosthenes の篩（ふるい）の項を参照せよ．[Pri87] にいろいろな篩の比較がある．以下に（このような比較はせずに）篩の実装の一覧をあげる（実際は，私はほとんどのプログラムを使ったことがない）．

(1) C 言語のソース

- Frank Pilhofer(ピルホファ)による Eratosthenes の篩[u17]：速いだけでなくメモリも節約する．マクロはほとんど解読不能である．
- Dan Bernstein(バーンスタイン)による Atkin の篩[u18]：作者の表現では「Pentium II 350MHz で 1,000,000,000 までの 50,847,534 個の素

数を 8 秒間で生成する．十進表現を表示するのに 35 秒間かかる」．
- William Galway(ガルウェイ)による Bennion(ベニオン)の跳躍篩[u19]：数種類の C 言語ソースがある．

(2) Java 言語のソース

- Peter Holcroft(ホルクロフト)による Eratosthenes の篩[u20]
- David Allen(アレン)による Eratosthenes の篩[u21] (リンク切れの模様)

(3) 他の言語

- Shaun Griffith(グリフィス)による Perl 言語版[u22]
- Oliver Becker(ベッカー)による XSLT 言語版（冗談）[u23]
- Kirby Urner(アーナ)による Python 言語版[u24]

5.2 二進二次形式を用いた篩

Eratosthenes の篩は，それを可約な二進二次形式 xy による篩であると考えることにより一般化できる．Atkin と Bernstein(バーンスタイン)はこの二次形式を $4x^2 + y^2$ のような既約な二次形式で置き換えることを提案した．この方法は次のような結果も使えて有利である：

平方因数を持たない正の整数 p が 4 を法として 1 に等しいとする．p が素数となるのは $p = 4x^2 + y^2$ が奇数個の正の整数解を持つときに限る．

Atkin と Bernstein [AB99] は，このような篩が理論的にも実用的にも Eratosthenes の篩に匹敵することを示した．彼らは n までの素数を $O(n/\log\log n)$ 回の操作と $n^{1/2+o(1)}$ ビットのメモリで計算する実装法（前節 (1)）を示した．

5.3 NewPGen

本節とプログラムは Paul Jobling(ジョブリング)による．

5.3.1 概要

$k \cdot b^n + 1$ か $k \cdot n^n - 1$ の形の大きい素数をすばやく見つけたいとしよう（たとえば，大きい双子素数，Sophie Germain 素数，長さ 2 の Cunningham 鎖，大きい BiTwin 鎖，大きく長い Cunningham 鎖など）．最後に使うのは Yves Gallot (ガロット) の Proth プログラムである！最後にというのは，その前に小さい素数で割り切れる k や n の値をふるい落とさなければいけないからだ．n が固定されていればこれは非常に効率良く行うことができるので，検索全体にかかる時間を短くできるとともに，検索して見つかる確率がわかるので有利である．

プログラム NewPGen はこの型のふるい落としを行う．NewPGen は候補の k をふるい落とす．ふるい落とす割合が，Proth プログラムが冪乗試験を実行できるようになる割合を増大させるまでふるい落とすべきである．この点から Proth プログラムは（NewPGen によって試行除算は既に行われているので）PMax=0 と設定して検索を完了させるのに使うべきである．

5.3.2 使用法

NewPGen を使うにはただ立ち上げればよい．ヘルプメニューにあるヘルプを参照することもできるが，あたりまえのことしか書いていない．作成するファイルの名前を入力し，基数と n の値，k の範囲，実行する篩の型を入力してスタートボタンを押す．

ふるわれる k の個数は利用できるメモリによる．捨てられる k の個数が増すにつれて，より多くの k をふるえばより多くの時間を節約できる．

5.3.3 プログラムの仕様

NewPGen は現在以下の型の素数探索についてのふるい落としができる：

(1) $k \cdot b^n + 1$
(2) $k \cdot b^n - 1$

(3) $k \cdot b^n \pm 1$ (双子素数)
(4) $k \cdot 2^n - 1$, $k \cdot 2^{n+1} - 1$ (Sophie Germain 素数)
(5) $k \cdot 2^n + 1$, $k \cdot 2^{n+1} + 1$ (長さ 2 の第 2 種 Cunningham 鎖)
(6) $k \cdot 2^n \pm 1$, $k \cdot 2^{n+1} \pm 1$ (長さ 1 の BiTwin 鎖)
(7) $k \cdot 2^n \pm 1$, $k \cdot 2^{n+1} + 1$ (混合双子素数と Cunningham 鎖)
(8) $k \cdot 2^n \pm 1$, $k \cdot 2^{n+1} - 1$ (混合双子素数と Sophie Germain 素数)
(9) $k \cdot 2^n \pm 1$, $k \cdot 2^{n-1} + 1$, $k \cdot 2^{n+1} + 1$ ($k \cdot 2^n + 1$ を試して素数ならば，双子素数または第 2 種 Cunningham 鎖の可能性のために，他の三つを調べる)
(10) $k \cdot 2^n \pm 1$, $k \cdot 2^{n-1} - 1$, $k \cdot 2^{n+1} - 1$ ($k \cdot 2^n - 1$ を試して素数ならば，双子素数または Sophie Germain 素数の可能性のために，他の三つを調べる)
(11) 任意の長さの第 1 種 Cunningham 鎖
(12) 任意の長さの BiTwin 鎖

NewPGen は PrimeForm 素数探索 (後述 5.4.4 項) 用の出力ファイルを作るために使うこともできる．これらは素数階乗が使われることを除けば基本的には上と同じである：

(1) $k \cdot n\# + 1$
(2) $k \cdot n\# - 1$
(3) $k \cdot n\# \pm 1$ (双子素数)
(4) $k \cdot n\# - 1$, $2 \cdot k \cdot n\# - 1$ (Sophie Germain 素数)
(5) $k \cdot n\# + 1$, $2 \cdot k \cdot n\# + 1$ (長さ 2 の第 2 種 Cunningham 鎖)
(6) $k \cdot n\# \pm 1$, $2 \cdot k \cdot n\# \pm 1$ (長さ 1 の BiTwin 鎖)
(7) $k \cdot n\# \pm 1$, $2 \cdot k \cdot n\# + 1$ (混合双子素数と Cunningham 鎖)
(8) $k \cdot n\# \pm 1$, $2 \cdot k \cdot n\# - 1$ (混合双子素数と Sophie Germain 素数)
(9) $k \cdot n\# \pm 1$, $1/2 \cdot k \cdot n\# + 1$, $2 \cdot k \cdot n\# + 1$ ($k \cdot n\#^n + 1$ を試して素数ならば，双子素数または第 2 種 Cunningham 鎖の可能性のために，他の三つを調べる)
(10) $k \cdot n\# \pm 1$, $1/2 \cdot k \cdot n\# - 1$, $2 \cdot k \cdot n\# + 1$ ($k \cdot n\#^n - 1$ を試して素数ならば，双子素数または Sophie Germain 素数の可能性のために，

他の三つを調べる）
- (11) 任意の長さの第 2 種 Cunningham 鎖
- (12) 任意の長さの BiTwin 鎖

- $k \cdot 2^n$ 型の篩で扱える除数の最大値は $1,152,921,504,606,846,976$.
- 他の型の篩で扱える除数の最大値は $140,737,488,355,327$.
- 素数階乗型の篩で扱える n の最大値は $274,579$.

5.3.4 ダウンロード方法

以下のプログラムの日付は 2003 年 4 月 1 日である．

- Windows 版：実行形式 (ZIP 圧縮, 74KB) [u25]
- Linux 版：ダイナミックリンク実行形式 (ZIP 圧縮, 109KB) [u26]，スタティックリンク実行形式 (ZIP 圧縮, 366KB) [u27]

5.4 Proth プログラム

5.4.1 概要

Proth プログラム (Proth.exe) は非常に大きい素数を見つけるためのプログラムである．もともとは Yves Gallot が次の定理を Windows 上のプログラムとして実装した：

Proth's theorem（1878 年）
$2^n > k$ とする．$a^{(N-1)/2} \equiv -1 \pmod{N}$ を満たす整数 a が存在すれば N は素数である．

この判定法は，実行時に大きい整数の積を速く求めることができれば非常に簡単である．また，Cullen 素数，Fermat 約数，Sierpiński 予想に現れる素数などに適用することができる（詳しくは下記 Ray Ballinger(ベリンジャ)の Proth 探索のページを見よ）．

Yves Gallot はこのプログラムを $k \cdot 2^n - 1$ の形の素数もカバーするように拡張した．彼の Proth プログラムを使えば，メニューから望みの形を選び，初期値を設定して (Ray Ballinger のページが参考になる) スタートするだけで素数が簡単に検索できる．大きい素数を検索するにはしばらく時間がかかるので，このプログラムは現在の状態を記録し，マシンを稼働させたときに自動的に継続することができる．また，マシンが他の仕事をしていないときだけ実行されるようにこのプログラムの優先順位を調節することができる．

さらに，初期値の (奇数の) k と n の範囲を設定したり，乗数の代数的な形を設定する機能がある．また，見つけた素数が双子素数か，Sophie Germain 素数の一部か，などを自動的に判定することもできる．

5.4.2 ダウンロード方法

以下のプログラムの日付は 2002 年 10 月 29 日である．

- Proth プログラム (ZIP 圧縮, 380KB) [u28]
- Proth プログラム (pkzip 圧縮, 181KB) [u29]

5.4.3 プロジェクトに参加しよう

- Joe DeMaio(デメイオ)による一般 Woodall 数の探索 [u30]
- Ray Ballinger による Proth 探索のページ [u31]：ここでは Cullen 素数，Woodall 素数，Proth 素数や Sierpiński 問題を統合している．
- Yves Gallot による一般 Fermat 素数の探索 [u32]：この形の素数に対しては Proth プログラムはより高速になる．

5.4.4 関連ページ

- Paul Jobling による NewPGen [u33]：Proth プログラムの探索のための候補をしぼる．
- George Woltman の PRP [u34]：NewPGen の出力から Proth プログ

ラム用のファイルを作る. Windows 用と Linux 用がある.
- Chris Nash(ナッシュ)による PrimeForm[u35]: Proth プログラムと同じライブラリを用いて作られており，より多くの形の素数を扱うことができる.
- Andy Penrose(ペンローズ)による Proth プログラムの種々のマシンにおけるベンチマーク[u36]
- prime links++ のプログラム[u37]

5.4.5 もし素数を見つけたら

Prime Pages のサイトには 5,000 個の最大素数と（Cullen 素数, 双子素数などの) 特殊な形の素数の上位 20 個のデータベースがある. これらのリストに追加するべき素数を見つけたら知らせてほしい. 既にリストにあるものは検索エンジン[u38]で見ることができる.

第 6 章

巨大 Mersenne 素数発見の記録

本章では 1996 年以後の Mersenne 素数の発見の記録を扱う（以下は発見された時点での Prime Pages の記述に基づいている）．近年の Mersenne 素数の発見では GIMPS が大きく貢献している．Mersenne 素数の詳細については，理論編の 4.3 節や 7.7 節，および用語編の「Mersenne 素数」「Mersenne 予想」の項を参照せよ．

6.1　$M(1257787)$：記録的大きさの素数

1996 年 9 月，Cray Research はまたもや Slowinski と Gage(ゲージ)が 378,632 桁の素数 $2^{1257787} - 1$ を発見し，記録を塗り替えたことを発表した．これはかなり大きい最大既知素数である．この次に大きい既知素数は「たった」258,716 桁しかない．また，これは 34 番目の Mersenne 素数の発見になるであろう（大きさから言うとそうではないかもしれないが，それはそれより下の全領域がチェックされていないのでわからない）．年ごとの最大既知素数のグラフを見ると，この素数はこの年に見つけられるだろうと期待した大きさにだいたい等しい．

この 378,632 桁の数の素数性を（伝統的 Lucas-Lehmer 判定法で）証明するのに Cray T94 スーパーコンピュータで約 6 時間かかった．Richard E. Crandall などが独立に素数性を証明した．これら中で最初の，そして最も

興味深いものは，George Woltman のものである．まさにその数について4月15日にチェックし，そのときに90%まで完了していたのである．*San Jose Mercury News* の記事によれば，彼はこう言ったという．「2, 3日はつらかったが，もうふっきれました」．Woltman のプログラムはインターネットで手に入れられ，90MHz の Pentium マシンで60時間でこの新素数の検査ができる．

最後に付け加えると，$16 \times 125787 + 1$ が $(2^{1257787} + 1)/3$ を割り切るので，再び新 Mersenne 素数予想が成り立っている．

6.2　$M(1398269)$：GIMPS が素数を発見！

巨人を打ち倒すにはどうすればよいか？　一つの方法は非常に大きい銃を手に入れることである．これまでの記録的素数はこのやり方で発見されてきた．その時期の最速コンピュータに Lucas-Lehmer 判定法の武装を施して．

別なやり方は，数百人の仲間を集めて巨人にチームで立ち向かうことである．最近，GIMPS プロジェクトはこのやり方を成し遂げた！ 1996年11月13日，Joel Armengaud（アルマンゴー）は新しい Mersenne 素数 $2^{1398269} - 1$ を発見した．彼は，これを George Woltman の Lucas-Lehmer 判定法を実装したフリーソフトを使い，インターネット上に分散した700人余りの個人とともに成し遂げたのである．

そして，何とすごい巨人を倒したことか．420,921桁の数（2にそれ自身を1,392,868回掛け1を引いた数）がいまや最大既知素数なのである．これはまた，35番目に知られた Mersenne 素数であり，それとペアで35番目に知られた完全数が得られている．依然として倒すべき無限に多くの巨人が残っている．Woltman の GIMPS のサイトを訪れて，次の素数の探索に加わってはいかがだろうか．

6.3　$M(2976221)$：**GIMPS が記録を更新！**

それを回避するすべはない，895,932 桁の数 $2^{2976221} - 1$ は巨人である．ペーパーバックの 400 ページを軽く埋め尽くす．しかしながら，1997 年 8 月 24 日，Gordon Spence(スペンス)が 100MHz の Pentium マシンで素数性の証明を完了した．証明の完了には GIMPS の創設者 George Woltman の書いた，高度に最適化されたプログラムを用いて 15 日かかった．Cray Research の David Slowinski が 8 月 29 日に素数性の検証を終えた．この数は現在のところ最大既知素数で，36 番目に知られた Mersenne 素数で，36 番目に知られた完全数を生み出し（1,791,864 桁ある！）それまでの大きさの記録を粉砕した．

6.4　$M(3021377)$：**巨人打倒の技術が洗練された**

GIMPS は 3 番目の Mersenne 素数を彼らの名誉とした：909,525 桁の数 $2^{3021377} - 1$ である．

Roland Clarkson(クラークソン) (カリフォルニア州立大 Dominguez Hills 校の 19 才の学生) が，いったいどうやってこの巨人を探したのか？ 約 2 年前，GIMPS の創設者 George Woltman が，Mersenne 素数を探す効率の良いプログラムを書き（多くの先行する探索者の結果をまとめて）この探索を容易にするインターネット上のデータベースを構築した．また，最近 Scott Kurowski らは PrimeNet を立ち上げた．このシステムでは，George のプログラムが，インターネットを通じて人手の介入なしに直接データベースとやりとりできる．現在では約 4 千人がこのプログラムを使い，毎日ほぼ 10 時間 CPU を充てている．新しい素数の発見は事実上保証されているが，それがいつ見つかるのかは誰も知らない（「事実上保証されている」といったのは，Mersenne 素数は無限にあると予想されているが，証明はされていないからである）．

1998 年 1 月 27 日，これらの仕事は実を結んだ．何日もコンピュータの処理時間を使って，Clarkson が，自宅のコンピュータでこの記録的 Mersenne

素数を発見した．PrimeNet のサーバーがこの指数を彼に割り当てたとき，Clarkson はそれをテストしたいとは思わなかった．「僕は二つの Mersenne 素数がそんなに近くにあるとは思いもしなかった！」と語っている．彼はとにかくやってみることにし，それまでの Mersenne 素数の中で（割合の意味での）いちばん小さい間隔を発見した．実際にテストに要した時間は 46 日で，200MHz の Pentium マシンを断続的に使った（連続して使ったら 2 週間だっただろう）．

Cray Research の David Slowinski は 1 月 30 日に素数性の検証を終えた．したがって，現在，この数は最大既知素数であり，また 37 番目の Mersenne 素数で，37 番目に知られた完全数 $2^{3021376} \times (2^{3021377} - 1)$ を生み出し，1,819,050 桁ある．近いうちに，百万桁（以上）のメガ素数にお目にかかれるだろう．あなたも GIMPS に参加して，それを発見してみませんか？

6.5　$M(6972593)$：大当りの数は $\cdots$

宝くじで当選する一つの方法は，何千人かがグループを組んで数万のくじを購入することで，そうすればグループの一員が当選するチャンスがある．1999 年 6 月 1 日，この戦略が GIMPS でうまくいった．その日，Nayan Hajratwala(ハジュラトワラ)は 2,098,960 桁の Mersenne 素数

$$2^{6972593} - 1$$

を発見した．

これは GIMPS の長年の探索の中で見つかった 4 番目の Mersenne 素数で，38 番目に知られた Mersenne 素数である（が，大きさの順番で 38 番目ではないかもしれない，というのもそれより小さい指数のすべてが調べられてはいないからである）．

では，これが宝くじとどういう関係があるのか．一つは賞金である．この結果，Hajratwala は EFF(Electronic Frontier Foundation) の提供する $50,000 の賞金を受け取る資格を得た．より大きい素数なら$250,000 になる！

6.6　$M(13466917)$ の発見

新しい Mersenne 素数の高みに到達（2001 年 12 月 7 日）

　ほとんど誰も行ったことのない場所がある．おそらく道は遠く空気は薄い．長い旅だから一人で旅をするのはやめたほうがよい．Ontario 州 Owen Sound の Michael Cameron はこんな旅を終えたばかりだ．彼は最大既知素数

$$2^{13466917} - 1$$

を発見した．

　Michael は 20 才で，昼間は学生，夜は NuComm International 社で職業訓練を受けている．2, 3 ヵ月前に Michael は GIMPS に参加して，新しい Mersenne 素数の記録を探し始めた．これは気力がなえるような仕事だった！ 2000 年以上の探索期間で 38 個しか見つかっていない．Michael のものを加えて 39 個になった．Michael の新しい巨獣は 4,053,946 桁であり，優にペーパーバックの小説くらいにはなる．

困難さは？

　Michael がやったことはある意味単純である．彼は自分のコンピュータの空き時間を無駄にしないことを決めただけだ．彼は次のように説明している：

　「ある友人が，君は自分の CPU パワーを無駄にしている，コンピュータから離れるときはいつも CPU を使うべきだ，と教えてくれました．彼は Prime95 を勧めてくれましたが最初は気乗りがしませんでした．僕は何が起こっているか見えるようなものが欲しかったのです．すぐに結果が欲しかったのです．それで他のプログラムをいくつか試してみましたが，期待したものではありませんでした．Prime95 を入れることに決めたのは，それが何も動いていないかのように動いたからです」．

Prime95 は George Woltman によって書かれたフリープログラムであり，GIMPS サイトで手に入る．このソフトウェアをダウンロードして，インストールして，走らせる．単純でやさしいが，道は長い．一つの数をテストするのに最速のマイクロコンピュータでも数日，遅いものでは数ヵ月かかる．Michael の AMD T-Bird 800MHz (RAM 512 MB) では 42 日間かかった．

「ビープ音が鳴ったときとても驚いて，何か悪いことが起こったと思いました．すっかり忘れていたからです」．

別の面から見ると，Michael がやりとげたことは非常に難しいということがわかっている．GIMPS で Mersenne 素数を探し始めた人の 86%は 1 個も完了していない．GIMPS の参加者の平均では 3 個以下 (2.67) である．これは Michael の 4 個目のテストであった．

Michael は非常に幸運でもあった．Mersenne 素数はランダムに分布しているように思われる．Michael はジャックポットを当てたのだ．3,000 個や 4,000 個の指数をテストした人がいる．ある人は 8,000 個もテストしている．しかし，この 1 個を見つけたのは Michael だった．この意味では，Michael は少なくとも 1 個の指数のテストを完了したグループの新人である．テストを完了した指数の個数の平均は 19 より大きい (19.54)．

一人では達成できない

Michael が成功できたのは George Woltman がこのソフトウェアを書いたからである．Michael は彼の助けが必要だったのであり，George 自身もこの Mersenne 素数（彼にとっては 5 個目である）の共同発見者となる．

Entropia.com の創立者 Scott Kurowski もこの栄誉を受けるに値する．彼の会社は GIMPS プロジェクトを提供し，フリーの中心的サーバーと必要な部品を用意して，実質的にユーザーには見えないすべての処理を行っている．Scott の仕事により GIMPS 参加者はいまや 130,000 人以上になり，205,000 台の PC が事実上世界中のすべてのタイムゾーンで動いている．

これはまた GIMPS に関係する数千人すべての勝利でもある．このプロジェクトが数学に対する貢献として最も重要なことは，見つかった素数では

なく，間には他の素数が存在しないことを示したことであろう（以前，見逃したことがある）．だから，参加者がテストを完了してそれが素数でないことを見つけるとき，それはまことに大切なことをやりとげたのである．

新しい Mersenne 素数は，別の二人によって，異なるオペレーティングシステムと異なるプログラムによって独立に検証された．

- Guillermo Ballester Valor(ヴァロー)は，Compaq サーバー（4 プロセッサの Blazer Itanium）上で彼のプログラム Glucas v.2.8c を使った．オペレーティングシステムは Red Hat Linux 7.1 である．
- Compaq 社の Paul Victor Novarese(ノヴァリス)は，667MHz の Compaq Alpha ワークステーション上で Ernst Mayer(メイヤー)の書いたプログラムを使った．計算には 3 週間を要した．

第 7 章

素数に関する定理

7.1 素数の無限性

7.1.1 Euclid の証明

Euclid は，素数が無限に多く存在することの証明を与えた最初の人と言ってもよい．2000 年後でさえも，これは洗練された推論の模範という地位にある．以下では Ribenboim の述べ方 [Rib95, p.3] に従って Euclid の証明を述べる．他の証明法については，次節以後に述べる．

定理 無限に多くの素数が存在する．

証明 $p_1 = 2 < p_2 = 3 < \cdots < p_r$ が素数のすべてだと仮定する．$P = p_1 p_2 \cdots p_r + 1$ と置いて，p を P を割り切る素数であるとする．すると p は $p_1, p_2, \cdots, p_r$ のどれかではありえない．どれかに等しいとすると，p は差 $P - p_1 p_2 \cdots p_r = 1$ を割り切ることになるが，それは不可能である．したがって，この素数 p は新しい素数であり，$p_1, p_2, \cdots, p_r$ が素数のすべてであるということに矛盾する．

7.1.2 Kummer の証明

Kummer は Euclid よりもさらにエレガントな証明を与えた．ここでは Ribenboim [Rib95, p.4]に従ってこの証明を述べる．

定理 無限に多くの素数が存在する．

証明 有限個の素数 $p_1 < p_2 < \cdots < p_r$ しか無いと仮定する．そこで $N = p_1 p_2 \cdots p_r > 2$ と置く．整数 $N-1$ は素数の積なので，N と共通の約数 p_i を持つ．すると p_i は $N - (N-1) = 1$ を割り切ることになり，これは不合理だ！

7.1.3 Goldbach の証明

以下に与えるのは，Fermat 数を使った Goldbach の巧みな証明である（これは 1730 年 7 月の Euler への手紙に書かれている）．ただし，少し変形してある．

まず一つの補題を必要とする．

補題 Fermat 数 $F_n = 2^{2^n} + 1$ は 2 個ずつ互いに素である．

証明 帰納法により，$F_m - 2 = F_0 F_1 \cdots F_{m-1}$ を示すのはやさしい．このことから，d が F_n と F_m の両方 $(n < m)$ を割り切るならば，d は $F_m - 2$ を割り切ることがわかる．よって d は 2 を割り切る．しかし，すべての Fermat 数は奇数だから，d は 1 に等しい．

さて，次の定理を証明しよう：

定理 無限に多くの素数が存在する．

証明 各 Fermat 数 F_n に対して，その素因数 p_n を選ぶ．補題により，これらはすべて相異なる素数である．つまり，無限に多くの素数が存在する．

2 個ずつ互いに素である任意の列に対して，この証明と同じ方法が適用でき

ることに注意せよ．このタイプの列を構成するのはやさしい．たとえば，互いに素である整数 a, b に対して，a_n を次のように定義する：

$$a_1 = a,$$
$$a_2 = a_1 + b,$$
$$a_3 = a_1 a_2 + b,$$
$$a_4 = a_1 a_2 a_3 + b,$$
$$\cdots$$

これは $a = 1$, $b = 2$ として Fermat 数を含むし，$a = 2$, $b = 1$ として以下のような Sylvester 数列を含む：

$$a_1 = 2, \quad a_{n+1} = a_n^2 - a_n + 1$$

実際，この証明に本当に必要なのは，2 個ずつ互いに素な部分列を持つような数列（たとえば Mersenne 数）である．

7.1.4　Fürstenberg の位相的証明

Euclid 以来の素数の無限性の証明のうちで，おそらく最も奇妙なものは，下記に述べる Fürstenberg（フュルスタンバーグ）[Für55] の位相的証明である．

定理　無限に多くの素数が存在する．

証明　整数全体の集合に，($-\infty$ から ∞ までの）等差数列を開基とした位相を入れる．これが位相空間になることを確かめるのはやさしい．各素数 p に対して，A_p を p の倍数全体とする．A_p は閉集合である．なぜならば，A_p の補集合は，公差が p である等差数列全体（A_p を除く）の合併になっているからである．さて A を A_p 全体の合併であるとする．素数の個数が有限個であれば，A は閉集合の有限個の合併だから閉集合となる．ところが -1 と 1 を除くすべての整数はある素数の倍数である．したがって A の補集合は $\{-1, 1\}$ となり，これは明らかに開集合ではない．よって A は有限個の合併ではなく，無限に多くの素数が存在する．

7.2 Fermat の小定理

Fermat の「最大の」そして「最後の」定理は，$x^n + y^n = z^n$ が $n > 2$ の場合に正の整数解 x, y, z を持たない，というものである．これは 1995 年ついに Wiles によって証明された．ここでは彼の「小さい」，しかしおそらく最もよく使われる定理について述べる．この定理は 1640 年 10 月 18 日に Frénicle に宛てた手紙の中に述べられている．

Fermat の小定理 p を整数 a で割り切れない素数とすると，$a^{p-1} \equiv 1 \pmod{p}$ が成り立つ．

a^{p-1} を計算するのはやさしいので，Fermat の小定理を利用して多くの初等的素数判定法が作られた．これは Wilson の定理を使うよりも良い．

いつものように Fermat は証明を残さなかった（このとき「例を送ろうと思ったが，あまりに長すぎるのでやめる」と書いている [Bur80, p.79]）．Euler は 1736 年に最初の証明を出版したが，Leibniz も 1683 年より前の時点で，実質的に同じ証明を未出版の原稿に残している．

証明 まず，a の正整数倍の最初の $p-1$ 個を並べる．

$$a, 2a, 3a, \cdots, (p-1)a$$

ra と sa が p を法として合同と仮定すると，$r \equiv s \pmod{p}$ である．したがって，上記の a の $p-1$ 個の倍数は相異なり，かつゼロではない．すなわち，それらは $1, 2, 3, \cdots, p-1$ と同じ順序で合同である．これらすべての合同式を掛け合わせると，

$$a \cdot 2a \cdot 3a \cdot \cdots \cdot (p-1)a \equiv 1 \cdot 2 \cdot 3 \cdot \cdots \cdot (p-1) \pmod{p}$$

となることがわかる．つまり $a^{p-1}(p-1)! \equiv (p-1)! \pmod{p}$ である．両辺を $(p-1)!$ で割ると，証明は完成する．

Fermat の小定理は次の形に表現されることもある．

系 p を素数とし a を整数とすると，$a^p \equiv a \pmod{p}$ が成り立つ．

証明 p が a を割り切る場合には，この結果は明らか（両辺ともゼロになる）．p が a を割り切らない場合，Fermat の小定理の合同式に a を掛けるだけでこの結果が得られる．

7.3 Wilson の定理

1770 年に Edward Waring(ワーリング)は，彼の元学生である John Wilson (ウィルソン)による次の定理を公表した．

Wilson の定理 p を 1 より大きい整数とする．p が素数であるのは，$(p-1)! \equiv -1 \pmod{p}$ であるとき，かつそのときに限る．

この美しい結果はもっぱら理論的価値を持つにすぎない．それは $(p-1)!$ を計算することが比較的難しいからである．逆に $a^p - 1$ を計算するのはやさしいので，初等的な素数判定法は Wilson の定理ではなく Fermat の小定理を使って構成されている．

Waring も Wilson もこの定理を証明できなかったが，いまではどんな初等整数論の教科書にも載っている．便宜を期して，ここに証明を載せておく．

証明 p が 2 または 3 のときを確かめるのはやさしいので，$p > 3$ とする．p が合成数であれば，その正の約数は次の整数の中にある：

$$1, 2, 3, 4, \cdots, p-1$$

明らかに $\gcd((p-1)!, p) > 1$ であるから，$(p-1)! \equiv -1 \pmod{p}$ となることはありえない．しかし p が素数であれば，これらの整数はすべて p と互いに素である．よってどの整数 a に対しても $ab \equiv 1 \pmod{p}$ なる整数 b が存在する．b は p を法として一意であることが重要である．p が素数であることから，$a = b$ となるのは $a = 1$ または $a = p-1$ であるときに限る．さて，上の数から 1 と $p-1$ を除くと，他の数は掛けて 1 になるように二つずつ組にできるから

$$2 \cdot 3 \cdot 4 \cdots (p-2) \equiv 1 \pmod{p}$$

が成り立つ（もっと簡単に言うと $(p-2)! \equiv 1 \pmod{p}$）．最後に，この等式に $p-1$ を掛けると，証明は終わる．

7.4 完全数の桁の和

3（または9）で割り切れるかどうかをテストするとき，各桁の数の合計が3で割り切れるかどうかをテストする．もしこの合計が複数の桁になっている場合は，また各桁の数の合計をとる．Edwin O'Sullivan(オ・サリバン)は次のことを指摘した．偶数の完全数（6は除く）に対して，このように繰り返し各桁の数の合計をとっていくと，必ず1になる．Conrad Curry(カーリー)は，後になって，この結果が[Gar68]に載っていることを注意している．

定理 偶数の完全数（6は除く）に対して各桁の数の和をとる．次にその結果の数の各桁の数の和をとる．この手順を一桁の数が得られるまで繰り返すと，その一桁の数は1となる．

例

$$28 \to 10 \to 1, \quad 496 \to 19 \to 10 \to 1, \quad 8128 \to 19 \to 10 \to 1$$

証明 $s(n)$ を n の各桁の数の和とする．すぐわかるように $s(n) \equiv n \pmod 9$ が成り立つ．したがってこの定理を証明するには，完全数が9を法として1に合同であることを見ればよい．n が完全数であれば，n は $2^{p-1}(2^p-1)$（p は素数）という形をしている（4.3節の定理1）．p は素数であるから，2または3であるか6を法として1または5に合同である．ここで $p=2$（つまり $n=6$）の場合は除くことに注意せよ．9を法として，2の冪は周期6の繰返しとなる（つまり $2^6 \equiv 1 \pmod 9$）．したがって9を法として，n は三つの数 $2^{1-1}(2^1-1), 2^{3-1}(2^3-1), 2^{5-1}(2^5-1)$ のどれかと合同になる．この三つの数は9を法として，すべて1に等しい．

7.5 擬素数の無限性

$a > 1$ を整数とする．Fermat の小定理によれば，p が a を割り切らないならば，$a^{p-1} \equiv 1 \pmod{p}$ が成り立つ．m が a を底とする概素数 (a-PRP) であるとは，$a^{m-1} \equiv 1 \pmod{m}$ が成り立つことを言う．このような数 m の「大部分」は素数であるが，そうでないときには a を底とする擬素数と呼ばれる．本節では次の定理を証明する．

定理 a を 1 より大きい任意の整数とする．a を底とする擬素数は無限に多く存在する．

証明 ［HW79, p.72］による．
$a(a^2-1)$ を割り切らない任意の素数 p をとり，

$$m = \frac{a^{2p}-1}{a^2-1} = \frac{a^p+1}{a+1} \cdot \frac{a^p-1}{a-1}$$

と定義する．最右辺の二つの因子はともに 1 より大きい整数であるから，m は合成数である．この m は各 p によって相異なるので，m が a-PRP であることを示せば証明は終わる．
上の m の表現を次のように書き直す：

$$(a^2-1)(m-1) = a(a^{p-1}-1)(a^p+a)$$

最も右の因子は明らかに偶数であり，a^2-1 は $a^{p-1}-1$ を割り切る ($p-1$ は偶数だから)．また，Fermat の小定理によると $a^{p-1}-1$ は p によって割り切れる．したがって $2p(a^2-1)$ は $(a^2-1)(m-1)$ を割り切る．つまり $2p$ は $m-1$ を割り切る．一方，m の定義により $a^{2p} = 1 + m(a^2-1)$ が成り立ち，つまり $a^{2p} \equiv 1 \pmod{m}$ が成り立つ．このことから a^{m-1} は m を法として 1 に等しい．証明終り．

7.6 二つの数が互いに素である確率

次のような質問をよく受ける：

プログラムで素数や互いに素な数を見つけて遊んでいるときに，ある（少なくとも私にとっては）興味ある事実につまづいた．乱数が素数である確率は，考える乱数の範囲が大きくなるに従って減少する（素数定理）が，二つの乱数が互いに素である確率は 60.8% である．これはよく知られた事実なのか，あるいは素数の専門家 (guru) には自明のことなのだろうか？

このような定数が存在することは「明らか」であるが，その値についてはもう少しやることがある．1849 年に Dirichlet(ディリクレ)は，この確率が $6/\pi^2$ であることを，大略次のようにして示した．

n より小さい二つの乱数を選ぶことにすると，

- $[n/2]^2$ 個の対はともに 2 で割り切られる．
- $[n/3]^2$ 個の対はともに 3 で割り切られる．
- $[n/5]^2$ 個の対はともに 5 で割り切られる．
- $\cdots$

(ここで，$[x]$ は x 以下の最大の整数を表し，切捨て関数[*1]と呼ぶ)．よって n 以下の互いに素な対の数は（包除原理によって）次のようになる：

$$n^2 - \sum \left[\frac{n}{p}\right]^2 + \sum \left[\frac{n}{pq}\right]^2 - \sum \left[\frac{n}{pqr}\right]^2 + \cdots$$

ここで和は n より小さい素数 $p, q, r, \cdots$ をわたる．$\mu(k)$ を Möbius 関数[*2]とすると，これは

$$\sum_{k>0,\, k:\text{整数}} \mu(k) \left[\frac{n}{k}\right]^2$$

と同じであり，求める定数は，この和を n^2 で割って $n \to \infty$ での極限に等しい．つまり，

$$\sum_{k>0,\, k:\text{整数}} \frac{\mu(k)}{k^2}$$

[*1] (訳注) ガウス記号，floor 関数などとも呼ぶ．
[*2] (訳注) Möbius 関数 $\mu(k)$ は，次のように定義される．$\mu(1) = 1$，k が素数の 2 乗で割り切れるとき $\mu(k) = 0$，k が相異なる r 個の素数の積であるとき $\mu(k) = (-1)^r$．

となる．この級数に平方の逆数の総和を掛けると1になる．よって求める極限であるこの級数の和は $6/\pi^2$ に等しい．この数の近似値は

$$60.7927101854026628663276779258365833426152648033479$$

パーセント（笑）である．

7.7 Mersenne 素数に関する定理

$M(n)$ を n 番目の Mersenne 数とする．$M(n) = 2^n - 1$ である．これらの数は素数の研究の中核であり，またこれまでも常にそうであった．

7.7.1 偶数の完全数

2300 年以上前に Euclid は，$2^k - 1$ が素数であれば（これは Mersenne 素数である）$2^{k-1}(2^k - 1)$ は完全数であることを証明した．200 年ほど前に Euler はその逆を証明した（つまり偶数の完全数 はその形のものに限る）．奇数の完全数が存在するかどうかはまだ知られていない（もし存在すれば，非常に大きく，かつ，多くの素因数を持つことがわかっている）．

定理 $2^k - 1$ が素数であれば $2^{k-1}(2^k - 1)$ は完全数である．そして，偶数の完全数はこの形のものに限る．

証明 まず，$p = 2^k - 1$ が素数であると仮定して，$n = 2^{k-1}(2^k - 1)$ と置く．n が完全数であることを示すためには，$\sigma(n) = 2n$ を示せば十分である*．σ は乗法的であり，$\sigma(p) = p + 1 = 2^k$ であるから，次を得る：

$$\sigma(n) = \sigma(2^{k-1})\sigma(p) = (2^k - 1)2^k = 2n.$$

これは n が完全数であることを示す．

逆に，n が任意の偶数の完全数であると仮定して，n を $2^{k-1}m$ という形に表す．ここで，m は奇数であり，$k > 2$ である．再度 σ が乗法的であ

---

* （訳注）シグマ関数 $\sigma(n)$ は n の約数の総和を表す．詳細は用語編を参照せよ．

ることに注意して,
$$\sigma(2^{k-1}m) = \sigma(2^{k-1})\sigma(m) = (2^k - 1)\sigma(m).$$
n が完全数であるから,
$$\sigma(n) = 2n = 2^k m.$$
この二つの式から,
$$2^k m = (2^k - 1)\sigma(m),$$
が成り立ち,したがって,$2^k - 1$ は $2^k m$ を割り切り,$2^k - 1$ は m を割り切る.そこで $m = (2^k - 1)M$ と置く.さて,これを上の式に代入して $2^k - 1$ で割ると,$2^k M = \sigma(m)$ を得る.m と M はともに m の約数であるから,
$$2^k M = \sigma(m) \geq m + M = 2^k M,$$
が成り立つ.したがって,$\sigma(m) = m + M$ である.これは,m が素数であり,その二つだけの約数がそれ自身 (m) と 1 (M) であることを示している.かくして,$m = 2^k - 1$ は素数であり,n が上記の形になっていることが証明された.

7.7.2 $2^n - 1$ が素数ならば n も素数である

本項では Mersenne 素数の議論に使われる次の定理を証明する.

定理 正の整数 n に対して,$2^n - 1$ が素数であれば,n も素数である.

証明 r と s を正の整数とすると,多項式 $x^{rs} - 1$ は $x^s - 1$ と $x^{s(r-1)} + x^{s(r-2)} + \cdots + x^s + 1$ の積である.n が合成数であれば(すなわち $n = rs$ ($1 < s < n$) とする)$2^n - 1$ は $2^s - 1$ で割り切れるので,合成数である.

もう少し強いことが言えることに注意しよう.$n > 1$ とする.$x - 1$ は $x^n - 1$ を割り切るので,後者が素数であれば $x - 1 = 1$ である.よって次の系が成り立つ:

系 a と n を整数とする.$a^n - 1$ が素数であれば,$a = 2$ であって n は素数である.

通常,$a^n - 1$ の形(a と n は正の整数)の数を素因数分解するときの第一歩は多項式 $x^n - 1$ を因数分解することである.この証明では最も基本的な因数分解の規則を用いた.他の方法については[BLS$^+$88]を参照せよ.

7.7.3 Mersenne 約数の剰余の条件

本項では次の定理を証明する.Fermat はこの定理の最初の部分 ($p \equiv 1 \pmod{q}$) を発見して用い,Euler は 2 番目の部分を発見した.

定理 p と q を奇数の素数とする.もし p が $M(q)$ を割り切るならば,$p \equiv 1 \pmod{q}$ であり,かつ $p \equiv \pm 1 \pmod{8}$ が成り立つ.

以下に,証明と例を述べる.

証明 p が $M(q)$ を割り切るならば $2^q \equiv 1 \pmod{p}$ であり,p を法とした 2 の位数は素数 q を割り切る,つまり q に等しい.Fermat の小定理により,p を法とした 2 の位数は $p-1$ を割り切るから,$p - 1 = 2kq$ と表される.これより
$$2^{(p-1)/2} = 2^{kq} \equiv 1 \pmod{p}$$
が成り立ち,2 は p を法とした平方剰余である.これから $p \equiv \pm 1 \pmod{8}$ が成り立って,証明は完了する.

例 p が $M(31)$ を割り切るとすると,定理の 2 番目の部分から,$p \equiv 1 \pmod{248}$ または $p \equiv 63 \pmod{248}$ となる.1772 年に Euler は $M(31)$ が素数であることを示すのに,この事実を用いた.

7.7.4 Euler と Lagrange の結果

本項の目的は,Euler が 1750 年に述べ,Lagrange が 1775 年に証明した次の定理を証明することである.この定理は Mersenne 素数に関する他のペー

ジで使われる.

定理 p を $p \equiv 3 \pmod{4}$ を満たす素数とする. $2p+1$ が素数であるのは, $2p+1$ が $M(p)$ を割り切るときであり, かつそのときに限る.

証明 $q = 2p+1$ が素数であるとする. $q \equiv 7 \pmod 8$ であるから, 2 は q を法とした平方剰余である. よって, $n^2 \equiv 2 \pmod q$ なる整数 n が存在する. これから
$$2^p = 2^{(q-1)/2} \equiv n^{q-1} \pmod q$$
が成り立ち, q が $M(q)$ を割り切ることがわかる.

逆に, $2p+1$ が $M(q)$ の約数であるとする. 背理法によって証明することにして, $2p+1$ が合成数であって q をその最小の素因数であるとする. すると $2^p \equiv 1 \pmod q$ であり, q を法とした 2 の位数は p と $q-1$ をともに割り切る. よって p は $q-1$ を割り切る. このことから $q > p$ であって,
$$(2p+1)+1 > q^2 > p^2$$
が成り立つ. これは $p > 2$ に矛盾する.

注 $p \equiv 3 \pmod 4$ を満たす p と $2p+1$ がともに素数であるならば, $p = 3$ であるか, または $M(p)$ は合成数である.

7.7.5 Lucas-Lehmer の定理

本項で述べるのは, Lucas によって作られ後に Lehmer によって単純化された素数判定法である.

Lucas-Lehmer 判定法 (1930) $M(n)$ が素数であるのは, $S_{n-1} \equiv 0 \pmod{M(n)}$ であるとき, そのときに限る. ここで, $S_0 = 4$, $S_{k+1} = S_k^2 - 2$ である.

7.7 Mersenne 素数に関する定理

この証明は多くの古典的判定法と同様で，群の元の位数は群の位数を割り切るという事実に基づいている．この証明を二つの部分に分ける*.

十分性の証明 Bruce(ブルース)の証明[Bru93]に基づいて，Mersenne 数 $M(p)$ が S_{p-1} を割り切るならば $M(p)$ が素数であることを示す．$w = 2+\sqrt{3}, v = 2-\sqrt{3}$ と置く．帰納法により，$S_n = w^{2^{n-1}} + v^{2^{n-1}}$ であることが容易にわかる．$M(p)$ が S_{p-1} を割り切るということは，ある整数 R が存在して，

$$w^{2^{p-2}} + v^{2^{p-2}} = R\,M(p)$$

を満たすことである．これは，$w^{2^{p-2}}$ を掛けて 1 を引くと

(1) $\quad w^{2^{p-1}} = R\,M(p)\,w^{2^{p-2}} - 1$

と同じであり，2 乗すれば，

(2) $\quad w^{2^p} = \left(R\,M(p)\,w^{2^{p-2}} - 1\right)^2$

とも書ける．

さて，背理法による証明を行うこととする．$M(p)$ が合成数であると仮定して，大きさが $M(p)$ の平方根以下の素因数 q を選ぶ．群 $G = Z_q[\sqrt{3}]^*$ を考える．これは $a + b\sqrt{3}$ のうち，q を法として可逆なものの全体である．G は高々 $q^2 - 1$ 個の要素を持つことに注意せよ．q を法として w を見ると，上の方程式 (1), (2) は $w^{2^{p-1}} = -1$ および $w^{2^p} = 1$ となる．これは w の G の元としての位数が $2p$ を持つことを示している．群の元の位数は高々群の位数であるから，次の不等式が成立する：

$$2^p \le q^2 - 1 < M(p) = 2^p - 1.$$

これは矛盾であり，十分性の証明は終わる．

---

* 筆者は，まだ必要性の証明を書いていない．

7.7.6 Mersenne 約数の素数平方因子

すべての (素数冪の) Mersenne 数は平方因子を持たないのではないか, ということがこれまでよく問題にされてきた. 下に証明する定理によると, これはかなり確からしい. なぜならば Wieferich 素数は非常に少ないからである. しかし, このことを説明する前に, 証明を済ませてしまおう.

定理 p と q を素数とする. もし p^2 が $M(q)$ を割り切るならば, $2^{(p-1)/2} \equiv 1 \pmod{p^2}$ である. 特に p は Wieferich 素数である.

証明 まず p と q は奇数であることに注意しておく. 7.7.3 項で示したように, p が $M(q)$ を割り切るならば, ある整数 k が存在して $p = 2kq + 1$ と表される. したがって

$$2^q = 2^{(p-1)/2k} \equiv 1 \pmod{p^2}$$

が成り立つ. この両辺を k 乗すると, 定理の最初の部分が得られる. Wieferich 素数は $2^{p-1} \equiv 1 \pmod{p^2}$ を満たす素数 p であることを思い出すと, 上の合同式を $2k$ 乗することで, 証明は完了する.

注 $4,000,000,000,000$ 以下の Wieferich 素数は, 1039 と 3511 だけである. 前者は定理の条件を満たさないし, 後者は $M(q)$ (q は素数) を割り切ることはない. したがって, $M(q)$ は $4 \cdot 10^{12}$ 以下の素数の平方因子を含まない.

合成数の冪を許すとすると, すべての奇数の平方 n^2 は, 無限に多くの Mersenne 数 $2^m - 1$ を割り切る. 単に m を $\varphi(n^2)$ の倍数にとればよいのである (ここで $\varphi(n)$ は Euler のファイ関数である). 実際, Euler の定理によれば, n^2 は $2^m - 1$ を割り切る. さらに言えば, n と互いに素である b に対して, n^2 は $b^m - 1$ を割り切る.

7.8 Millsの定理 の一般化

1940年代の終りに Mills(ミルズ)[Mil47]は，次のことを証明した．ある実数 $A > 1$ が存在して，$[A^{3^n}]$ はすべての $n = 1, 2, 3, \cdots$ に対して素数である．本節では Mills の定理の一般化である次の定理を証明する (Ellison の練習問題[EE85, exercize 1.23]による)．この定理の副産物として，$[A^{c^n}]$ が常に素数であるような A が無限に多く存在するような c は無限に多く存在することが示される．この証明の後で $c = 3$ に対する A の近似値を書く．

定理 $S = \{a_n\}$ を次の条件 (1) を満たす整数列とする：
(1) 実数 x_0 と w ($0 < w < 1$) が存在して，任意の $x > x_0$ に対して開区間 $(x, x + x^w)$ は S の元を含む．
すると，任意の実数 $c > \min(1/(1-w), 2)$ に対して，ある数 A が存在して，$[A^{c^n}]$ は S の部分列である．

証明 (1) を使って，S の部分列 $\{b_n\}$ を帰納的に以下のように定める：
(2) b_0 は $b_0^c > x_0$ を満たす S の最小元．
(3) b_{n+1} は $b_n^c < b_{n+1} < b_n^c + b_n^{wc}$ を満たす S の最小元．
$c \geq 1/(1-w)$ と $c \geq 2$ (下の補題を参照せよ) であるから，(3) を精密にした次の不等式の最後の二つを得る．

$$b_n^c < b_{n+1} < 1 + b_{n+1} < 1 + b_n^c + b_n^{wc} \leq 1 + b_n^c + b_n^{c-1} \leq (1 + b_n)^c.$$

任意の正の整数 n に対して，この不等式を $c^{-(n+1)}$ 乗すると，

$$b_n^{c^{-n}} < b_{n+1}^{c^{-(n+1)}} < (1 + b_{n+1})^{c^{-(n+1)}} < (1 + b_n)^{c^{-n}}$$

が得られ，これは数列 $b_n^{c^{-n}}$ が収束することを示す．この極限を A と置くと，

$$b_n < A^{c^n} < 1 + b_n$$

が成り立つ．よって $[A^{c^n}] = b_n$ となり，これは S の部分列である．（証明終了）

素数列に関して，性質 (1) は $w = 7/12$ と十分大きい x_0 に対して成り立つことが知られている．それで $c = 3$ とすれば Mills の定理が得られる．条件

(3) を満たす x_0 よりも大きい素数を見つけることができる限り（この場合，続く素数が存在することがわかる）は条件 (2) を満たす最小の素数から始めなくてもよいことに注意せよ．それで伝統的には，$b_0 = 2$ から始めることになっている．

Mills は A の値を陽には示さなかったが，2 から始めて「十分大きい」が 10^{2285} 位の大きさであれば，証明に現れる最小素数の部分列 $\{b_n\}$ は次のようになる：

2,
11,
1361,
2521008887,
16022236204009818131831320183,
4113101149215104800030529537915953170486139623539759933135949994882770404074832568499,
695838043769627416085392765735385928648359$\cdots$(254 桁)$\cdots$257390268487534179757699110378097045955949,
336918228195740742277307753365919464724735980446$\cdots$(762 桁)$\cdots$405013138097469593692676561694614253113386536243,
$\cdots$

また定数 A のはじめの方は，正確に次の値となる：

　1.30637788386308069046861449260260571291678458156713644368053759966434$\cdots$

いまや（もっと効率的な限界が見つかるまでは）この値が最小の Mills 定数であろうと予想されていて，Mills 数と呼ばれている．もちろん他にも無限に多くの Mills 定数が存在する（他の素数から始めてみよ．あるいは，A がうまくいけば A^3 もうまくいくことに注意せよ）．

あまりおもしろくないことだが，このタイプの公式は素数を決定するためには使えない．A を見つける前にその素数を知らなければならないからである（そして，この公式で表現された素数の部分列は非常に小さい）．

最後に，上の証明で使った不等式を証明する．

補題　$x \geq 1$ かつ $c \geq 2$ であれば，$1 + x^c + x^{c-1} \leq (1+x)^c$．

証明　x^c で割って，x を $1/x$ で置き換えると，次の不等式と同値になる：
$$0 \leq (1+x)^c - (1 + x + x^c) \quad (0 < x \leq 1).$$

この不等式は $c=2$ に対しては明らかに成り立つ ($x \geq 0$ に帰着する).
$x=0$ に対しても明らか. $x>0$ の場合, 右辺を c に関して微分すると,

$$(1+x)^c \log(1+x) - x^c \log(x)$$

を得るが, これは明らかに正であり, 上の不等式は任意の $c>2$ に対して成り立つ.

7.9　Dirichlet の定理

われわれはよくこんな問題を考える.「$\cdots$ のような形をした素数はあるだろうか？」古典的な問題の一つは, この形が $ak+l$ というものである. ここで k と l は固定の整数で, $0, 1, 2, \cdots$ のような値である. たとえば, k が 4 で l が 1 の場合, 次のリストには無限に多くの素数が含まれるだろうか？

$$1, ⑤, 9, ⑬, ⑰, 21, 25, ㉙, 33, \cdots$$

いくつかの素数が含まれているので, 無限にあると想像してもよいかもしれない. しかし k が 4 で l が 2 の場合はどうだろうか. 次のリストには無限に多くの素数が含まれるか？

$$②, 6, 10, 14, 18, 22, 26, 30, 34, \cdots$$

明らかにそうではない！ 実際, 次のことを証明するのはやさしい練習問題である. k と l によって生成される等差数列:

$$l, l+k, l+2k, l+3k, l+4k, \cdots$$

には 1 個より多くの素数が含まれる. ここで k と l は互いに素（すなわち k と l を同時に割り切る正整数は 1 以外に存在しない）である. しかし, この互いに素という条件は無限に多くの素数が含まれることを保証するのに十分だろうか？ Dirichlet は 150 年以上前に次の定理を証明してこれを肯定した.

等差数列中の素数に関する Dirichlet の定理 (1837)：　k と l が互いに素な正整数であるならば, 等差数列:

$$l, l+k, l+2k, l+3k, \cdots$$

は，無限に多くの素数を含む．

無限に多くの素数が存在することを知るだけで十分なことも多いが，時にはもっと多くの情報を必要とすることもある．よくあるのは，与えられた n に対する n 以下の素数の個数の評価である ($k=1$ の場合には素数定理のようなものである)．素数定理が証明されると，次の評価が成り立つ：

$$\pi_{k,l}(x) = \sum_{p \leq x,\, p \equiv l \,(\mathrm{mod}\, k)} 1 \sim \frac{1}{\varphi(k)} \frac{x}{\log x} \sim \frac{\mathrm{Li}(x)}{\varphi(k)}.$$

次のような誤差評価を得ることも可能である：

$$\pi_{k,l}(x) = \frac{\mathrm{Li}(x)}{\varphi(k)} + O(xe^{-a\sqrt{\log x}}).$$

これは，たとえば $a = 1/15$ に対して証明されている [Wal63]．

7.10 Riemann 予想

Euler は次の和

$$\zeta(s) = 1 + 2^{-s} + 3^{-s} + 4^{-s} + \cdots$$

の $s > 1$ の整数での振舞いを研究した (明らかに $\zeta(1)$ は無限大である)．Euler は $\zeta(2k)$ が Bernoulli 数に関係しているという公式を発見し，$\zeta(2) = \pi^2/6$, $\zeta(4) = \pi^4/90$ などの結果を得た．しかし，これが素数とどう関係してくるのだろうか？ その答は次の無限積にある．ここで p はすべての素数にわたる (これも Euler が発見した)：

$$\zeta(s) = \prod_p \frac{1}{1 - p^{-s}}$$

Euler は，これを次のように書いた：

$$1 + \frac{1}{2^n} + \frac{1}{3^n} + \frac{1}{4^n} + \frac{1}{5^n} + \cdots = \frac{2^n}{2^n - 1} \frac{3^n}{3^n - 1} \frac{5^n}{5^n - 1} \frac{7^n}{7^n - 1} \cdots$$

Riemann は後に $\zeta(s)$ の定義を (1 位の単純な極 $s = 1$ を除く) 複素数全体に拡張した．こうしても，Euler 無限積は s の実部が 1 より大きければ収束

する．Riemann は次の Riemann のゼータ関数の関数方程式を導いた：

$$\pi^{-\frac{s}{2}}\Gamma\left(\frac{s}{2}\right)\zeta(s) = \pi^{-\frac{1-s}{2}}\Gamma\left(\frac{1-s}{2}\right)\zeta(1-s)$$

ここで，ガンマ関数 $\Gamma(s)$ は，よく知られた階乗関数の拡張である（非負整数 n に対して $\Gamma(n+1) = n!$ となる）：

$$\Gamma(s) = \int_0^\infty e^{-u}u^{s-1}du = \frac{1}{se^{\gamma s}}\prod_{n=1}^\infty \frac{e^{s/n}}{1+s/n}$$

（ここで，積分は s の実部が 1 より大きければ存在し，積はすべての複素数 s に対して収束する）．

Riemann のゼータ関数は自明な零点を $-2, -4, -6, \cdots$ に持つ（これは $\Gamma(s/2)$ の極である）．Euler 無限積（と関数方程式）を用いると，その他の零点は臨界帯（複素平面上で $0 \leq \text{Re}(s) \leq 1$ のすべての非実数）内にあり，臨界線 $\text{Re}(s) = 1/2$ に関して対称に存在することが容易にわかる．すべての自明でない零点は臨界線上にある，というのが Riemann 予想であり，まだ証明されていない．

1986 年には，はじめの 1,500,000,001 個の自明でない Riemann のゼータ関数の零点は，たしかにその実部が 1/2 であることが示された[vdLtRW86]．Hardy は 1915 年に無限個の自明でない零点が臨界線上にあることを示し，1989 年に Conrey(コンレイ)は臨界帯内の零点の 40%以上は，臨界線上にあることを示した[Con89]．しかし，まだ Riemann 予想が間違っている可能性はある．

1900 年に Hilbert(ヒルベルト)は近代数学の立ち向かうべき最も重要な未解決問題の一つとして，この予想の証明または反証をあげた．

Hadamard と de la Vallèe-Poussin が素数定理を証明したときに実際に示したのは，

$$\pi(x) = \text{Li}(x) + O(xe^{-a\sqrt{\log x}})$$

が，ある正の定数 a に対して成り立つことであった．誤差項は，Riemann のゼータ関数の臨界帯における零点のない領域について何がわかっているかに依存している．この領域に関する知識が増えるほど誤差項は小さくなる．

1901 年に von Koch は，Riemann 予想が次の式と等価であることを示した：

$$\pi(x) = \mathrm{Li}(x) + O(x^{1/2} \log x).$$

7.11 その他の予想と未解決問題

素数に関する予想は数多いが，そのほんの一部をここにあげる．

Goldbach 予想

Goldbach は 1742 年の Euler への手紙の中で，5 より大きい素数はすべて三つの素数の和になることを示唆した．Euler は，それはすべての 2 より大きい偶数は二つの素数の和で表されるということと同値であると答えた ―― これは現在では Goldbach 予想として知られている．Schnizel(シュナイツェル)は，Goldbach 予想は「すべての 17 より大きい整数は三つの相異なる素数の和で表される」と同値であることを示した．

すべての偶数が高々六つの素数の和 (Goldbach は二つと言ったが) で表せることが証明されている[Ram95]．また，1966 年 Chen(チェン)は，十分大きいすべての整数は素数と高々二つの素因数しか持たない数 (P_2 と呼ぶ) の和になることを証明した．1933 年に Sinisalo(シニサロ)は 4×10^{11} までの整数に対して Goldbach 予想を検証した[Sin93]．もっと最近では，Jean-Marc Deshouillers(デズゥイエ) と Yannick Saouter(サウター)，Herman te Riele が，Cray C90 といろいろなワークステーションを使って 10^{14} まで検証した．1998 年 7 月，Jörg Richstein(リヒシュティン)は 4×10^{14} までの検証を完了し，チャンピオンリストを Web 上に置いた．さらなる情報は[Rib95]と[Wan84]を参照せよ．

奇数 Goldbach 予想

すべての 5 より大きい奇数は三つの素数の和で表せるか？

この問題は Goldbach 予想の簡単な場合で，実質的な進展があった．1937

年 Vinogradov(ヴィノグラードフ)はこれが十分大きい奇数については正しいことを証明した．1956 年 Borodzkin(ボロズキン)は $n > 3^{14348907}$ で十分であることを示した（この指数は 3^{15} に等しい）．1989 年，Chen と Wang(ワン)はこの限界を 10^{43000} まで下げた．この指数をもっと劇的に下げないと，コンピュータで小さい数の場合を調べ尽くすことはできない．

すべての偶数は二つの素数の差として表せる

Goldbach 予想の項で述べた Chen の結果によれば，すべての偶数は素数と P_2 の差になることが示される．

双子素数予想

双子素数は無限にある？

1910 年 Brun(ブルン)は双子素数の逆数の和は収束することを証明した．それで，この和 $B = (1/3 + 1/5) + (1/5 + 1/7) + (1/11 + 1/13) + (1/17 + 1/19) + \cdots$ を Brun 定数という．$B = 1.902160577783278\cdots$ となる．用語編の「双子素数予想」の項を参照せよ．

双子素数予想の一般化

すべての偶数 $2n$ に対して，その差が $2n$ である連続した素数が無限に存在する？

これは 1849 年に de Polignac(ド・ポリニャック)が予想した．n が 1 の場合は，双子素数予想になる．すべての正の整数 m に対して，偶数 $2n$ が存在して，その差が $2n$ である連続した素数が m 組以上存在することを示すのは容易である．

$n^2 + 1$ 型素数の無限性

$n^2 + m^2$ と $n^2 + m^2 + 1$ の形の素数は無限に存在する．この予想の一般

形は次のとおりである：a,b,c が互いに素であり，a が正で，$a+b$ と c が同時に偶数ではなく，b^2-4ac が完全平方 でなければ，an^2+bn+c の形の素数が無限に存在する[HW79, p.19]．

Fermat 素数の有限性

Fermat 素数は有限個しかない？

Hardy と Wright はこの予想について有名な脚注[HW79, p.15]でおよそ次のように述べている：

> 素数定理によれば無作為にとった数 n が素数である確率はある定数 a に対して高々 $a/\log(n)$ である．したがって，Fermat 素数の期待される個数は，高々 $a/\log([2^{2^n}+1])$ $(<a/2^n)$ の和であるが，それは a 以下である．

しかし，Hardy と Wright が注意しているように，Fermat 数は「ランダム」には分布せず二つをとると互いに素であり$\cdots$．

Opperman による予想

1882 年に Opperman(オッペルマン)は

$$\pi(n^2+n) > \pi(n^2) > \pi(n^2-n) \quad (n>1)$$

と述べた．これはいかにも成立しそうだが，まだ証明されていない[Rib95, p.248]．この二つの予想は，素数 p の後の素数間ギャップが $(\log p)^2$ の定数倍で抑えられるという予想が証明できれば，その系として得られる．

第8章

素数 FAQ

8.1 なぜ1は素数ではないのか？

1は素数よりもずっと特別な数である．それは正の整数の単位（組立ての基本要素）であり，Peano(ペアノ)の公理系で存在公理に値する唯一の整数である．また唯一の乗法の単位元（$1a = a1 = a$ がすべての a について成り立つ）である．すべての正の整数 n に対して，これだけが完全 n 乗数である．正の約数をちょうど一つだけ持っている正の整数はこれしかない．しかし，素数ではない．それはなぜか？ 以下に四つの回答をあげるが，後のものほど技術的な色合いが強い：

答1：素数の定義から！
定義を以下に示す．

> 1より大きい整数でその正の約数（因子）が1とそれ自身しかないものを素数と呼ぶ．

明らかに1は除外されているが，これでは「なぜ？」という問いに対する本当の答にはなっていない．

答2：素数の目的から
素数の定式化はEuclidにより，（「幾何学」の古典である彼の『原論』で）

完全数の研究中に導入された．Euclid は整数 n がどういう場合により小さい整数の積に分解されるか（自明でない素因数分解）を知る必要があり，そこで分解されない数に興味を持った．上の定義を用いて，彼は次の定理を証明した：

算術の基本定理　1 より大きい整数はすべて素数の積として一通りに表される．ただし，積の表し方として，素因数を小さい順に並べることとする．

ここで素数の最も重要な使い方に出会う：それは整数の乗法群の唯一の生成要素である．軍事上の議論で次の語句をよく耳にすると思う「分割して統治せよ」．数学でも同じ原則が成り立つ．整数の多くの性質が素因数の性質から導かれ，問題を文字通り小さい問題に分割できる．この点では 1 は役に立たない．というのも $a = 1 \times a = 1 \times 1 \times a = \cdots$ であり，1 で割り切れることからは，a に関して何の情報も得られないからである．

答 3：**1 は単数であるから**
1 を気の毒に思う必要はない．それは，単数（あるいは単位元の約数）と呼ばれる重要なクラスの数の一部である．これらは乗法の逆元を持つ要素（数）である．たとえば，通常の整数には二つの単数 $\{1, -1\}$ がある．視点を Gauss 整数 $\{a + bi \mid a, b \text{ は整数}\}$ にまで広げると，四つの単数 $\{1, -1, i, -i\}$ が得られる．ある数の体系では，無限に多くの単数がある．

実際，多くの人が 1 を素数と定義した時代もあったが，近代数学における単数の重要性から 1 という数（と素数）には慎重になった．

答 4：**素数の一般化した定義から**　　（用語編の「素数」の項も参照せよ）
正の整数だけを考えると単数としての 1 の役割は，恒等元の役割の前にかすんでしまう．しかし，別の数環（和，差，積が定義できる体系）に目を向けると，単数のクラスには基本的な重要性があり，素数の定義をする以前に見いだされているべきである．たとえば Borevich(ボレビッチ)と Shafarevich(シャファレビッチ)が古典的な教科書 *Number*

Theory(『数論』)で，素数の定義をどうやっているかをここに書く．

環 D の 0 でも単数でもない要素 p は，D の単数ではない因子の積 $p = ab$ に分けられないとき，素数であるという．

ときには，これらの性質を持つ数は既約元と呼ばれ，素数という名は，ab を割り切るならば必ず a, b のどちらかを割り切る数にとっておくこともある（通常の整数の世界では両方とも同じになるが，より一般的な体系ではそうなるとは限らない）．それでもやはり，単数は素数に先立つ必要があり，1 は単数に属するもので，素数ではない．

8.2 負の数は素数になりうるか？

答 1：なりえない
通常の素数の定義では，負の整数は素数にはなりえない．この定義では素数は 1 とそれ自身以外に正の約数のない 1 より大きい整数である．負の数は除外されている．事実，考慮の枠外である

答 2：なりうる
さて，負の数を仲間に入れようとしたとする．a が b を割り切るときはいつでも $-a$ は b を割り切るので，本質的にこれらを同じ約数であるように扱う．すると，-1 は 1 を割り切るので，すべての整数を割り切ることになる．
1 を割り切る数は単数と呼ばれる．二つの数 a, b は，a が単数と b の積であるとき同伴と呼ばれる．したがって上記の b の約数 a と $-a$ は同伴である．
同様に，-3 と 3 は同伴であり，ある意味で同じ素数を表していると言える．
したがって，負の数は（この見方によれば）素数になりうる．事実，整数 $-p$ は p が素数なら常に素数である．しかし，2 数は同伴だから，真に新しい素数が得られてはいない．これを別の例で説明してみよう．
Gauss 整数とは，複素数 $a + bi$ で a, b が整数であるものをいう（i は -1

の平方根である).この数の体系には,四つの単数:$1, -1, i, -i$ がある.したがって,各素数は四つの同伴を持っている.

各素数が無限に多くの同伴を持つ数の体系を作り出すこともできる.

答3:どちらでもよい

より一般的な数体では上記の混乱は消滅する.これらの数体のほとんどは主イデアル整域ではないから,素数は個々の要素ではなく,イデアルで表される.この観点から見ると,(-3) すなわち -3 のすべての倍数の集合は (3) すなわち 3 のすべての倍数の集合と同じイデアルである.-3 と 3 は全く同じ素イデアルを生成することになる.

8.3 素数を表す式はあるか?

質問 望みの素数を生成するような式はあるだろうか.たとえば,その式に 52 を与えると,52 番目の素数 239(だと思う)を生成する,といったようになればよい.

答はイエスで,そういう式は数多く存在する—しかし,それは趣味的にしか使えない.効率が悪すぎるのである.そのほとんどは,素数のリストをコード化したものか,巧妙な数え上げ手法を用いたものである.下記に,いくつかの例をあげるが,より詳しい情報は Ribenboim の教科書の第 3 章「素数を定義する関数はあるか?」[Rib95, pp.179-212]★を手始めにするとよい.

方法 1:素数をコード化する p_n を n 番目の素数とする.1952 年に Sierpiński(シェルピンスキ)は次のように考えた.定数 A を

$$A = \sum_{n=1}^{\infty} p_n 10^{-2^n} = 0.02030005000000070\cdots$$

と定義する.ここで切捨て関数 $\lfloor x \rfloor$(x 以下の最大の整数)を使うと次の式を得る:

★(訳注)『素数の世界 第 2 版』, pp.107-123, 共立出版 (2001).

$$p_n = \left\lfloor 10^{2^n} A \right\rfloor - 10^{2^{n-1}} \left\lfloor 10^{2^{n-1}} A \right\rfloor.$$

HardyとWright [HW79, p.345]はこの方法の変形を与えた. r を 1 より大きい整数とし，次のように定数 B を定める：

$$B = \sum_{n=1}^{\infty} p_n r^{-n^2}.$$

これから次の式を得る：

$$p_n = \left\lfloor r^{-n^2} B \right\rfloor - r^{2n-1} \left\lfloor r^{(n-1)^2} B \right\rfloor.$$

この型の式は素数が見つかる前に必要な定数がわかれば価値があるだろう．不可能とは言えないが，まず無理であろう．

方法 2：Wilson の定理を用いて素数を数え上げる $\pi(x)$ を三通りの方法で定義する．Willans(ウィランズ)(1964) は次の式を用いた：

$$\pi(n) = \sum_{j=2}^{n} \frac{\sin^2((j-1)!^2 \pi/j)}{\sin^2(\pi/j)}.$$

Mináč(ミネク)は

$$\pi(n) = \sum_{j=2}^{n} \left\lfloor \frac{(j-1)!+1}{j} - \left\lfloor \frac{(j-1)!}{j} \right\rfloor \right\rfloor$$

と定義した（未出版．証明は [Rib95, p.181]★にある）．
HardyとWright [HW79, p.414]は $\pi(1) = 0, \pi(2) = 1$ とし，

$$\pi(n) = 1 + \sum_{j=3}^{n} \left((j-2)! - j \left\lfloor \frac{(j-2)!}{j} \right\rfloor \right) \quad (n > 2)$$

と定義した．
これから次の式を得る（切捨て関数をまた使っている）．

$$p_n = 1 + \sum_{m=1}^{2^n} \left\lfloor \left\lfloor \frac{n}{1+\pi(m)} \right\rfloor^{\frac{1}{n}} \right\rfloor.$$

★（訳注）『素数の世界 第 2 版』, p.109, 共立出版（2001）.

8.4 2数の積の最速の計算法は？

質問 今日得られる最も高速な，任意の長さの二つの整数を掛け合わせるアルゴリズムを知りたい．CかC++で書かれた関数があればそれも知りたい．

Yves Gallotの答：それは，数の大きさによる．

- 100桁までの数ならば学校で習った方法が最速である．
- 100-1,000桁ならば，Karatsubaの方法（4回の乗算を3回にする再帰的計算式）が最速である．
- 1,000-10,000,000桁では，浮動小数点数のFFTを用いた畳込みが最速である．
- 10,000,000桁以上の数であれば，多重の数論的変換と中国剰余定理を使わなくてはいけない．現在のプロセッサの浮動小数点数の精度では不十分だからである．

CとC++で書かれた良いフリーのライブラリがWeb上で入手できる．Prime Links++の`programs/large_arithmetic`ディレクトリを見てほしい．

8.5 既知の素数の最長のリストは？

「2から始まる連続した素数のリストの中で，いままでに作られた最長のものは何だろうか？」これはよくある疑問である．また，これは別な言い方をされることもある．「素数かどうかわかっていない最小の数 n は何か？」（もちろん素数は無限にあるので，そのようなリストの長さに，理論的な上限はない）．

この質問に答えるにあたって，小さい素数は簡単に見つかることに注意しておこう．ハードディスクから読み込むより速く計算できるので，長い（たとえば 10^9 個を超える）リストをとっておこうとする者はいない．長いリス

トはただスペースの無駄遣いであるし，インターネット上では通信帯域を浪費することになる．とはいえ，要求が多いので，Prime Pages にはいくつかのリストが置いてあり，最長のものは 100,008 までのリストである —— これが私の分別の許す限界である．しかし，もっと長いリストも入手できる．

さらに長いリストが欲しかったら，自分のマシンで篩のプログラムを走らせればよい．きちんと篩を計算すれば 1,000,000,000,000 までの素数すべてを見つけられる．

2 番目の質問の答も同様である．もし，素数かどうかわかっていない最小の数 n が出てきたら，次の 100 万個の素数がせいぜい 1 秒もあれば計算できてしまう．

8.6 $M(107)$ の真の発見者は誰か？

R. E. Powers は $M(107) = 2^{107} - 1$ は素数であると発表したが，それとほとんど同時に E. Fauquembergue(ファウケンベルグ) も同じ発見をしたと発表した．このため，ある文献では一方を，また別の文献では他方を発見者としている．本書では，いろいろな理由から Powers を発見者として選んでいる．特に Fauquembergue はいくつかの正しくない結果や誤った主張を出していることがその理由である．たとえば Robinson [Rob54] によれば，次のようになっている：

> Powers の $n = 241$ の結果は正しいことが判明した．残りのこれ以前の計算結果 $n = 101, 103$ については公表されておらず，チェックのために手に入れることができない．一方，Fauquembergue の残りの 4 ケース，$n = 101, 103, 109, 137$ については，すべて正しくないことが判明した．Baker の残りのケース $n = 167$ についても同様であった．

8.7 新しい結果を発見したら？

すばらしい新規の結果を発見した．どうしたらいいのか？

答は簡単：公表せよ．

そのやり方はいろいろある．Primes-L のような議論のためのメーリングリストに投稿するとか sci.math のようなニュースグループに出して共有したり，さもなくば個人的な Web ページに置くこともできる．しかし，公表する標準的な手段は電子的あるいは印刷ベースの雑誌に結果を送ることである．

推定によれば，1 年間に約 2 万件の新定理がそういった雑誌で公表されている．数学と呼ぶ生きた実りある議論がなされるのが，そういった雑誌である．雑誌，特に審査付きの雑誌に公表することで，結果が公認を得ることができる．これらの理由と，また伝統的な理由もあり，大量の数学が雑誌で見いだされる．現代の数学は Web 上で見つかることはほとんどない．

では，どんな雑誌に投稿するのか？　原稿料は払われるか？　結果が盗まれることはないか？

書く準備を整えるにはまず読むこと

他人がその話題について，特に最近，どう言っているかを調べること．結果をどういう形で表現しているか，問題にしたり提示している疑問は何かに注目すること．引用している文献を探すこと．よく読んで初めて，よく書く準備が整う．

次に自分の論文を書き，他者と結果を共有する

これを，まず友人や同僚を相手に行い，次に数学の学会で話したり，メーリングリストやニュースグループに投稿する，というのが典型的な数学者のやり方である．ときには，同様な仕事をした人にプレプリント（完成しているが未公表の論文の版）を電子メールで送る場合もある．受け取った人はたぶんコメントをする時間を割いてくれるだろう．

数学者は，他人の経験から得るため，結果に対する意見をもらうため，特に論文を改良したり取り入れたりできる提案を求めて，結果を共有する．ほとんどの雑誌は，投稿された論文に一人もしくはそれ以上の査読者を付ける

ことでこの過程を行っている．査読者は結果が新規か，正しいか，出版するに値するかを判断できるその分野の権威である．

どの雑誌に投稿するか？

この点では，自分でも簡単に質問に答えられるに違いない：関連した結果が最近発表された雑誌の一つに投稿すればよい．確信が持てないならば，第1段階に戻って図書室で関連した結果をもっと読むか，自分が購読しているところにオンラインで質問を出せばよい．関連する結果がないほど新規な結果であるということは（不可能とまでは言わないが）ほとんどない．

原稿料がもらえるか？

もらえない．雑誌は，対話の場を提供することで数学者の情熱を支えている．事実，大きい団体（個人ではない）に「ページを作る費用を払う」ように要請し，出版費用のコストを削減しようとすることがある．

結果が盗用されないか？

それはない．上記の方法で結果を共有すれば，あなたの知的所有権は十分確立される．ほとんどの数学者は，正直で，勤勉で，他人の結果を横取りしようと思う者はない．しかし，あなたの仕事が十分良いものならば，すぐにも，それを土台に仕事を始め，拡張するだろう．事実，ほとんどの人は，他人が利用しその上で仕事をするような論文を書きたいと思っている．

その他のリソース

アメリカ数学学会 (AMS)，アメリカ数学協会 (MAA) のもの．

- AMS の著者名，査読者名リスト[u39]
- AMS ListServ リスト[u40]
- AMS 会議と大会[u41]

- MAA の雑誌[u42]
- MAA 会議[u43]

8.8 発見した素数を Prime Pages に登録するには？

まず，その数が証明済み素数であって概素数ではないことを確認しよう（何か疑問があれば，第 2 章を参照せよ）．また，それが既知の素数トップ 5,000 に載るだけ十分大きいか，あるいは本書で列挙した特殊な種類の素数で，その形でのトップ 20 に載るだけの大きさがあるかを確認すること．

証明済み素数が得られたとわかったら，私たちの素数投稿ページ[u44]を使ってそれを知らせてもらいたい．

素数の投稿にパスワードが必要なのはなぜか？

質問 素数の投稿の仕方を探していると認証機構からすぐにパスワードと認証可能な電子メールアドレスを要求されるのはなぜか？

意図的に偽の素数を投稿する輩や，それを他人の名前で行う者がいたため，セキュリティを強化せざるをえなくなった．インターネット上ではこれを「スプーフィング」と呼んでいる．学問の世界では普通「詐欺」と呼ぶ．それをやる者の中には「冗談」と呼んでいる者もいた．どう呼ぶにせよ，最大既知素数のリストが，研究者にとっては価値がありアマチュアには信頼できる情報源であり続けるために，セキュリティを強化している．

Prime Pages を運営している私たちは，新しい素数を毎週見つけてこのサイトを有用にしてくれている数百人の個人に感謝している．投稿を続けてほしい．

第Ⅱ部

用語編

利用者へ向けて

「用語集」は素数の用語へのインターネットガイドである．1998 年の初めに Prime Pages のなかで，素数に関連する用語と名称の単純で簡潔な定義を提供するために始めた．必要に応じて，詳細な説明のページへのリンク*を付けてある．

この Web ページ群を創始し、編集を続けているのは Caldwell (コードウェル) である．コメントや意見があれば彼に連絡してほしい．新しい定義は週単位で更新されている．付け加えてほしい用語 (あるいは自分で書きたい定義) があればお知らせ願いたい．

用語集のゴールとレベルについてのコメント

この用語集は意図的に二つのレベルで書かれている．というのも 2 種類の読み手に対して書かれているからである．第 1 に，学校の教師と学生のために，初等的な素数論の基本的な用語と優れた論文の主題になりうる，変わった，または興味深い用語をリストした．そこで，用語を最低限の専門語で定義した．たとえ，そのために少々標準的でない定義になったとしても．たとえば，「合同式」でなく「割り切る」という言葉を使えるように言い換えを行う (前者のほうが数学者にとっては自然な表現であるが)．しかし，すべての概念が簡単に定義できるわけではない．

第 2 に，基本的な用語に慣れ親しんだ人々 (たとえば数論を専攻した学部卒学生) のために，有用な (しかしあまり知られていない) 言葉とアイデアを列挙した．こういった読み手には，(たとえば) 数の位相的性質を記述する言葉は軽薄に思えるかもしれない ── しかし，優れた解析的あるいは発見的技能のテストとしてどのように普通の質問に応えるかを提供できる．たとえば，無

---

* (訳注) 関連項目として，各用語の末尾においた．

限にあるか？ 数を定量化できるか？ 概念を一般化できるか？ など．当然，本書は素数の記録に関係するものなので，現在の結果を載せているサイトへのリンクや参照を提供するように努めている．

この用語集のいちばんの特徴は，一つの定義の中に二つの性質が見いだせることである．

まず，大まかな定義から始め，すぐさま次に技術的なものや進んだ結論に移る．これによって，大学生はすぐさま情報に到達でき，高校までの生徒には「数学の女王」整数論への大いなる道をかいま見せることができる．

Beal 予想 [u45]
(*Beal's conjecture*)

テキサスの大金持ちの銀行家 Andre Beal(ビール)は彼の予想が成り立つ(または成り立たない)ことを最初に証明した人に 75,000 ドルの現金を贈ることを申し出た.

> **Beal 予想**　$x^m + y^n = z^r$ において x, y, z は正の整数, m, n, r は 2 より大きい整数とする. このとき, x, y, z は(1 より大きな)公約数を持つ.

明らかに Fermat の最終定理はこの予想の特別な場合であるから, これを Fermat の最終定理に変換する簡単な方法を見つければ Wiles(ワイルズ)の証明を経由して証明したことになる.

指数が 2 以下でもよければ, $1^1 + 2^3 = 3^2$ や $2^5 + 7^2 = 3^4$ やすべての Pythagoras の三つ組のように無限に多くの解がある. また, x, y, z が互いに素でなくてもよければ $2^n + 2^n = 2^{n+1}$ のように無限に多くの解がある.

それぞれ 2 より大きな三つの指数 m, n, r の組に対して解が存在しても有限個であることはわかっている. 解は存在するのだろうか. 以下の Web ページには, 証明や反証が見つかったときの送り先が書いてある.

本書以外で関連するページ
・Beal の予想と賞金 [u46]

Bernoulli 数 [u47]
(*Bernoulli number*)

Bernoulli 数は $x/(e^x - 1)$ の Taylor 展開における係数から生じる. $B_0 = 1$ として

$$\binom{k+1}{1} B_k + \binom{k+1}{2} B_{k-1} + \cdots + \binom{k+1}{k} B_1 + B_0 = 0$$

から帰納的に定義することができる.

Bernoulli 数のはじめのいくつかは,

$$\begin{aligned}
B_0 &= 1, & B_1 &= -1/2, \\
B_2 &= 1/6, & B_3 &= 0, \\
B_4 &= -1/130, & B_5 &= 0, \\
B_6 &= 1/42, & B_7 &= 0, \\
B_8 &= -1/30, & B_9 &= 0, \\
B_{10} &= 5/56, & \cdots
\end{aligned}$$

である. 奇数番目の項 B_{2n+1} は $n > 1$ のとき 0 で, 偶数番目の項の符号は交代することに注意しよう.

これらの数は Riemann のゼータ関数を用いて次のように定義することもできる:

$$\zeta(-n) = B_{n+1}/(n+1)$$

最後に, Stirling の公式を用いて次の式を得る:

$$|B_{2n}| \sim 4\sqrt{\pi n}\, (n/\pi e)^{2n}$$

Bernoulli 数は 1713 年に作者の死後に発表された Jacob Bernoulli(ベルヌーイ)の著書 *Ars Conjectandi*(『推論の技法』)に初めて現れた. Euler(オイラー)は連続する整数の累乗の和を表すのにそれらを用いた. また, Fermat の最終定理を古典的に攻撃するときにも重要である.

(→ 正則素数)

本書以外で関連するページ
・Bernoulli 数の文献(力作!) [u48]

文献: [Rib95, pp.217-8]

Bertrand の仮説 [u49]
(*Bertrand's postulate*)

Bertrand の仮説とは n が 3 より大きな整数のとき，n と $2n-2$ の間に少なくとも一つの素数があるというものである．これは，「n が正の整数ならば $n < p < 2n$ を満たす素数 p がある」というように，少し弱いけれどもきれいな形で言われることもある．

1845 年に Bertrand(ベルトラン)は 3,000,000 より小さい n に対して確かめ，1850 年に Chebyshev(チェビシェフ)が最初の完全な証明を与えた．1932 年に Erdös(エルデシュ)が二項係数を用いたかなり良い証明を与え，これが(たとえば，[HW79]の定理 418 のように)現代の多くの教科書における証明の基礎となっている．この証明を修正すれば，どんな正の整数 k に対しても N が存在して，$n > N$ であるようなすべての n に対して n と $2n$ の間に k 個の素数が存在することが証明できる．

Bertrand の仮説によれば，どんな素数 p に対しても $2p$ より小さい別の素数があることに注意すると，n 番目の素数は最大でも 2^n を越えないことがわかる．このことから，n 番目の素数についての次の公式が得られる：

r を 1 より大きな整数とするとき，
$$p_1 r^{-1} + p_2 r^{-4} + p_3 r^{-9} + \cdots + p_n r^{-n^2} + \cdots$$
の和を a とすると，n 番目の素数は
$$p_n = \lfloor r^{n^2} a \rfloor - r^{2n-1} \lfloor r^{(n-1)^2} a \rfloor$$
で与えられる．

これは気が利いているが，計算には不向きである．
(→ 素数定理，素数を表す式)

本書以外で関連するページ
・Bertrand の仮説の証明 [u50]
文献：[HW79，第 22 章]

Brun 定数 [u51]
(*Brun's constant*)

1919 年に Brun(ブルン)は双子素数の逆数の和

$$\left(\frac{1}{3}+\frac{1}{5}\right)+\left(\frac{1}{5}+\frac{1}{7}\right)+\left(\frac{1}{11}+\frac{1}{13}\right)+\left(\frac{1}{17}+\frac{1}{19}\right)+\cdots$$

が今日 Brun 定数と呼ばれる定数に収束することを示した．

この級数が発散すれば双子素数予想が証明できるのだが，これが収束するので無限に多くの双子素数が存在するかどうかはまだわからない．

Nicely(ナイスリー)は，10^{14} までの双子素数を計算することにより(途中で悪名高い Pentium のバグを発見し)，Brun 定数を 1.902160578 と発見的に評価した．最近，彼は 1.6×10^{15} までの双子素数を用いて，この評価は 1.9021605824 にまで改善している．
(→ 双子素数，双子素数定数)

関連項目 1.5.4, 11.18
本書以外で関連するページ
・Brun 定数 [u52]
・双子素数と Pentium のバグ [u53]
・Thomas R. Nicelyのホームページ [u54]
文献：[Nic95]

Carmichael 数 [u55]
(*Carmichael number*)

合成数 n は n と互いに素なすべての整数 a に対して $a^{n-1} \equiv 1 \pmod{n}$ が成り立つとき Carmichael 数であると言われ

る(すべての素数は Fermat の小定理によりこの条件を満たしている). Fermat の概素数判定法を用いて Carmichael 数が合成数であることを示すにはその約数の一つを見つけなければならない.

100,000 以下の Carmichael 数は次のとおりである:

561, 1105, 1729, 2465,
2821, 6601, 8911, 10585,
15841, 29341, 41041, 46657,
52633, 62745, 63973, 75361

小さな Carmichael 数の個数は少ない:25,000,000,000 より小さいものは 2,163 個あるだけである(最近 Richard Pinch (ピンチ)は 10^{16} 以下の Carmichael 数は 246,683 個しかないことを発見した). それにもかかわらず,1994 年に Carmichael 数が無限に多くあることが証明された.

(→ 擬素数,概素数)

本書以外で関連するページ
・10^{16} までの Carmichael 数 u56

文献:[AGP94b], [Pin93]

Catalan の問題 u57

(*Catalan's problem*)

1844 年,ベルギーの数学者 Eugène Charles Catalan(カタラン)は,8 と 9 の組は唯一の引き続いた冪乗数だと予想した. つまり,素数 p, q と正の整数 x, y に対する Catalan 方程式:

$$x^p - y^q = 1$$

はただ一つの解:

$$3^2 - 2^3 = 1$$

を持つ.

1976 年,Tijdeman(タイドマン)はどんな解に対しても y^q は $ee^{e^{e^{730}}}$ (巨大な数!)よりも小さいことを示し,解決に向けた最初の大きな一歩を踏み出した [Guy94]. それ以来,この限界は何度も小さくされ,いまでは p と q の大きいほうは 7.78×10^{16} より小さく,小さいほうは 10^7 より大きいことがわかっている [Mig99]*.

この問題の解についての最も興味深い結果は, $(p,q) = (2,3)$ 以外の解は次の 2 式:

$$p^{q-1} \equiv 1 \pmod{q^2}$$
$$q^{p-1} \equiv 1 \pmod{p^2}$$

を満たすことである.

Catalan 予想と Fermat の最終定理の解は Fermat-Catalan 方程式:

$$x^p + y^q = z^r$$

の特殊な場合である. ここで, x, y, z はすべて正で互いに素であり,指数はすべて素数で

$$1/p + 1/q + 1/r < 1$$

を満たすものとする.

Fermat-Catalan 予想とは,この方程式の解が有限個しかないというものである. 解の中には次のようなものがある:

---

*(訳注) Catalan の問題は,2002 年 5 月に Preda Mihailescu(ミハイレスク)によって肯定的に解決された.

$$1^p + 2^3 = 3^2 \ (p \geq 7)$$
$$2^5 + 7^2 = 3^4$$
$$7^3 + 13^2 = 2^9$$
$$2^7 + 17^3 = 71^2$$
$$3^5 + 11^4 = 122^2$$
$$33^8 + 1549034^2 = 15613^3$$
$$1414^3 + 2213459^2 = 65^7$$
$$9262^3 + 15312283^2 = 113^7$$
$$17^7 + 76271^3 = 21063928^2$$
$$43^8 + 96222^3 = 30042907^2$$

(→ Fermat の最終定理，Beal 予想，Wieferich 素数)

文献：[CP01, pp.279–381]，[Guy94, D9節]，[Mig99]，[Pet00]，[Rib94]

Cullen 数 [u58]
(*Cullen number*)

1905 年，Reverend James Cullen(カレン)は $n \cdot 2^n + 1$(C_n と記す)の形の数に興味を持った．彼は，最初の数 $C_1 = 3$ は素数であるが，次の 99 個は(53 番目の数は例外かもしれないが)すべて合成数であることを示した．それからすぐに Cunningham(カニンガム)は 5591 が C_{53} の約数であることを発見し，141 は例外かもしれないが，$2 \leq n \leq 200$ の範囲の n に対してこれらの数がすべて合成数であることを示した．50 年後に Robinson(ロビンソン)は C_{141} が素数であることを示した．

これらの数はいまでは Cullen 数と呼ばれている．Cullen 数という名称は，広義では Woodall 数 $W_n = n \cdot 2^n - 1$ も含めて使うことがある．また Woodall 数を第 2 種 Cullen 数と呼ぶこともある．

Cullen 素数は C_n の形の素数である．これまでに知られている Cullen 素数 C_n は $n = 1, 141, 4713, 5795, 6611,$ 18496, 32292, 32469, 59656, 90825, 262419, 361275, 481899 のものだけである．

Cullen 数 C_n のほとんどすべてが合成数であることが示されている．Fermat の小定理によれば，p が奇素数ならば C_{p-1}, C_{p-2} はともに p で割り切れる(もっと一般的に，$m(k) = (2^k - k)(p-1) - k, k \geq 0$ のとき $C_{m(k)}$ は合成数である)．また，Jacobi 記号 $\left(\dfrac{2}{p}\right)$ が -1 のとき，素数 p は $C_{(p+1)/2}$ の約数であり，$\left(\dfrac{2}{p}\right)$ が $+1$ のとき，素数 p は $C_{(3p-1)/2}$ の約数である．

さらに，無限に多くの Cullen 素数 C_n があると予想されており，n と C_n が同時に素数になることがあるかどうかはわかっていない．

最後に，文献によっては，$n + 2 > b$ として $n \cdot b^n + 1$ の形の数を定義して一般 Cullen 数と呼び，この形に表すことができる素数を一般 Cullen 素数と呼んでいる．「表すことができる」という点に注意が必要である．というのは，次の 2 数

$$669 \times 2^{128454} + 1$$
$$755 \times 2^{48323} + 1$$

は一見すると定義にマッチする形ではないようだが，これら二つの素数はそれぞれ

$$42816 \times 8^{42816} + 1$$
$$6040 \times 256^{6040} + 1$$

と表せるので，一般 Cullen 数なのである．

(→ Woodall 数，Fermat 素数，Mersenne 素数)
関連項目

- 11.10

本書以外で関連するページ
- Cullen 素数探索の現状[u59]
- Cullen 数の因数分解表[u60]

文献：[Cul05], [CW17], [Guy94, B20 節], [Hoo76], [Kel83], [Kel95], [Rib95, pp.360-1]

Cunningham 鎖[u61]
(*Cunningham chain*)

Sophie Germain 素数は，素数 p で，$q = 2p+1$ も素数であるものであった．$r = 2q+1$ は素数か，$2r+1$ は素数か，$\cdots$ ということを調べてみたらどうだろう．長さ k の第 1 種 Cunningham 鎖とは，前の素数を 2 倍して 1 を加えてできる k 個の素数の列である．たとえば，

$(2, 5, 11, 23, 47)$
$(89, 179, 359, 719, 1439, 2879)$

である．

長さ k の第 2 種 Cunningham 鎖とは前の素数を 2 倍して 1 を引いてできる k 個の素数の列である．たとえば，

$(2, 3, 5)$
$(1531, 3061, 6121, 12241, 24481)$

である．

どちらの形の素数列もそれ以上に長くできないとき完全鎖と呼ばれる．表 1([Löh89] による) に短い完全鎖の例をあげる．

これらの鎖はどれだけ長くなるのだろう．強 k 組素数予想によれば，長さ k に対して無限に多くの鎖がある．実際，N より小さい鎖の個数は漸近的に次の式で表される：

$$B_k \int_2^N \frac{dx}{\log x \log(2x) \cdots \log(2^{k-1}x)}$$
$$\sim \frac{B_k N}{(\log N)^k}$$

ここで

$$B_k = 2^{k-1} \times \prod_{p>2} \frac{p^k - p^{k-1}\min(k, \mathrm{ord}_p(2))}{(p-1)^k}$$

で，数列 B_k の近似値は

$B_2 = 1.32032$, $B_3 = 2.85825$,
$B_4 = 5.553491$, $B_5 = 20.2636$,
$B_6 = 71.9622$, $B_7 = 233.878$,
$B_8 = 677.356$, $\cdots$

である．Tony Forbes (フォーブス) は長さ 14 と長さ 16 の (第 1 種の) 鎖を見つけた．現在の記録については下のリンクを見よ．

文献によっては，Cunningham 鎖の定義を $a > 1$，a と b は互いに素な整数として，$p_{i+1} = a \cdot p_i + b$ の形の素数の列に拡張していることを注意しておく．

本書以外で関連するページ
- Cunningham 鎖に関するリンク集[u62]

文献：[Cun07], [Guy94, A7 節], [Leh65], [Löh89], [Rib95, p.333], [Yat82]

Cunningham プロジェクト[u63]
(*Cunningham project*)

1925 年に Cunningham (カニンガム) と Woodall (ウッドール) は，広い範囲の n に対する $b^n \pm 1$ ($b = 2, 3, 5, 6, 7, 10, 11, 12$) の約数の表を出版した．これらの数は Mersenne 数や Fermat 数や単位

表1: Cunningham 鎖の表

長さ	第1種	第2種
1	13	11
2	3	7
3	41	2
4	509	2131
5	2	1531
6	89	3 85591
7	11 22659	16651
8	190 99919	155 14861
9	858 64769	8570 95381
10	2 60898 08579	20 55284 43121
11	66 50430 81119	138 91226 93971
12	55 46882 78429	21685 77448 66621
13	4 09093 24315 13069	75808 39478 56951

反復数をはじめとするさまざまな標準的な形の数を含んでいる．これらの素因数分解を完結し拡張する仕事は Cunningham プロジェクトと呼ばれることがある．この計画の現在の状態はオンラインか Brillhart(ブリルハート)たちの本で見ることができる．

Cunningham プロジェクトは素因数分解や素数判定の新しい進歩のために実験の基盤を豊富に提供している．いくつかのアルゴリズムは理論的には最速でも現在のところ実行できない．したがって，素因数分解の世界で何が最新で何がそうでないかを知りたければ，このプロジェクトで素因数を見つけるためにどんなものが使われているのかを見ればよい．

今後も，われわれの分解能力は進歩し，指数の範囲が広がるから，Cunningham プロジェクトは永久に終わらない．

本書以外で関連するページ

・Cunningham プロジェクト本家[u64]

・Cunningham の表[u65]

文献：[BLS$^+$88]

Dickson 予想[u66]
(*Dickson's conjecture*)

1904 年に Dickson(ディクソン)は，整数係数の n に関する一次関数の族

$$a_1 n + b_1, a_2 n + b_2, \cdots, a_k n + b_k \ (a_j > 1)$$

について，「明らかに成り立たない場合」を除くと，無限に多くの正の整数 n に対してこれらの値は同時に素数となると予想した．「明らかに成り立たない場合」とは，ある素数 p が存在して，どんな正の整数 n に対してもこれらの積が p で割り切れる場合のことである．これを Dickson 予想と呼ぶ．

多くの予想が Dickson 予想から導かれる．たとえば，関数族が n と $n+2$ なら，Dickson 予想は双子素数予想である．関数族が n と $2n+1$ なら，Sophie Germain 素数が無限に多く存在するという予想を得る．また，正の整数 n に対して n 個の素数からなる等差数列が存在するという k 組素数予想も Dickson 予想の特別な場合である．さらに，Dickson 予想が正しければ，合成数の Mersenne 数が無限に多く存在することと，素因数をちょうど3個もつ Carmichael 数も無限に多く存在することがわかる．

Schinzel(シンツェル) と Sierpiński(シェルピンスキ) は Dickson 予想を任意の次数の整数係数多項式についての「仮説 H」に拡張した．

Dickson 予想は経験的に次のように表すことができる：$w(p)$ を方程式

$$(a_1n+b_1)(a_2n+b_2)\cdots(a_kn+b_k) \equiv 0 \pmod{p}$$

の解 n の個数とする．このとき，N より小さい正の整数 n のうちで次の k 個の数

$$a_1n+b_1, a_2n+b_2, \cdots, a_kn+b_k$$

を同時に素数とするものの個数は漸近的に

$$\int_2^N \frac{dx}{(\log x)^k} \prod_p \frac{1-w(p)/p}{(1-1/p)^k}$$
$$\sim \frac{N}{(\log N)^k} \prod_p \frac{1-w(p)/p}{(1-1/p)^k}$$

となる．ここで，積はすべての素数にわたるものとする．

Dickson 予想で，「無限に多くの正の整数 n に対してこれらの値は同時に素数となる」というところを，「少なくとも1個の正の整数 n に対してこれらの値は同時に素数となる」に置き換えると，予想を弱めたように思える．しかし，両者が同値であることを示すのは容易である．

Dickson 予想から導かれるもう一つの重要な予想は次のようなものである：

$a_1 < a_2 < \cdots < a_k$ が非負整数で，すべての整数 n に対して，積

$$(n+a_1)(n+a_2)\cdots(n+a_k)$$

を割り切る素数が存在しないならば，無限に多くの正の整数 n に対して，

$$n+a_1, n+a_2, \cdots, n+a_k$$

は引き続く素数となる．

この形の Dickson 予想からは，正の整数 n に対して引き続く n 個の素数からなる等差数列が無限に多く存在することも導くことができる．

(→ 発見的議論)

文献：[Rib95], [SS58]

Diophantus [67]

(*Diophantus*)

Diophantus(ディオファンタス)は「幾何学の父」と呼ばれている．彼は紀元250年から350年頃の「数学における銀の時代」を生きた．彼の教科書 *Arithmetica*(『数論』)は13冊189問で構成される．

彼が考えた問題は主にいくつかの2次の項を含む線形連立方程式である．彼は解答を容易にする強力なヒントを問題に添えた．いくつかの問題では，彼の年齢が答となっていたので，彼は少なくとも84歳までは生きたらしい．

Diophantus は減算や未知数や変数の次数を表す記号を導入した．彼の問題のいくつかには複数の解があるが，彼は正

の整数解が一組求まればよしとした．いまでは整数の範囲で解を考える方程式を Diophantus 方程式と呼んでいる．たとえば，Diophantus は方程式

$$ax + by = c$$

で変数 x と y は正の整数と考えた．この方程式は a と b の最大公約数が c を割り切るときに限って解くことができる．われわれは修正された Euclid のアルゴリズムを用いてこの方程式の解を見つけることができる．

—— Jimmy Goodman の寄稿による

Dirichlet の定理[u68]
(*Dirichlet's theorem*)

等差数列

$$1, 5, 9, 13, 17, \cdots \quad (a_n = 4n + 1)$$

の中に無限に多くの素数があることは簡単に証明できるが，類似の数列

$$2, 6, 10, 14, 18, \cdots \quad (a_n = 4n + 2)$$

では素数は一つだけしかない．数列

$$a + bn \quad (n = 1, 2, 3, \cdots)$$

は a と b が互いに素ならば無限に多くの素数を含むことがすぐに推測できる．Dirichlet（ディリクレ）は 1837 年に次の定理を証明した．

> **等差数列における素数についての Dirichlet の定理**　a と b を互いに素な正の整数とすると，等差数列
>
> $$a, a+b, a+2b, a+3b, \ldots$$
>
> は無限に多くの素数を含む．

---
* 約 45,700 km

素数定理によれば n より小さい素数の個数は漸近的に $n/\log n$ であることを思い出そう．それを一般化して，この定理の数列が漸近的に $n/\varphi(b) \log n$ 個の素数を含むことが証明されている．

このような数列で素数となる最初の項の大きさの実際的な範囲を絞るために多くの努力が払われた．範囲を見つけるための一つのアプローチとしては Linnik 定数がある．より多くの情報は以下の関連ページに記述がある．

（→ Linnik 定数）

関連項目
・7.9

本書以外で関連するページ
・Linnik 定数：等差数列に含まれる最初の素数はどのくらいの大きさか[u69]

Eratosthenes[u70]
(*Eratosthenes*)

Eratosthenes（エラトステネス）は，紀元前 271 年に生まれ，194 年に没した．エジプトの西に位置し，プトレマイオス朝の支配下にあったギリシャの植民市シレネーに生まれた彼は，若い頃はアテネの Plato（プラトン）の学校で学んだ．その後，ヘレニズム世界で最も名誉ある地位の一つ，アレクサンドリアの学堂（ムセイオン）の館長に就任した．地理，哲学，歴史，天文学，数学，文学批評の著書がある．

Eratosthenes は，地球の大きさの測定により数学に貢献した．彼は，地球の周長を約 252,000 スタディア，ほぼ 24,662 海里* と計算した．また，数論の分野で，篩（ふるい）を考案したことで知

られている．Eratosthenes の篩は，ある整数 n 以下のすべての素数を見つける方法である．

— Melissa Rudy の寄稿による

Eratosthenes の篩[u71]
(*sieve of Eratosthenes*)

小さい(たとえば 10,000,000 以下の)素数をすべて求める最も効率の良い方法は，紀元前 240 年頃に Eratosthenes(エラトステネス)により考案された篩(ふるい)を用いることである．

n 以下の(1 より大きい)すべての整数のリストを作る．n の平方根以下のすべての素数の倍数を消去すると，残された数はすべて素数である．

たとえば，30 以下のすべての素数を求めるには，まず 2 から 30 の数のリストを作る．

$$2\ 3\ 4\ 5\ 6\ 7\ 8\ 9\ 10$$
$$11\ 12\ 13\ 14\ 15\ 16\ 17\ 18\ 19\ 20$$
$$21\ 22\ 23\ 24\ 25\ 26\ 27\ 28\ 29\ 30$$

最初の数 2 は素数であるから，これを(丸で囲んで)残し，その倍数をすべて(斜線で)消す．消された数字は素数ではない．

②$\ 3\ \not{4}\ 5\ \not{6}\ 7\ \not{8}\ 9\ \not{10}$
$11\ \not{12}\ 13\ \not{14}\ 15\ \not{16}\ 17\ \not{18}\ 19\ \not{20}$
$21\ \not{22}\ 23\ \not{24}\ 25\ \not{26}\ 27\ \not{28}\ 29\ \not{30}$

残った数字は 3 であり，これが最初の奇数の素数である．これを残し，その倍数を消す．

②③$\ \not{4}\ 5\ \not{6}\ 7\ \not{8}\ \not{9}\ \not{10}$
$11\ \not{12}\ 13\ \not{14}\ \not{15}\ \not{16}\ 17\ \not{18}\ 19\ \not{20}$
$\not{21}\ \not{22}\ 23\ \not{24}\ 25\ \not{26}\ \not{27}\ \not{28}\ 29\ \not{30}$

今度は残された最初の数は 5 で，2 番目の奇数の素数である．また，これを残しその倍数をすべて消す(25 だけが除去されずに残っていた)．

②③$\ \not{4}\ ⑤\ \not{6}\ 7\ \not{8}\ \not{9}\ \not{10}$
$11\ \not{12}\ 13\ \not{14}\ \not{15}\ \not{16}\ 17\ \not{18}\ 19\ \not{20}$
$\not{21}\ \not{22}\ 23\ \not{24}\ \not{25}\ \not{26}\ \not{27}\ \not{28}\ 29\ \not{30}$

次に残った数は 7 であり，これは 30 の平方根より大きいから，残った数はすべて素数である：

$$\{2, 3, 5, 7, 11, 13, 17, 19, 23, 29\}$$

割り算をすることなくこれらの素数が見つけられたことに注意せよ．

このアルゴリズムは擬似コードで次のように書ける：

```
Eratosthenes(n) {
  a[1] := 0
  for i := 2 to n do a[i] := 1
  p := 2
  while p² < n do {
    j := 2p
    while (j < n) do {
      a[j] := 0
      j := j + p
    }
    repeat p := p + 1
    until a[p] = 1
  }
  return(a)
}
```

この方法は十分速いので，素数の長大なリストをコンピュータ上に蓄えておく理由はない — 効率の良い実現手法を使えば，ディスクから読み込むより速く素数を見つけられる．事実，上記のアルゴリズムの問題は速度

($O(n(\log n)\log\log n)$ のビット操作)ではなく，使用する空間 $O(n)$ である．したがって，大きな n に対しては通常，分割した篩を用いる．しかし理論的には，時間と空間計算量を改善可能である．たとえば，Pritchard(プリチャード)の「線形分割輪篩」は $O(n \log n)$ のビット操作と $O(\sqrt{n}/\log\log n)$ の空間を使う．
(→ 試行除算)

関連項目
・5.1

文献：[BH77]，[Bre89]，[Pri87]，[Rie94]

Erdös [u72]
(*Paul Erdös*)

Paul Erdös(エルデシュ)は 20 世紀の偉大な数学者の一人である．著述の多さでは右に出る者がいない．1996 年 9 月 20 日の死の直前まで精力的に数学を研究していた．講義をしたわずか 1 時間後にワルシャワで亡くなっている．彼は，コーヒーを糧とし，1 週間に 7 日，1 日に 19 時間数学を研究して生きていた．その生活は「数学者は，コーヒーを定理に変換する機械である」という彼の言葉に表されている．

彼は Ramsey 理論と呼ばれる数学の一分野を開拓した．それは，まったくの無秩序は不可能であるという信念である．Ramsey 理論における問題は，ある種の要素を含む最小の集合は何かというものである．たとえば，同じ性の二人を含む最小のグループは何人か？ 答は三人である．

昔からある例は「パーティ問題」である．与えられた n に対して，n 人がお互いに知り合いであるか，n 人がお互いにまったく見知らぬどうしになる，そのような集団を必ず含むような最小のパーティの人数は何人だろうか．三人に対する答は六人である．六人のパーティを考えよう．そのうち一人の名前を Brent としよう．Brent は残りの人を知っているか知らないかのどちらかだから，少なくとも三人を知っているか，または少なくとも三人を知らないことになる．三人を知っているとしよう．そのうち二人が知り合いならば，Brent と合わせて求める三人が見つかったことになる．三人全員が他人どうしならば，互いに見知らぬどうしの三人が得られ，以上で完了した．五人でうまくいかない理由は，Brent が五人中二人を知っていて，その二人が知っているのは Brent の知らない二人という場合があるからである．

Erdös は現代の数学者の誰よりも，多くの数学者と協力している．あまりに多くの論文を執筆しているので，Erdös 数と呼ばれる数学者につけるユーモラスな番号がつくられた．ある数学者の Erdös 数は Erdös との共著論文までどれだけ近いかによっている．もし Erdös との共著論文があれば，Erdös 数は 1 である．Erdös との共著論文を持つ人と論文を共著していれば Erdös 数は 2，という具合である．

Erdös は誰よりも多く論文を執筆しており，かの Euler(オイラー)さえも凌いでいる．そのうち，少なくとも 1,512 本を公表している．さらに重要なのは，Erdös は，以前の誰よりも多く，他者が解くに値する良い問題を創造したことである．彼は 25 の国の数学者に予想を証明させた．彼は Euler のように死ぬことを望んだ．Euler は 1783 年 9 月 18 日，天王星の軌道を計算した直後に死んだ．Erdös が死んだのは，彼の最後の問

題(少なくとも最後に世界と分かち合った問題)を解決した1日後であった.
　　　　— John P. Bush の寄稿による
本書以外で関連するページ
・Erdös 数のリスト[u73]
文献：[Hof99], [Kan92], [Sch98]

Euclid[u74]
(*Euclid*)

Euclid(ユークリッド)はギリシャの数学者で，紀元前約 300–270 年頃に生きた．Euclid は，その時代の幾何学と数論を編集し系統的にまとめて，著名な教科書 *Elements*(『原論』)にした．この教科書は，およそ 2000 年の間，学校で使われ，彼に「幾何学の父」という名をもたらした．今日でも，Euclid の 5 番目の「公準」(今日では公理と呼ばれる) を満たさない幾何学が，非 Euclid 幾何学と呼ばれている．ギリシャの哲学者 Proclus(プロクルス)によると，エジプトの支配者 Ptolemaios(プトレマイオス)が幾何学を学ぶのに『原論』より近道はないかとたずねたとき，Euclid はファラオにこう答えたという：「幾何学に王道なし」．

Euclid の生涯について知られていることはほとんどない．350 年頃の Proclus の記述によると，Euclid は Ptolemaios の治世に生き，アレキサンドリア — 古代の最もすばらしい図書館(およそ 700,000 巻の蔵書)があったところ — に最初の数学学校を創立した．彼は，その他の分野，たとえば光学と円錐切片の本も著したが，現在ではそのほとんどが失われている．

　(→ Euclid のアルゴリズム，Euclid の『原論』)
関連項目

・7.1.1
Euclid のアルゴリズム[u75]
(*Euclidean algorithm*)

二つの(0でない)整数, a と b の最大公約数を計算する Euclid のアルゴリズムは，次の事実に基づいている：

a を b で割ったときの余りを r とすると(除算アルゴリズムを参照) $\gcd(a,b) = \gcd(b,r)$ である．

たとえば，
$$68 = 356 - 3 \times 96$$
だから，
$$\gcd(356, 96) = \gcd(96, 68)$$
である．この割り算を繰り返し，余りと除数を続けると，
$$\gcd(356, 96) = \gcd(96, 68) =$$
$$\gcd(68, 28) = \gcd(28, 12) =$$
$$\gcd(12, 4) = \gcd(4, 0) = 4$$

この古代のアルゴリズムは Euclid がその *Elements*(『原論』)で示したが，いまでも二つの整数の最大公約数を求める，最も効率の良い方法である．

　このアルゴリズムは，擬似コードで次のように書ける：

$Euclid(a, b)\{$
　　while$(b \neq 0)\{$
　　　a と b を交換
　　　$b := b \bmod a$
　　$\}$
　　return(a)
$\}$

現代のコンピュータでは，二進の gcd ア

ルゴリズムのほうが，多くの(しかし単純な)ステップを踏むが高速である．

Euclidのアルゴリズムの別の使い方として，Diophantus方程式 $ax+by=c$ の解法がある．この方程式は，$\gcd(a,b)$ が c を割り切る場合はいつでも，(x と y について)解ける．$\gcd(a,b)$ を求めるとき，Euclidのアルゴリズムで商の値を追っていけば，そのステップを逆にたどることで x と y が求められる．

(→ Laméの定理)

Euclidの『原論』 u76
(*Euclid's Elements*)

アレキサンドリアのEuclid(ユークリッド)は「幾何学の父」と呼ばれることが多い．というのも，彼の著書 *Elements*(『原論』)は約2000年にわたって標準的な幾何学の教科書として用いられたからである．それは当時(紀元前350年頃)知られていた数学の優れた集大成であり，論理的構成と数学の表現法の重要な標準となった．しかし，あまりにも幾何学の内容を引用されることが多いため，多くの人は13巻中の数論に関する3巻(VII, VIII, IX)のことを忘れている．これらの3巻で，素数を定義し，整除性に関する多くの性質を導き，二つの整数の最大公約数を求めるEuclidのアルゴリズムを表し，偶数の完全数を(いまではこう呼ばれる)Mersenne素数から見いだす方法を示し，素数が無限にあることを証明し，そして算術の基本定理の一形態を提示した．

Euclidの『原論』は歴史上最も広く読まれた書物の一つである．1482年の初版以来，千を超す版が作られたが，それ以前でさえ西洋では標準的な数学の教科書だった．定義の質や，算術の公理的な構成法はEuclidの時代から著しく進歩したが，Euclidの教科書の基盤的な価値はいくら言っても尽きないものがある．

(→ Euclid)

本書以外で関連するページ
- 優れたオンライン版Euclidの『原論』 u77

Euler u78
(*Leonhard Euler*)

Leonhard Euler(オイラー)(1707–1783)は，スイスの数学者である．Eulerはスイスのバーゼルで生まれ，広範囲の題材をカバーする独創的な数学の優れた業績を残したことで有名である．1766年に盲目になった後でさえも彼の業績は増え続けた．

数多くの数論への貢献以外に，Eulerは解析学，幾何学，代数学，確率論，音響学，光学，力学，天文学，射撃術，航海術，統計学，財政学にも重要な貢献をした．

(→ Euler定数, Eulerの定理)

Euler概素数 u79
(*Euler probable prime*)

Fermatの小定理によれば，ある整数 a が素数 p で割り切れないならば，a^{p-1} は p を法として1に合同である．Euler(オイラー)は，より強い言明：

$$a^{(p-1)/2} \equiv \left(\frac{a}{p}\right) \pmod{p}$$

を証明できた．ここで，$\left(\frac{a}{p}\right)$ はJacobi記号である．そこで，この事実を概素数の判定法に使える．互いに素な整数 a と n に対して，

$$a^{(n-1)/2} \equiv \left(\frac{a}{n}\right) \pmod{n}$$

が成り立つとき，n を $(a$ を底とする) Euler 概素数(Euler PRP)と呼ぶ．この場合，n が合成数ならば，$(a$ を底とする) Euler 擬素数と呼ぶ．

1,000,000,000,000 以下には 2 を底とする擬素数が 101,629 個あり，その約半数 53,332 個が Euler 擬素数である(そのうち 22,407 個が強擬素数である)．Jacobi 記号は簡単に計算できるため，この素数性の判定法はごくわずかのコストで弱い Fermat 判定法のほぼ 2 倍の強さが得られる．

表 2 に 3,000 以下の奇数の Euler 擬素数と，それが奇数の合成数に占める割合，すなわちこの判定法によって合成数ではないと判定してしまう割合を載せる．

(→ 強概素数，Carmichael 数，擬素数，Frobenius 擬素数)

関連項目

・2.2.2

本書以外で関連するページ

・10^{12} までの(いろいろな定義による)合成数の概素数[u80]

文献：[PSW80]，[Rib95]

Euler 定数[u81]

(*Euler's constant*)

Euler 定数(または，Mascheroni 定数)は，次の式の(n が無限大に近づくときの)極限である：

$$1 + 1/2 + 1/3 + \cdots + 1/n - \log n$$

この定数は，よく小文字のギリシャ文字 γ で表され，おおよそ次の値である：

---

* つまり $\lceil n/m \rceil - n/m$ のことである．

0.57721566 4901532860 6065120900
8240243104 2159335939 9235988057
6723488486 7726777664 6709369470
6329174674 9514631447 2498070824
8096050401 4486542836 2241739976
4492353625 3500333742 9373377376
7394279259 5258247094 9160087352
0394816567

1,000,000 桁以上が計算されているが，それが有理数(二つの整数の比 a/b)かどうかもわかっていない．しかし，有理数ならば分母 (b) は 244,663 桁以上なければならない．

定数 γ は数論のあちこちに現れる．その例をいくつかあげる．

第 1 に，de la Vallèe-Poussin(ド・ラ・ヴァレ・プサン)は 1898 年に次のことを証明した：

任意の正の整数 n をとり，n より小さい正の整数 m で割る．商 n/m が次の整数に足りないだけの小数部分* について m に関する平均を計算する．n が大きくなると，平均は γ に近づく(1/2 ではない！)．

第 2 に，ガンマ関数は次の式で定義される：

$$\Gamma(s) = \int_0^\infty e^{-u} u^{s-1} du$$
$$= \frac{1}{se^{\gamma s}} \prod_{n=1}^\infty \frac{e^{s/n}}{1+s/n}$$

第 3 に，x より小さい指数 p の Mersenne 素数 $M(p)$ の数は，およそ次の式で表される：

表 2: Euler 擬素数の割合

基数	3,000 以下の奇数の Euler 擬素数	割合
2	561, 1105, 1729, 1905, 2047, 2465	0.6%
3	121, 1729, 2821	0.3%
5	781, 1541, 1729	0.3%
7	25, 703, 2101, 2353, 2465	0.5%
11	133, 793, 2465	0.3%
13	105, 1785	0.2%
17	9, 145, 781, 1305, 2821	0.5%
19	9, 45, 49, 169, 1849, 2353	0.6%
23	169, 265, 553, 1729, 2465	0.5%
29	91, 341, 469, 871, 2257	0.5%
31	15, 49, 133, 481, 2465	0.5%
37	9, 451, 469, 589, 817, 1233, 1333, 1729	0.7%
41	21, 105, 841, 1065, 1281, 1417, 2465, 2701	0.7%
43	21, 25, 185, 385, 1541, 1729, 2465, 2553, 2849	0.8%
47	65, 341, 345, 703, 721, 897, 1105, 1649, 1729, 1891, 2257, 2465	1.1%
53	9, 91, 117, 1441, 1541, 2209, 2529, 2863	0.7%
59	145, 451, 1141, 1247, 1541, 1661, 1991, 2413, 2465	0.8%
61	15, 217, 341, 1261, 2465, 2821	0.6%
67	33, 49, 217, 561, 1105, 1309, 1519, 1729, 2209	0.8%

$$\frac{e^{\gamma}}{\log 2} \log \log x$$

最後に，Euler 定数は，n 番目の調和数 H_n から計算できるが，次の式を使うほうが良い方法である．

$$\gamma = \sum_{k \geq 1} \frac{(-1)^{k-1} n^k}{k! k} - \log n + O\left(e^{-n}/n\right)$$

(→ Mertens の定理)

本書以外で関連するページ

・ノートと 1,000,000 桁の γ (大きいファイル！) [u82]
・γ に関する技術情報(定理と参考文献を含む) [u83]

文献：[BM80]

Euler のゼータ関数 [u84]
(*Euler zeta function*)

Euler(オイラー)は，次の和の $s > 1$ の整数での振舞いを研究した：

$$\zeta(s) = 1 + \frac{1}{2^s} + \frac{1}{3^s} + \frac{1}{4^s} + \cdots$$
$$= \sum_{n=1}^{\infty} \frac{1}{n^s}$$

(明らかに $\zeta(1)$ は無限大である)．

Euler は $\zeta(2k)$ という式は Bernoulli 数に対応し，$\zeta(2) = \pi^2/6$，$\zeta(4) = \pi^4/90$ などになることを発見した．しかし，これが素数とどう関係してくるのだろうか？ その答は次の公式(これも

Euler が発見した)にある.

$$\zeta(s) = \prod_p \frac{1}{1-p^{-s}}$$

(積はすべての素数 p にわたる).

Euler は,これを次のように書いた:

$$1 + \frac{1}{2^n} + \frac{1}{3^n} + \frac{1}{4^n} + \frac{1}{5^n} + \cdots$$

$$= \frac{2^n}{2^n-1} \frac{3^n}{3^n-1} \frac{5^n}{5^n-1} \frac{7^n}{7^n-1} \cdots$$

(→ Riemann のゼータ関数)

関連項目
・7.10

Euler の定理[u85]
(*Euler's theorem*)

Euler の定理は,$\gcd(a,n) = 1$ ならば,$a^{\varphi(n)} \equiv 1 \pmod{n}$ であることを述べている.ここで $\varphi(n)$ は Euler のファイ関数で,$\{1, \cdots, n\}$ のうちで,n と互いに素なものの個数である.n が素数のとき,この定理は Fermat の小定理と同等になる.

たとえば,$\varphi(12) = 4$ であるから,$\gcd(a, 12) = 1$ ならば,$a^4 \equiv 1 \pmod{12}$ である.n を法とする剰余類の集合 $\{d \bmod n \mid \gcd(d,n) = 1\}$ は乗法群になるから,Euler の定理は,Lagrange の定理「群の元の位数はその群の位数を割り切る」の特殊な場合である.

Euler のファイ関数[u86]
(*Euler's phi function, Euler's totient function*)

正の整数 n の Euler のファイ関数(または単に Euler 関数)とは,$\{1, \cdots, n\}$ のうちで,n と互いに素なものの個数である.この関数はふつう $\varphi(n)$ と書かれる.小さい n に対する $\varphi(n)$ は表3のようになる.

表3:ファイ関数

整数 n	$\varphi(n)$	整数 n	$\varphi(n)$
1	1	9	6
2	2	10	4
3	2	11	10
4	2	12	4
5	4	13	12
6	2	14	6
7	6	15	8
8	4	16	8

明らかに素数 p に対しては $\varphi(p) = p-1$ である.$\varphi(x)$ は乗法的関数であるから,その値は素数の冪乗での値から決められる:

定理 p が素数で,n が任意の整数とすると,$\varphi(p^n)$ は $p^{n-1}(p-1)$ に等しい.

(→ Euler の定理)

Fermat[u87]
(*Fermat, Pierre de*)

Pierre de Fermat(フェルマー)(1601-1665)は,しばしば「アマチュアのプリンス」と呼ばれる.彼は,裕福な革商人の息子として生まれ,法律家,行政官になった.Fermat は名声を得ようと思えば得られただろうが,それよりも発見の喜びを楽しみとし,生涯に出版したのは重要な手記ただ一つであり,しかも匿名のイニシャル M.P.E.A.S を使っていた.Roberval(ロバーバル)が彼の仕事を編集し出版するように勧めたとき,Fermat はこう答えた:「私のどの仕事が出版する価値を認められたとしても,

そこに私の名前が現れてほしくない」．しかし，彼は数学者と大量の書簡を取り交わし，彼の結果をばらばらに，あるいは挑戦問題として述べた．Fermatは，解析幾何学の創設者の一人であり，Pascal(パスカル)とともに確率論を創立し，微積分学の基礎を築くのを手助けした．しかし，彼が真に愛したのは数論であった．

1640年，完全数を研究中，FermatはMersenne(メルセンヌ)に「pが素数ならば，$2p$は2^p-2を割り切る」と手紙に書いた．その後少しして，これを現在Fermatの小定理と呼ばれているものに拡張した．いつものように，「証明がもっと短いものであれば，送ってもよかったのだが」と述べている．たぶん，彼の最も有名なこの種の叙述は，Diophantus(ディオファンタス)の *Arithmetica*(『数論』)の余白に書き残した(いわゆる)Fermatの最終定理に付けられた次のことばであろう：「これには，実に驚くべき証明を発見したが，それを記すには余白が小さすぎる」．Fermatがその証明を得ていたと信じる者はほとんどいない．Wiles(ワイルズ)が初めて正しいとされる証明を見いだしたのは1995年であり，350年後のことであった．

Fermatは，$x^2 - ay^2 = 1$の形の方程式を解く方法を編み出したが，いまでは間違ってPell(ペル)方程式と呼ばれている．また，すべての$2^{2^k}+1$は素数であると，誤った主張をした．現在その数はFermat数として知られている．Fermatは，数を平方数の差として表すことで素因数分解する手法を編み出し，問題を解くのに「無限降下法」を好んで使ったことでも有名である．

(→ Fermatの最終定理)

Fermat 商[u88]

(*Fermat quotient*)

Fermatの小定理によれば，素数pに対して商$(a^{p-1}-1)/p$は整数でなければならない．この整数をここでは$q_p(a)$と書くが，これを(aを底とする)Fermat商と呼ぶ．以下に示すのは，これらの数のおもしろい性質のほんの一部である：

- $q_p(ab) \equiv q_p(a) + q_p(b) \pmod{p}$
- $q_p(p-1) \equiv 1 \pmod{p}$
- $q_p(p+1) \equiv -1 \pmod{p}$
- $-2q_p(2) \equiv 1 + 1/2 + 1/3 + 1/4 + \cdots + 1/((p-1)/2) \pmod{p}$

(Eisenstein(アイゼンシュタイン)がこれらすべてを1850年に証明した)．

最後に$q_p(a) \equiv 0 \pmod{p}$という条件に注目しよう．これは，

$$a^{p-1} \equiv 1 \pmod{p^2}$$

と同値である．

$a=2$の場合は，Wieferich素数である．この合同式のいくつかの解をWilfrid Keller(ケラー)とJörg Richstein(リヒシュティン)のWebページから引用して，表4に載せる(下記のリンクも参照せよ)．

Wiles(ワイルズ)がFermatの最終定理(FLT)を1995年に証明するまでは，この合同式はFLTの第1の場合を証明する最も強力な道具であった．Wieferich(ヴィーフェリッヒ)は1909年に，FLTがpについて成り立つならば，pは$a=2$のときのこの合同式を満たさなければならないことを証明した．1910年にMirimanoff(ミリマノフ)はこの結果を$a=3$まで拡張した．時がたつにつれ，$a=89$まで拡張されていった[Gra87](この結果は，FLTの第1の場

表4: 奇素数 a を底とするときの
$a^{p-1} \equiv 1 \pmod{p^2}$ の解

a	p の値
3	11, 1006003
5	20771, 40487, 53471161, 1645333507, 6692367337, 188748146801
7	5, 491531
11	71
13	863, 1747591
17	3, 46021, 48947
19	3, 7, 13, 43, 137, 63061489

合が 23,270,000,000,000,000,000 より小さい指数 n すべてについて成り立たないことを示すのに十分である).

本書以外で関連するページ
・p で割り切れる Fermat 商[u89]
 (Wilfrid Keller と Jörg Richstein)

文献: [Gra87], [Kel98], [Rib83], [Rib95, pp.335-6,345-9]

Fermat 素数[u90]
(*Fermat prime*)

Fermat(フェルマー)(1601–1665)は, $2^{2^k}+1$ の形の数はすべて素数であると予想した. そこで, これらの数を Fermat 数と呼び, この形の数が素数であるとき, Fermat 素数と呼ぶ. 知られている Fermat 素数は, 最初の五つの Fermat 数だけで, それぞれ, $F_0 = 3, F_1 = 5, F_2 = 17, F_3 = 257, F_4 = 65537$ である. おそらく Fermat 素数は有限個しかないであろう.

1732 年に Euler(オイラー)は 641 が F_5 を割り切ることを発見した. この約数を見つけるのには, 試行除算を 2 回しか必要としない. なぜなら, Euler は Fermat 数のすべての約数は $k \cdot 2^{n+2}+1$ という形をしていることを示しており, F_5 の場合, これは $128k+1$ なので, 257 と 641 だけを調べればよいからである (129, 385, 513 は素数ではない). いまでは, それ以外の 33 より小さい n について, F_n はすべて合成数であることが知られている. Fermat 数の素数性判定法で(試行除算で小さい因子が見つからない場合)最も高速なのは Pepin 判定法を使う方法である.

Gauss(ガウス)は, 正多角形が Euclid の流儀で(すなわち直線定規とコンパスで)円上に作図可能なのは, n が 2 の冪乗にいくつかの相異なる Fermat 素数の積を掛けた数であるとき, またそのときに限ることを証明した.

Fermat 数はどの二つをとっても互いに素である. このことは次の等式からわかる:

$$F_0 F_1 F_2 \cdots F_{n-1} + 2 = F_n$$

(→ Pepin 判定法, 一般 Fermat 数, Fermat 約数, 発見的議論)

関連項目
・2.3.1

本書以外で関連するページ
・既知の Fermat 数の素因数[u91]

Fermat の最終定理[u92]
(*Fermat's last theorem*)

Pierre de Fermat(フェルマー)の著述はほとんどない. 彼のほとんどの業績は, 友人への手紙で伝えられている (ふつう, 証明なしで). 後に, もっと多くの Fermat の業績が, 彼の蔵書である Diophantus(ディオファンタス)の *Arithmetica*(『数論』)の余白に書き残されているのが見つかった. ずば抜けて最も有名なのは Fermat の最終定理と呼

ばれるものである.

「立方数を二つの立方数の和として表すことは不可能であり,4乗の数を二つの4乗の数の和に表すことも不可能であり,一般に,2より大きい数を指数とする累乗数を二つの同じ累乗数の和に表すことも不可能である.このことに関し,私は実に驚くべき証明を見いだしたが,それを記すには余白が小さすぎる」(これは1637年頃Fermatによってラテン語で書かれた).

現在では以下のように書かれる:

Fermatの最終定理　　　　　(Wiles 1995)
方程式 $x^n + y^n = z^n$ は,2より大きい n に対して,正の整数解を持たない.

Fermatが証明を見つけたという主張を信じる者は(現在では)ほとんどいない.Wiles(ワイルズ)が初めて正しいとされる証明を見いだしたのは1995年であり,350年後のことである.Wilesの証明は極めて長く難しい!

(訳注) Fermatの最終定理を略してFLTと呼ぶ.FLTは n が4または n が奇素数の場合に証明すれば十分であることがわかる.条件 $(xyz, n) = 1$ を付加した命題をFLTの「第1の場合」といい,条件 $(xyz, n) = n$ を付加した命題をFLTの「第2の場合」という.

(→ Beal予想,Catalanの問題)
本書以外で関連するページ
・R. TaylorとA. WilesによるFermatの最終定理の証明,Gerd Faltingsによる証明の要約(PDF版)[u93]
・PBSの「証明」に関するWeb情報源[u94]

文献:[TW95],[Wil95]

Fermatの小定理[u95]
(*Fermat's little theorem*)

Fermat(フェルマー)の,「最大の」そして「最後の」定理は,有名な「Fermatの最終定理」であるが,素数の研究で最もよく使われているのは,次のFermatの小定理である:

Fermatの小定理　p を a を割り切らない素数とすると,$a^{p-1} \equiv 1 \pmod{p}$ である.

a^{p-1} を計算するのは容易なので,ほとんどの初等的な素数性の判定法はWilsonの定理よりも,Fermatの小定理を使って組み立てられている.

いつものようにFermatは証明を与えていない(このときは「証明がもっと短いものであれば,送ってもよかったのだが」[Bur80, p.79]と言っている).Euler(オイラー)が1736年に証明を最初に出版したが,Leibniz(ライプニッツ)が1683年以前の未出版の手記に事実上同等な証明を残している.

(→ Fermat商)
関連項目
・2.2.2, 11.5

Fermatの素因数分解法[u96]
(*Fermat's method of factoring*)

Fermatの素因数分解法は,$x^2 - y^2 = n$ となる x, y を見いだすことからできている.方程式の右辺は $(x-y)(x+y)$ に因数分解され,$x - y$ が1でなければ,自明でない因数分解が得られる.

このアイデアにはいくつかの容易な拡張がある.たとえば,$x^2 - y^2 = n$ を

解く代わりに, $x^2 = y^2 \pmod{n}$ となる x と y を探してもよい. これは n が $x^2 - y^2$ を割り切ることを意味し, したがって x が n を法として $\pm y$ に合同でないならば, $\gcd(x-y, n)$ か $\gcd(x+y, n)$ は n の自明でない因数でなければならない.

たとえば, $n = 91$ を素因数分解したいとする. (91 を法とする)平方数を最初のほうから並べると,

$1, 4, 9, 16, 25, 36, 49, 64, 81, 9, 30,$
$53, 78, \cdots$

となる.

ここで, $3^2 \equiv 10^2 \pmod{91}$ がわかるから, $\gcd(10-3, 91) = 7$ または $\gcd(10+3, 91) = 13$ が 91 の真の約数であることが期待できる. 実際, 両方ともそうなのだ!

Fermat の素因数分解法(と上記の簡単な拡張)は, 素因数それ自体を見つけるのに比べてそれほど容易なわけではないが, 最近の多くの手法にとって理論的に重要である. たとえば, 二次篩, 重多項式二次篩, 特殊あるいは一般数体篩などは, すべてこの手法を基にしている.

— Lucas Wiman の寄稿による

文献: [Bur97, 5.2 節]

Fermat 約数 [u97]
(*Fermat divisor*)

Fermat 素数は五つしか知られていないが, Fermat 数は急激に大きくなるため, 最初の未確定ケース $F_{31} = 2^{2^{31}} + 1$ が素数か合成数かが判明するまで — 運よく約数が見つからない限り — 何年もかかるであろう. Euler(オイラー)が最初の Fermat 約数(Fermat 合成数の約数)を見つけて以来, 素因数分解屋はこういった稀な数を集めてきた.

しかし幸運が打ち勝った! 2001 年 4 月 12 日に, Alexander Kruppa(クルッパ)は 46931635677864055013377 が F_{31} を割り切ることを発見したので, いまや F_{33} が最小の未確定 Fermat 数である.

Euler は F_n(n は 2 より大きい)の約数は, ある整数 k に対し, $k \cdot 2^n + 1$ の形をしていることを示した. この理由から, (小さい k での) $k \cdot 2^n + 1$ の形をした大きな素数を見つけたら, それが Fermat 数を割り切るかどうかをテストするのがふつうである. $k \cdot 2^n + 1$ という数がどれかの Fermat 数を割り切る確率は $1/k$ となるようだ.

(→ Fermat 素数, Cunningham プロジェクト)

本書以外で関連するページ
・Fermat 数の因数分解の状況 [u98]

関連項目
・11.5

文献: [DK95]

Fibonacci [u99]
(*Fibonacci*)

ピサの Leonardo(レオナルド)は, Fibonacci(フィボナッチ)の筆名を使って著述したが, おそらく中世における最も偉大な数学者である. 彼は 1202 年の著書 *Liber Abaci*(『算術の書』)で, インド=アラビア記数法を西欧に持ち込んだ. 現在では, 彼の名はこのテキストにあるウサギのつがいの子孫の数を数えるやさしい問題でいちばんよく記憶されている. Lucas(リュカ)はこの問題で議論されている数列を Fibonacci 数と呼んだ.

(→ Fibonacci 数)

Fibonacci 数 u100
(*Fibonacci number*)

Fibonacci(フィボナッチ)によって1202年に書かれた *Liber Abaci*(『算術の書』)には，次の問題が提示されている：

> ある男が，完全に塀に囲まれたある場所にウサギのつがいを放した．このウサギが，毎月一つのつがいが新しい一つがいを産み，それが1ヵ月で次のつがいを産めるようになるという生態をもっているとすると，1年後にこのつがいから産まれるウサギのつがいは何組か．

nヵ月目の初めのウサギのつがいの数は，1, 1, 2, 3, 5, 8, 13, 21, … で，それぞれの項はその前の二つの項の和になる．数学者はこの数列を次のように再帰的に定義する：

$$u(1) = u(2) = 1$$
$$u(n+1) = u(n) + u(n-1) \quad (n > 2)$$

この数列は，現在 Fibonacci 数列と呼ばれており，驚くほど多くの用例が自然や芸術の中に存在する．また，途方もなく多くの興味深い性質を持っていて，なんと *The Fibonacci Quarterly*(季刊 Fibonacci)という雑誌が出ているほどである．ここでは，その性質のほんのさわりを列挙しておく：

mとnを正の整数とする．

- $u(n)$ は $u(mn)$ を割り切る．
- $\gcd(u(n), u(m)) = u(\gcd(m, n))$
- $u(n)^2 - u(n+1)u(n-1) = (-1)^{n-1}$
- $u(1) + u(3) + u(5) + \cdots + u(2n-1) = u(2n)$
- 任意のnに対し，n個の連続した合成数の Fibonacci 数がある．
- 任意の正の整数は相異なる Fibonacci 数の和として書ける．
- 任意の連続した四つの Fibonacci 数の積は，ある Pythagoras の三角形の面積になっている．

(→ Fibonacci, Fibonacci 素数, Wall-Sun-Sun 素数)

本書以外で関連するページ
・Fibonacci 数と黄金分割 u101

Fibonacci 素数 u102
(*Fibonacci prime*)

Fibonacci 素数は，容易に推測できるように，素数の Fibonacci 数のことである．Fibonacci 数は，次のように定義されることを思いだそう．

$$u(1) = u(2) = 1$$
$$u(n+1) = u(n) + u(n-1) \quad (n > 2)$$

知られている Fibonacci 素数 $u(n)$ は，$n = 3, 4, 5, 7, 11, 13, 17, 23, 29, 43, 47, 83, 131, 137, 359, 431, 433, 449, 509, 569, 571, 2971, 4723, 5387, 9311$ のものである．

Dubner(ダブナー)と Keller(ケラー)は $n = 100,000$ までをテストし，上記の素数のほかに $n = 9677, 14431, 25561, 30757, 35999, 37511, 50833, 81839$ の場合に概素数となることを発見している*(他の $n \leq 100000$ に対しては $u(n)$ は 1 または合成数になる)．

Fibonacci 素数は無限にあるように思えるが，これはまだ証明されていない．

---

* (訳注) $u(9677)$ と $u(14431)$ は素数である．

しかし，$n \geq 4$ に対して $u(n)+1$ が素数になり得ないことを示すのは比較的容易である．

「Fibonacci 数の数字を逆にしたらどうだろう？」とたずねる人もいる．たとえば $u(7) = 13$ だが，数字を逆にすると 31 となり，これも素数である（したがって，u_7 は反転素数である）．数字を逆にすると素数となる初めのほうの Fibonacci 数を以下に示す．

3, 4, 5, 7, 9, 14, 17, 21, 25, 26, 65, 98, 175, 191, 382, 497, 653, 1577, 1942, 1958, 2405, 4246, 4878, 5367

(→ Lucas 数)
文献：[DK99]

Frobenius 擬素数 [u103]
(*Frobenius pseudoprime*)

Jon Grantham（グランサム）は，標準的な型の擬素数 (Fermat, Lucas, ···) を一般化し，判定法をより精密にするため，Frobenius 擬素数を考案し発展させた．彼の定義はこの用語編のレベルを超えているが，論文へのリンクは下記にある．

(→ 擬素数，概素数，強概素数)
本書以外で関連するページ
・Frobenius 擬素数に関する論文 [u104]

Gauss 的 Mersenne 数 [u105]
(*Gaussian Mersenne*)

Mersenne 素数は，$2^n - 1$ の形の素数であることを思い出してもらいたい．その他の正の整数 b については，$b^n - 1$ という形の素数は存在しない．なぜなら，これらの数は $b-1$ で割り切れるからである．これは，$b-1$ が単数ではない（$+1$ でも -1 でもない）ことからくる問題である．

しかし，Gauss 整数に話をもっていくと，Gauss 的 Mersenne 素数は存在するだろうか？ すなわち，$b^n - 1$ という形の Gauss 素数が存在するか？ もし存在するならば，$b-1$ は単数でなければならない．Gauss 整数には四つの単数：$1, -1, i, -i$ がある．$b-1=1$ の場合は通常の Mersenne 素数が得られる．$b-1 = -1$ の場合は $b^n - 1 = -1$ となり，ここには素数はない．最後に，$b-1 = \pm i$ の場合は，複素共役な $b^n - 1 = (1 \pm i)^n - 1$ となり，そのノルムは

$$2^n - (-1)^{\frac{n^2-1}{8}} 2^{\frac{n+1}{2}} + 1$$

であり，これらの数は素数になりうる．

Gauss 整数 $a + bi$ が Gauss 素数であるのは，そのノルム $N(a+bi) = a^2 + b^2$ が，素数であるか，$b=0$ で a が $a \equiv 3 \pmod 4$ を満たす素数である場合，かつそのときに限られる．たとえば，2 の素因数は $1+i$ と $1-i$ であり，両方ともノルムが 2 である．したがって次の結果を得る：

定理 $(1 \pm i)^n - 1$ が Gauss 的 Mersenne 素数であるのは，n が 2 のとき，または n が奇数で n のノルム

$$2^n - (-1)^{\frac{n^2-1}{8}} 2^{\frac{n+1}{2}} + 1$$

が有理素数のときであり，かつそのときに限る．

これらのノルムは，$2^n \pm 1$ を素因数分解する努力の中で，繰り返し研究されてきた．というのも，この数は，Aurifeuille の因数分解

$2^{4m-2}+1$
$= (2^{2m-1} + 2^m + 1)$
$\times (2^{2m-1} - 2^m + 1)$

の因数として現れるからである。

Gauss的Mersenne数のノルムの初めの23個の例は，[BLS$^+$88, 表2LM]に載っているが，そのうち21個は1960年代の初めには知られていたものである．この23個のGauss的Mersenne素数$(1\pm i)^n - 1$に対応するnは以下のとおりである：

2, 3, 5, 7, 11, 19, 29, 47, 73, 79, 113, 151, 157, 163, 167, 239, 241, 283, 353, 367, 379, 457, 997

これよりもっと前の話になるが，Landry(ランドリー)は，2^n+1を素因数分解するのに，人生の多くを費やし，ついには$2^{58}+1$の素因数分解を1869年に発見した*(したがって，本質的には彼が最初に$n=29$のGauss的Mersenne数を発見した)．それから10年後，Aurifeuille(オーリフュイユ)が，上記の因数分解を発見し，これによってLandryの奮闘努力は，自明なことになってしまった[KR98a, p.37]！ [CW25]をはじめとするCunninghamプロジェクトの論文や本では，どれでも，これらのGauss的Mersenne数のノルムが，重要な役割を果たすとみている．

1961年，R. Spira(スピラ)はGauss整数環上での約数関数の和の概念を定義した[Spi61]．彼は，これを用いてGauss的Mersenne素数を次の形をもつ素数と定義した：

$$-i((1+i)^k - 1)$$

(この項自身はGauss的Mersenne数の定義になっている)．W. L. McDaniel [McD74]は，これらの数は元来のMersenne素数および完全数と共通の性質を数多く持っていることを示した．1976年，Hausman(ハウスマン)とShapiro(シャピロ)は，完全数のより自然な定義(完全イデアル)を用い始めた[HS76]．

上記で用いたアプローチは1970年代初頭のOakes(オークス)によるものであるが，彼は最近まで既知のGauss的Mersenne数のリストを劇的に増やし続けてきた．現在，$(1\pm i)^n - 1$が次のnの値のときに素数になることがわかっている：

2, 3, 5, 7, 11, 19, 29, 47, 73, 79, 113, 151, 157, 163, 167, 239, 241, 283, 353, 367, 379, 457, 997, 1367, 3041, 10141, 14699, 27529, 49207, 77291, 85237, 106693, 160423, 203789

Gauss的Mersenne素数は通常のMersenne素数と共通の多くの性質を持っており，Oakesは同じ頻度で現れると示唆している．

本書以外で関連するページ

・Sloan(スローン)の数列A007671 [u106]
・Sloanの数列A007670 [u107]
・最大既知素数内のGauss的Mersenne数 [u108]

文献：[BLS75]，[BLS$^+$88]，[CW25]，[HS76]，[KR98b]，[McD74]，[Spi61]

---

*（訳注）1880年には，$F_6 = 2^{64}+1$の素因数分解にも成功している．

Gilbreath 予想 [u109]
(*Gilbreath's conjecture*)

1958 年 Gilbreath(ギルブレス)はナプキンにいたずら書きをした:

$2, 3, 5, 7, 11, 13, 19, 23, 29, 31, \cdots$

といった,いくつかの素数を書き,その下に次のように階差を書いたのである:

$2, 3, 5, 7, 11, 13, 17, 19, 23, 19, 31, \cdots$
$1, 2, 2, 4, 2, 4, 2, 4, 6, 2, \cdots$

さらに,その階差の下に符号なしの階差を書き,この操作を繰り返した:

$2, 3, 7, 11, 13, 17, 19, 23, 29, 31, \cdots$
$1, 2, 2, 4, 2, 4, 2, 4, 6, 2, \cdots$
$1, 0, 2, 2, 2, 2, 2, 2, 4, \cdots$
$1, 2, 0, 0, 0, 0, 0, 2, \cdots$
$1, 2, 0, 0, 0, 0, 2, \cdots$
$1, 2, 0, 0, 0, 2, \cdots$
$1, 2, 0, 0, 2, \cdots$
$1, 2, 0, 2, \cdots$
$1, 2, 2, \cdots$
$1, 0, \cdots$
$1, \cdots$

Gilbreath 予想とは,第1列の数はすべて1であるというものである(はじめの2は除く).二人の Gilbreath の学生が 64,419 行まではこの予想が正しいことを確かめた.以来,限界まで調べられているがずっと成り立っている.たとえば,1993 年 Andrew M. Odlyzko(オドリズコ)はこの予想を 10,000,000,000,000 までの素数を使って確かめた(これは 345,065,536,839 行になる).x までの素数列から作られた階差の k 番目の行が 0, 1, 2 のみである最小の k の表を表5 にあげる.

表5: x までの素数列から作られた階差の k 番目の行が 0,1,2 のみである最小の k

x	$\pi(x)$	k
10^2	25	5
10^3	168	15
10^4	1229	35
10^5	9592	65
10^6	78498	95
10^7	664579	135
10^8	5761455	175
10^9	50847534	248
10^{10}	455052511	329
10^{11}	4118054813	417
10^{12}	37607912018	481
10^{13}	346065536839	635

よくある事だが,Gilbreath は彼の名を冠した予想について調べた最初の人間ではない.Proth(プロス)は 1878 年にこの結果を証明したと主張したが,彼の証明は間違いであることがわかった.

この予想を調べるにはどうすればよいだろう.実際 Odlyzko は 10^{13} までのすべての素数の階差を調べたわけではない(これにはおよそ 5^{22} 個の数についての計算が必要になる).彼が実際に行ったことを理解するには,2 が唯一の偶数の素数であることから各行の最初の数は奇数であること,ある行が一つの 1 で始まりその後に n 個の 0 または 2 が並ぶなら引き続く n 個の行も一つの 1 で始まることに注意する必要がある.そこで,Odlyzko は一つの 1 で始まり十分な個数の 0 と 2 が続く行を見つけた.このためには,はじめのたった 635 行を調べるだけでよかった(この過程をスピードアップする他の方法については彼の論文を見よ).

Richard K. Guy(ガイ)によれば,素

数の列にこれといって特別な性質はない．これは，素数はゆっくりと増加し，自然に分布しているということである．もし，素数間の極大ギャップやギャップの分布について十分にわかれば，この証明ができるかもしれない．

関連項目
・1.6

文献：［Guy94］，［Odl93］，［Pro77］

GIMPS [u110]
(*Great Internet Mersenne Prime Search*)

Mersenne素数の探索は何世紀もの間行われてきた．1644年にMarin Mersenne(メルセンヌ)は，小さい指数では素数になることから，どんな指数に対して素数となるかという問題に対する彼の予想を多くの数学者に書き送り，この探索が広く認知されることになった．Mersenne予想が1947年に否定的に解決されたのと同じ頃に，コンピュータはMersenne素数の探索に新しいはずみを与えた．時が経つにつれ，より大きなコンピュータが多くのMersenne素数を見つけた．しばらくの間はMersenne素数の探索はもっぱら最速のコンピュータによるものに依存していた．

1995年末にその事情は一変した．George Woltman(ウォルトマン)がGIMPS (Great Internet Mersenne Prime Search: インターネットによるMersenne素数の大規模探索)を始めたのである．GIMPSは，チェック済みの指数のデータベースとそれをチェックするWindowsマシン用の効率の良いプログラムを提供し，計算の重複を最小にする指数をリザーブする方法を持っている．いままでに，何千人もの人がデスクトップPCを使って一緒に探索できる．

このデータベースは，インターネット上で万人が即座に入手できるようになった最初のときに他の多くの人たちが行った仕事の拡張であった．これはGuy Haworth(ヘイワース)，Walter N. Colquitt(コルキット)，Steve McGrogan(マクグローガン)，Luther Welsh(ウェルシュ)らの仕事を合わせたものである．また，これはLucas-Lehmer剰余を保管し，支援プログラムによってデータベースの正確性を検証できる．

Woltmanの書いたプログラムは，FFTを用いたLucas-Lehmer判定法の効率の良い実装で，時間のかかる部分は非常に最適化されたアセンブリ言語で書かれている．現在，GIMPSプロジェクトはほとんどのプラットフォームに対するソフトウェアを提供している．指数をリザーブする元々の方法(Woltmanとの電子メールを通じて行う)は，PrimeNetを通じた自動化された手順へと発展した(PrimeNetは1997年にScott Kurowski(クロウスキ)によって作られた)．

GIMPSはいまや数ダースの専門家と数千人のアマチュアの共同作業になっている．この共同体制からいくつかの重要な結果が生まれた：$M(3021377)$と$M(2976221)$はMersenne素数であり，$M(756839)$，$M(859433)$，$M(3021377)$は，それぞれ32番目，33番目，34番目のMersenne素数である．

Luther Welshは当初GGIMPS (George's Great Internet...)という名前を提案した．Georgeはすぐに最初のGを取りさって，プロジェクトは現在

の名前になった．

Goldbach 予想[u111]
(*Goldbach's conjecture*)

Goldbach(ゴールドバッハ)は 1742 年 7 月 7 日付の Euler(オイラー)への手紙で，p, q を 1 または奇素数とするとき，すべての偶数は p と q の和に表せることを示唆した．現在では

Goldbach 予想　2 より大きなすべての偶数は二つの素数の和に表せる．

のように言うこともある．これが，

5 より大きなすべての整数は三つの素数の和に表せる．

と同値であることは簡単にわかる．Euler が Goldbach への返事に

私には証明できないが，すべての偶数が二つの素数の和に表せることはまったく確かな定理だと考えている．

と書いているように，この予想が正しいことにほとんど疑いはない．この問題に関する進歩はあるのだが非常にゆっくりで，解決にはかなりの時間がかかるだろう．たとえば，すべての偶数が多くとも 6 個の素数の和で表せることは証明され，1966 年には Chen(チェン)が十分に大きな偶数は一つの素数と素因数が 2 個以下の数 (P_2) の和で表されることを証明した．

Vinogradov(ヴィノグラードフ)は 1937 年に十分大きなすべての奇数は多くとも三つの素数の和に表せること，したがって，十分大きなすべての整数は多くとも四つの素数の和に表せることを証明した．Vinogradov の研究により，Goldbach 予想がほとんどすべての偶数に対して成り立つことがわかる．

$2n = p + q (p, q$ は素数$)$ の解の個数についてはいろいろな実験的評価がある．もちろん，これらは n とともに増加する．

最近，Jean-Marc Deshouillers(デズゥイエ)，Yannick Saouter(サウター)と te Riele(テ・リエル)は Cray C90 と多くのワークステーションを使って 10^{14} まで予想を確かめた．もし Riemann 予想を受け入れるなら

奇数 Goldbach 予想　5 より大きなすべての奇数は三つの素数の和で表せる．

を証明すれば十分である．

Goldbach 以前に Descartes(デカルト)も Goldbach 予想の二つの素数の形には気づいていた．では，名づけ間違えたのだろうか．これについて Erdös(エルデシュ)は「数学的には Descartes はすごく金持ちで Goldbach はたいへん貧しいので，この予想は Goldbach に因んで名づけたほうが良いだろう」と語った．

n に対する Goldbach 予想の一つの解が見つかると，他の多くの解が簡単に見つけられる．1923 年 Hardy(ハーディ)と Littlewood(リトルウッド)は彼らの円周法を用いて Goldbach 予想の証明に向けての最初の大きな一歩を踏み出した[HL23]．とりわけ，彼らは n を二つの素数の和に表す場合の数 $G(n)$ が漸近的に

$$2\times(双子素数定数)\times \prod_{p:nの素因数}\frac{n}{(\log n)^2}\cdot\frac{p-1}{p-2}$$

に等しいことを予想した。

大きな n に対する解はたくさんあるので、その中には一方の素数が非常に小さいものもあるだろう。たとえば、Richstein(リヒシュティン)は $100{,}000{,}000{,}000{,}000$ までのすべての n を調べていて、小さいほうの素数は

$$389965026819938$$
$$=5569+38996502681469$$

の場合の 5569 が最大であることを発見した。

n を二つに分けたときの最小の素数は $(\log n)^2 \log\log n$ の定数倍で抑えられることが予想されている[GtRvdL89]。Richstein の研究によれば、この定数は $6\le n<4\times 10^{14}$ のときには 1.603 で十分である。

(→ 奇数 Goldbach 予想)

関連項目
・7.11

本書以外で関連するページ
・4×10^{14} までの Goldbach 予想の検証と歴代の記録一覧[u112]

文献:[DtRS98],[FR89],[GtRvdL89],[HL89],[Ram95],[Rib95],[Ric01],[Sin93],[Wan84]

Ishango の骨[u113]
(*Ishango bone*)

最古の素数表は何か？それは Ishango の骨かもしれないと言う人もいる(たとえば、[BS96],[Shu84]の21ページ)。

現在ブリュッセルの自然史博物館にあるこの骨は、紀元前6500年(紀元前9000年と言う人もいる[BNW87])頃のものである。3列の刻み目があり、そのうちの一つに11, 13, 17, 19 の刻み目がある(図1)。

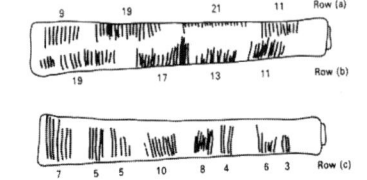

図1: Ishango の骨

Ishango の骨の四つの刻み目は意図的に素数を刻んだものだろうか。おそらくそうではないだろう。30 より小さい四つの正の整数を適当に選ぶとする。この範囲には10個の素数があるので、四つとも素数である確率は $1/81$ である。刻み目のついた骨で素数の列のあるものはすぐに見つかるだろう。それが複数の列をもてばなおさらである。刻み目を入れた人が素数を知っていたと結論づける理由はない。

> 数を数えられない人が四つ葉のクローバーを見つけたとしたら、彼は幸運と言えるのだろうか？ (Stanislaw Lec の *Unkempt Thought**)

この Ishango の骨は古いが、いま知られている最古の「数学的工芸品」はもっと古い。紀元前35000年の29の刻み目のあるヒヒの腓骨である。これは南アフリカとスワジランドの間の山中で発見された。また、紀元前30000年の57の刻

---
*(訳注) まとまりのない思考

み目のある旧チェコスロバキアのオオカミの骨もある．ナミビアのブッシュマンの一族はいまでも似たような骨をカレンダー棒にしている．

本書以外で関連するページ

・Scott W. Williams の最古の数学作品のページ[u114]

文献：[BNW87]，[BS96]，[dH62]，[Jos91]，[Mar72]，[Shu84]

Jacobi 記号 [u115]

(*Jacobi symbol*)

Legendre 記号 $\left(\frac{a}{p}\right)$ の下の数は素数であることを思い出そう．Jacobi(ヤコビ)は Legendre 記号の下の数が奇数である場合に拡張した．n の素因数分解を

$$n = p_1^{e_1} \cdot p_2^{e_2} \cdots p_k^{e_k}$$

とするとき，

$$\left(\frac{a}{n}\right) = \left(\frac{a}{p_1}\right)^{e_1} \left(\frac{a}{p_2}\right)^{e_2} \cdots \left(\frac{a}{p_k}\right)^{e_k}$$

である．また，すべての整数 a に対して $\left(\frac{a}{1}\right) = 1$ とすることに注意しよう．

Legendre 記号に似たこの新しい記号は Jacobi 記号と呼ばれる．注意するのは，$\left(\frac{a}{n}\right) = 1$ であっても a が n の平方剰余とは限らないことである．たとえば，$\left(\frac{8}{15}\right) = 1$ であるが，8 は 15 の平方剰余ではない．

Jacobi 記号には多くの性質があり，Legendre 記号を計算するには，それを使うのが最も簡単な方法である．m と n を正の奇数，a と b を任意の整数とする．このとき，Jacobi 記号について次が成り立つ：

(1) $\gcd(a, n) > 1$ なら $\left(\frac{a}{n}\right) = 1$

(2) $n \equiv 1 \pmod 4$ なら $\left(\frac{-1}{n}\right) = 1$,
$n \equiv 3 \pmod 4$ なら $\left(\frac{-1}{n}\right) = -1$

(3) $\left(\frac{a}{n}\right)\left(\frac{b}{n}\right) = \left(\frac{ab}{n}\right)$

(4) $\left(\frac{a}{m}\right)\left(\frac{a}{n}\right) = \left(\frac{a}{mn}\right)$

(5) $a \equiv b \pmod n$ なら $\left(\frac{a}{n}\right) = \left(\frac{b}{n}\right)$

素数 2 に対しては次が成り立つ：

(1) $n \equiv 1, 7 \pmod 8$ なら $\left(\frac{2}{n}\right) = 1$

(2) $n \equiv 3, 5 \pmod 8$ なら $\left(\frac{2}{n}\right) = -1$

最後に，$\gcd(a, n) = 1$ で a が正の奇数であるとき

$$\left(\frac{a}{n}\right)\left(\frac{n}{a}\right) = (-1)^{\frac{a-1}{2}\frac{n-1}{2}}$$

言い換えると，$a \equiv n \equiv 3 \pmod 4$ なら $\left(\frac{a}{n}\right) = -\left(\frac{n}{a}\right)$ であり，それ以外では $\left(\frac{a}{n}\right) = \left(\frac{n}{a}\right)$ である．

これから，$\left(\frac{a}{n}\right)$ を計算する次のアルゴリズムが得られる．n は奇数で $0 < a < n$ とする．

```
Jacobi(a, n){
    j := 1
    while (a ≠ 0) do {
        while (a が偶数) do {
            a := a/2
            if (n ≡ 3, 5 (mod 8))
                then j := -j
        }
        a と n を交換
        if (a ≡ 3 (mod 4)
            and n ≡ 3 (mod 4))
                then j := -j
        a := a mod n
    }
    if (n = 1)
```

then return(j)
else return(0)
}

これは古典的な Euclid のアルゴリズムを使っただけであることに注意しよう.

(→ 平方剰余, Legendre 記号)

k 組 [u116]
(*k-tuple*)

数学では, k 組は k 個の値の順序集合(次数 k のベクトル):

$$(a_1, a_2, \cdots, a_k)$$

である. 素数の議論をする際には, k 組は通常, 線形多項式の k 組:

$$(x+a_1, x+a_2, \cdots, x+a_k)$$

における定数項を指す.

中心的な課題は, これらの多項式が同時に素数になることが, どのくらいの頻度で起こるか? x のどのような整数値に対して, すべてが素数になるのか? というものである.

双子素数予想は, 二つ組 $(0,2)$ の並進値(多項式のペア $(x, x+2)$ の値)が同時に素数となることが無限回起こるという予想と同値である.

$(0,1)$ という二つ組ではどうか? 常に $x, x+1$ のどちらかは偶数であるから, この二つ組が同時に素数となるのは $x=2$ の場合だけである.

別の例として三つ組 $(0,2,4)$ を考える. この場合もまた同時に素数となるのは一度だけである. というのも, 3 はこの三つの項 $(x, x+2, x+4)$ のうち一つを割り切るからである. このことは, 3 項のうち一つは 3 でなければならないことを意味する. 3 を法としてこの k 組をみると, 問題は明白である: $(0,2,1)$ — これは素数 3 の完全剰余系をなす.

これは(知られている限りで) k 組が同時に素数になることが無限に起こらないような唯一の場合である. この理由から, 素数の完全剰余系を含まないとき, k 組は許容であるという.

k 組素数予想は, 許容である k 組は同時に素数になることが無限回起こる, ということを言っている.

最後の例として, 五つ組

$$(5, 7, 11, 13, 17)$$

を考えよう(この組の並進値に興味があるので, $(0,2,6,8,12)$ も考えても同等である). もし, これがなんらかの素数の完全剰余系を含むとすると, それは 5 以下の素数でなければならない(というのは, ちょうど 5 個の項を含むからである). 2 を法とすると元の組は $(1,1,1,1,1)$ であり, 何の問題もない. 3 を法とすると $(2,1,2,1,2)$ でやはり問題はない. 5 を法とした場合, $(0,2,1,3,2)$ で, 4 が抜けているから, ここでも問題がない. したがって $(5,7,11,13,17)$ は許容である.

下記関連ページの JavaScript プログラムは自動的にこの手順を実行する.

(→ 真 k 組素数, 素数座)

本書以外で関連するページ

・許容 k 組を見つける JavaScript のページ [u117]

文献: [ER88], [For99], [Guy94, A9 節], [Rib95], [Rie94, 第 3 章]

k 組素数予想 [u118]
(*prime k-tuple conjecture*)

k 組素数予想とは次の予想である. 一つの素数座に関するすべての許容パターン

は無限に多く現れる．そして，長さ k の素数座が現れる回数は $x/(\log x)^k$ の定数倍より大きい．

$k = 2, 3, 4$ の場合を考えよう．x よりも小さいパターンの数について Hardy (ハーディ) と Littlewood (リトルウッド) は発見的に次の評価を得た：

$k = 2$:
$$2\prod_{p\geq 3}\frac{p(p-2)}{(p-1)^2}\int_2^x\frac{dt}{(\log t)^2}$$
$$\fallingdotseq 1.320323632\int_2^x\frac{dt}{(\log t)^2}$$

$k = 3$:
$$\frac{9}{2}\prod_{p\geq 5}\frac{p^2(p-3)}{(p-1)^3}\int_2^x\frac{dt}{(\log t)^3}$$
$$\fallingdotseq 2.858248596\int_2^x\frac{dt}{(\log t)^3}$$

$k = 4$:
$$\frac{27}{2}\prod_{p\geq 5}\frac{p^3(p-4)}{(p-1)^4}\int_2^x\frac{dt}{(\log t)^4}$$
$$\fallingdotseq 4.151180864\int_2^x\frac{dt}{(\log t)^4}$$

(→ 素数座，素数定理，Dickson 予想)

本書以外で関連するページ
・真 k 組素数[u119]

文献：[Guy94, A9 節]，[HL23]，[Rib95]，[Rie94, 第 3 章]

Lamé の定理[u120]
(*Lamé's theorem*)

1845 年，Rue Gabriel Lamé (ラメ) は，Euclid のアルゴリズムで $\gcd(a,b)$ を求めるのに要するステップ数に関する次の定理を証明した：

> ある与えられた正の整数 n に対し，a, b $(a > b)$ を Euclid のアルゴリズムを a と b に適用したとき，ちょうど n 回の割り算を必要とする最小の数とする．すると，$a = u(n+2)$ と $b = u(n+1)$ である．ここで，$u(n)$ は n 番目の Fibonacci 数である．

これから，大きさが高々 N の整数に対して，Euclid のアルゴリズムは高々

$$\lceil 4.8\log_{10} N - 0.32 \rceil$$

回のステップを必要とすることがわかる．

Heilborn (ハイルボルン) と Porter (ポーター) は，$a < b$ のペアに対し，Euclid のアルゴリズムに要するステップ数の平均は，$((12\log 2)/\pi^2)\log a$ であることを証明した．これは，およそ $1.9405\log_{10} a$ ステップである ([Knu81, 4.5.3 節])．

$\gcd(a, b)$ を求める Euclid のアルゴリズムのステップ数がこういう値であることを言い表す簡単な方法は，次のとおり：

- a と b の大きいほうの桁数の高々 5 倍である．
- 平均は桁数の 2 倍より小さい．

(→ Euclid のアルゴリズム)

文献：[Knu81]

Legendre 記号[u121]
(*Legendre symbol*)

p を奇素数，a を任意の整数とする．Legendre 記号 $\left(\dfrac{a}{p}\right)$ を

$+1$: a が p を法として平方剰余のとき
-1 : a が p を法として平方非剰余のとき
0: p が a を割り切るとき

と定義する．

Euler(オイラー)は, $\left(\dfrac{a}{p}\right) = a^{(p-1)/2}$ (mod p) であることを示した. これを用いて次のことが示せる. p と q とが奇素数であるとすると,

- $p \equiv 1 \pmod 4$ なら $\left(\dfrac{-1}{p}\right) = 1$
  $p \equiv 3 \pmod 4$ なら $\left(\dfrac{-1}{p}\right) = -1$
- $\left(\dfrac{a}{p}\right)\left(\dfrac{b}{p}\right) = \left(\dfrac{ab}{p}\right)$
- $a \equiv b \pmod p$ なら $\left(\dfrac{a}{p}\right) = \left(\dfrac{b}{p}\right)$
- p が a を割り切らなければ $\left(\dfrac{a^2}{p}\right) = 1$

素数 2 に対しては,

- $p \equiv 1, 7 \pmod 8$ なら $\left(\dfrac{2}{p}\right) = 1$
- $p \equiv 3, 5 \pmod 8$ なら $\left(\dfrac{2}{p}\right) = -1$

より証明が難しいのは, 平方剰余の相互法則である:

p と q が相異なる素数であるとき,

$$\left(\dfrac{p}{q}\right)\left(\dfrac{q}{p}\right) = (-1)^{\frac{p-1}{2}\frac{q-1}{2}}$$

言い換えると, $p \equiv q \equiv 3 \pmod 4$ なら $\left(\dfrac{p}{q}\right) = -\left(\dfrac{q}{p}\right)$ であり, それ以外は $\left(\dfrac{p}{q}\right) = \left(\dfrac{q}{p}\right)$ である.

Legendre 記号は Jacobi 記号を使って計算されることが多い.
(→ Jacobi 記号)

Linnik 定数 [u122]
(*Linnik's Constant*)

等差数列中の素数に関する Dirichlet の定理は, a と b が互いに素な正の整数であるとき, 等差数列

$$a, a+b, a+2b, a+3b, \cdots, a+nb, \cdots$$

は無限に多くの素数を含む, ということを述べている. 自然に生ずる疑問は,「最初に現れるそういう素数(これを $p(a,b)$ と呼ぼう)は何か?」というものである. 1944 年, Linnik(リニック)は, ある定数 L が存在して, すべての a と十分大きい b に対して, $p(a,b) < bL$ となることを証明した. L は 5.5 より小さいことが知られており, ほとんどすべての整数 b に対して, $L = 2$ とできる. 詳細については, 下記の Web ページを見よ.

本書以外で関連するページ
・Linnik 定数 [u123]

Matijasevic 多項式 [u124]
(*Matijasevic's polynomial*)

Euler(オイラー)は, $x^2 + x + 41$ が, $x = 0, 1, 2, 3, \cdots, 39$ のときに素数となることを指摘した. そこで, 多くの人が素数だけを値にとる多項式はありうるかという問いかけをした. 残念ながら, 定数となる場合を除いて, そのような多項式はないことを示すのは容易である.

定理 複素係数の多項式

$$P(z_1, z_2, \cdots, z_k)$$

で, 非負整数に対する値が素数だけになるものは, 定数しかない(これは, 代数的関数 $f(z_1, z_2, \cdots, z_k)$ でも同様である).

ここからいろいろな問題が考えられる. 決まったタイプの多項式(たとえば, 一変数の二次多項式) から, 取り出せる最も多くの素数は何かという質問もありうる([Rib95, 第 3 章]を参照). 別のアプローチは定数でない多項式で

(非負の整数の集合を変数の定義域としたとき)その正の値がすべて素数であるようなものはあるかという問いである．Matijasevic(マチャシェヴィッツ)はそのような多項式がありうることを 1971 年に示した[Mat71]．また，1976 年に Jones(ジョーンズ)，Sato(サトウ)，Wada(ワダ)，Wiens(ウィーンズ)が，以下の 26 変数(25 次)の具体例を与えた:

$(k+2) \times$
$\{1 - [wz + h + j - q]^2$
$\quad - [(gk+2g+k+1)(h+j)+h-z]^2$
$\quad - [2n + p + q + z - e]^2$
$\quad - [16(k+1)^3(k+2)(n+1)^2$
$\qquad + 1 - f^2]^2$
$\quad - [e^3(e+2)(a+1)^2 + 1 - o^2]^2$
$\quad - [(a^2-1)y^2 + 1 - x^2]^2$
$\quad - [16r^2y^4(a^2-1) + 1 - u^2]^2$
$\quad - [((a+u^2(u^2-a))^2-1)(n+4dy)^2$
$\qquad + 1 - (x+cu)^2]^2$
$\quad - [n + l + v - y]^2$
$\quad - [(a^2-1)l^2 + 1 - m^2]^2$
$\quad - [ai + k + 1 - l - i]^2$
$\quad - [p + l(a - n - 1)$
$\qquad + b(2an+2a-n^2-2n-2) - m]^2$
$\quad - [q + y(a - p - 1) +$
$\qquad s(2ap + 2a - p^2 - 2p - 2) - x]^2$
$\quad - [z + pl(a - p) +$
$\qquad t(2ap - p^2 - 1) - pm]^2\}$

この多項式が因数分解されていることに注意したい．第 2 因子の特殊な形に注目しよう．これは 1 から，平方の和を引いたものになっている．したがって，正であるためには，平方項がすべて 0 でなければならない(これは Putnam(プトナム)のトリックである)．

課題 上記の多項式が正となる，すべてが非負の値の組 $(a, b, c, d, \cdots, z)$ が見つけられるだろうか？

このような多項式のうち，これまで見つかった最小の次数は 5 であり(変数の個数は 42 [JSWW76])，変数の個数が最小のものは 10 である(次数はおよそ 1.6×10^{45}).
(→ 素数を表す式)

文献: [Mat71], [Mat77], [Rib95], [JSWW76]

Mersenne 数 [u125]
(*Mersenne number*)

Mersenne 数とは，$M(n) = 2^n - 1$ の形の整数である(指数 n は素数に限定することが多い)．Mersenne 素数(素数の Mersenne 数)は古くから最も研究されてきた素数であることから，興味深い数となっている．

この数は，フランスの修道僧 Mersenne(メルセンヌ)にちなんで名づけられた．詳しくは「Mersenne 予想」の項を参照せよ.
(→ Mersenne 約数, Mersenne 素数, 一般単位反復数)

関連項目
・4.3, 7.7.2, 7.7.3

Mersenne 素数 [u126]
(*Mersenne prime*)

素数であるような Mersenne 数 $M(n) = 2^n - 1$ は，Mersenne 素数と呼ばれる．もし，m が n を割り切るならば，$2^m - 1$ は $2^n - 1$ を割り切るから，Mersenne 素数の指数は素数である．しかし，$2^p - 1$ (p は素数)の形の数のうち素数であるものは少ない．Mersenne 数は，素数性を証

明するのが最もやさしい種類の数である (Lucas-Lehmer 判定法で検査できる). そのため, 既知巨大素数リストの中で最大になることが多い.

この形の素数は, 最初に Euclid(ユークリッド)により, 偶数の完全数との関係から研究された(「完全数」の項を参照せよ). Mersenne 素数に関する詳細は, 「Mersenne 予想」の項を参照せよ.

Mersenne 素数(ときには単に Mersenne と呼ばれる)は, 単位反復素数と, 自明な(2 を基数とする)円環的素数に, 一般化される.

(→ Fermat 素数, Cullen 数)

関連項目
・4.3, 7.7.5, 11.4

本書以外で関連するページ
・Mersenne 素数探索インターネットプロジェクト[u127]

Mersenne 約数 [u128]
(*Mersenne divisor*)

Mersenne 素数は, 素数の探索においては最も人気の高い素数であった. Euclid(ユークリッド)が 2000 年以上前に, 完全数と結び付けたからである. 新しい Mersenne 素数を探すときは, まず小さい約数(Mersenne 約数と呼ばれる)を探し, 次に Lucas-Lehmer 判定法を適用する. これらの約数は, 非常に特殊な形をしている. それは, Fermat(フェルマー)と Euler(オイラー)が証明した次の定理による:

定理 p と q を奇素数とする. p が $M(q)$ を割り切るならば, $p \equiv 1 \pmod{q}$ かつ, $p \equiv \pm 1 \pmod{8}$ である.

また, ある数が Mersenne 数を割り切るという事実が, それが素数であることを示すのに十分な場合がある:

定理 $p \equiv 3 \pmod{4}$ が素数だとする. $2p+1$ が $M(p)$ を割り切るとき, またそのときに限り $2p+1$ もまた素数である.

(→ Mersenne 素数, Cunningham プロジェクト)

関連項目
・7.7.3, 7.7.4, 7.7.6

Mersenne 予想 [u129]
(*Mersenne's conjecture*)

1644 年にフランスの修道僧 Marin Mersenne(メルセンヌ)は, *Cogitata Physica-Mathematica*(『物理数学思索』)の序文で $M(n) = 2^n - 1$ は $n = 2, 3, 5, 7, 13, 17, 19, 31, 67, 127, 257$ の場合に素数となり, その他の $n < 257$ の正の整数 n に対しては合成数となると述べた. Mersenne の同時代の人にとって, 彼が全部の数をテストできなかったということは明白であった(事実, 彼自身認めている)し, 彼らにもできなかった.

3 世紀たって, いくつかの(Lucas-Lehmer 判定法のような)数学的な発見がなされた後で, Mersenne 予想にある指数が完全に検証された. 彼は五つの間違いをしていると判定され(三つの素数 $M(61), M(89), M(107)$ が抜けており, 二つの合成数 $M(67), M(257)$ が含まれていた), 正しいリストは, $n = 2, 3, 5, 7, 13, 17, 19, 31, 61, 89, 107, 127$ である.

Mersenne はどこからこのリストを得たのだろうか. Dickson(ディクソン)の *History of the Theory of Num-*

bers(『数論の歴史』)[Dic19]の中にそのヒントがある:

> Lucas(リュカ)は, Tanner(タネール)への書簡 [*L'intermediaire des math.*, 2, 1895, 317]の中で,『Mersenne(1644,1647)は, 2^p-1 が素数であるための必要十分条件は p が $2^{2^n}+1$ か, $2^{2^n}\pm 3$ か, $2^{2^{n+1}}-1$ かのいずれかであることだと言っている』と述べている. Tanner は, この定理は経験的に得られたものであり, Fermat(フェルマー)というより, Frénicle(フレニクル)が見つけたものである, という彼の考えを表明し $2^{67}-1$ が合成数ならば, 十分条件が成り立たないことを指摘した*.

言い出した人物が Mersenne, Frénicle, Fermat の誰であるにせよ, Mersenne 素数の指数は特別な形をしているとの信念があるように見える(また, 素数の大きさの制限も抜けている. というのも 2^3-1 が素数であることを三人とも知っていたのに, 3 はこの形にならないからである). 257 以下の数を調べてみれば, Mersenne のリスト(3 が抜けている) と素数 61 が得られる.

悲しいかな, 上記は, 必要でも十分でもない. 次の素数 p に対して Mersenne 数 $M(p)$ は合成数である. $257=2^8+1$, $1021=2^{10}-3$, $67=2^6+3$, $8191=2^{13}-1$ (したがって, どれも十分条件ではない). また, $M(p)$ は, $p=89$ に対しても素数であるが, 89 は上にあげられた式のどれにも当てはまらない.

この予想から拾えるものは残っているだろうか. そうだと答える者がいる.「新 Mersenne 素数予想」の項を参照せよ.

(→ Mersenne 素数, 新 Mersenne 素数予想)
関連項目
・11.4
文献: [Dic19, Vol.1, p.28]

Mertens の定理 [u130]
(*Mertens' theorem*)

Mertens(メルテンス)は Chebyshev の定理(素数定理の弱いもの)を用いて, 次の式を証明した:

$$\prod_{p\leq x}\left(1-\frac{1}{p}\right)\sim\frac{e^{-\gamma}}{\log x}$$

これは, 現在 Mertens の定理と呼ばれている.

Riemann 予想を仮定して, Schoenfeld(シェーンフェルド)は, $x>8$ では, 次の誤差限界が得られることを示した.

$$\left|\prod_{p\leq x}\left(1-\frac{1}{p}\right)-\frac{e^{-\gamma}}{\log x}\right|\\<\frac{e^{-\gamma}}{8\pi}\left(\frac{3+5/\log x}{\sqrt{x}}\right)$$

ここで, γ は Euler 定数である.
文献: [BS96, p.210, 234]

Miller の判定法 [u131]
(*Miller's test*)

一般 Riemann 予想が正しいとするならば, 次の方法で素数性の強力な判定がで

---

* ちょうど理論編の 8.6 節の Powers と Fauquembergue の先陣争いのように(著者 C. Caldwell による注).

きる：

Miller の判定法 一般 Riemann 予想を正しいと仮定する．n が $1 < a < 2(\log n)^2$ を満たすすべての整数 a に対して a-強概素数であるならば，n は素数である．

定数 2 は（もっと改良できるはずだが）Bach（バック）による．

（→ 擬素数，概素数）

関連項目
・2.2.2, 2.5

文献：[Bac85]

Mills 定数 [u132]
(*Mills' constant*)

Mills 定数の値はおよそ，

1.30637 78838 63080 69046 86144
92602 60571 29167 84585 15671
36443 68053 75996 64340 53766
82659 88215 …

である．

（→ Mills の定理）

Mills の定理 [u133]
(*Mills' theorem*)

1940 年代の終り頃，Mills（ミルズ）は，$\lfloor A^{3^n} \rfloor$ ($n = 1, 2, 3, \cdots$) が常に素数となる実数 $A > 1$ が存在することを証明した．ここで $\lfloor \cdot \rfloor$ は切捨て関数である．このような A は無限に多く存在するが，その一つ（Mills 定数）は次の値を持つ：

1.30637 78838 63080 69046 86144
92602 60571 29167 8 …

この事実はおもしろいが，この類の式は素数を判定する役には立たない．というのも，すでに知っている素数からしか A を見いだすことはできないし，しかも Mills の定理で表わされる素数の列はあまりにもまばらなものでしかないからである．

（→ 素数を表す式）

関連項目
・7.8

本書以外で関連するページ
・Mills 定数 [u134]

文献：[Mil47]

NSW 数 [u135]
(*NSW number*)

Newman（ニューマン），Shanks（シャンクス），Williams（ウィリアムズ）の三人は，1970 年代に

$$S_{2m+1} = \frac{\left(1+\sqrt{2}\right)^{2m+1} + \left(1-\sqrt{2}\right)^{2m+1}}{2}$$

の形の整数に関する論文を著した．この数を三人の名前の頭文字を取って NSW 数と呼ぶ．

この数列の初めのほうを列挙すると，$S_1 = 1$, $S_3 = 7$, $S_5 = 41$, $S_7 = 239$, $S_9 = 1393$ である（これらの数は「指数が平方数であるような有限単純群はあるか？」という問題に取り組んだときに現れる）．

NSW 素数は，言うまでもなく素数の NSW 数のことである．知られている S_p はわずかで，$p = 3, 5, 7, 19, 29, 47, 59, 163, 257, 421, 937, 947, 1493, 1901$ に対するものだけである．

Pepin 判定法 [u136]
(*Pepin's test*)

1877 年に Pepin（ペパン）は Fermat

数が素数であるかどうかを決定するために，次の定理を証明した（これは，古典的な素数判定法の良い例である）：

Pepin 判定法 F_n を Fermat 数とする．F_n が素数であるのは，$3^{(F_n-1)/2} \equiv -1 \pmod{F_n}$ であるとき，かつそのときに限る．

ここで 3 は Jacobi 記号 $\left(\dfrac{k}{F_n}\right)$ が -1 に等しいような任意の正整数 k で置き換えることができる．これは $k = 3, 5, 10$ のときに成り立つ．

F_n が素数であれば，素数であることの証明は Pepin 判定法で示すことができる．しかし，F_n が合成数のときは，Pepin 判定法ではその素因数については何もわからない（単にそれが合成数であるというだけである）．たとえば，Selfridge（セルフリッジ）と Hurwitz（フルウィッツ）は F_{14} が合成数であることを 1963 年に示した．しかし，その約数については何も知られていない．

（→ Fermat 素数，Fermat 約数）

関連項目
・2.3.1

本書以外で関連するページ
・Fermat 数の現状 [u137]

Proth 素数 [u138]
(*Proth prime*)

素数の本当のクラスとは言えないが，$k \cdot 2^n + 1$ の形 ($2^n > k$) をした素数を Proth 素数と呼ぶ．これは独学の農夫 François Proth（プロス）に由来する．彼はフランスの Verdun の近くで暮らしていた．彼は素数判定に関する四つの定理を述べている[Wil98]．興味深いのは次の定理である：

Proth の定理 $N = k \cdot 2^n + 1$ とする．ここで k は奇数，$2^n > k$ である．Jacobi 記号 $\left(\dfrac{a}{N}\right) = -1$ となる整数 a を選ぶ．すると，$a^{(N-1)/2} \equiv -1 \pmod{N}$ が成り立つとき，かつそのときに限り N は素数である．

この形の素数は数学者の机上によく現れる．たとえば，Euler（オイラー）は Fermat 数 F_n ($n > 2$) のすべての約数は $k \cdot 2^{n+2} + 1$ の形をしていることを示した．Cullen 素数は $n \cdot 2^n + 1$ の形をしていて，Proth 素数の部分集合である．Fermat 素数も $k = 1$ で n が 2 の冪乗の形をしている．逆に k に注目して，Sierpiński 数を思い出そう．この数は正の奇数 k で $k \cdot 2^n + 1$ が任意の正整数 n に対して合成数となるものである．Sierpiński 予想を解決しようとするときは，固定の乗数 k に関する Proth 素数を探していることになる．

最後に，n と k の間に条件が付かない $k \cdot 2^n + 1$ の形の素数を Proth 素数と定義しないことに注意してほしい — なぜならばすべての奇の素数が Proth 素数になるからである．

Pythagoras [u139]
(*Pythagoras*)

Pythagoras（ピタゴラス）（紀元前 580-500）は Samos の Aegean 島の出身で，南イタリアで学派を組織した．この学派は，いまでは Pythagoras 学派と呼ばれているが，秘密の組織であり今日でいうカルトにかなり近いものがある．Pythagoras 学派のシンボルは五芒星形であった．

Pythagoras と彼の信者の信仰の中

は「すべてのものは数である」であった．Pythagoras 学派にとって数は二つの整数の比として表現できる量(有理数)であった．Pythagoras 学派は音楽を彼らの信仰の例として用いた．彼らは音の高さが単純な比で表されることを示した．この比は，長さの違う何本かの弦を同じ強さで張って鳴らすようにし，各弦の長さから導かれる．

おそらく，最も有名な Pythagoras 学派の数学的結果は，Pythagoras の定理である．直角三角形の斜辺の長さの 2 乗は他の 2 辺の長さの 2 乗の和に等しい．これは通常 $a^2+b^2=c^2$ と表わされる．この方程式を満たす整数の三つ組は Pythagoras の三つ組と呼ばれる．たとえば，$(3,4,5)$ や $(5,12,13)$ がそうである．

Pythagoras 学派は後に自らの定理を使って，「すべては(有理)数である」という信仰の反証を見つけた．2 の平方根(2 辺が 1 の直角三角形の斜辺の長さ) は無理数(有理数ではない)であることを示したのである．その教徒は発見したことを秘密にしようと誓ったが，その後，他のメンバーに暴かれてしまった．

Pythagoras は(あるいは少なくとも Pythagoras に自分の発見をすべて捧げてきた Pythagoras 学派は)図形の数(規則的なパターンに従って点を配置することから得られる数)に関するいくつかの結果も発見している．たとえば，平方数 n^2 は正方形状に配置できる点の個数である．三角数 $1, 1+2, 1+2+3, \cdots$ は三角形状に配置できる数であり，その三角形は 1 列の点の数が一つずつ増えていくものである．n 番目の三角数は $n(n+1)/2$ である．

この項の内容は Gary Spencer(スペンサー)の解説を編集したものである．

Riemann のゼータ関数 u140
(*Riemann zeta function*)

Riemann(リーマン)は Euler(オイラー)のゼータ関数 $\zeta(s)$ の定義を全複素数 s に拡張した($s=1$ にある留数 1 の単純な極を除く)．これを Riemann のゼータ関数と呼ぶ．Euler の積によるこの関数の定義は s の実部が 1 より大きければ成り立つ．これ以外の複素数での値を把握しやすくするため，Riemann は次の関数方程式を導いた：

$$\pi^{-\frac{s}{2}}\Gamma\left(\frac{s}{2}\right)\zeta(s)$$
$$=\pi^{-\frac{1-s}{2}}\Gamma\left(\frac{1-s}{2}\right)\zeta(1-s)$$

ここで，ガンマ関数 $\Gamma(s)$ は，よく知られた階乗関数の拡張である(非負整数 n に対して $\Gamma(n+1)=n!$ となる)．

$$\Gamma(s)=\int_0^\infty e^{-u}u^{s-1}du$$
$$=\frac{1}{se^{\gamma s}}\prod_{n=1}^\infty \frac{e^{s/n}}{1+s/n}$$

ここで，積分は s の実部が 1 より大きければ成り立ち，積はすべての素数に対して成り立つ．

(→ Riemann 予想, Euler のゼータ関数)

関連項目
・7.10

Riemann 予想 u141
(*Riemann hypothesis*)

Riemann のゼータ関数は $-2, -4, -6, \cdots$ に自明の零点を持ち，他の非自明な

零点はすべて直線 $Re(s) = 1/2$ に関して対称である，と Riemann(リーマン)自身が述べている．

Riemann 予想は「すべての非自明な零点がこの直線上に存在する」という予想である．実際，素数定理の古典的な証明ではこの関数の零点のない領域の理解が必要とされる．1901 年に von Koch(フォン・コッホ)は Riemann 予想が次と同値であることを示した：

$$\pi(x) = \text{Li}(x) + O(x^{1/2} \log x)$$

素数定理と Riemann 予想のこの関係により，Riemann 予想は素数理論の重要な予想の中でもとりわけ重要なものとなっている．
(→ Riemann のゼータ関数)

関連項目
・7.10

本書以外で関連するページ
・Riemann [u142]

Riesel 数 [u143]
(*Riesel number*)

Riesel 数とは，すべての正の整数 n に対して $k \cdot 2^n - 1$ がすべて合成数となるような正の整数 k のことである．1956 年 Riesel(リーゼル)はある合同式の組を作り，その解となる k がこの性質を持つことを示した(したがって無限個の Riesel 数がある)．特に，Riesel は乗数 $k = 509203$ がこの性質を持っていることを示した(509203 に 11184810 の倍数を加えた数がこの性質を持っていることも示した)．

$k = 509203$ が最小の Riesel 数であると予想されている．これが最小であることを示すには，509203 より小さい正の整数 k のそれぞれに対して，$k \cdot 2^n - 1$ の形の素数を探さなくてはならない．すでにこのような k の大部分に対して素数が見つかっている．現在，Wilfrid Keller(ケラー)が残った数の素数探索を取りまとめている．

Riesel 数は Sierpiński 数とよく似ていることに注意せよ．後者の数は 1960 年に Sierpiński(シェルピンスキ)によって探求されたが，それは Sierpiński が論文を書いてから数年後のことであり，Riesel が用いたものとよく似た合同式を用いて無限性が証明された．皮肉なことに Sierpiński 数は Riesel 数よりずっと多くの注目を集めたが，そのわけはおそらく Riesel の論文がスウェーデン語で書かれていたためであろう．
(→ Sierpiński 数)

本書以外で関連するページ
・Riesel 問題：定義と現状 [u144]
・Riesel 数探索：参加と援助を求む [u145]

文献：[BY88]，[Kel92]，[Rib95, pp. 356-8]，[Rie56]

RSA 暗号系 [u146]
(*RSA cryptosystem*)

RSA アルゴリズムは，公開鍵暗号系の中ではおそらく最も有名なものであり，1977 年に MIT の Ronald Rivest(リベスト)，Adi Shamir(シャミア)，Leonard Adleman(アドルマン)によって発表された．RSA の安全性の基礎にあるのは，大きい素数を見つけることは素因数分解に比べると比較的簡単だという事実である．

このシステムを用いるには，まず最初に二つの大きい素数 p と q を見つけて，その積 $n = pq$ を作る．次に任意の整数 e を，$(p-1)(q-1)$ (これは $\varphi(n)$ に等

しい)と互いに素であるように選ぶ．この対 (n, e) は公開される(公開鍵である)が，素因数 p, q は秘密にされる．この公開鍵を用いて誰でもメッセージを暗号化して，われわれに送ることができる．しかし，平文化できるのはおそらくわれわれだけである．

ジョンがわれわれに暗号化したメッセージを送りたいとする．ジョンはメッセージを数に変換するだろう(たとえば a=01, b=02, ⋯, z=26, blank=27 を使う)．このメッセージを n よりも小さいいくつかのブロックに分割する．各ブロック B に対して，暗号化されたブロック C を次のように計算する：

$$C \equiv B^e \pmod{n}$$

これで，ジョンはこのブロック C をわれわれに送ることができる．

われわれのほうでは，Euler の定理を用いてこのメッセージを平文化できる．平文化するためには，まず $ed \equiv 1 \pmod{(p-1)(q-1)}$ なる整数 d を計算する(これは拡張 Euclid アルゴリズムを用いて簡単に実行できる)．このペア (n, d) は秘匿鍵であり，これが見つかると n の素因数 p, q を使ったすべての記録が解読されてしまう．

後は暗号化された各ブロック C に対して，次の B を計算するだけである：

$$B \equiv C^d \pmod{n}$$

具体例は「RSA 暗号の例」の項を見よ．

素因数分解以外に RSA 暗号系を破る方法は知られていない．したがって，素因数分解が難しくなるように n を注意深く選ばなければならない．たとえば，Pollard の ρ 法による因数分解ができないように，$p-1$ と $q-1$ はどちらも大きい素因数を持つようにしなければならない．

因数分解の方法はたゆまず改良されており，コンピュータの能力は増大しているので，RSA 暗号に使われる鍵もどんどん長くしなければならない．1977 年に Rivest, Shamir, Adleman は一つの挑戦状(暗号文)を公開した．それは 129 桁の整数を使って暗号化したメッセージであった．彼らはそれが長い間破られることはないと思っていた．しかしそれは 1994 年に破られた．破るために使われたコンピュータの使用量は，映画 *Toy Story* に使われた使用量と同じ程度(約 5000 MIPS 年)であった．したがって，鍵の長さを選ぶときには，どれだけの期間暗号が解読されないでほしいのかを考慮する必要がある．

(→ RSA 暗号の例)

本書以外で関連するページ
・PGP 攻撃 FAQ 第二部 PGP の RSA 暗号を破る[u147]
・RSA 研究所の『現代暗号 FAQ 集』[u148]
・Electronic Frontier Foundation[u149]

文献：[Odl94], [Pom94], [Sch96], [Sim91]

RSA 暗号の例[u150]

(*RSA encryption example*)

素数 $p = 3457631$ と $q = 4563413$ を考える(実用上は，ある底に関する強概素数で 100 桁以上の整数でもよい)．さらに指数 $e = 1231239$ を選ぶ．ここで，鍵 $(n, e) = (15778598254603, 1231239)$ を公開する．

"George has green hair" というメッセージを暗号化するために，それを整数に変換する．「RSA 暗号系」の項の方法を使うと次のようになる：

0705151807052 7080119270718
0505142718010 918

四つの各ブロック(長さは各ブロックが n 以下の整数が表現できるように選んである)に対して $B^e \pmod{n}$ を(二進冪乗法を使って)計算する．暗号化されたメッセージは次のようになる：

1658228449402 5333403068473
7979527536648 1388990332042 3

このメッセージは，各ブロックを1315443185039乗し，n を法とする剰余をとることで平文化できる．

(→ RSA 暗号系)

Sierpiński 数 [u151]
(*Sierpiński number*)

Sierpiński 数とは，正の奇数 k であって，整数 $k \cdot 2^n + 1$ がすべて(すなわち，すべての正の整数 n に対して)合成数であるものをいう．1960年に Sierpiński(シェルピンスキ)はそのような k は無限にある(ある連立合同式の解はそのような数となり，しかもその解は無限にある)ことを証明したが，しかし実際の数値例をあげてはいない．この合同式は，ある数が Sierpiński 数であるための十分条件であるが必要条件ではない．そこで，Sierpiński はまた，そういう数の最小数は何かと問うた．この最小数の決定は現在 Sierpiński 問題と呼ばれている．

もし，Sierpiński が提示した合同式が解けたとすると，ある19桁の数 k がその最小解として得られる．それよりかなり小さい例である $k = 78577$ が1962年に John Selfridge(セルフリッジ)により発見され，現在，最小の Sierpiński 数であると予想されている．この予想を証明するには，次の k の値それぞれに対して $k \cdot 2^n + 1$ が素数になる指数 n を探し出せばよい：

4847, 5359, 10223, 19249, 21181,
22699, 24737, 27653, 28433,
33661, 55459, 67607

78577 未満の，上記以外のすべての k に対する素数は見つかっており，上記の乗数 k についても同様であろうという根拠がある．

この問題に関する最新の驚くべき成功は "Seventeen or Bust" プロジェクトによってもたらされた．それは乗数44131, 46157, 54767, 65567, 69109 に対する素数を見つけた．

1956年に Riesel(リーゼル)は $k \cdot 2^n - 1$ という形の数に対して同様な問題を研究した(Riesel 数を参照)．

(→ Riesel 数)

本書以外で関連するページ
・Seventeen or Bust プロジェクト [u152]
・Sierpiński 問題の現状 [u153]

文献：[Guy94, B21節], [Jae83], [Rie56], [Sie60]

Smith 数 [u154]
(*Smith number*)

1984年 Albert Wilansky(ウィランスキー)が義理の兄弟に電話をかけたとき，電話番号が合成数であり，その数字の和が素因数の数字の和と等しくなっていることに気づいた．

$$4937775 = 3 \cdot 5 \cdot 5 \cdot 65837$$
$$4+9+3+7+7+7+5$$
$$= 3+5+5+6+5+8+3+7$$

この性質を持った合成数は現在では

178 Sophie Germain 素数

Wilansky が電話した義理の兄弟の名*をとって Smith 数と呼ばれている. 1,000 以下の Smith 数は以下のとおりである:

4, 22, 27, 58, 85, 94, 121, 166, 202, 265, 274, 319, 346, 355, 378, 382, 391, 438, 454, 483, 517, 526, 535, 562, 576, 588, 627, 634, 636, 645, 648, 654, 663, 666, 690, 706, 728, 729, 762, 778, 825, 852, 861, 895, 913, 915, 922, 958, 985

1987 年, Wayne McDaniel(マクダニエル)は Smith 数になる数列を構成することでそれが無限にあることを示した.

もし R_n が単位反復素数であるならば, $1540R_n$ は(数字の和が $18+n$ になる) Smith 数である. 1540 だけでなく他にもこのタイプの乗数となる数がある. 以下にその例を示す:

1540, 1720, 2170, 2440, 5590, 6040, 7930, 8344, 8470, 8920, 23590, 24490, 25228, 29080, 31528, 31780, 33544, 34390, 35380, 39970, 40870, 42490, 42598, 43480, 44380, 45955, 46270, 46810, 46990, 47908, 48790, 49960

(→ 経済的数)

本書以外で関連するページ
・Smith 数(より多くの情報) [u155]
文献:[McD87a], [McD87b], [OW83], [Wil82a], [Yat82]

Sophie Germain 素数 [u156]
(*Sophie Germain prime*)

p と $2p+1$ の両方が素数であるとき, p は Sophie Germain 素数であるという. そのような素数のはじめのいくつかは 2, 3, 5, 11, 23, 29, 41, 53, 83, 89, 113, 131 である. 1825 年頃, Germain(ジェルマン)は, Fermat の最終定理 (FLT) の第 1 の場合がそのような素数について成り立つことを証明した. すぐさま Legendre(ルジャンドル)はこの結果を一般化して, FLT の第 1 の場合が, 奇素数 p で $kp+1$ も素数になる場合にも成り立つことを示した(ここで $k=4, 8, 10, 14, 16$). 1991 年に Fee(フィー)と Granville(グランヴィル)はこの結果を $k<100$ で 3 の倍数でない k に拡張した. 多くの同様な結果が示されているが, FLT が Wiles(ワイルズ)によって証明された現在, それほど興味を引くものではない.

Euler(オイラー)と Lagrange(ラグランジュ)は Sophie Germain 素数に関して次のことが成り立つことを示した:

$p \equiv 3 \pmod 4$ かつ $p>3$ ならば, 素数 $2p+1$ は Mersenne 数 M_p を割り切る.

(→ Cunningham 鎖)

関連項目
・7.7.4, 11.12

本書以外で関連するページ
・数学史に埋もれた女性 (Sophie Germain という女性について) [u157]
文献:[Dub96], [FG91]

Stirling の公式 [u158]
(*Stirling's formula*)

Stirling(スターリング)は階乗を近似す

---
*(訳注) Harold Smith.

る次の公式を発見した：

$$n! \sim \left(\frac{n}{e}\right)^n \sqrt{2\pi n}$$

より正確には

$$n! = \left(\frac{n}{e}\right)^n \sqrt{2\pi n}\, e^{\frac{\theta(n)}{12n}}$$

である．ここで，$0 < \theta(n) < 1$ で，e は自然対数の底である．

ガンマ関数を使うと，Stirlingの公式は次のように書ける

$$\begin{aligned}\Gamma(x) = {}& e^{-x} x^{x-\frac{1}{2}} (2\pi)^{\frac{1}{2}} \\ & \times \left\{ 1 + \frac{1}{12x} + \frac{1}{288x^2} \right. \\ & \left. - \frac{139}{51840x^3} + O\left(\frac{1}{x^4}\right) \right\}\end{aligned}$$

または，

$$\begin{aligned}\log \Gamma(x) = {}& \left(x - \frac{1}{2}\right) \log x \\ & - x + \frac{1}{2} \log(2\pi) \\ & + \sum_{k=1}^{\infty} \frac{(-1)^{k-1} B_k}{2k(2k-1)}\end{aligned}$$

である．ここで B_k は k 番目の Bernoulli 数である．
文献：[AS74]

Vinogradov[u159]
(*Ivan Vinogradov*)

Ivan Vinogradov(ヴィノグラードフ)(1891-1983)は，Andrej Andrevitch Marcov(マルコフ)と Ya V. Uspenski (ウスペンスキー)のもとで1910年から研究を始めた．ここで彼は整数論に興味を引かれた．彼は三角級数を用いて解析的数論の深遠な問題の解決を試みた．1915年に平方剰余に関する修士論文を完成させた．また，「Dirichlet(ディリクレ)の約数問題」についての Voronoi(ボロノイ)の結果を一般化した．彼の三角級数の研究は頂点を極め，彼の最も賞賛される業績に結実した．それは1937年に書かれた素数に関するいくつかの定理で，Goldbach 予想の部分的解決を与えるものであった．その中で彼は「すべての十分大きい奇数は三つの素数の和で表される」ことを証明した．ここで彼は自分の「双一次形式技法」と自分の「平均値定理」とを組み合わせることで，Goldbach(ゴールドバッハ)の三素数問題を有限個の場合の検査に還元することができた．

数学者，また整数論学者として，彼の貢献は数学の広い分野にわたり，彼の手法は非常に多くの問題を解くのに有効だった．人間として彼は尋常ならざる精力を持っていた．ある人はこう書いている．「常に健康人 (fit man) であり，肉体的な精悍さを誇り，90歳代の初めにいたるまで健康で活動的であった」

— Jonathan Wolski の寄稿による

Wall-Sun-Sun 素数[u160]
(*Wall-Sun-Sun prime*)

p が5より大きい素数ならば，p は $u(p - p\left(\frac{p}{5}\right))$ を割り切る．ここで $u(p)$ は n 番目の Fibonacci 数であり，$\left(\frac{p}{5}\right)$ は Legendre 記号である(p が5の倍数に1または4を加えた数のとき $\left(\frac{p}{5}\right) = 1$ で，p が5の倍数に2または3を加えた数のとき $\left(\frac{p}{5}\right) = -1$ である)．p^2 が $u(p - p\left(\frac{p}{5}\right))$ を割り切る素数 $p > 5$ を Wall-Sun-Sun 素数という．

Wall-Sun-Sun 素数は一つも知られていない（数学者たちは 2×10^{12} 以下のすべての素数を調べた）．それでは，あるかどうかもわからない素数にどうしてわざわざ名前をつけたのだろう．それには，以下の二つの理由がある．

最初の理由は，Zhi-Wei Sun（ソン）と Z.-H. Sun（ソン）が 1992 年に，もし Fermat の最終定理（FLT）の第 1 の場合が素数 p の指数について成り立たないならば，p が Wall-Sun-Sun 素数となることを証明したことによる．Wiles（ワイルズ）が FLT を証明するまでは，Wall-Sun-Sun 素数の探索はこの定理の反例の探索でもあった．これは Sophie Germain 素数が当初数学者の興味をかき立てた理由と同じであることに注意しておこう．

2 番目の理由は，発見的にはそのような素数が無限にあるように見えるが，非常に稀であるに違いないからである（Wilson 素数と Wieferich 素数について予想されているのと同じ）．しかし，この推測は $u(p - \left(\frac{p}{5}\right))/p$ が p の剰余に関して本質的に無秩序な振舞いをするという仮定に基づいており，この仮定がなされているのも単に他に考えようがないためにすぎない．

（→ Wilson 素数, Wieferich 素数, Sophie Germain 素数）
文献：［CDP97］，［Mon91］，［SS92］，［Wal60］，［Wil82c］

Wieferich 素数 [u161]
(*Wieferich prime*)

Fermat の小定理によれば，いかなる素数 p も $2^{p-1}-1$ を割り切る．p^2 が $2^{p-1}-1$ を割り切る場合，素数 p は Wieferich 素数であるという．1909 年に Wieferich（ヴィーフェリッヒ）は，指数 p に対して Fermat の最終定理（FLT）の第 1 の場合が成立しないならば，p がこの条件を満たすことを証明した．1093 と 3511 だけがそのような素数として知られている（それも，少なくとも 32,000,000,000,000 までは調べられている）ことから，これは強い結果である．

1910 年に Mirimanoff（ミリマノフ）は 3 についての同様な定理（FLT の第 1 の場合が指数 p について偽であれば，p^2 は $3^{p-1}-1$ を割り切る）を証明した．しかし，2 番手にはほとんど脚光が当たらないもので，そういう数が Mirimanoff 素数と呼ばれることはない．

Wieferich 素数は無限にあるだろうか？ おそらく無限にはないだろうが，その分布についてはほとんど知られていない．1988 年に J. H. Silverman（シルバーマン）は，abc 予想が成り立つならば，任意の整数 $a > 1$ について，p^2 が $a^{p-1}-1$ を割り切らないような素数 p が無限に存在することを証明した［Sil88］．しかし，これは Wieferich 素数の有限性を示すにはほど遠い．

（訳注）abc 予想とは，次の予想である．任意の $\varepsilon > 0$ に対してある定数 $C_\varepsilon > 0$ が存在して，整数 a, b, c が互いに素で $a + b = c$ を満たすならば，

$$\max(|a|, |b|, |c|) \leq C_\varepsilon \prod_{\{p \text{ は素数}, p|abc\}} p^{1+\varepsilon}$$

が成り立つ．

（→ Wilson 素数，Fermat 商）
本書以外で関連するページ
・Wieferich 素数の探索状況 [u162]
文献：［CDP97］，［Sil88］，［Wie09］

Wilson 素数 [u163]
(*Wilson prime*)

Wilson の定理によれば，すべての素数 p は $(p-1)!+1$ を割り切る．p^2 が $(p-1)!+1$ を割り切るとき，p を Wilson 素数という．たとえば，25 は $4!+1 = 25$ を割り切るから，5 は Wilson 素数である．知られている Wilson 素数は $5, 13, 563$ のみであり，$500,000,000$ 以下ではこれ以外にない．

Wilson 素数の個数は無限であり，x と y の間にある個数はおよそ

$$\log(\log y / \log x)$$

と予想されている．したがって，4 番目のそのような素数を見つけるまでにはしばらく時間がかかりそうである．では，合成数はどうだろうか？ Wilson 合成数を定義するには，まず合成数に適用する Wilson の定理の類似の定理が必要である：

定理 n を 1 より大きい整数とする．m を n 未満の n と互いに素な正の整数すべての積とする（したがって，n が素数ならば $m = (n-1)!$ である）．このとき n は $m+1$ か $m-1$ を割り切る．

n^2 が $m+1$ または $m-1$ を割り切るような合成数 n を Wilson 合成数という．$50,000$ 以下のそのような数は 5971 だけである．それより大きいものは，$558771, 1964215, 8121909, 12326713$ で，$10,000,000$ 未満にはこれ以外にない．

(→ Wilson の定理，Wieferich 素数，Wall-Sun-Sun 素数)

本書以外で関連するページ
・Wilson と Wieferich の探索状況 [u164]
文献：[ADS98]，[CDP97]

Wilson の定理 [u165]
(*Wilson's theorem*)

1770 年，Edward Waring（ワーリング）は彼の学生であった John Wilson（ウィルソン）による以下の定理を公表した．

Wilson の定理 p を 1 より大きい整数とする．$(p-1)! \equiv -1 \pmod{p}$ のとき，かつそのときに限り p は素数である．

この美しい結果は，$(p-1)!$ を計算するのが比較的困難なため，ほとんど理論的な価値しかない．これに比べ，a^{p-1} の計算は容易であり，したがって，初等的な素数性の判定法には Wilson の定理ではなく Fermat の小定理が使われる．たとえば，Wilson の定理を用いて素数であることが証明された最大の素数はおそらく 1099511628401 であるが，$n!$ を計算する賢い手段を使っても，SPARC プロセッサで約 1 日かかっている．しかし，Fermat の小定理の逆を用いて，数万桁の数の素数性が 1 時間未満で示されている．

次の Wilson の定理の系を自分で証明してみるとよいだろう：

系 n は $\sin(((n-1)!+1)\pi/n) = 0$ のとき，かつそのときに限り素数である．

(→ Wilson 素数)
関連項目 2.2.3, 7.3
文献：[CDP97]

Wolstenholme 素数 [u166]
(*Wolstenholme prime*)

Wilson の定理はすべての素数 p と整数

n に対して, 二項係数 $\binom{np-1}{p-1}$ が p を法として 1 であることを示すのに用いることができる. 1819 年に Babbege (バベッジ) が $\binom{2p-1}{p-1}$ は p^2 を法として 1 であることを指摘した. 1862 年に Wolstenholme (ウォルステンホルム) はこの結果を改良し, $\binom{2p-1}{p-1}$ が p^3 を法として 1 であることを証明した. 逆が成り立つかどうかは未だに知られていない.

数少ない選ばれた素数について, この結果が p^4 についても成り立つ. そのような素数は Wolstenholme 素数と呼ばれる. 500,000,000 までの素数がすべて探索されたが, 知られている Wolstenholme 素数はただ二つ, 16843 と 2124679 だけに留まっている.

Wolstenholme の定理はさまざまな形で表現される. その一つが次のものである:

Wolstenholme の定理 $p > 5$ であるすべての素数 p に対し,

$$1 + \frac{1}{2} + \frac{1}{3} + \cdots + \frac{1}{p-1}$$

の分子は p^2 で割り切れ,

$$1 + \frac{1}{2^2} + \frac{1}{3^2} + \cdots + \frac{1}{(p-1)^2}$$

の分子は p で割り切れる.

多くの類似の結果があるが, 詳しくは, 下記の「二項係数の算術的性質」のページを見よ.

他に Wolstenholme 素数を特徴づける条件として, 次のものがある:

- 中央二項係数 $\binom{2p}{p}$ が p^4 を法として 2 である素数 p.
- 素数 $p > 7$ で, $k = \lfloor p/6 \rfloor + 1$ から $\lfloor p/4 \rfloor$ までの $1/k^3$ の和が p で割り切れるもの.
- B_{p-3} を割り切る素数 p, ここで B_n は n 番目の Bernoulli 数である.

(→ Wilson 素数, Wieferich 素数)

本書以外で関連するページ
- 二項係数の算術的性質 u167

文献: [Apo76, p.116], [HW79, pp.88-9], [Rib95, p.29]

Woodall 数 u168
(*Woodall number*)

Reverend James Cullen が $n \cdot 2^n + 1$ という形の数を調べた直後に $n \cdot 2^n - 1$ の形の数が Cunningham (カニンガム) と Woodall (ウッドール) によって調べられた (1917 年). したがって, 現在これらの数は $C_n = n \cdot 2^n + 1$ が Cullen 数, $W_n = n \cdot 2^n - 1$ が Woodall 数と呼ばれている. Woodall 数は, (第 2 種) Cullen 数と呼ばれることもある.

素数である Woodall 数は Woodall 素数 (または第 2 種 Cullen 素数) と呼ばれる. このような素数は無限にあると予想されている. Woodall 数 W_n が素数になるのは $n = 2, 3, 6, 30, 75, 81, 115, 123, 249, 362, 384, 462, 512, 751, 822, 5312, 7755, 9531, 12379, 15822, 18885, 22971, 23005, 98726, 143018, 151023$ のときであり, 260,000 未満のその他の n に対する W_n はすべて合成数である.

Cunningham 数と同様に, Cullen 数も多くの可除性に関する性質を持ってい

る．たとえば，p が素数ならば，Jacobi 記号 $\left(\frac{2}{p}\right) = 1$ のとき p は $W_{(p+1)/2}$ を割り切り，$\left(\frac{2}{p}\right) = -1$ のとき p は $W_{(3p-1)/2}$ を割り切る．Suyama(スヤマ)はほとんどすべての Woodall 数は合成数であることを示したようである [Kel95]．

もし一般 Woodall 素数といったものを定義したいなら，それは $n+2 > b$ について $n \cdot b^n - 1$ の形をした素数になるだろう．指数 n の制限の理由は簡単で，なんらかの制限がなければ*すべての素数が一般 Woodall 数になることが次のことから言えるからである:

$$p = 1 \cdot (p+1)^1 - 1$$

(→ Cullen 数，Fermat 素数，Mersenne 素数)

本書以外で関連するページ
- 定義と探索状況(探索に参加を)[u169]
- Woodall 数の素因数分解の表[u170]
- Woodall 素数トップ 20[u171]
- 一般 Woodall 素数の探索状況[u172]

文献: [CW17]，[Guy94, B2 節]，[Kel83]，[Kel95]，[Rib95, pp.360-1]，[Rie69c]．

一般 Fermat 数[u173]

(*generalized Fermat number*)

b を 1 より大きな整数とするとき，

$$F_{b,n} = b^{2^n} + 1$$

を一般 Fermat 数と呼ぶ．$b = 2$ の特別な場合には Fermat 数となるである．

b が偶数のとき，これらの数は普通の Fermat 数と多くの同じ性質を持っている．たとえば，

- b の多項式として因数分解できない．
- 底 b を固定するとどの 2 数も互いに素である．
- すべての素因数はある奇数 k と $m < n$ なる整数 m を用いて $k \cdot 2^m + 1$ の形に表せる．

(b が偶数のとき，これらの性質は $F_{b,n/2}$ と共通である)．

また，一般 Fermat 数が素数である場合に，それを一般 Fermat 素数と呼ぶ．これは稀にしか起こらないと考えられる．

(→ Fermat 素数，一般 Fermat 素数，Cullen 数，Mersenne 素数)

本書以外で関連するページ
- 素数トップ 5,000 中の一般 Fermat 素数[u174]

文献: [BR98]，[DK95]

一般 Fermat 素数[u175]

(*generalized Fermat prime*)

素数である一般 Fermat 数

$$F_{b,n} = b^{2^k} + 1$$

(b は 1 より大きい整数)を，一般 Fermat 素数と呼ぶ(なぜなら，$b = 2$ の特殊な場合には，Fermat 素数となるからである)．

なぜ，指数は 2 の冪乗なのか？ それは，もし m が n の奇数の約数ならば，$b^{n/m} + 1$ が $b^n + 1$ を割り切ることから，後者が素数なので m が 1 でなければならないからである．指数が 2 の冪乗

---

* (訳注) たとえば $n = 1$ が許されると．

であるから，どの底 b をとっても，一般 Fermat 素数の個数は有限であると予想するのが理にかなっているだろう．

(→ Fermat 素数，Mersenne 素数，Cullen 数)

関連項目
・11 章

本書以外で関連するページ
・一般 Fermat 素数を生成する最小の底の値[u176] (Gallot)

文献：[BR98]，[DK95]

一般単位反復数[u177]
(*generalized repunit*)

単位反復数とは，(10 を底とする)展開形が 1 の列になる数のことである(たとえば，11，11111111)．(b を底とする)一般単位反復数とは，底を b にしたときの展開形が全部 1 になる数である．たとえば，Mersenne 素数は 2 を底とする一般単位反復数である．次の式は，n「桁」の (b を底とする)一般単位反復数である：

$$(b^n - 1)/(b - 1)$$

単位反復素数の概念も一般化することができる．一般単位反復素数とは，素数である一般単位反復数をいう．例として，十進 100 桁以下の一般単位反復素数を表 6 に示す(b=4, 9, 16, 25 のリストがどうしてこんなに短いのか説明してみたくなるだろう)．

さらに大きい例として，

$(1956^{1801} - 1)/1955$ (5925 桁)
$(218^{971} - 1)/217$ (2269 桁)
$(3^{4177} - 1)/2$ (1993 桁)

がある．

(→ 単位反復数，Mersenne 素数)

本書以外で関連するページ
・素数トップ 5,000 中のすべての一般単位反復素数[u178]
・一般単位反復数の素因数分解[u179]

文献：[CD95]，[Dub93]

違法な素数[u180]
(*illegal prime*)

DVD(デジタル多目的ディスク)は CD よりも多くの情報を記録することができるので，映画を記録するのによく使われる．正式でない機械で再生するのを防ぐために，これらの映画は DVD プレーヤの製造元に許可された所有権コードである CSS (Content Scramble System) によって守られている．

すぐに，DVD を解読するコードがインターネット上に現れた(DoD Speedripper の公開は 1999 年 9 月)．これらのうち，もっとも有名なものは DeCSS であり，匿名により 1999 年 10 月 6 日に公開された．現在このコードはいろいろな形で利用することができる(下のリンクを見よ)．このコードの最も短いものは 600 以下のキーストロークで十分に機能する．

最近アメリカ映画協会はデジタルミレニアム著作権法を根拠に，このコードを配布することを止めるようにとの訴訟を起こした．一緒にそのコードをプリントした T シャツを製造した業者も名指しされた．この訴訟に関係するおもしろい文書がたくさんある．たとえば，普通に話すときにこのコードは保護されるのだろうか？　法廷の議事録に見事な要約がある(下のリンクを見よ)．

これが素数といったいどんな関係があるのだろうか．一見したところ何もない．しかし，コンピュータに記録され

表6: 一般単位反復素数

底 b	長さ n
2	2, 3, 5, 7, 13, 17, 19, 31, 61, 89, 107, 127 (他は $n > 337$)
3	3, 7, 13, 71, 103 (他は $n > 211$)
4	2 (他に無し)
5	3, 7, 11, 13, 47, 127, 149 (他は $n > 149$)
6	2, 3, 7, 29, 71, 127, (他は $n > 131$)
7	5, 13 (他は $n > 127$)
8	3 (他は $n > 113$)
9	(無し)
10	2, 19, 23 (他は $n > 101$)
11	17, 19, 73 (他は $n > 97$)
12	2, 3, 5, 19, 97 (他は $n > 97$)
13	5, 7 (他は $n > 97$)
14	3, 7, 19, 31, 41 (他は $n > 89$)
15	3, 43, 73 (他は $n > 89$)
16	2 (他に無し)
17	3, 5, 7, 11, 47, 71 (他は $n > 83$)
18	2 (他は $n > 83$)
19	19, 31, 47, 59, 61 (他は $n > 83$)
20	3, 11, 17, (他は $n > 79$)
21	3, 11, 17, 43 (他は $n > 79$)
22	2, 5, 79 (他は $n > 79$)
23	5 (他は $n > 79$)
24	3, 5, 19, 53, 71 (他は $n > 79$)
25	(無し)
26	7, 43 (他は $n > 73$)
27	3 (他は $n > 71$)
28	2, 5, 17 (他は $n > 71$)
29	5 (他は $n > 71$)
30	2, 5, 11 (他は $n > 71$)

ているものは，詩であれ絵であれ表計算データであれプログラムであれ，二進のビット列 – つまり単なる数 – である．Phil Carmody(カモディ)は DeCSS の素数バージョンを作ることを決意した．

まず Carmody は自由に使える DeCSS の C コードを使い，それを gzip(UNIX の標準的な圧縮ソフト)で圧縮した．得られた数を k としよう．等差数列の中の素数に関する Dirichlet の定理から，k と互いに素な任意の整数 b に対して，$ak + b$ の形の素数が無限にある．

技術的な理由から，a を b より大きな

256 の冪乗の一つとすれば，得られる数から元のファイルを復元することができるので，同じコードを生み出す無限に多くの素数があることになる．Phil は次の数が素数であることを証明した：

$$k \cdot 256^2 + 2083, \; k \cdot 256^{11} + 99$$

それらが見つかったときには 2 番目の数は既知の最大素数の表に載るほど大きかった．

後に Charles M. Hannum(ハナム)は(Carmody の示唆によって)短い C コードのプログラムで，(数と見たときに)それ自体が素数になっているものを見つけた．これは，変数の名前を変えるだけでプログラムを長くしなくても実現できる．コードに含まれる ASCII 文字は ASCII 文字のはじめの 128 文字に含まれているので，1 文字を 7 ビットで表すことにより，彼は別の変形も見つけた．できることに終りがないのは明らかである．

要点 もしコードを配布するのが違法で，そのコードを含む数やコード自身を表す数があれば，その数は違法だということになるのか．数それ自身が実行可能ならどうだろうか，それは実行可能素数となるのか？

本書以外で関連するページ
・CSS 解読者ギャラリー [u181]
・メモランダムオーダ(覚書命令) [u182]
・Prime links++ の違法な素数 [u183]

円環的素数 [u184]
(*circular prime*)

数字を循環させてできる数がすべて素数となるような素数が存在する．たとえば，1193, 1931, 9311, 3119 はすべて素数である．このような素数は円環的素数(またはこの性質は数を表すときの基数に依存するので十進円環的素数)と呼ばれる．

1 桁の素数は初めから円環的素数である．十進法では 2 桁以上の円環的素数が含むことのできる数字は 1,3,7,9 だけである．さもなければ 0,2,4,6,8 のいずれかが一の位に来たときに，2 または 5 で割り切れる．

知られている円環的素数はそんなに多くない．下に知られているすべての円環的素数を，最小になるような表し方(つまり 1193, 1931, 9311, 3119 ではなく 1193 だけ)で表す：

2, 3, 5, 7, 11, 13, 17, 37, 79,
113, 197, 199, 337, 1193, 3779,
11939, 19937, 193939, 199933,
$R_{19}, R_{23}, R_{317}, R_{1031}$,
おそらく R_{49081}(少なくとも概素数)

ここで最後の五つは単位反復素数と概素数である．無限に多くの単位反復素数があると推測されているので，円環的素数も無限に多くあることになる．しかし，上のリストにない円環的素数はすべて単位反復数である可能性が高い．

(→ 左切詰め素数，消去可能素数，回文素数)

本書以外で関連するページ
・円環的素数 [u185]

円分判定法 [u186]
(*cyclotomy*)

円分判定法は 1981 年頃に Lenstra(レンストラ)が Adleman(アドルマン)，Pomerance(ポメランス)，Rumely(ルメリ)の Jacobi 和法(APR 判定法)と古

典的な素数判定法を組み合わせた素数判定法の名前である．これは 1989 年に Bosma(ボスマ)と van der Hulst(ファン・デル・フルスト)によって実行された．現在では，円分判定法(やさまざまな APR 判定法)と ECPP は 1,000 桁以上の整数の一般的な素数判定の標準的な方法である．

古典的な判定法はどれも補助的な素因数分解を必要とする．特に n^2-1 を十分に分解し，分解された部分が n の立方根程度の大きさであることを必要とする．これは，Mersenne 素数，Woodall 素数，Fermat 素数では簡単だが，一般の素数では難しい．円分判定法はこれらの古典的な判定法を次の数のすべての素因数に拡張した：

$$n^k - 1 \text{ ただし } k < (\log n)^{\log \log \log n}$$

(この意味では円分判定法は新古典派で)この判定法が働くためには，これらの素因数の積は少なくとも $n^{1/3}$ であることが必要である．

必要な素因数を見つけることは常に可能である．実際，次のような整数 k が必ず存在することが示されている：

$$k < (\log n)^{\log \log \log n}$$

であって，次のような素因数 q の積は少なくとも n の平方根程度の大きさである：

q は $n^k - 1$ を割り切り，$q-1$ は k を割り切る．

普通，3,000 桁程度の n に対して k は 100,000,000 くらいになる．

(→ 楕円曲線素数判定法)

関連項目
・2.3

本書以外で関連するページ
・このアルゴリズムのパブリックドメイン版 (CYCROPROV) u187

同じオーダ u188
(*same order of magnitude*)

大まかに言うと，二つの関数がそれぞれ他方の定数倍で抑えられるとき，同じオーダであるという．より正確には，$f(x) = O(g(x))$ かつ $g(x) = O(f(x))$ であるとき $f(x)$ と $g(x)$ は同じオーダであるという．たとえば，$x+7$ と $34x$ は同じオーダである．$x + \log x$ と x も同じオーダである．しかし，x^7 と x^9 は，そうではない．

もしも，f と g が漸近的に等しいならば，これらは同じオーダである．逆は真ではない．

(→ ビッグ O，リトル o)

階乗 u189
(*factorial*)

正の整数の階乗とは，それ以下のすべての正の整数の積である．n の階乗はふつう，$n!$ と書かれる．最初のいくつかを列挙すると，$1! = 1$, $2! = 2$, $3! = 6$, $4! = 24$, $5! = 120$, $6! = 720$ である．また，$0! = 1$ と定義する(数学では空の積の値は 1 である)．

$n!$ は n 個の要素の順列の数(n 個の相異なる要素を一列に並べる方法の数)である．n 個のものから r 個のものを取り出す方法の数は，二項係数 $n!/(r!(n-r)!)$ である．

(→ 階乗素数，Stirling の公式，Wilson の定理)

階乗素数[u190]
(*factorial prime*)

素数である階乗はただ一つ 2! であるから,「階乗素数」という語に価値があるようにするには素数である階乗とは別の意味を持たせる必要がある. 実際, 普通の定義では, 階乗素数には二つの変種があり, 階乗 $+1$ ($n!+1$) と階乗 -1 ($n!-1$) である. これらの素数は, 無限にあると予想されている.

- $n!+1$ が素数になるのは, $n=1, 2, 3, 11, 27, 37, 41, 73, 77, 116, 154, 320, 340, 399, 427, 872, 1477, 6380$ (21,507 桁の数) の場合である.
- $n!-1$ が素数になるのは, $n=3, 4, 6, 7, 12, 14, 30, 32, 33, 38, 94, 166, 324, 379, 469, 546, 974, 1963, 3507, 3610, 6917$ (23,560 桁の数) の場合である.

両方の形式が $n=10000$ までテストされている [CG02].

(→ 階乗, 素数階乗素数, 多重階乗素数)

関連項目
・7.1.1, 11.17

本書以外で関連するページ
・不完全階乗 (Rene Dohmen)[u191]

文献: [BCP82], [Bor72], [Cal95], [CG02], [Tem80]

概素数[u192]
(*probable prime*)

Fermat の小定理は合成数を判定するための強力な手段となっている. 1 より大きい n に対して, 適当な正の数 a を選んで, n を法として a^{n-1} を計算する (二進冪乗法を使ってこれを高速に評価する非常に簡単な方法がある). この結果が, n を法として 1 に等しくなければ, n は合成数である. 等しい場合には n は素数であるかもしれない. それで, この場合の n を, a を底とする (弱) 概素数 (a-PRP) と呼ぶ.

25,000,000,000 以下の 2 を底とする擬素数は 21,853 個にすぎない. したがって, この範囲では 2 を底とする概素数判定法が失敗する確率はわずかに 0.0000874% である. Henri Cohen (コーエン) は,「2-PRP は工業レベルの素数である」という冗談を言っている. 実際, 素数と見なしても十分であるような使い道も多いからである. しかしながら, どのような底に対しても, 無限に多くの合成数の概素数が存在する.

表 7 は, 500 までの奇数の合成数の概素数 (底は 2, 3, $\cdots$, 20) である.

注 初期の文献では, われわれが概素数と呼んでいるものを「擬素数」と呼んでいるものもあった. しかし現在では, 擬素数という用語は, 多くの場合, 合成数の概素数という意味に限定して使われている.

(→ 強概素数, Carmichael 数, 擬素数, Frobenius 擬素数)

関連項目
・2.2.2, 2.5, 7.5

本書以外で関連するページ
・10^{12} までの合成数の概素数 (さまざまな定義による)[u193]

文献: [PSW80], [Rib95]

回転対称素数[u194]
(*strobogrammatic prime*)

アマチュアは, 数字の見た目の特殊さに興味を持つことが多い. たとえば回文

表7: 合成数の概素数

底	合成数の概素数 < 500	割合
2	341	0.6%
3	91, 121	1.2%
4	15, 85, 91, 341, 435, 451	3.8%
5	217	0.6%
6	35, 185, 217, 301, 481	3.2%
7	25, 325	1.2%
8	9, 21, 45, 63, 65, 105, 117, 133, 153, 231, 273, 341, 481	8.3%
9	91, 121, 205	1.9%
10	9, 33, 91, 99, 259, 451, 481	4.4%
11	15, 133, 259, 305, 481	3.2%
12	65, 91, 133, 143, 145, 247, 377, 385	5.1%
13	21, 85, 105, 231, 357, 427	3.8%
14	15, 39, 65, 195, 481	3.2%
15	341	0.6%
16	15, 51, 85, 91, 255, 341, 435, 451	5.1%
17	9, 45, 91, 145, 261	3.2%
18	25, 49, 65, 85, 133, 221, 323, 325, 343, 425, 451	7.0%
19	9, 15, 45, 49, 153, 169, 343	4.4%
20	21, 57, 133, 231, 399	3.2%

になっている(前から読んでも，後ろから読んでも同じ)などの特徴である．回文の縦方向版を定義するため，'0'と'1'と'8'を上下ひっくり返しても同じ，'6'と'9'は互いに入れ替わると見なすことにする．こう見なしたとき，全体を180度回転しても同じになる整数(素数)を回転対称数(回転対称素数)という．たとえば619は回転対称素数である．可逆素数とは数字を逆転すると別の素数になるものをいう．

たいていの数学者から見れば，このたぐいの定義はばかげている．数を表記する基数に依存するだけでなくその字体にも依存しているからである．しかし「ばかげている」というのは，相対的な言い方である．Howard Eves(イブズ)が紹介した次の事件の教訓を考えてみよう (*Return to Mathematical Circles 229°*):

L. E. Dickson(ディクソン)は，アメリカ数学会の会議でのある論文の発表後の討論で，論文の題目の選び方を批判してこう言った．「新聞記者が出席していないのは幸いだった．そうしていたらわれわれの活動と社会の現実の必要性との関係がいかに薄いかに気づいただろう」．15分後，彼は自分の論文を発表した．それは，すべての十分大きい整数は1,046個の10乗数の和で表せる(それまで知られていた最良値は1,140

個)ことの証明の概要であった.

(→ 回文素数,四方対称素数,三方対称素数)

本書以外で関連するページ
・5,000 の最大既知素数のリストにある回転対称素数 [u394]

回文 [u195]
(*palindrome*)

"palindrome" という言葉は「再び戻ってくる」という意味のギリシア語 "palindromos" に由来する.回文は左から読んでも右から読んでも同じになる単語,語句,文である.整数についても回文という用語を使う.たとえば, "Able was I ere I saw Elba", 333313333 は回文である.しかし,回文数は,現代数学においてはとりたてて重要なものではない.数には古い神話的解釈がなされることも多い(完全数,友好数,過剰数など).この生き残りとして回文数はアマチュア数論学者の心の中にひっそりと置いておこう.

(→ 回文素数,回転対称素数,四方対称素数)

回文素数 [u196]
(*palindromic prime*)

回文素数は回文であるような素数のことである.明らかに,これはその数を書く底に依存する(たとえば,Mersenne 素数は 2 を底として回文的である).基数が示されていないときは,基数は 10 とする.

偶数個の数字からなる底 10 の回文数は 11 で割り切れる.だから 11 は偶数個の数字からなる唯一の回文素数である.

例として表 8 に Honaker(ホネーカー)が発見した回文素数 のピラミッド型リストをあげておく:

(→ 回転対称素数,四方対称素数)

本書以外で関連するページ
・回文素数 [u197]
・1,000 桁以下の精選回文素数 [u198]

関連項目
・9.3

文献:[DO94]

過剰数 [u199]
(*abundant number*)

正の整数 n があり,その正の約数を加えるとしよう.たとえば, n が 12 ならその和 $\sigma(n)$ は $1+2+3+4+6+12=28$ となる.正の整数 n に対して以下の三つのうちの一つが起こる:

和	呼び方	例
$< 2n$	不足数	1, 2, 3, 4, 5, 7, 8, 9
$= 2n$	完全数	6, 28, 496
$> 2n$	過剰数	12, 18, 20, 24, 30

不足数と過剰数は紀元 100 年頃に Nikomachos(ニコマコス)の *Introductio Arithmetica*(『算術入門』)で初めて名づけられた.

無限に多くの過剰数があり,偶数のもの(たとえば,すべての 12 の倍数)だけでなく奇数のもの(たとえば,945 の奇数倍)もある.完全数のすべての真の倍数,過剰数のすべての倍数は過剰である(なぜなら, $n > 1$ のとき $\sigma(n)/n > 1+1/n$ であり, σ は乗法的関数だから). Deléglise(デレグリーズ)は正の整数の平均 24.7%は過剰であることを示した(より厳密には,過剰数の密度は開区間 $(0.2474, 0.2480)$ に含まれる).

20161 より大きいすべての整数は二つの過剰数の和として表すことができる.

表8: 回文素数ピラミッド

$$
\begin{array}{c}
2\\
30203\\
133020331\\
1713302033171\\
12171330203317121\\
151217133020331712151\\
1815121713302033171215181\\
16181512171330203317121518161\\
3316181512171330203317121518161 33\\
933161815121713302033171215181613339\\
11933316181512171713302033171215181613\hspace{-1pt}\ldots
\end{array}
$$

(→ 完全数, 不足数, 友好数, 約数和列)

文献:[Del98]

仮説 H [200]
(*hypothesis H*)

1958年 Schnizel(シュナイツェル)と Sierpiński(シェルピンスキ)は次の一般化された Dickson 予想を提示した:

予想(仮説 H) k を正の整数, $f_1(x), f_2(x), \cdots, f_k(x)$ を最高次の係数が正である, 整数係数の既約な多項式とする. また, すべての整数 m に対して積 $f_1(m) \cdot f_2(m) \cdots f_k(m)$ を割り切るような素数は存在しないとする. このとき, $f_1(n), f_2(n), \cdots, f_k(n)$ がすべて素数となるような正の整数 n が存在する.

これらの多項式がすべて素数となるような n が一つあれば, このような n は無限に多く存在する. したがって, この予想から, たとえば $n^2 + 1$ の形の素数が無限に多く存在することがわかる.

仮説 H は 1962 年に Bateman(ベイトマン)と Horn(ホーン)によって次のように定量的に表現された. d_i を f_i の次数とし, 素数 p に対して

$$f_1(n)f_2(n)\cdots f_k(n) \equiv 0 \pmod{p}$$

の解の個数を $w(p)$ とすると, $f_1(n), f_2(n), \cdots, f_k(n)$ が同時に素数となる N より小さい n の値の期待値は

$$\frac{1}{d_1 d_2 \cdots d_k} \times \prod_p \frac{1-w(p)/p}{(1-1/p)^k} \int_2^N \frac{dx}{(\log x)^k}$$

と表され, これは漸近的に

$$\frac{N}{d_1 d_2 \cdots d_k (\log N)^k} \prod_p \frac{1-w(p)/p}{(1-1/p)^k}$$

と等しい.

文献:[BH62], [Rib95], [SS58]

完全乗法的関数 [201]
(*completely multiplicative function*)

正の整数上で定義された関数 $f(n)$ は $f(mn) = f(m)f(n)$ がすべての m と

n の組に対して成り立つとき完全乗法的関数であるという(乗法的関数と比べてみよ). 三つの簡単な例は,

$$f(n) = 0, \ f(n) = 1, \ f(n) = n^c$$

である(c は正の定数).

もし $f(n)$ が乗法的で, n が

$$n = p_1^{a_1} \cdot p_2^{a_2} \cdots p_k^{a_k}$$

のように素因数分解できれば

$$f(n) = f(p_1)^{a_1} f(p_2)^{a_2} \cdots f(p_k)^{a_k}$$

が成り立つ.

完全数 [u202]
(*perfect number*)

多くの古代文化ではある種の整数に対して, 宗教的で魔術的な重要性を与えた. 一つの例は, 完全数である. これはその自明でない約数の総和がもとの数に等しいような整数のことである. 最初の3個の完全数は

$$6 = 1 + 2 + 3$$
$$28 = 1 + 2 + 4 + 7 + 14$$
$$496 = 1 + 2 + 4 + 8 + 16 +$$
$$31 + 62 + 124 + 248$$

となっている.

古代のキリスト教神学者 Augustinus(アウグスチヌス)は, 「神は一瞬で世界を創ることもできたが, それを行うのに完全数である6日間を選んだ」と説明している. 初期のユダヤ教の注釈者は, 月の周期が28日であることによって宇宙の完全性が示されると感じていた.

それらが持つ重要性がいかなるものであれ, 上の三つの完全数と8128は古代ギリシアでも「完全」であることが知られていた. そして完全数の探索は数論における偉大な発見の背後に見え隠れしていた. たとえば, Euclid(ユークリッド)の *Elements*(『原論』)第 IX 巻において, 次の定理の最初の部分が述べられている(残りの部分は, 2000年後に Euler(オイラー)によって得られた):

定理 $2^k - 1$ が素数であれば, $2^{k-1}(2^k - 1)$ は完全であり, すべての偶数の完全数はこの形をしている.

$2^k - 1$ が素数であれば, k も素数であることがわかる. したがって, 完全数の探索は Mersenne 素数の探索と同じである. この知識を持ってすれば, 手計算であっても, 次の二つの完全数 33550336 と 8589869056 を見つけるには, それほど長い時間はかからなかった. 既知のすべての完全数のリストは, 「Mersenne 素数」の項を参照のこと.

Pierre de Fermat(フェルマー)は完全数と友好数を探しているときに, Fermat の小定理を発見し, 1640年の Mersenne(メルセンヌ)による単純化につながった.

奇数の完全数が存在するかどうかはわかっていない. もし存在すれば, きわめて大きい数(少なくとも 300 桁)であり, 多くの素因数を持つ. しかし, まだしばらくは未解決問題であり続けることは間違いない.

(→ 友好数, 過剰数, 不足数, シグマ関数)

関連項目
・4.3.2

本書以外で関連するページ
・GIMPS(偶数完全数の探索) [u203]

ギガ素数 [u204]
(*gigantic prime*)

1980年代の半ばにSamuel D. Yates(イェーツ)は十進で10,000桁以上の素数をギガ素数と名づけた．彼はその10年前にはタイタン素数という用語も創っている．当時はそのような数は非常に少なかったが，現在では多く知られている．

(→ タイタン素数，メガ素数)

関連項目

・3, 4.2, 11.3

文献：[Yat92]

基数 [u205]
(*radix*)

われわれが数を書くときは，いつも場所が値を表わす記法を用いる．たとえば十進の1101は次の意味である：

$$1 \cdot 10^3 + 1 \cdot 10^2 + 0 \cdot 10 + 1$$

また二進の1101は次の意味である．

$$1 \cdot 2^3 + 1 \cdot 2^2 + 0 \cdot 2 + 1 \text{ (十進で 13)}$$

一般に位取り表記では，数を次のように表記する：

$$a_n b^n + a_{n-1} b^{n-1} + \cdots + a_2 b^2 + a_1 b + a_0$$
$$(0 \leq a_i < b, \; i = 0, 1, 2, \cdots, n)$$

ここで整数 $b > 1$ は基数または底と呼ばれる．十進は基数10であり，二進は基数2である．他に八進(基数8)と十六進(基数16)もよく使われる．十六進では，いくつかの数字を加える必要がある．'a'= 10, 'b'= 11, 'c'= 12, 'd'= 13, 'e'= 14, 'f'= 15 とする．どの基数を使っているかが明らかでないときは基数を下添字にする．たとえば次のようになる：

$$(23)_4 = (21)_5 = (11)_{10} = (b)_{16}$$

マイナス符号と小数点を使うと，すべての実数を表現できるように拡張できる：

$$(a_n a_{n-1} \cdots a_2 a_1 a_0 . a_{-1} a_{-2} a_{-3} \cdots)_b$$
$$= a_n b^n + a_{n-1} b^{n-1} + \cdots + a_2 b^2$$
$$+ a_1 b + a_0 + a_{-1} b^{-1} + a_{-2} b^{-2}$$
$$+ a_{-3} b^{-3} + \cdots$$

奇数 Goldbach 予想 [u206]
(*odd Goldbach conjecture*)

奇数 Goldbach 予想(三素数問題と呼ばれることもある)は，「5より大きいすべての奇数は3個の素数の和になる」という予想である．これを Goldbach 予想「2より大きいすべての偶数は2個の素数の和になる」と比較せよ．Goldbach 予想が正しいならば，奇数 Goldbach 予想も正しい．

奇数 Goldbach 予想は Goldbach 予想のやさしい場合と考えられ，これまでに実質的な進捗があった．1923年Hardy(ハーディ)と Littlewood(リトルウッド)は十分大きい整数に対する Riemann 予想からこれが導かれることを示した．1937年に Vinogradov(ヴィノグラードフ)は Riemann 予想への依存性をはずし，十分大きい奇数 n に対して正しいことを証明した(しかし，n がどれくらい大きいかはわからなかった)．1956年に Borodzkin(ボロズキン)は Vinogradov の証明において n が $3^{14348907}$ より大きければ十分であることを示した．1989年には Chen(チェン)と Wang(ワン)はこの限界を 10^{43000} まで下げた．すべての小さい数に対してコンピュータ

で検証できるようにするまでには，この指数をもっと劇的に下げる必要がある．
　Zinoviev(ジノヴィエフ)は一般 Riemann 予想(GRH)を受け入れるならば，この指数が 10^{20} まで下がることを示した．Deshouillers(デズウイエ)，Effinger(エフィンガー)，te Riele(テ・リエル)，Zinoviev の 1997 年の論文では (GRH を仮定して)Schoenfeld(シェーンフェルド)の評価を使って，Goldbach 予想に対しては 1.615×10^{12} までの偶数に対して確認すればよいことを示し，それを実際に検証した！
　したがって，一般 Riemann 予想が証明されれば Goldbach 予想の証明も完成し奇数 Goldbach 予想の証明も完成するのである．
　(→ Goldbach 予想)
文献：[CW89]，[DEtRZ97]，[DtRS98]，[HL23]，[Sao98]，[Vin37]

擬素数 [u207]
(*pseudoprime*)

合成数の概素数(PRP)を擬素数と呼ぶ．(一時期，すべての概素数を擬素数と呼んだことがあったが，いまではその用法は正された)．底 2, 3, 5, 7 に関する最小の例は次のものである：

$$341 = 11 \times 31 \text{ は 2-PRP}$$
$$\text{(Sarrus 1819)}$$
$$91 = 7 \times 13 \text{ は 3-PRP}$$
$$217 = 7 \times 31 \text{ は 5-PRP}$$
$$25 = 5 \times 5 \text{ は 7-PRP}$$

いくつかの底に対して同時に概素数となる合成数(あるいは強概素数)の例を見つけるのは難しいが，実は常に可能である[AGP94a]．
　t_n を最初の n 個の素数に関する強概素数であって，最小の合成数とする．次の事実が知られている：

$t_1 = 23 \times 89$
$t_2 = 829 \times 1657$
$t_3 = 2251 \times 11251$
$t_4 = 151 \times 751 \times 28351$
$t_5 = 6763 \times 10627 \times 29947$
$t_6 = 1303 \times 16927 \times 157543$
$t_7 = 10670053 \times 32010157$
$t_8 = 10670053 \times 32010157$
$t_9 < 4540612081 \times 9081224161$
$t_{10} < 31265776261 \times 62531552521$
$t_{11} < 60807114061 \times 121614228121$
$t_{12} < 399165290211 \times 798330580441$

t_n を知ることによって，小さい数に対する効率的な素数判定法が導かれる．t_n より小さいすべての数に対して，それが最初の n 個の素数に関する強概素数判定法を通れば，それは素数である！
　Arnault(アーノート)は最初の 200 個の素数に関する強概素数判定法を通過する 337 桁の数を発見した[Arn95]．
　1950 年の Lehmer(レーマー)の結果は興味深い．彼は概素数/擬素数に関する弱い定義 $a^n \equiv a \pmod{n}$ を用いて，$2 \times 73 \times 1103 = 161038$ が 2 を底とする「擬素数」であることを示した．
　(→ Carmichael 数，概素数，Frobenius 擬素数)

関連項目
・2.2.2, 7.5

本書以外で関連するページ
・10^{12} までの擬素数(さまざまな定義による) [u208]

文献：[AGP94a]，[Arn95]，[Jae93]，[Pom84]，[PSW80]，[Rib95]，[Zha01]

強概素数 [u209]
(*strong probable prime*)

Fermatの概素数判定法を精密化する方法の一つは,奇数 d と非負整数 s を用いて $n-1 = 2^s d$ と書き表すことである. $a^d \equiv 1 \pmod{n}$ または s 未満のある非負整数 r について $(a^d)^{2^r} \equiv -1 \pmod{n}$ となる場合, n は a を底とする強概素数 (a-SPRP) である.

1より大きいすべての整数 n でこの判定法に通らないものは合成数である.合格するものは素数である可能性が高い.合成数になる奇数のSPRPを小さいほうから列挙すると表9のとおりになる.

この結果に基づく判定法は特に最初のわずかな素数による試行除算と組み合わせた場合に非常に速い.プログラムするのが難しかったら,Riesel(リーゼル)[Rie94]に,強概素数判定法のPASCALコードがあり,Bressoud(ブレッスー)[Bre89]には擬似コードが載っている.

個々の判定法はまだ弱い(すべての底 a に対して無限の a-SPRP がある)が,これらの個々の判定法を組み合わせれば,小さい n に対して強力な判定法になる.

- $n < 1373653$ の場合,底 2 と 3 の SPRP ならば n は素数である.
- $n < 25326001$ の場合,底 2, 3, 5 の SPRP ならば n は素数である.
- $n < 118670087467$ の場合,底 2, 3, 5, 7 の SPRP ならば n は 3215031751 であるか,素数である.
- $n < 2152302898747$ の場合,底 2, 3, 5, 7, 11 の SPRP ならば n は素数である.
- $n < 3474749660383$ の場合,底 2, 3, 5, 7, 11, 13 の SPRP ならば n は素数である.
- $n < 341550071728321$ の場合,底 2, 3, 5, 7, 11, 13, 17 の SPRP ならば n は素数である.

底は連続した素数である必要はない.

- $n < 9080191$ の場合,底 31 と 73 の SPRP ならば n は素数である.
- $n < 4759123141$ の場合,底 2, 7, 61 の SPRP ならば n は素数である.
- $n < 1000000000000$ の場合,底 2, 13, 23 と 1662803 の SPRP ならば n は素数である.

(→ 概素数,擬素数,Frobenius 擬素数,Miller の判定法)

関連項目
・2.2.2

文献:[Bre89],[Jae93],[PSW80],[Rib95],[Rie94]

強力な数 [u210]
(*powerful number*)

正整数 n が強力とは,n を割り切るすべての素数 p に対して,p^2 が n を割り切ることである.少し考えれば次のことがわかるだろう.強力な数は $a^2 b^3$ (a と b は正整数)という形に表現できる.1,000以下の強力な数は以下のとおりである:

1, 4, 8, 9, 16, 25, 27, 32, 36, 49, 64, 72, 81, 100, 108, 121, 125, 128, 144, 169, 196, 200, 216, 225, 243, 256, 288, 289, 324, 343, 361, 392, 400, 432, 441, 484, 500, 512, 529, 576, 625, 648, 675, 676, 729, 784, 800, 841, 864, 900, 961, 968, 972, 1000.

表 9: 10,000 未満の合成数の SPRP

底	10,000 未満の合成数の SPRP	割合
2	2047, 3277, 4033, 4681, 8321	0.13%
3	121, 3281	0.05%
5	781, 5611, 7813	0.07%
7	25, 325, 703, 2353, 4525	0.13%
11	133, 793	0.05%
13	85, 7107, 9637	0.07%
17	145, 4033, 5365, 5833, 6697	0.13%
19	9, 169, 2353, 2701, 4033, 4681, 6541, 6697, 7957, 9997	0.26%
23	265, 553, 2701, 4033, 7957, 8321, 8911, 9805	0.21%
29	91, 469, 871, 2257, 6097	0.13%
31	15, 481, 6241, 9131	0.10%
37	9, 451, 469, 685, 8905, 9271	0.15%
41	841, 1417, 8321	0.07%
47	65, 85, 221, 341, 703, 1105, 1891, 2257, 2465, 5461, 9361, 9881	0.31%
53	91, 1405, 1441, 2209, 2863, 3367, 3481, 5317, 6031, 9409	0.26%
59	451, 1247, 1541, 1661, 1991, 4681, 5611, 6191, 7421, 8149, 9637	0.29%
61	15, 1261, 2701, 6697	0.10%
67	33, 49, 217, 1519, 2245, 8371	0.15%
71	35, 1921, 2209, 2321, 6541, 8365, 8695, 9809	0.21%

連続する強力な数のペアも存在する:

$(8, 9), (288, 289), (675, 676),$
$(9800, 9801), (12167, 12168),$
$(235224, 235225), (332928, 332929),$
$(465124, 465125).$

Erdös(エルデシュ)は 1975 年に 3 個連続する強力な数の組は存在しないという予想をたてた. Golomb(ゴロム)は 1970 年にこの問題を考察している. これとは独立に, Mollin(モーリン)と Walsh(ウォルシュ)も 1986 年に同様の考察を行った. 後者によると, 次の各条件は同値である:

- 3 個の連続する強力な数が存在する.
- 強力な数 P, Q が存在し, P は偶数, Q は奇数であり, $P^2 - Q = 1$ が成り立つ.
- 平方因子を持たない正整数 m ($m \equiv 7 \pmod{8}$) が存在し, $T_1 + U_1\sqrt{m}$ を体 $\mathbf{Q}(\sqrt{m})$ の単数とすると, ある奇数 k に対して T_k は強力で $U_k \equiv 0 \pmod{m}$ は奇数である. ここで T_k と U_k は $(T_1 + U_1\sqrt{m})^k = T_k + U_k\sqrt{m}$ によって定まる.

文献: [Erd56], [Erd76], [MW86]

極限 [u211]
(*limit*)

大まかに言うと「L は n が無限に近づくときの $f(n)$ の極限である」は, 「n が大

きくなるとき，$f(n)$ は，L に近づく」ということを意味する．したがって，たとえば，$1/n$ の極限は 0 である．$\sin n$ の極限は未定義である．$\sin n$ は，n が無限に近づくとき振動を続け，ある一つの値に近づくことはないからである．

技術的に言えば，L が $f(n)$ の n が無限に近づくときの極限であるのは，任意の $\varepsilon > 0$ に対して，ある $b > 0$ が存在して，$n > b$ ならば $|f(n) - L| < \varepsilon$ となるとき，かつそのときに限る．

これを，最初の例，「$1/n$ の極限は 0 である」に適用してみよう．ε を任意の正の数とする．$b = 1/\varepsilon$ とすると，$n > b$ ならば $1/n < \varepsilon$ になる．これで $1/n$ の極限が 0 であることを証明するのに十分である．たいていの解析学の教科書の初めのほうを読むと，この定義によるもっと多くの例と，いろいろな別な形の極限の定義が見つかる．

極小素数[u212]
(*minimal prime*)

すべての素数は，十進法で表記した場合，次の素数のいずれかを部分列として含む(部分列の定義は後で与える)．

2, 3, 5, 7, 11, 19, 41, 61, 89, 409, 449, 499, 881, 991, 6469, 6949, 9001, 9049, 9649, 9949, 60649, 666649, 946669, 60000049, 66000049, 66600049

これらは極小素数である．以下ではこれを詳しく説明し，極小合成数を列挙し，解くべき問題をいくつか提示する．

1996 年，Shallit(シャリット)は，素数を(十進表記で書いたとき) 数字の列として見ることを提案した[Sha00]．そして，形式言語理論の概念を借りて，極小素数と呼ばれる興味深い素数の集合を定義した．

- 文字列 b から，0 個以上の文字を削除することで文字列 a が得られるとき，a は b の部分文字列であるという．たとえば，514 は 251664 の部分文字列である．空の文字列は，あらゆる文字列の部分文字列である．

- 二つの文字列 a, b は，a が b の部分文字列か，または b が a の部分文字列である場合，比較可能であるという．

言語理論の驚くべき帰結の一つに「互いに比較不能な文字列の集合は有限である」というものがある[Lot83]．これは，どのような文字列の集合からでも，その極小な要素を見いだせることを意味する．

- ある文字列の集合 S の要素である文字列 a が極小であるというのは，(S の要素)b が a の部分文字列であるならば $b = a$ になる場合をいう．

この集合は有限のはずである．

たとえば，集合として(十進表現の)素数の集合をとると，上記の極小素数の集合を得る．また，(同様に十進表現の)合成数の集合をとれば，極小集合

4, 6, 8, 10, 12, 15, 20, 21, 22, 25, 27, 30, 32, 33, 35, 50, 51, 52, 55, 57, 70, 72, 75, 77, 111, 117, 171, 371, 711, 713, 731

を得る．

Shallit は，(十進表現の) 2 の冪乗の極小集合は

1, 2, 4, 8, 65536

であると予想した．

Shallit は他の基数での素数，およびそのほかの古典的集合(Mersenne 素数，Fermat 素数，…)の極小集合を見つける仕事を，読者の挑戦課題として残した．

(→ 単位反復数，左切詰め素数，右切詰め素数，消去可能素数，覆素数)

文献：[Sha00]

切上げ関数 u213
(*ceiling function*)

x の切上げ関数は，歴史的には最小整数関数と呼ばれていたもので，x 以上の最小の整数のことである．この関数はふつう $\lceil x \rceil$ と書く(1962 年に Iverson(アイバーソン)が提案した記号である)．

例　n が整数のとき $\lceil n \rceil = n$，$\lceil 3.14159 \rceil = 4$，$\lceil -3.14159 \rceil = -3$

もう少し複雑な例をあげておく．Euclid のアルゴリズムにおいて，2 数のうちの小さいほうの桁数を x とすると，Lamé の定理から「除法ステップ」は多くとも $\lceil x \rceil$ 回行われる．

(→ 切捨て関数)

文献：[Ive62]

切捨て関数 u214
(*floor function*)

x の切捨て関数は，歴史的には最大整数関数と呼ばれていたもので，x 以下の最大の整数のことである．この関数はしばしば $[x]$ と書かれるが，(1962 年に Iverson が提案した記号である) $\lfloor x \rfloor$ と書くのが，切上げ関数と区別する上で最良である．

例
$\lfloor 3.14159 \rfloor = 3$，$\lfloor -3.14159 \rfloor = -4$，
$\lfloor \log_{10} n \rfloor + 1$ は正の整数 n を十進展開したときの桁数である．

(→ 切上げ関数)

文献：[Ive62]

経済的数 u215
(*economical number*)

ある正の整数 n を取り上げ，この数の素因数分解を求めるとする．この数 n を表すのに必要な数字の個数と素因数分解を書き下すのに必要な数字の個数とを比べたらどうなるだろう．たとえば $128 = 2^7$ だから，素因数分解のほうが数が少ない．一方，$30 = 2 \cdot 3 \cdot 5$ だから，この場合は素因数分解のほうが数が多くなる．Santos(サントス)と Pinch(ピンチ)は，表 10 のように定義した．

さらに，贅沢数でない数を経済的数という(つまりその素因数分解を表すのに必要な数字の個数がその数を表す数字の個数より多くはない数である)．

上記の例は，これらの数は無限にあることを示しているが，いくらでも長い連続した列があるだろうか？たとえば，長さ 7 の連続した経済的数の列として，157, 108749, 109997, 121981, 143421 から始まるものがあり，1034429177995381247 から始まる長さ 9 の列がある．しかし，Pinch が 1,000,000 まで調べたときには，最も長い連続した倹約数は長さ 2(たとえば，4374, 4375) であった．それでもなお，Pinch はもし Dickson(ディクソン)の予想が成り立つならば，いくらでも長く連続した倹約数(したがって経済的数も)があることを示すことができた．

(→ Smith 数，完全数，不足数)

文献：[Pin98], [San95]

表10: 整数 n の経済性

n	素因数分解の数字	例	$2 \leq n \leq 5$ 億中の個数
倹約数	n より少ない	$k > 6$ での 2^k	1,445,952
均衡数	n と同じ	全素数	86,441,875
贅沢数	n より多い	30, 42, 70, $p\#(p>3)$	412,102,173

幸運数[u216]
(*fortunate number*)

P を最初の n 個の素数の積とする. Reo Fortune(フォーチュン)[*]は,「q を $P+1$ より大きい最小の素数とすると, $q-P$ は素数である」と予想した. たとえば, n が3のとき, P は $2 \cdot 3 \cdot 5 = 30$, $q = 37$ であり, $q-P$ は素数7である.

この $q-P$ という数は, 現在では幸運数と呼ばれているが, 予想の決着はいまだについていない. 幸運数をはじめから列挙すると次のようになる:

3, 5, 7, 13, 23, 17, 19, 23, 37, 61, 67, 61, 71, 47, 107, 59, 61, 109, 89, 103, 79, 151, 197, 101, 103, 233, 223, 127, 223, 191, 163, 229, 643, 239, 157, 167, 439, 239, 199, 191, 199, 383, 233, 751, 313, 773, 607, 313, 383, 293, 443, 331, 283, 277, 271, 401, 307, 331, $\cdots$

Paul Carpenter(カーペンター)は, 小幸運数も同様に定義すべきであると考え, q を P(最初の n 個の素数の積)より小さい最大の素数としたときの $P-q$ の列を考えた. この数列をはじめから列挙すると次のようになる:

3, 7, 11, 13, 17, 29, 23, 43, 41, 73, $\cdots$

彼は, この数はすべて素数であると予想した.

これらの予想は正しそうなのか? そう考える有力な理由がある. k 番目の幸運数が合成数だとすると, 最初の k 個の素数では割り切れないから, その大きさは少なくとも k 番目の素数 p_k の2乗の大きさである. 素数定理から, これはおよそ $(k \log k)^2$ である. これは P(つまり p_k の素数階乗)に続く最初の素数であり, 大きさは(再び素数定理から)およそ e^k である. したがって P の付近で, 素数間ギャップとしておよそ $(\log P \log \log P)^2$ のものを探していることになる. これほど大きいギャップはとてもありそうに思えない.

(→ 素数階乗)

本書以外で関連するページ
・オンライン整数列百科事典[u217]

文献:[Gol81], [Guy88]

公開鍵暗号系[u218]
(*public key cryptosystem*)

すべての暗号システムは鍵を必要とする. 鍵は情報を暗号化するのに必要な情報の一片である. これはいろいろな形式になっている. Vernam暗号系では二進ビットの列からなる使い捨て鍵暗号が

---

[*] 人類学者の Margaret Mead(ミード)と結婚していたことがある.

用いられる．アメリカの DES (Data Encryption Standard) では 56 ビットの数が用いられる．伝統的な暗号システムでは，これらの鍵は秘密にされなければならず，注意深く交換される．これを行う一つの方法は Diffie-Hellman 鍵交換システムを使うことである．

公開鍵暗号系では，鍵は公開される．たとえば，RSA 暗号系では二つの数 (n, e) が公開される (復号のための秘匿鍵 (n, d) は秘密にされる)．RSA は，安全とみなされているほとんどすべての公開鍵暗号系と同様に，大きい数の乗算に関係する数論の技法に基礎を置いている [Odl94]．これらのシステムを破る方法は知られているが，鍵のサイズが大きくなると，通常の場合，計算の負荷は現在のわれわれのもつ能力をはるかに超えてしまう．

公開鍵暗号系の他の利点は，電子署名を使えることである．電子署名によって文書の出所が確認できる．大部分の伝統的システムでも電子署名を使えるが，もっと煩雑な方法になる．

しかし，伝統的暗号システムはコンピュータで扱いやすく，大部分の公開鍵暗号系よりは何倍も速い．この理由から，北アメリカのデジタル携帯電話の IS-54 認証システムのようなものでは，公開鍵システムを用いずに，共有秘密鍵の列と質疑応答技術を用いて，携帯電話機の同定を行っている．

多くの公開鍵システムは私企業によって特許化されているので使うのには限界がある．たとえば MIT は 1983 年に成立した RSA に関する特許 (U.S. patent #4,405,829) をしまいこんでいた．RSA の三人の創始者は RSA Data Security 社を創立し，その後，RSA 特許といく

つかの他の公開鍵特許はそこから派生した Public Key Partner グループに独占的にライセンスされた．そのグループの代表である Jim Bidzos は，フリーソフトウェアとして有名な PGP (Pretty Good Privacy) 暗号ソフトウェアがその中で RSA を使用しているとして，数年の間，訴訟をおこすと脅していた．PGP 開発グループは，RSA のアルゴリズムは使っているが RSA のコードは使っていない，と主張した．RSA はアルゴリズムに関する RSA REF ツールキットを提供して，非営利的使用は自由としたので，結局，この脅迫は消えていった．いまでは PGP は独自のコードの代わりに，このツールキットを使用している．

本書以外で関連するページ
- RSA 研究所の『現代暗号 FAQ 集』[u219]
- Electronic Frontier Foundation [u220]

文献：[Odl94]，[Pom94]，[Sch96]，[Sim91]

合成数 [u221]
(*composite number*)

正の整数 n がどちらも 1 でない二つの正の整数に $n = ab$ と分解できるとき，合成数であるという．したがって，正の整数は共通部分を持たない三つのクラスに分割できる：

(1) 単位 $\{1\}$
(2) 素数 $\{2, 3, 5, 7, 11, 13, 17, \cdots\}$
(3) 合成数 $\{4, 6, 8, 9, 10, 12, \cdots\}$

n が合成数かどうかをどのようにして見分ければよいだろうか？一つの方法は正の約数を見つけることである．n が小さければ，n の平方根以下の素数で割っ

てみればよい．n が大きいとき，古典的な素数判定法か(ECPP や円分判定法のような)近代の判定法を利用することができる．「第 2 章 素数の判定法」のページを見よ．

なぜこだわるのだろうか？ 一つの理由は(RSA のような)暗号の多くや(PGP のような)インターネットのセキュリティの大部分が大きな数の素因数分解が比較的困難であることに拠っているからである．しかし，数学者にとってはこの問題がいつも整数論の中心にあったという事のほうがより基本的である．Gauss(ガウス)は次のように表現している：

> 素数と合成数を区別したり，合成数を素因数分解する問題は数論において最も重要で有用なものである．古代から現代までの幾何学者たちがこの問題に時間をかけ，知恵を絞ってきたことは，いまさら議論するまでもない…．さらに言えば，この優雅で名高い問題を解くためにあらゆる方法を試せと荘厳たる科学そのものが要求しているように思えるのである(Carl Friedrich Gauss 著 *Disquisitiones Arithmeticae*(『数論考究』),1801)．

関連項目
・2 章

合成数階乗 [u222]
(*compositorial*)

Iago Camboa(カンボア)は $n!/n\#$(n の階乗を n の素数階乗で割った商)は n 以下のすべての合成数の積を表すことを指摘し，合成数階乗という名を提案した．$n!/n\# \pm 1$ なる形の素数は合成数階乗素数という名で呼ばれるべきである(階乗素数や素数階乗素数のように)．たとえば，Daniel Heuer(ホイヤー)は $n < 10000$ の範囲のこの形の素数を書き留めた．(表11)

表 11

形	n の値
$\dfrac{n!}{n\#}+1$	(1, 2, 3), (4, 5), 8, 14, 20, 26, 34, 56, 104, 153, 182, 194, 217, 230, (280, 281), (462, 463), 529, 1445, 2515
$\dfrac{n!}{n\#}-1$	(4, 5), (6, 7), 8, (16, 17), 21, 34, 39, 45, 50, (72, 73), 76, 133, 164, 202, 216, 221, (280, 281), 496, 605, 2532, 2967, 3337

$281!/281\# \pm 1$ が双子素数であることに注意しよう．

本書以外で関連するページ
・合成数階乗素数の探索の現状 [u223]

合同式 [u224]
(*congruence*)

モジュラー算術(すなわち合同式)は初等整数論における最も重要な道具の一つである．a, b, m を任意の整数，m は 0 でないとする．m が $a-b$ を割り切るとき m を法として a は b と合同であるという．これを次のように表す：

$$a \equiv b \pmod{m}$$

たとえば，

$$\begin{aligned} 6 &\equiv 2 \pmod{4}, \\ -1 &\equiv 9 \pmod{5}, \\ 1100 &\equiv 2 \pmod{9}. \end{aligned}$$

また、奇数の平方は 8 を法として 1 に等しい．

合同式はわれわれの生活のあらゆるところにある．たとえば，時計は時間については 12 または 24 を法として，分や秒については 60 を法として動き，カレンダーは曜日については 7 を法として，月については 12 を法として動いている．合同式は 19 世紀の初めに Carl Friedrich Gauss(ガウス)によって発展させられた．

$a \equiv b \pmod{m}$ は $a = b + qm$ となる整数 q が存在するときに限るので，合同式は未知数を一つ加えて等式にできることに注意しよう．合同式の最も重要な性質は次の三つだろう：

反射律：a が整数のとき
$$a \equiv a \pmod{m}$$
対称律：$a \equiv b \pmod{m}$ ならば
$$b \equiv a \pmod{m}$$
推移律：$a \equiv b, b \equiv c \pmod{m}$ ならば
$$a \equiv c \pmod{m}$$

これら三つの性質により，整数の集合は m を法として異なる m 個の合同類に分けられる．

a, b, c, d が整数で
$$a \equiv b \pmod{m}, c \equiv d \pmod{m}$$
のとき次が成り立つ：

(1) $a + c \equiv b + d \pmod{m}$
(2) $a - c \equiv b - d \pmod{m}$
(3) $ac \equiv bd \pmod{m}$
(4) $\gcd(c, m) = 1, ac \equiv bc \pmod{m}$
ならば $a \equiv b \pmod{m}$

(→ 剰余)

合同類 [u225]
(*congruence class*)

合同式についての項目と同じく，a, b, c, m は整数で m は 0 でないとすると次が成り立つ：

反射律：a が整数のとき
$$a \equiv a \pmod{m}$$
対称律：$a \equiv b \pmod{m}$
ならば $b \equiv a \pmod{m}$
推移律：$a \equiv b, b \equiv c \pmod{m}$
ならば $a \equiv c \pmod{m}$

これら三つの性質があれば，整数が m を法として互いに等しい整数を含むちょうど m 個の合同類に分けられることを示すことができる(技術的に言えば，合同式は同値関係である)．

たとえば，5 を法とすれば合同類は次の五つになる：

(0) $\cdots \equiv -10 \equiv -5 \equiv 0 \equiv 5 \equiv 10 \equiv \cdots$
(1) $\cdots \equiv -9 \equiv -4 \equiv 1 \equiv 6 \equiv 11 \equiv \cdots$
(2) $\cdots \equiv -8 \equiv -3 \equiv 2 \equiv 7 \equiv 12 \equiv \cdots$
(3) $\cdots \equiv -7 \equiv -2 \equiv 3 \equiv 8 \equiv 13 \equiv \cdots$
(4) $\cdots \equiv -6 \equiv -1 \equiv 4 \equiv 9 \equiv 14 \equiv \cdots$

2 を法とすればわれわれが偶数と奇数と呼ぶ二つの合同類になる：

(0) $\cdots \equiv -4 \equiv -2 \equiv 0 \equiv 2 \equiv 4 \equiv 6 \equiv \cdots$
(1) $\cdots \equiv -3 \equiv -1 \equiv 1 \equiv 3 \equiv 5 \equiv 7 \equiv \cdots$

これらの合同類をそれぞれ 0 mod 2, 1 mod 2 のように表すこともある．

(→ 剰余)

最小公倍数 [u226]
(*least common multiple*)

二つ(あるいはそれ以上)の 0 でない整数の最小公倍数は，それらすべての数

で割り切れる最小の正の整数である。これは通常 lcm と書かれる。たとえば lcm$(-12, 30) = 60$ である。以下の事実に注意せよ：

- gcd(a, b) lcm$(a, b) = ab$
- a と b とが互いに素であるとき、またそのときに限り lcm$(a, b) = ab$ である。

この最初の公式と Euclid のアルゴリズムを用いることで、素因数分解をせずに最小公倍数が求められることを覚えておこう。しかし、a の素因数分解が $\prod_{i=1}^{k} p_i^{e_i}$ であり、b の素因数分解が $\prod_{i=1}^{k} p_i^{f_i}$ であるとわかっていれば、lcm$(a, b) = \prod_{i=1}^{k} p_i^{\max(e_i, f_i)}$ となる。

公式 gcd(a, b) lcm$(a, b) = ab$ はいくつかの方法で3変数に拡張できる：

- gcd(a, b, c) lcm$(ab, ac, bc) = abc$
- lcm(a, b, c) gcd$(ab, ac, bc) = abc$
- gcd(lcm(a, b), lcm(a, c), lcm(b, c))
  = lcm(gcd(a,b), gcd(a,c), gcd(b,c))

最後に、最小、最大関数の性質からくる直接の結果として、次の双対関係が得られる：

- gcd$(a, lcm(b, c))$
    = lcm(gcd(a, b), gcd(a, c))
- lcm$(a, gcd(b, c))$
    = gcd(lcm(a, b), lcm(a, c))

(→ 最大公約数)

最大公約数 u227
(*greatest common divisor*)

二つの整数 a, b の最大公約数(古い言い方では最大共通因子)とは、両方を割り切る最大の整数である。これは通常 gcd(a, b) と書かれ、ときには (a, b) とも書かれる。たとえば gcd$(-5, -100) = 5$, gcd$(46, 111) = 1$ である。これは容易に任意の個数の整数に拡張できる。たとえば gcd$(27, 30, 36, 81) = 3$ である。

a の素因数分解が $\prod_{i=1}^{k} p_i^{e_i}$ であり、b の素因数分解が $\prod_{i=1}^{k} p_i^{f_i}$ であるとすると、gcd$(a, b) = \prod_{i=1}^{k} p_i^{\min(e_i, f_i)}$ である。

次のことは簡単にわかる：

- gcd$(a, b) = $ gcd(b, a)
- gcd$(a, b) = $ gcd$(a, b + an)$(任意の整数 n に対して)
- gcd$(a, b) = an + bm$ となる整数 n と m が存在する。
- gcd(a, b) lcm$(a, b) = ab$

この定義は別な状況でたびたび拡張される。たとえば、二つの整数係数の多項式の最大公約式は、両方を割り切る最大次数の(そして、最大の最高次係数の)多項式である。

(→ Euclid のアルゴリズム、最小公倍数、互いに素)

関連項目
・7.6

最大整数関数 u228
(*greatest integer function*)

「切捨て関数」の項を見よ。

最頻ギャップ u229
(*jumping champion*)

素数を小さいほうから並べる：

2, 3, 5, 7, 11, 13, 17, 19, 23, 29, 31, 37, 41, 43

これらの階差は

1, 2, 2, 4, 2, 4, 2, 4, 6, 2, 6, 4, 2

である．これらの素数に対しては2が階差としていちばん多く出てくるので，これを最頻ギャップと呼ぶ．

整数 n が最頻ギャップになるのは，ある x に対して x より小さい連続する素数の階差のうちで n がいちばん多く現れるときである．上の例は，$x = 43$ に対する最頻ギャップが2であることを示している (x は $7 < x < 131$ なら何でもよい)．1993年に John Horton Conway(コンウェイ)が最頻ギャップという用語を作った．1977–8年に Nelson(ネルソン)がこの概念を初めて提案した可能性が高いが，彼は用語は作らなかった．最頻ギャップは高飛び素数とも呼ばれる．

与えられた x に対する最頻ギャップが2個以上あることもある．たとえば，$x = 5$ のときの最頻ギャップは1と2で，$x = 179$ のときには2, 4, 6 が最頻ギャップである(表12)．

この表で，単独の最頻ギャップとして現れるのは1, 2, 4, 6 である．この表を十分な長さまで延ばせば次の最頻ギャップとして30が，その次に210が，その次に2310が現れることが予想されている．また，単独の最頻ギャップは，1, 4 および素数階乗 2, 6, 30, 210, 230, 2310, ... だけであることが予想されている．この予想を証明するには，おそらく先に k 組素数予想を証明する必要があるので，かなり時間がかかるだろう．

また，表を見ると与えられた x に対する最頻ギャップは x とともに大きくなるように見える(表では1は $x = 6$ のときが最後，2は $x = 490$ のとき，4は $x = 946$ のときである)．最頻ギャップは無限に大きくなることが予想されてい

る．Odlyzko(オドリズコ)，Rubinstein(ルービンシュタイン)，Wolf(ウォルフ)は発見的議論を用いて6が $x = 947$ からおよそ $x = 1.7427 \times 10^{35}$ まで単独の最頻ギャップであり，そこで30が最頻ギャップになり，さらに，30はおよそ $x = 10^{425}$ で210に取って代わられると評価した．Erdös(エルデシュ)と Straus(シュトラウス)はこの2番目の予想が k 組素数予想から導かれることを示した．

(→ Gilbreath 予想)

本書以外で関連するページ
・30 はいつ6を追い越すか [u230]

文献：[Bre74]，[Bre75]，[ES80]，[Guy94]，[Nel79]

算術の基本定理 [u231]
(*fundamental theorem of arithmetic*)

ある数 n が素数でないとき，それを素因数分解しよう(すなわち素数の積で表わそう)とすることがよくある．このような素因数分解は常に存在するだろうか．またその方法は一通りだろうか．紀元前350年頃に Euclid(ユークリッド)は *Elements* (『原論』) の中で肯定的な解答を与えている．今日では，その解答を次のように言い表す：

算術の基本定理 1より大きいすべての整数は素数の積として，順序を除き一意的に表される．

素因数分解の正規形(または標準形)とは，$n = p_1^{e_1} p_2^{e_2} p_3^{e_3} \cdots p_k^{e_k}$ という書き方で素数 p_i が $p_1 < p_2 < \cdots < p_k$ を満たし，指数が正の整数のものをいう．算術の基本定理は次のように言い換えられる：「1より大きい整数の正規形の素因数分解はただ一通りである」．

表12：最頻ギャップの表

x	最頻ギャップ	x	最頻ギャップ	x	最頻ギャップ
$3-4$	1	$139-150$	2, 4	$439-448$	2
$5-6$	1, 2	$151-166$	2	$449-462$	6
$7-100$	2	$167-178$	2, 4	$463-466$	2, 6
$101-102$	2, 4	$179-180$	2, 4, 6	$467-490$	2, 4, 6
$103-106$	2	$181-378$	2	$491-546$	4
$107-108$	2, 4	$379-388$	2, 6	$547-562$	4, 6
$109-112$	2	$389-420$	6	$563-940$	6
$113-130$	2, 4	$421-432$	2, 6	$941-946$	4, 6
$131-138$	4	$433-438$	2	$947-10^{12}$	6

この定理は(「基本」と名がつく定理ならどれでもそうだが)軽く扱いすぎてはいけない．素因数分解が一通りにならない数の体系は数多くある．たとえば，偶数しかないと仮定し(和と積は通常と同じ)，他の二つの偶数の積で表せない数を「偶素数」と呼ぶことにする．すると，偶素数は $2, 6, 10, 14, 18, \cdots$ である．36 は $6^2 = 2 \times 18$ と二通りの素因数分解ができることに注意しよう(他にも例が作れないか試してほしい)．

では基本定理が成り立つ条件は何だろうか．基本的には二つの性質である：第1 はすべての整数が素数の積で表されること(これは整列可能原理の単純な帰結)であり，そして第2 は素数 p が ab を割り切るならば p が a または b を割り切ることである(素数の定義としてこの性質を使うことがある．「素数」の項を参照せよ)．

最後に，Euclid 自身がこの定理をどのように述べているかを見るのも一興だろう．第 IX 巻 命題 14 でこう書いている：

ある数がいくつかの素数で測られる最小のものとすると，その数は元々それを測っていた素数以外の素数で測ることはできない．

ここで Euclid は「測る」という言葉をわれわれの言う「割り切る」の意味で使っており，具体的な幾何学的感覚でこれを考えている．たとえば，3 は 12 を測る，なぜなら長さ 3 の線分 4 個は長さ 12 の一つの線分と同じ長さになるからである．

三方対称素数 u232
(*triadic prime, 3-way prime*)

三方対称素数とは，水平の線に関して鏡像にしても変わらない回文素数のことである．したがって，そこに表れる数字は 0, 1, 3, 8 のいずれかである(Trigg(トリグ)はこれらを回文鏡像素数と呼んだ [Tri83])．この種の素数の大きい例は，$10 \cdots 0111013101110 \cdots 01$ で，ゼロの連 $(0 \cdots 0)$ は 2509 もの長さがある．

(→ 回文素数, 四方対称素数, 回転対称素数)

文献：[DO94], [Tri83]

シグマ関数 [u233]
(*sigma function*)

正の整数 n のシグマ関数とは n の正の約数の和である．この関数は通常ギリシャ文字を用いて $\sigma(n)$ と表示される．表 13 に小さい n に対するシグマ関数の値を示す：

表 13

n	$\sigma(n)$	n	$\sigma(n)$
1	1	9	13
2	3	10	18
3	4	11	12
4	7	12	28
5	6	13	14
6	12	14	24
7	8	15	24
8	15	16	31

明らかに，素数 p に対しては $\sigma(p) = p+1$ である．$\sigma(x)$ は乗法的関数であるから，その値は素数の冪乗での値から求められる．

定理 もしも p が素数で n が任意の正の整数であるならば，$\sigma(p^n)$ は $(p^{n+1}-1)/(p-1)$ である．

例

$$\begin{aligned}\sigma(2000) &= \sigma(2^4 5^3) \\ &= \sigma(2^4)\sigma(5^3) \\ &= \frac{2^5-1}{2-1} \cdot \frac{5^4-1}{4-1} \\ &= 4836\end{aligned}$$

試行除算 [u234]
(*trial division*)

小さい個々の整数が素数であるかどうかを見るには，試行除算すなわち，単にその平方根以下の素数で割る方法を使えばよい．たとえば，211 が素数であることを示すには，ただ 2, 3, 5, 7, 11, 13 で割ればよい．どれをとってもこの数を割り切らないから，それは素数である．

大きな素数(いわばタイタン素数)を探す場合には，その平方根以下のすべての素数で割ることはできない．しかし，前もってふるい落とすために試行的除法を使うことができる．すなわち，ある数 n が素数かどうかを調べるとき，まず 2～3 百万の小さい素数で割ってみてから，素数判定法を適用すればよい．

連続した整数の中からすべての素数を見つけるには，Eratosthenes の篩のほうが高速である．輪転因数分解は試行除算の変形で，素数のリストを持っている必要がない(ただし遅くなる)．

(→ 輪転因数分解，Eratosthenes の篩)

文献：[Bre89, 擬似コード (pp.21-2)], [Rie94, PASCAL 版 (pp.7-8)]

実行可能素数 [u235]
(*executable prime*)

数はビット列で表現でき，したがってプログラムになりうる．(妥当な OS で)実行可能なプログラムを表す素数が実行可能素数である！

1 バイト命令の最も一般的なプロセッサは x86 系で，最小の実行可能な数は 195 である．これは 1 バイトのプログラム RET(return) のコードである．この 1 バイトを .com ファイルに保存すれば，DOS マシン(あるいは Windows マシンの DOS プロンプトで)実行できる．

Phil Carmody(カモディ)によれば(以下のリンクにある彼の力作を参照)

三つの最小の実行可能素数は2バイトのプログラムである：

- 38*256+195 ES:RET (segment override)
- 46*256+195 CS:RET (segment override)
- 47*256+195 DAS;RET (decimal adjust for subtract, then exit)

(これらは任意のx86システムで実行可能なはずである).

自明でない素数はどうか？ これまで見つかった中で最初のものは，Charles M. Hannum(ハナム)のDeCSSのC版と機能的に同等なものである．Phil Carmodyはこのコードを少し変更してコンパイル版を短くし，1,811桁の素数を作った．下記のPrime Curiosのリンクを参照せよ．

(→ 違法な素数)

本書以外で関連するページ
- 実行可能素数？
  (Phil Carmodyによる) [u236]
- 最初の自明でない実行可能素数
  (The Prime Glossary) [u237]
- 最小の実行可能な素数
  (The Prime Curios) [u238]

四方対称素数 [u239]
(*tetradic prime, 4-way prime*)

アマチュアは，数字の見た目の特殊さに興味を持つことが多い．たとえば回文(前から読んでも，後ろから読んでも同じ)などの特徴である．回文数の水平方向と垂直方向の類似物を定義するため，'0'と'1'と'8'を水平方向，垂直方向ともに対称，'6'と'9'は垂直方向に互いの鏡像と見なすことにする．こう見なしたとき，四方対称数とはいわば回文的回転対称数であり，四方向，すなわち，右から左，左から右，上下鏡像，180度回転，いずれの方法でみても同じになる数をいう．そこで使われる数字は'0','1','8'以外ではあり得ない．最初のいくつかの四方対称素数は，11, 101, 181, 18181, 1008001, 1180811 である．

明らかに，四方対称素数はどんな基数にも一般化できるが，回転対称素数の項でも述べているが，それはやりすぎというものである．

(→ 回文，回転対称素数，三方対称素数)

文献：[DO94], [Ond89]

社交的数 [u240]
(*sociable numbers*)

約数和列を作るには，ある正の整数をとり，自分自身を除く約数の和を求め，その和に対して同様に繰り返せばよいことを思い出してもらいたい．たとえば，20から出発して 20, 22(1+2+4+5+10), 14(1+2+11), 10(1+2+7), 8, 7, 1, 0, 0, ... という列が得られる．また，この操作から次のような(無限に繰り返す)循環数列が得られる場合もある：

14288, 15472, 14536, 14264, 12496,
14288, 15472, 14536, 14264, 12496,
...

これらの繰り返す数は社交的数(特に二つの場合は友好数)と呼ばれる．

1918年にPoulet(プーレ)は上記の長さ5の例と，次の長さ28の連鎖を発見した：

14316, 19116, 31704, 47616, 83328,
177792, 295488, 629072, 589786,

294896, 358336, 418904, 366556, 274924, 275444, 243760, 376736, 381028, 285778, 152990, 122410, 97946, 48976, 45946, 22976, 22744, 19916, 17716

1969年Borho(ボーホ)は，長さ4の列を構成した[Bor69].

28158165, 29902635, 30853845, 29971755

コンピュータが探索に使われるようになるまで，わずか3種の社交的数しか知られていなかった．現在では50以上のそのような連鎖が知られている．

(→ 約数和列，シグマ関数)

本書以外で関連するページ
・完全数，友好数，社交的数(知られている社交的数のリストを含む) [u241]

十進展開の周期 [u242]
(*period of a decimal expansion*)

どんな有理数でも，十進表記すれば，その十進展開は最後には反復する．もしその展開が反復する0 (または9)で終われば，終了したという(たとえば，$1 = 1.000\cdots = 0.999\cdots$ であり，$\frac{1}{20} = 0.05000\cdots = 0.04999\cdots$ となる)．それ以外の場合は，反復する数字の(最小の)ブロックの長さを周期という．たとえば，表14のようになる:

表14

数	十進展開	周期
$\frac{1}{3}$	$0.3333333333333\cdots$	1
$\frac{5}{7}$	$0.714285\,714285\,71\cdots$	6
$\frac{25}{13}$	$1.923076\,923076\,92\cdots$	6
$\frac{89}{26}$	$3.4\,230769\,230769\cdots$	6

x が周期 n を持つとすると，$(10^n-1)x$ の展開は有限桁で終了する．したがって $10^m(10^n - 1)x$ が整数となるような非負の整数 m が存在する．これにより x が有理数であることがわかる．$x = \frac{1}{k}$ (k は整数)ならば，$\frac{1}{k}$ の周期は k を法とする10の位数に等しい．特に $\frac{1}{k}$ の周期は k でのEulerの φ 関数の値を割り切る．さらに素数 p に対する $\frac{1}{p}$ の周期は常に $p-1$ を割り切る．

(→ 素数の周期)

消去可能素数 [u243]
(*deletable prime*)

素数 n の右端の数字を一度に1個ずつ取り除いてもいつも素数であるとき，n は右切詰め素数である．素数 n の左端の数字を一度に1個ずつ取り除いてもいつも素数であるとき，n は左切詰め素数である．どの数字を取り除いても常に素数であるような素数は存在するだろうか．もしあれば，それぞれの数字は素数で，同じ数字が二度現れることもないから全部で $2, 3, 5, 7, 23, 37, 53, 73$ だけである．

探索をより興味深くするために，適当な順序で一度に1個の数字を取り除けば各段階で素数であるようにできる素数を消去可能素数と定義された([Cal87b])．一つの例は410256793で，次のように消去できる:

410256793
41256793
4125673
415673
4567
467
67
7

このような素数が無限に多くあることが予想されている。これは本書のなかで最も証明しやすい予想の一つだろう。

(→ 置換可能素数, 覆素数, 左切詰め素数)

文献：[Cal87b]

小数の法則[u244]
(*law of small numbers*)

Richard K. Guy(ガイ)はしばしば小数の法則に言及するが、それはこういう法則である：

> 小さい数をいくら集めても、課せられた要請をすべて満たすことはない。

その意味するところは、しばしば小さい数で見られることは、標準的ではない、すなわち、少数の見本では大きい数での振舞いが表せないことがよくある、ということである。これについて議論を続ける前に、いくつかの例を見ておく必要があると思う：

1. 本当に小さい数から始めよう。最初の四つの奇数は 1, 3, 5, 7 である。これから、すべての奇数は1か素数であると結論すべきだろうか。そんなばかな！

2. 最初のいくつかの素数を4で割った余りを見てみよう。

2, 3, 1, 3, 3, 1, 1, 3, 3, 1, 3, 1, 1, 3,
3, 1, 3, 1, 3, 3, 1, 3, 3, 1, 1, 1, 3, 3,
1, 1, ⋯

どこで止めてみても、1が現われる個数よりも3が現われる個数のほうが多いように見える。このパターンは25,000項まで持続する。しかし、最初の n 項の中で多く現れるほうの数は、1と3とが無限に交代することが証明されている。

3. $\gcd(n^{17}+9, (n+1)^{17}+9)$ は常に1であるように見える。事実、コンピュータを使って $n=1,2,\cdots$ と続けて調べても、反例は絶対見つからないであろう。というのも、最初の反例は 84 24432 92559 28893 29288 19732 23089 00672 45942 04607 92433 だからである。

4. 最後に、Riemann 関数 $\mathrm{Li}(x)$（関連項目参照）は、$\pi(x)$（x 以下の素数の数）の近似になっている。$\pi(x)$ の値が知られている3より大きいすべての x について、$\pi(x) < \mathrm{Li}(x)$ である。このような x は非常に多く、少なくとも 1,000,000,000,000 以下のすべての整数に対して成り立つ。しかし Skews (スキューズ)が、無限に多くの回数 $\pi(x) > \mathrm{Li}(x)$ となることを証明した。また、そうなる最初の数は $10^{10^{10^{34}}}$ より小さいことを示した。これはとんでもなく大きい数で、現在 Skews 数と呼ばれている。この上限についてはその後小さいもので置き換えられてきたが、Skews 数は数論の世界で広く語り継がれている。

したがって、小数の法則の教訓は：

> 自分で確かめた数すべてについてそうだからと言って、それがどこまでも続くパターンだと信じてはいけない。予想を立てる前に、証明を探せ。少なくとも発見的議論を行え。大きな数では違っているのだ！

Guy(ガイ)は[Guy88]の中で,自分の法則を他の形でも述べている:

- (少しの例を)見ただけではわからない.
- 見かけの類似性から不確かな主張が生まれる.
- 偶然の一致が不用意な予想を引き起こす.
- 早期の例外は最終的に現れる本質を隠す.
- 初めのうちの不規則さは鋭い直感を曇らせる.

(→ 未解決問題,予想)
関連項目
・1.5
文献:[Guy88],[Guy94]

乗法的関数 [u245]
(*multiplicative function*)

正の整数の上で定義された関数 $f(n)$ は,n と m が互いに素であるときにはいつでも $f(nm) = f(n)f(m)$ である場合に,乗法的関数であるという.明らかに,$f(1)$ は,0 か 1 でなければならない.$f(1) = 0$ の場合は,すべての整数 n に対して $f(n) = 0$ である.したがって,$f(1)$ が 0 でないという条件を定義に入れる場合もある.

$f(n)$ が乗法的であり,n が相異なる素数の積に,$n = p_1^{a_1} p_2^{a_2} \cdots p_k^{a_k}$,と素因数分解されるならば,

$$f(n) = f(p_1^{a_1})f(p_1^{a_1}) \cdots f(p_1^{a_1})$$

である.

最後に,$f(n)$ が乗法的ならば,関数 $F_n = \sum f(i)$ (n の約数 i についての和)もまた,乗法的である.

(→ 完全乗法的関数,Euler のファイ関数)

乗法的完全 [u246]
(*multiply perfect*)

完全数とは,その真の約数(それ自身を除く正の約数)の和がそれ自身に等しい整数であることを思い出そう.これを別の言葉で言うと,「n は,その正の約数すべての和 $\sigma(n)$ が n の 2 倍になるとき完全である」.ある正の整数 n は,その正の約数の和を割り切る場合に乗法的完全または,k 完全という(ここで k は指数 $\sigma(n)/n$ である).例として,表 15 に指数とその最小の乗法的完全数をあげる.

以下の定理の証明は読者の練習問題としよう:

- n が 3 完全で,n が 3 で割り切れないならば,$3n$ は 4 完全である.
- n が 5 完全で,n が 5 で割り切れないならば,$5n$ は 6 完全である.
- 一般に,p が素数であるとすると,n が p 完全で,n が p で割り切れないならば,pn は $(p+1)$ 完全である.
- $3n$ が $4k$ 完全で,n が 3 で割り切れないならば,n は $3k$ 完全である.

(→ シグマ関数,完全数)
本書以外で関連するページ
・乗法的完全数 [u247]

剰余 [u248]
(*residue*)

a と m は二つの整数で m は 0 でないとしよう.r が m を法として a の剰余であるとは $a \equiv r \pmod{m}$ が成り立つことである.これは m が $a - r$ を割

表 15：乗法的完全数

指数	最小	名称	発見者
2	6	完全	(古代)
3	120	3 完全	(古代)
4	30240	4 完全	Descartes, 1638 年頃
5	1 41824 39040	5 完全	Descartes, 1638 年頃
6	3411 12274 34420 79122 40414 72000	6 完全	Fermat, 1643 年

切ることであり（合同式を参照），ある整数 q に対して $a = r + qm$ が成り立つことである．除算アルゴリズムによって，$0 \leq r < |m|$ を満たす剰余 r が一意に存在することがわかる．この余り r を，a の m を法とする最小非負剰余という．

整数の集合が m を法とする剰余の完全系をなすとは，任意の整数が m を法としてこの集合のどれか一つとだけ合同になることである．だから剰余の完全系は m を法とする各剰余類からそれぞれ 1 個の要素だけを含む．

たとえば，m を正数として，$\{0, 1, 2, 3, \cdots, m-1\}$ は剰余の完全系である．これを法 m の最小非負剰余と呼ぶ．m が正の奇数であれば，次の系を使うこともある．$\{-(m-1)/2, -(m-3)/2, \cdots, -1, 0, 1, \cdots, (m-3)/2, (m-1)/2\}$

各 m に対して，m を法とする剰余の完全系は無限に存在する．

除算アルゴリズム [u249]
(*the division algorithm*)

除算アルゴリズムは実際のアルゴリズムではないが，次の定理はかつて割り算の方法を説明するアルゴリズムを与えることによって「証明」されたことがある（現在の証明は整列可能原理に基づいている）：

除算アルゴリズム a と m が整数で m は 0 でないとすると，$a = qm + r$ で $0 \leq r < |m|$ となるような整数 q と r がただ一つ存在する．

たとえば，$a = 36$, $m = 13$ なら，$36 = 2 \times 13 + 10$ なので，$q = 2$, $r = 10$ である．同様に，$a = -63$, $m = 20$ なら，$q = -4$, $q = -4$ $(-63 = (-4) \times 20 + 17)$ であり，$a = 24$, $m = -15$ なら，$q = -1$, $r = 9$ $(24 = (-1) \times (-15) + 9)$ である．

一意に定まる数 q, r はそれぞれ商と余りと呼ばれる．余りは m を法とする最小非負剰余とも呼ばれる．最後に，$a = qm + r$ より $a \equiv r \pmod{m}$ である．「合同式」の項を見よ．

(→ 合同類)

真 k 組素数 [u250]
(*prime k-tuplet*)

どの三つ組素数にも双子素数が存在する．どの四つ組素数にも三つ組素数が存在する．それで，文献によっては真 k 組素数という用語を使い，k 組素数であって $(k+1)$ 組素数の部分にならないものを指すことがある．同様に真三つ組素数を三つ組素数と区別し，真四つ組素数を四つ組素数と区別する．

(→ k 組素数予想，素数座)

本書以外で関連するページ
・真 k 組素数(記録，リンク，…) u251

新 Mersenne 素数予想 u252
(*new mersenne prime conjecture*)

用語編の「Mersenne 予想」の項からその予想を引用する：

> $2^p - 1$ が素数であるための必要十分条件は，p が $2^{2^n} + 1$ か，$2^{2^n} \pm 3$ か，$2^{2^{n+1}} - 1$ かのいずれかであることだ．

上の項では，この条件は必要でも十分でもないことを指摘している．では，この点について他に何か言うことがあるのだろうか？ Bateman(ベイトマン)，Selfridge(セルフリッジ)，Wagstaff(ワグスタッフ)は，あると答え，新 Mersenne 素数予想を作った：

> p を任意の奇の自然数とする．もし，次の条件のうち二つが成り立つならば，残りの一つも成り立つ．
> - $p = 2^k \pm 1$ または $p = 4^k \pm 3$
> - $2^p - 1$ が素数(明らかに Mersenne 素数)である．
> - $(2^p + 1)/3$ が素数である．

この予想は，100,000 より小さい素数 p すべてと，既知の Mersenne 素数すべてについて検証されている．上記の事柄を「予想」というのは，強すぎると感じる者もいるだろう．もしかすると，これは Guy(ガイ)の小数の法則のもう一つの例かもしれない．

(→ Mersenne 素数)

本書以外で関連するページ
・新 Mersenne 素数予想の状況(Conrad Curry) u253

文献：[BSW89]

数素 u254
(*emirp*)

素数の数字を逆に並べるとほとんどの場合，合成数になる(たとえば 43 は 34 になる)．もちろん，回文素数は前から読んでも後ろから読んでも同じなので，回文素数を逆にしても素数である．数素(「素数」を逆にした語)は，数字を逆にした場合に別の素数になる素数である．数素をはじめから列挙すると次のようになる：

13, 17, 31, 37, 71, 73, 79, 97, 107, 113, 149, 157, 167, 179, 199, 311, 337, 347, 359, 389, 701, 709, 733, 739, 743, 751, 761, 769, 907, 937, 941, 953, 967, 971, 983, 991, 1009, 1021, 1031, 1033, 1061, 1069, 1091, 1097, 1103, 1109, 1151, 1153, 1181, 1193

本書以外で関連するページ
・数学の世界 (Eric Weisstein) u255

文献：[Gar85, p.230]

数列 u256
(*sequence*)

数列とは値の(有限または無限の)順序付きリストである．形式的には，無限列とはある関数でその定義域が正の整数であるもの，n 項の有限列とはある関数でその定義域が集合 $\{1, 2, 3, \cdots, n\}$ のものである．

(→ 等差数列，等比数列)

正則素数 [u257]
(*regular prime*)

数学者 Kummer(クンマー)は，素数 p が有理数体に 1 の p 乗根を付加した代数体の類数を割り切ることがないときに，p を正則素数と呼んだ．本書の読者のほとんどにとってはこの定義は意味をなさないだろうから，次のことを付け加えておく．p が正則であるのは，p が Bernoulli 数 B_k ($k = 2, 4, 6, \cdots, p-3$) の分子を割り切らないことと同値であることを，Kummer は証明した．たとえば，691 は B_{12} を割り切るので 691 は正則ではない(これを非正則という)．

Kummer がこれらの数に興味を持ったのは，n が正則素数で割り切れるならば Fermat の最終定理 (FLT) が n に対して真となることを示すことができたからである．FLT によって急速に進展をとげた分野は多いが，代数的整数論と Kummer のイデアル論も，その中に入る．

はじめのほうの非正則素数をあげると，37, 59, 67, 101, 103, 131, 149, 157 である(157 は二つに分解できる最初のものである)．無限に多くの非正則素数が存在することを示すのは比較的やさしいが，非正則素数がどれくらい無限にあるかは，まだ予想にすぎない．発見的には素数のうちの $e^{-1/2}$(約 60.65%) が正則であると見積もられる．この評価を確認するために，Wagstaff(ワグスタッフ)は 125,000 以下の正則素数をすべて見つけだし，その範囲の素数の中で 60.75%であることを示した．

文献：[Wag78], [Was82]

整列可能原理 [u258]
(*Well-Ordering Principle*)

少数の基本的仮定から公理論的に整数の理論を組み立てるとき，その仮定の一つとして次の原理を含めるのが普通である：

> **整列可能原理** 正の整数からなる空でない集合 S は，最小の要素を持つ．すなわち，S の要素 a が存在して，S のすべての要素 b に対して $a \leq b$ となる．

正の実数からなる集合はこの性質を持たないことに注意しよう．たとえば，最小の正の実数 r は存在しない．$r/2$ はこれより小さい正の実数になるからである．負の整数全体もまたこの性質を持たない．r がある負の整数とすると $r-1$ はこれより小さい負の整数になるからである．

正の整数に関するこの簡単な原理から多くの帰結が得られる．その一例として，次の定理の証明をあげておく．

> **定理** 1 より大きいすべての整数は素数の積の形に書ける．
>
> **証明** n は素数であるか(この場合一つの素数 n の積であるから証明終り) 1 とそれ自身以外の約数を持っている．後者の場合 p_1 をこれらの約数の最小のものとする．p_1 は素数である．なぜならば，そうでないとすると，ある $1 < k < p_1$ となる整数 k があって，k が p_1 を割り切るから，k が n を割り切ることになり p_1 の選び方に反する．したがって $n = p_1 n_1$ と書け，p_1 は素数であり，$n > n_1$ である．
> さて，この論法を n_1 に繰返し適

用すると，これが素数か(この場合 $n = p_1 n_1$ となり証明は終わる)，$n_1 = p_2 n_2$ で p_2 が素数で $n_1 > n_2$ となる．

さらに，この論法を n_2 に繰返し適用し…．この操作を無限に続けることはできない．それは整列可能原理から，正の整数の集合

$$n > n_1 > n_2 > n_3 > \cdots$$

が最小値，たとえば p_k を持つからである．したがって $n = p_1 p_2 \cdots p_k$ が得られる．

この素因数分解はまた(素因数の順序を除き)一意である．「算術の基本定理」の項を参照せよ．

ゼータ関数 u259
(*zeta function*)

「Euler のゼータ関数」とその拡張，「Riemann のゼータ関数」の項を参照せよ．

漸近的に等しい u260
(*asymptotically equal*)

二つの関数 $f(x)$ と $g(x)$ がだいたい同じ大きさであることを言うための一つの方法は，それらが漸近的に等しいということである．(x が無限大に近づくとき)二つの関数が漸近的に等しいとは次の条件が成り立つときである：

(x が無限大に近づくときの)
$f(x)/g(x)$ の極限が 1 である

これは $f(x) \sim g(x)$ とも記される．たとえば，$3x^4 + 2x + 7 \sim 3x^4$，$x + \sin x \sim x$，また素数定理によれば $\pi(x) \sim x/\log x$ である．

$f(x) \sim g(x)$ ならば，f は $O(g)$ であるが g は $O(f)$ であるが，逆は成り立たない．同様に $f(x) \sim g(x)$ ならば，g の次数と f の次数は等しい(これも逆は誤りである)．最後に，$f(x) \sim g(x)$ ならば $f(x) - g(x)$ は $o(g(x))$ である．
(→ ビッグ O，リトル o)

線形合同列 u261
(*linear congruential sequence*)

コンピュータプログラムは，真の乱数を生成することはできないが，ランダムに「見える」数のリストを作ることができ，このリストあるいは列は，擬似乱数と呼ばれる．最も一般的な方法は，線形合同列を使うものである．そのような列を作るには，まず四つの数を選ぶ：

- m : 法 ($m > 0$ とする)
- a : 乗数 ($0 \leq a < m$ とする)
- c : 増分 ($0 \leq c < m$ とする)
- X_0 : 初期値 ($0 \leq X_0 < m$ とする)

そして，望む列は次の式で定義する：

$$X_{n+1} = aX_n + c \pmod{m}$$

たとえば，$m = 17$, $a = 3$, $c = 11$, $X_0 = 0$ とすると，次の列を得る：

0, 11, 10, 7, 15, 5, 9, 4, 6, 12, 13, 16, 8, 1, 14, 2, 0, (以下，繰返し)

$m = 37$, $a = 24$, $c = 17$, $X_0 = 0$ とすると，次の列を得る：

0, 17, 18, 5, 26, 12, 9, 11, 22, 27, 36, 30, 34, 19, 29, 10, 35, 6, 13, 33, 32, 8, 24, 1, 4, 2, 28, 23, 14, 20, 16, 31, 21, 3, 15, 7, 0, (以下，繰返し)

コンピュータプログラムや電卓の中には

このような列を作るのに法として大きな素数を使うものがある．そして，列のなかのおのおのの数をこの素数で割ることによって，0と1の間の「乱数」を返す．しかし，注意しないといけない．$m = 37$, $a = 26$, $c = 17$, $X_0 = 0$ からは，次の列が得られる：

0, 17, 15, 0, (以下，繰返し)

それでは，どうやって短い列を避ければよいのか？ 一つの方法は，m と互いに素な c を選び，m の素因数が $a-1$ も割り切る(そして，4が m を割り切るなら，4が $a-1$ も割り切る)ということを確認することである．すると列の長さは m になる．m を素数，$c = 0$ とするときには，a は法 m の原始根とする必要がある．

Knuth(クヌース)の教科書，第3章に，広範かつすばらしい(しかし高度な)乱数発生法とその乱数性の検定法に関する説明がある．彼がその冒頭で引用している言葉で締めくくろう：

四則演算によって乱数を作り出そうと試みるものは，言うまでもなく，神に背こうとしているのである★ (Neumann, 1951).

文献：[Knu97, 第3章]

全体に素 u262
(*mutually relatively prime*)

ある整数の集まりは，それらをすべて割り切る整数がないとき，全体に素であるという．たとえば，6, 12, 22, 27 は互いに素であるが，2個ずつ互いに素ではない．

この定義は整数係数多項式を含む他の系にも容易に拡張できる．
(→ 最大公約数，最小公倍数)

素数 u263
(*prime number*)

1よりも大きい整数は，その正の約数が1とそれ自身に限るときに素数と呼ばれる．たとえば，10の素因数は2と5であり，最初の6個の素数は 2, 3, 5, 7, 13 である．算術の基本定理によって，すべての正整数は素数の積に一意に分解できることがわかる．

定義に関する技術的注釈 整数の性質として，次のことが容易に示される：

(1) 1でない正整数 p に対して，次の条件が成り立てば，p は素数である：
p が整数の積 ab を割り切るときは a と b のどちらか(あるいは両方)を割り切る．

(2) 1でない正整数 p に対して，次の条件が成り立てば，p は素数である：
p は $p = ab$ (a も b も 1, -1 ではない)の形に分解できない．

他の数の体系を対象とするときは，これらの性質は必ずしも成り立たない．そこで，これらの整数の体系(環と呼ばれる)の中では，次のように定義する：

(1) 1を割り切る元を単元という．
(2) 単元でない元 p に対して，p が整数の積 ab を割り切るときは a か b (ま

★ (訳注) Knuth 著 (渋谷政昭訳)『準数値算法／乱数』，サイエンス社(1981)による．

たは両方)を割り切る，という性質を持つときに p は素元であるという．

(3) 0 でも単元でもない元 p に対して，$p = ab$ (a も b も単元ではない)の形に分解できないとき，p は既約であるという．

(→ 素数定理，素数間ギャップ)
関連項目
・1.1, 7.1, 8.1, 9(もちろん)本書全体

素数階乗 u264
(*primorial, prime factorial*)

p 素数階乗($p\#$ と書くこともある) は p 以下の素数の積である．たとえば，

$$3\# = 2 \times 3 = 6$$
$$5\# = 2 \times 3 \times 5 = 30$$
$$13\# = 2\times3\times5\times7\times11\times13 = 30030$$

となる．

これらの数は素数の研究の多くの場面で使われてきた．最初に使われたのは，おそらく Euclid の素数の無限性の証明である．素数定理を証明する一つのアプローチは，同値な命題 $\log(p\#) \sim p$ を示すことである．

(→ 幸運数，素数階乗素数)
関連項目
・7.1.1

素数階乗素数 u265
(*primorial prime*)

素数階乗素数には(階乗素数のように) $p\#+1$ と $p\#-1$ の 2 種類がある．
次の p に対して $p\#+1$ は素数となる：
$p = 2, 3, 5, 7, 11, 31, 379, 1019,$
$1021, 2657, 3229, 4547, 4787,$
$11549, 13649, 18523, 23801,$
$24029, 42209 (18,241 桁)$

次の p に対して $p\#-1$ は素数となる：
$p = 3, 5, 11, 13, 41, 89, 317, 337,$
$991, 1873, 2053, 2377, 4093, 4297,$
$4583, 6569, 13033, 15877 (6,845 桁)$

どちらの型のものも 100,000 以下のすべての素数 p に対して調べられている．

これらの数の研究は，素数の無限性の Euclid の証明($p\#$ を使う)に起源を持つ．

関連項目
・7.1.1, 11.17
本書以外で関連するページ
・不足階乗(Reno Dohmen による) u266
文献：[BCP82], [Bor72], [Cal95], [CG02], [Dub87], [Dub89], [Tem80]

素数間ギャップ u267
(*gaps between primes*)

最初のいくつかの素数 2, 3, 5, 7, 11, 13 を見てみよう．それらの間には不規則な間隙(ギャップ)があることに注意しよう．2 の次にはすぐに素数 3 がくる．3 の後には 1 個の合成数が続く．5 の後も 1 個であるが，7 の後は 3 個である．素数の後に続く合成数の個数を素数間ギャップの長さという．たとえば，2, 3, 5, 7 の後の素数間ギャップは，それぞれ 0, 1, 1, 3 である．素数定理によると，n 以下の素数間の「平均のギャップの長さ」は $\log n$ である．詳細は理論編の 1.6 節を参照せよ．

注 素数間ギャップを，引き続く素数の差と定義することもある．その場合には，ここでの定義よりも数が 1 大きくなる．

(→ 双子素数，最頻ギャップ，Gilbreath 予想)

関連項目
- 1.6

本書以外で関連するページ
- 素数間ギャップの詳細な表 u268

文献：[Bre74], [Nic99], [NN], [YP89]

素数座 u269
(*prime constellation*)

k 個の式の組 $(p+a_1, \cdots, p+a_k)$, (ただし $0 = a_1 < a_2 < \cdots < a_k$) を考え，これをパターンということにする．ここで，パターンが許容であるとは，どんな素数 p に対しても，各項の積を割り切るような素数 q ($q \leq k$) が存在しないことである．k 項の許容パターンのうち，大小の幅 (a_k) が最小のものをとる．たとえば $(p, p+4, p+6)$ がそうである．そのパターンの形をした k 個の素数の組を長さ k の素数座(または k 組素数)という．以下にいくつかの例をあげて，この面倒な定義を説明する．

長さ2の素数座を探そう．パターン $(p, p+1)$ は許容ではない．実際，p と $p+1$ のどちらかは偶数であり，その一つは2でなければならない．パターン $(p, p+2)$ は許容である(p と $p+2$ の両方が奇数でありうる)．したがって，長さ2の素数座は $(p, p+2)$ というパターンとなる．

例 $(3,5), (5,7), (11,13), (17,19), (29,31)$

もちろん，このパターンに合う素数は双子素数と呼ばれる．

さて，長さ3の素数座を探そう．このパターンの中の素数は少なくとも2だけ離れていないといけない(だからその一つを2とするわけにはいかない)．

そこで $(p, p+2, p+4)$ を試してみよう．ところがこの3個の数の一つは3で割り切れるので許容ではない．結局 $(p, p+2, p+6)$ と $(p, p+4, p+6)$ というパターンに行き着く．

この二つのパターンは許容であり，したがって長さ3の素数座はどちらかの形をしている．

例 $(5,7,11), (7,11,13), (11,13,17), (13,17,19), (17,19,23)$

これらは三つ組素数である．

長さ4の素数座(四つ組素数)は唯一つのパターン $(p, p+2, p+6, p+8)$ に合う．

例 $(5,7,11,13), (11,13,17,19)$

長さ5に関しては $(p, p+2, p+6, p+8, p+12)$ と $(p, p+4, p+6, p+10, p+12)$, 長さ6に関しては $(p, p+4, p+6, p+10, p+12, p+16)$ となる．各許容パターンに属する素数座は無限に存在すると予想されている(「k 組素数予想」の項を参照せよ)．下記の Web ページから多くの情報を得られる．大きい長さの許容パターンや長さ $2, 3, 4, \cdots, 17$ に対する既知の最大の素数座も含まれている．

(→ 真 k 組素数)

本書以外で関連するページ
- 真 k 組素数(記録, リンク, など) u270

文献：[Guy94, A9節], [Rib95], [Rie94, 第3章]

素数性証明書 u271
(*certificate of primality*)

日常生活で証明書とは，書かれた内容が真実であることを証明する書類である．たとえば，結婚証明書はあなたが結婚していることを証明し，卒業証書は特定の

資格を得たことを示す．これらには証明を与える機関などの名前と署名があり，それによってその証明を確認することができる．

p が素数であることの証明書は p が素数であることの証明の要約である．その証明書はもとの証明を再生するために十分な情報を含まなければならない．また証明書は簡潔であるか，もとのアルゴリズムよりかなり短くなっているべきである．たとえば，小さい数が素数であることは試行除算を使うか Eratosthenes の篩によって示すことができる．このどちらの方法も証明を確かめるにはすべての作業をもう一度行わなければならないので証明書とはならない．しかし，それらの方法はその数が合成数であるときには最小の素因数を書いておけば容易に確かめることができるので，合成数であることの証明書にはなる．

古典的な素数判定アルゴリズムも証明書となる．これらの方法で n が素数であることを証明するには，初めに n^2-1 を(部分的に)素因数分解し，ある条件を満たす数をそれぞれの素因数に対して見つければよい．たとえば，Lucas(リュカ)は $n-1$ の各素因数 q に対してそれぞれ $a^n \equiv 1 \pmod{n}$ かつ $a^{(n-1)/q} \not\equiv 1 \pmod{n}$ であるような整数 a があれば p は素数であることを証明した．証明書は使われた素因数とそれに関係する数の表でよいだろう．これで証明は短くて簡明な形に要約できる．

似たようなアプローチが楕円曲線素数判定法に対しても有効で，もとの証明の 100 倍も速く証明をチェックすることができる．しかし，円分判定法には，現在のところ，実用的な素数性の証明書がないので，計算の最も長い部分をもう一度行わなければならない．

最後におもしろいことに注意しておこう．もし p が素数なら Matijasevic 多項式の値が p となるような整数 $a, b, \cdots, z$ がある．数えてみればすぐにわかるように，これらの整数が与えられれば p が素数であることを示すのに必要なのはたった 87 回の加算，減算，乗算だけである．しかしこれは素数性の証明にはなるとは考えられていない．というのは，これらの 26 の整数のうちのいくつかは $p^{p^{p^{p^p}}}$ より大きくなるかもしれないからで，これをコンピュータで行うよりも試行除算を手で行うほうがずっと速いだろう．

文献：[Rib95, 2XIc 節]

素数定理 [u272]
(*prime number theorem*)

古代ギリシア人は(紀元前 300 年頃)素数が無限にあることを証明した．1 世紀ほど前には以下のことが示された：

> x 以下の素数の個数($\pi(x)$ と呼ぶ)は漸近的に $x/\log x$ に等しい．

この結果は，素数定理と呼ばれる．これを Riemann の Li 関数を使って，もう少し正確に述べることができる．すなわち，ある定数 a が存在して，

$$\pi(x) = \text{Li}(x) + O(xe^{-a\sqrt{\log x}})$$

が成り立つ．

素数定理によって，乱数 n が素数である確率は，およそ $1/\log n$ であることがわかる(技術的に言えば，集合 $\{1, 2, \cdots, n\}$ から選んだ数 m が素数である確率は，漸近的に $1/\log n$ に近づく)．また，n の近くの素数間ギャップの平均はおよそ $\log n$ であり，$\log(n\#)$ は

ほぼ n に等しいこともわかる($n\#$ は素数階乗を表す).

素数定理に関する詳細と歴史については,理論編の 1.1 節を参照せよ.

素数定理に関して合理的な発見的議論を述べることは驚くほど難しい(必然的に,この定理の証明もかなりこみいっている). Greg Martin(マーティン)は次のアプローチを提示した. x が素数である「確率」が関数 $f(x)$ で表されるとしよう. 整数 x は確率 $f(x)$ で素数であり,確率 $1/x$ で自分より大きい整数を割り切る. そこで x を $x+1$ に変更すると,$f(x)$ はおおむね $f(x)(1-f(x)/x)$ に変化する. したがって $f'(x) = -f(x)^2/x$ という微分方程式を得る. この一般解は $1/(\log x + c)$ である. これは素数定理のある変種となっている(ここで c の最適な値は 1 である).

(→ 素数間ギャップ)

関連項目
・1.1, 1.5, 7.1

素数の周期 u273
(*period of a prime*)

p を素数とする. $1/p$ の十進展開の周期を p の周期と呼ぶことも多い. この周期はかならず $p-1$ を割り切る. また周期は p を法とした 10 の位数を計算することで求められる(実際,この位数は周期に等しい). 周期が $p-1$ に等しいならば,p は全周期素数という. 表 16 は 281 以下の各素数の周期である.

(→ 独自素数)

素数表 u274
(*tables of primes*)

素数表は何世紀にもわたって作られてきた. Ishango の骨は古代の骨で(紀元前 6500 年あるいは紀元前 20000 年とされている),3 列の印がついている. 真ん中の列には 11, 13, 17, 19 の印のグループがある. ということで,これが知られている最古の素数のリストであろう.

われわれの時代に近づくにつれて,作成者の意図に確信が持てるようになる. 古代ギリシャ人は確実に素数のことを知っていた(そして Euclid(ユークリッド)が無限にあることを証明した)が,知られている限りで最初の実用的な「素数表」は,800 までの正の整数の素因数の表である. この表は Cataldi(カタルディ)により 1603 年に作られた. Cataldi の表に続いて別の表がいくつも作られた(表 17). これらの表は Gauss(ガウス)や Legendre(ルジャンドル)のような偉大な数学者が素数定理を予想するのに役立った. これらの表を使って多くの予想が立てられ,多くの反証があげられた.

これまで作られた表のなかで最も驚異的なのはおそらく Kulik(クーリック)の巨大な表であろう. それは 8 巻 4,212 ページにわたる. これを完成するのに彼は 20 年の歳月を要した. 悲しいことにその第 2 巻は現在では散逸している(喪失感は表に多くの間違いがあることで和らげられるのだが).

それまでの表とは異なり,D. H. Lehmer(レーマー)の 1909 年の素因数表には(1 を素数と見なしたことを除いて)間違いがなかった. 彼は 1914 年に同じ上限までの素数表を出版した. これらの表は世界中の数学者に手に入れられるようになった最初の表である. それ以前の表のほとんどは,数学という名の書庫に 1 冊あるだけであった.

表16: $1/p$ の周期 (p は素数)

p	周期	p	周期	p	周期	p	周期	p	周期	p	周期
2	2	31	15	73	8	127	42	179	178	233	232
3	1	37	3	79	13	131	130	181	180	239	7
5	5	41	5	83	41	137	8	191	95	241	30
7	6	43	21	89	44	139	46	193	192	251	50
11	2	47	46	97	96	149	148	197	98	257	256
13	6	53	13	101	4	151	75	199	99	263	262
17	16	59	58	103	34	157	78	211	30	269	268
19	18	61	60	107	53	163	81	223	222	271	5
23	22	67	33	109	108	167	166	227	113	277	69
29	28	71	35	113	112	173	43	229	228	281	28

表17: 注目すべき素数と素因数の表 (コンピュータ以前)

上限	作成者	年代	表の種類
800	Cataldi	1603	最小素因数
100000	Brancker	1668	最小素因数
100000	Kruger	1746	素数
102000	Lambert	1770	最小素因数
408000	Felkel	1776	最小素因数
400031	Vega	1797	素数
1020000	Chernac	1811	最小素因数
3036000	Burkhardt	1816/17	素数
6000000	Crelle	1856	素数
9000000	Dase	1861	素数
100330200	Kulik	1863 ?	最小素因数
10007000	D. N. Lehmer	1909	最小素因数
10006721	D. N. Lehmer	1914	素数

コンピュータの到来以降,大きな表の必要性はほとんどなくなった.Eratosthenes の篩を使えばカードやディスクから読み込むより速く,素数表を作ることができる.だから,Bay(ベイ)と Gruenberger(グルエンバーガー)のパンチカード上の 104,395,289 までの素数表 (1959) や,Bay と Hudson(ハドソン)の 1,200,000,000,000 までの表 (1976) はもはや不要である.1980 年に Brent が 4,400,000,000,000 個の素数を必要としたとき,単にそれを計算して捨てている (これは知られている限りこの類の計算では最長だが,もっと長い連続した素数の列が計算されているに違いない!).

本書以外で関連するページ

- 素数のリスト(ダウンロード可能) [u275]
- N 番目の素数 (1,000,000,000,000 以下の素数のリストを作成して計算される) [u276]

文献：[BS96], [Leh14], [Rib95]

素数を表す式 [u277]
(*formulas for the primes*)

「$f(n)$ は素数を表す式である(f の定義域は正の整数とする)」という表現はいくつかの使われ方があるが，多くの著者は次のうちの最初の意味で使う：

I. すべての素数を値にとり，かつ素数の値だけをとる関数 $f(n)$

驚くべきことに，こういう式は比較的容易に構成できるが，その式はふつうあらかじめ知っている素数をもとにするか，数えることで作られている．したがって，これらの式は新しい素数を探す役には立たない．たとえば，理論編の 8.3 節と「Bertrand の仮説」の項を参照せよ．

II. 素数の値だけをとる関数 $f(n)$

Fermat(フェルマー)は $2^{2^n}+1$(これらの数は Fermat 数である)はすべて素数であると(誤って)宣言したとき，この関数の例を見つけたと思っていた．明らかな(しかしつまらない)例は $f(n)=2$ である．Mills の定理はもっと興味深い例を与える．

定数でない，素数の値だけをとる(整数係数)多項式が存在しないことを示すのは容易である．しかし多変数多項式の場合には，値が正の場合にはその値が素数であり(かつすべての素数の値をとる)，値が負の場合には値が合成数となる，そのような整数係数多変数多項式を構成することが可能である．「Matijasevic 多項式」の項を参照せよ．

III. 無限に多くの素数値をとる(が，その値は素数だけとは限らない)関数 $f(n)$

Euclid の定理から，$f(n)=n$ がそうであることが言える．Dirichlet の定理からもそのような式が得られる．しかし，「n^2+1 は無限回素数値をとる」といった簡単に聞こえる予想でも，いまのところわれわれの手の届かないところにあるように見える．しかし，いくらかの希望はある．1997 年に Friedlander(フリードランダー)と Iwaniec(イワニエック)が，a^2+b^4 という形の数の中に無限に多くの素数があることを証明した．

関連項目
- 8.3

本書以外で関連するページ
- Friedlander と Iwaniec の結果 [u278]
- n 番目の素数生成ページ [u279] (式ではなく，リストと篩による)

文献：[Wil82b]

対数関数 [u280]
(*logarithmic function*)

対数関数 $\log x$ は，二つの異なる標準的な意味を持っている．たいていの高校と大学前期課程では $\log x$ は常用対数である．10 の指数にこれを置くことで x が得られる．この意味では，$\log 100 = 2$ である．

しかし，大学の後期課程，数学の出版物，そして本書では $\log x$ は自然対数であって，

$$e = 2.7182818284\ 5904523536$$
$$0287471352\ 6624977572$$
$$4709369995\ 9574966967$$
$$6277240766\ 3035354759$$

対数関数   221

4571382178 5251664274
2746639193 2003059921
8174135966 2904357290 ⋯

の指数に置くことで x となる(これは,初等的な教科書や,多くの電卓では $\ln x$ と書かれることもある).この場合, $\log 100 = 4.60517\cdots$, $\log_{10} x = \log x/\log 10$ である.

素数を扱う場合に,どうしてこれが「自然」なのか? 素数定理は次のように述べている:

x 以下の素数の個数は漸近的に $x/\log x$ である.

この定理は次のようにも表現される:

- n 番目の素数は,だいたい $n \log n$ である.
- $\log(p\#) \equiv p$ である(「素数階乗」の項を参照).
- n 以下の素数の間にある合成数の平均は,およそ $\log n$ である(「素数間ギャップ」の項を参照).

最後の例として,区間 $[1, n]$ から,ランダムに一つの整数をとったとする.この整数が素数である確率は,約 $1/\log n$ である(技術的に言うと,n が無限大に近づくとき,確率は漸近的に $1/\log n$ に近づく).

本書以外で関連するページ
・e に関する情報 [u281]
・e のより詳細な数値 [u282]

代数的数 [u283]
(*algebraic number*)

ある実数が整数係数の多項式の零点であるとき,代数的数であるという.そしてその次数はその実数を零点として持つ多項式の次数の最小値である.たとえば,有理数 a/b(a, b は非負整数)は $bx - a$ の零点なので一次の代数的数である.また,2 の平方根は $x^2 - 2$ の零点なので二次の代数的数である.

代数的でない実数を超越数という.自然対数の底 $e (= 2.71828\cdots)$, や円周率 $\pi (= 3.14159\cdots)$ はともに超越的である.実際には代数的数は可算個なので,ほとんどすべての実数は超越数である.

タイタン素数 [u284]
(*titanic prime*)

80年代の中頃,Samuel Yates(イェーツ)は「最大の既知素数」の収集を開始した.そこで,1,000桁以上の素数をタイタン素数と名づけている.また,その素数性を証明した人物をタイタンと呼んでいる.

ほとんどすべての素数は,タイタン素数であり,いまや数万個が「既知」となっている(しかし,Yates がタイタン素数を最初に定義したときはほんの少ししか知られていなかった).

(→ ギガ素数,メガ素数)
関連項目
・3.1, 4.2, 12
文献: [Yat84], [Yat85]

タウ関数 [u285]
(*tau function*)

タウ関数 $\tau(n)$ については,「約数の個数」の項を参照せよ*

---

*(訳注)この項は元ページにはない.編訳者による追加.

楕円曲線素数判定法 u286
(*elliptic curve primality proving*)

楕円曲線素数判定法(ECPP)は，現代的な素数判定法で，補助的な素因数分解を必要としない．その代わりに，ECPPは楕円曲線上の n を法とする有理点の群の位数を用いる．したがってECPPは(円分判定法やAPR判定法のように)汎用的な素数判定アルゴリズムであり，$n\pm 1$ の(部分的な)素因数分解を用いる古典的な素数判定法と趣を異にする．

François Morain(モラン)は，ECPPによる素数判定の記録保持者だが，自分のプログラムを誰でも使えるようにした．最近，Marcel Martin(マルタン)はWindowsマシン上のプログラムTitanix*を作成した．このプログラムが最近の記録保持者となっている．

関連項目
・2.4.2

文献：[AM93]，[LL90]，[Mor98]

互いに素 u287
(*relatively prime*)

二つの整数が互いに素であるとは，両方を割り切る1より大きい整数が存在しないことを言う(すなわち，その最大公約数は1である)．たとえば，12と13は互いに素であるが，12と14は互いに素ではない．

整数の集合が全体に素であるとは，それらすべてを割り切る1より大きい整数が存在しないことである．たとえば，整数30, 42, 70, 105は全体に素である(しかし，2個ずつ互いに素ではない)．

この定義は他の多くの領域にも一般化される．たとえば，整数係数の二つの多項式が互いに素であるとは，その両方を割り切る非定数の多項式が存在しないことを言う．

(→ 最大公約数)

関連項目
・7.6

多重階乗素数 u288
(*multifactorial prime*)

階乗素数の概念を次の多重階乗関数を用いて一般化するのは(人によっては)自然に思えることである．

- $n! = (n)(n-1)(n-2)\cdots(1)$
- $n!! = (n)(n-2)(n-4)\cdots(1 \text{ または } 2)$
- $n!!! = (n)(n-3)(n-6)\cdots(1 \text{ または } 2, 3)$

たとえば，$7! = 5040$, $7!! = 105$, $7!!! = 28$, $7!!!! = 21$, $7!!!!! = 14$ となる．多重階乗素数は，$n!!\pm 1$, $n!!!\pm 1$, $n!!!!\pm 1$, $\cdots$ という形の素数である．

(→ 階乗，階乗素数，素数階乗素数)

関連項目
・11.17

文献：[CD34]

単位反復数 u289
(*repunit*)

単位反復数('repunit')という用語は'repeated'(反復)と'unit'(単位)という二語から作られた．つまり単位反復数はすべての数字が1であるような正の整数である(この用語はA. H. Beiler(ベ

---

*（訳注）その後改訂されてPRIMOとなった．

イラー)の造語である[Bei64])．たとえば，$R_1 = 1$, $R_2 = 11$, $R_3 = 111$, 一般に $R_n = (10^n - 1)/9$ となる．n が m を割り切れば，R_n は R_m を割り切ることに注意せよ．

単位反復素数は素数の単位反復数である．たとえば：

11, 1111111111111111111, 11111111111111111111111

はおのおの 2, 19, 23 桁の単位反復素数である．他に知られている単位反復素数は 317 桁の $(10^{317} - 1)/9$ および 1,031 桁の $(10^{1031} - 1)/9$ だけであった．

1999 年に Dubner(ダブナー)は $R_{49081} = (10^{49081} - 1)/9$ が概素数であることを発見した．2000 年 10 月には，Lew Baxter(バクスター)が次の単位反復概素数は R_{86453} であることを発見した．いつの日か，この巨大な数が素数であることが証明されるかもしれない！ある詩人が次のように書いている：

> ああ，人間の理想は手の届くところを超えねばならん，でなければ，天は何のために？* (Robert Browning)

知られていることがほとんどないとはいえ，無限に多くの単位反復素数が存在すると予想されている．このことを観察するために既知の単位反復素数と単位反復概素数のグラフを見てみよう(図 2．グラフは，n 対 $\log(\log(R_n))$ で描かれている)．

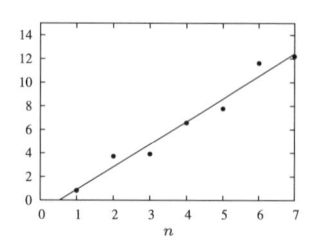

図 2: $\log(\log(R_n))$

単位反復素数は特別な形をしているから，円環的素数であり回文素数でもある．
(→ 一般単位反復数)

文献：[BLS$^+$88], [Bei64], [WD86], [Yat82]

置換可能素数 u290
(*permutable prime*)

置換可能素数とは，数表記したときに少なくとも 2 個は相異なる数字からできていて，各桁の数字をどのように入れ替えても素数であるような素数である．たとえば 337 は置換可能素数である．実際，337, 373, 733 は素数である．十進表記では，おそらく 13, 17, 37, 79, 113, 199, 337 (とその置換)のみが置換可能素数であろう(少なくとも 467 桁以下ではこれだけしかない)．三進表記では 12 と 21 のみである．

置換可能素数は円環的素数である．

置換可能素数の定義において，少なくとも 2 個の数字からなるという制限をはずすと，単位反復素数や 1 個の数字だけからなる素数も自明な置換可能素数となる．

(→ 左切詰め素数，右切詰め素数，消

---

* (訳注) ロバート・ブラウニング著 (大庭千尋訳)『男と女：ブラウニング詩集』，国文社 (1975) 所収の「アンドレア・デル・サルト」による．

去可能素数,覆素数)
文献:[Cal87a]

中国剰余定理 u291
(*Chinese remainder theorem*)

次の定理は(中国よりも前にギリシャで知られていたという証拠があるが)伝統的に中国剰余定理として知られている:

$n_1, n_2, \cdots, n_k$ はどの二つも互いに素な整数とする. $a_1, a_2, \cdots, a_k$ を任意の整数とするとき
(1) ある整数 a が存在して, $i = 1, 2, \cdots, k$ に対して $a \equiv a_i \pmod{n_i}$ となる.
(2) 整数 b が, $i = 1, 2, \cdots, k$ に対して $b \equiv a_i \pmod{n_i}$ を満たすならば, $b \equiv a \pmod{n_1 n_2 \cdots n_k}$

古代の中国ではこの定理を変形したものを使って兵隊の数を数えたと言われている. 兵隊を 7×7, 11×11, $\cdots$ のように正方形に整列させて余った人数だけを数え, 連立方程式を解いて最小の正の解を求めたのである.

等差数列 u292
(*arithmetic sequence, arithmetic progression*)

等差数列とは(有限個または無限個の)実数の列でそれぞれの項が一つ前の項に(公差と呼ばれる)ある定数を加えて得られるものである. たとえば, 1 から出発して公差を 4 とすれば有限な等差数列:

$1, 5, 9, 13, 17, 21$

や無限の数列:

$1, 5, 9, 13, 17, 21,$
$\qquad 25, 29, \cdots, 4n+1, \cdots$

ができる. 一般に, 等差数列の項は, はじめの項 a_0 と公差 d を用いて,

$$a_n = dn + a_0$$
$$(n = 1, 2, 3, \cdots)$$

と表すことができる. もし a_0 と d が互いに素な正の整数なら, 対応する無限の数列は無限に多くの素数を含む(等差数列に含まれる素数についての「Dirichlet の定理」の項を見よ).

この数列の重要な例は, 次の二つの等差数列である:

$1, 7, 13, 19, 25, 31, 37, \cdots$
$5, 11, 17, 23, 35, 41, \cdots$

この二つを合わせた数列は 2 と 3 以外のすべての素数を含む.

関連して, すべての項が素数であるような(有限)等差数列の長さはいくらか, という問題がある. Dickson 予想によればその答はいくらでも長くなるが, 素数だけからなる長い等差数列を見つけるのは非常に困難である. 一方, 与えられた長さの素数の等差数列がどれくらい多く存在するかを発見的に評価することは比較的容易である. 1922 年に Hardy(ハーディ)と Littlewood(リトルウッド)は初めてこれを行った[HL23]. 現在知られている素数の等差数列で最長のものは長さが 22 であり, 11410337850553 から始まり公差は 4609098694200 である. これは 1993 年に Pritchard(プリチャード), Moran(モラン), Thyssen(ティッセン)によって発見された.

連続する素数で等差数列になるものについては, 現在知られている最長の長さは 10 である. これは 93 桁の素数

10099 69724 69714 24763 77866

55587 96984 03295 09324 68919
00418 03603 41775 89043 41703
34888 21590 67229 719

から始まり，公差は210である(詳しくはTony Forbes(フォーブス)のWebページを参照せよ).

2000年の8月にDavid Broadhurst(ブロードハースト)はタイタン素数の等差数列のうちで最も小さいものを発見した．長さ3のものは

$10^{999} + 61971, 10^{999} + 91737,$
$10^{999} + 121503$

であり，長さ4のものは

$10^{999} + 2059323, 10^{999} + 2139213,$
$10^{999} + 2219103, 10^{999} + 2298993$

である.
(→ 等比数列)

本書以外で関連するページ
- 等差数列をなす連続する10個の素数．(Forbes)[u293]
- 最大の素数列(素数のパズルと問題から)[u294]

文献：[Cho44], [DFL+98], [DN97], [Guy94], [HL23], [LP67a], [Ros94]

等比数列[u295]
(*geometric sequence*)

等比数列とは，各項が前項の(公比と呼ばれる)定数倍の(有限または無限の)実数の列である．たとえば，3から始めて公比を2とすると，有限等比数列 3, 6, 12, 24, 48，または無限等比数列 3, 6, 12, 24, 48, $\cdots$, $3 \cdot 2^n$, $\cdots$ が得られる．

一般に，等比数列の項は，定まった数 a と r に対して，$a_n = ar^n$ ($n = 0, 1, 2, \cdots$)の形をしている．

等比数列の項を加えたものを等比級数と呼ぶ．有限級数の場合，項を加えると級数の和

$$a + ar + ar^2 + \cdots + ar^n$$
$$= (a - ar^{n+1})/(1-r)$$

が得られる．
$|r| < 1$ であれば，無限級数の和が求まり，$a/(1-r)$ となる．$|r| \geq 1$ の場合，級数は発散し，和を持たない．
(→ 等差数列)

独自素数[u296]
(*unique prime*)

すべての(2と5以外の)素数 p の逆数はある周期を持つ．すなわち，$1/p$ の十進展開はある長さのブロックの繰返しとなる(「十進展開の周期」の項を参照せよ)．これは，素数 p の周期と呼ばれる．Samuel D. Yates(イェーツ)は周期が他のどの素数とも異なる素数を，独自素数(または独自周期素数)と定義した．たとえば，3, 11, 37, 101 はそれぞれ周期が 1, 2, 3, 4 であるただ一つの素数であり，したがって独自素数である．しかし，41 と 271 はともに周期が 5 であり，7 と 13 はともに周期が 6 であり，239 と 4649 はともに周期が 7 であり，353, 449, 461, 1409, 69857 はいずれも周期が 32 であるから，これらの素数は独自素数ではない．

いかなる「独自」という名のつくものにも期待されるように，独自素数も極めて稀なものである．たとえば，10^{50} 以下には 10^{47} 個を超える素数があるが，独自素数はたったの18個である(そのすべてを表18に列挙する)．独自素数は次の定理により見つけることができる：

表 18: 10^{50} 未満の 18 個の独自素数

周期	素数
1	3
2	11
3	37
4	101
10	9091
12	9901
9	333667
14	909091
24	99990001
36	9999990000 01
48	9999999900 000001
38	9090909090 90909091
19	1111111111 111111111
23	1111111111 1111111111 111
39	9009009009 0099099099 0991
62	9090909090 9090909090 9090909091
120	1000099999 9989998999 9000000010 001
150	1000009999 9999989999 8999990000 0000010000 1

定理 素数 p は，

$$\Phi_n(10)/\gcd(\Phi_n(10), n)$$

が p の冪乗である場合，またその場合に限り周期 n の独自素数である．ここで $\Phi_n(x)$ は n 次の円分多項式である．

文献：[Cal97], [CD98]

2 個ずつ互いに素 u297
(*pairwise relatively prime*)

整数の集合が 2 個ずつ互いに素とは，その要素のすべての対が互いに素になっていることである．たとえば，整数 120, 121, 123 は (すべて合成数だが) 2 個ずつ互いに素である．

二つの整数の最大公約数が 1 であれば，それらは 2 個ずつ互いに素である (一つの対だけだから)．これは $6/\pi^2$ (約 60%) の確率で起こる．

集合は無限であってもよい．たとえば，Fermat 数の集合は 2 個ずつ互いに素であり，素数冪の Mersenne 数の集合もそうである．この事実は，素数の個数が無限であることを証明するのに使われることもある．

(→ 最大公約数，全体に素)

二進冪乗法 u298
(*binary exponentiation*)

x^{25} を計算する一つの方法は x 自身を 24 回掛けるというものだろう．しかし，x が (たとえば 1,000,000 桁のように) 大

きいと，1回の乗算でさえ時間がかかってしまう．もっと少ない回数で計算できないだろうか．

紀元前 200 年頃に Pingala(ピンガラ)のヒンズーの古典 *Chandah-sutra*(『チャンダストラ』)に現れた古代の方法(いまでは左二進冪乗法と呼ばれている)は次のように表せる．初めに，指数の 25 を二進表示して 11001 とし，次に，左端の数字を取り除いて 1001 とする．さらに，残った数字のすべての 1 を「sx」で，すべての 0 を「s」でそれぞれ置き換えると「sxsssx」となる．ここで，「s」は 2 乗することを，「x」は x を掛けること ($\times x$) を表すとすれば

$$2乗, \times x, 2乗, 2乗, 2乗, \times x$$

となる．この指示に従えば，x から始めて，順に $x^2, x^3, x^6, x^{12}, x^{24}, x^{25}$ を得る．これは 24 回でなく 6 回の乗算でできる．指数が大きなときには効果は劇的である．たとえば，この方法では $x^{1000000}$ は 25 回の乗算で，$x^{1234567890124567890}$ は 94 回の乗算で，$n = 10^{1000}$ のとき x^n は 4,483 回の乗算でできる．一般には，二進冪乗法は $2\log n / \log 2$ より少ない乗算でできる．

1427 年に al-Kashi(アル・カーシー)によって提案された別の方法(紀元前 2000 年頃にエジプト人が使った方法と似ている)は，いまでは右二進冪乗法と言われている．n が正の整数のとき，x^n は次のように計算することができる：

$Power(x, n)\{$
　$r := 1$
　$y := x$
　while $(n > 1)\{$
　　if (n が奇数) then $r := r * y$
　　$n := floor(n/2)$
　　$y := y * y$
　$\}$
　$r := r * y$
　return(r)
$\}$

この右二進冪乗法の方法はプログラムするのが容易であり，左二進冪乗法の方法と同じ回数の乗算で計算できるが，少し多くの記憶容量を必要とする．また，Fermat の概素数判定法のために 3^n を計算するときのように，x が小さいときには，x を掛けるのに必要な時間は 2 乗するのに必要な時間に比べて無視できるので，左二進冪乗法の方法はかなり速いだろう．

二進冪乗法がいつでも最少の乗算回数を与えるわけではない．たとえば，これらの方法は x^{15} を求めるのに 6 回の乗算を必要とするが，x^3 は 2 回で，x^5 は 3 回で求められるので $x^{15} = (x^3)^5$ は 5 回の乗算で求められる．

文献：[Knu97, 4.6.3 節]

発見的議論[u299]
(*heuristic argument*)

発見的とは，「問題を解決する手助けにはなるが，正当であることが示されていないか示すのが不可能な」ものである．だから，発見的議論は，いずれ証明しようと思っていること，またはコンピュータを走らせれば見つかるだろうと期待していることを示すために用いられる．良く言えば，知識・経験に基づいた推測である．

たとえば，ある人が Fermat 素数 F_n が無限にあるかどうか考えたとする．次の例は，答が否定的であるという発見的

な議論である：

> 素数定理からランダムな n が素数である確率は多くともある実数 A に対して $A/\log n$ であると推測できる．そこで，$A/\log F_n < A/(2^n \log 2)$ を非負の整数にわたって加えると Fermat 素数の個数は多くとも $A/\log 2$ 個となり，有限である．

この素朴な発見的議論には正当でない仮定がいくつかある．たとえば，Fermat 数が乱数のように振る舞うことを仮定しているが，Fermat 数には特別な整除性がある（「Fermat 約数」の項を見よ）．

同様の議論を Mersenne 数に用いると，和が発散するので，無限に多くの Mersenne 素数があるように思われる．

（→ 予想，未解決問題）

左切詰め素数 u300
(*left-truncatable prime*)

左切詰め素数（または単に切詰め素数）とは，先頭からいくつ数字を取り除いても素数であり続ける，（数字 0 を含まない）素数のことである．たとえば 4632647 は，それ自身を含め，切り詰めた数 632647, 32647, 2647, 647, 47, 7 すべてが素数であるから，左切詰め素数である．自明な例を避けるため，数字の 0 を除外する．たとえば $10^{60}+7$ を考えると，切り詰めた数はすべて素数 7 になってしまうからである．

左切詰め素数トップ 3 は，

959 18918 99765 33196 93967,
966 86312 64621 65676 29137,
3576 86312 64621 65676 29137

である．

別な底における，こういった素数の最大値を見つけるのは読者に任せる．

（→ 右切詰め素数，置換可能素数，消去可能素数，極小素数，覆素数）

文献：［Cal87b］

ビッグ O u301
(*big-O*)

$f(x)$ と $g(x)$ をある正の固定された実数 x_0 よりも大きなすべての実数で定義された実数値関数としよう．次のように

$$f(x) = O(g(x))$$

と表し，「$f(x)$ は $g(x)$ のビッグ O である」という．

これは，ある定数 C が存在して

$$|f(x)| < C \cdot g(x)$$

となるとき，すなわち，$f(x)$ が $O(g(x))$ となるのは f が g の定数倍で抑えられるときである．

たとえば，$53x^2+23x+500 = O(x^2)$，$\sin x = O(1)$，さらに，n 次以下のどんな多項式も $O(x^n)$ である．

（→ リトル o，同じオーダー，漸近的に等しい）

覆素数 u302
(*primeval number*)

"prime" のような単語から，その中に含まれる単語をいくつ見つけられるか，というゲームがあるが，読者は遊んだことがあるだろうか？ たとえば，この場合，次のような単語が見つけられる．prime, prim, ripe, imp, pie, rip, ⋯ 同じようなゲームを整数を使って素数を見つけてみたらどうだろう．たとえば 1379 の場合には，次の 31 個の素数を見つけることができる：

3, 7, 13, 17, 19, 31, 37, 71, 73, 79, 97, 137, 139, 173, 179, 193, 197, 317, 379, 397, 719, 739, 937, 971, 1973, 3719, 3917, 7193, 9137, 9173, 9371

(もとの数に含まれる数字を同じ個数だけ使うことに注意せよ).

Mike Keith(キース)は, 正整数であって上の方法で見つけた素数の個数が自分より小さい正整数のそれよりも多いような数を覆素数と定義した. 表19は100,000以下の覆素数のすべてである(KeithのWebページによる).

(→ 消去可能素数, 置換可能素数, 左切詰め素数)

本書以外で関連するページ

- 多くの埋込み素数を持つ整数(Mike Keithによる) u303

不足数 u304
(*deficient number*)

正の整数 n があり, その正の約数を加えるとしよう. たとえば n が18ならその和は $1+2+3+6+9+18=39$ となる. 正の整数 n に対して以下の三つのうちの一つが起こる:

和	呼び方	例
$< 2n$	不足数	1, 2, 3, 4, 5, 7, 8, 9
$= 2n$	完全数	6, 28, 496
$> 2n$	過剰数	12, 18, 20, 24, 30

無限に多くの不足数がある. たとえば, p^k は p が素数で $k>0$ のとき不足である. また n が完全数で d が n の約数 $(1<d<n)$ なら d は不足である.

(→ 完全数, 過剰数, 友好数, シグマ関数)

双子素数 u305
(*twin prime*)

双子素数とは差が2の素数の組である(この名前は1916年にStäkel(ステケル)により作られた). はじめの双子素数は (3,5), (5,7), (11,13), (17,19) である. 双子素数は無限にあると予想されている(「双子素数予想」の項を参照). 篩の手法を用いることによって, 双子素数の逆数の和は収束することが証明されている(「Brun定数」の項を参照).

最初の二つを除いて, すべての双子素数が $(6n-1, 6n+1)$ という形になることを示すのは容易である. 次のWilsonの定理の変種を証明するにはもっと手間がかかる.

定理 (Clement 1949) 整数の組 $n, n+2$ は次の式が成り立つとき, またそのときに限り, 双子素数になる:

$$4((n-1)!+1) \equiv -n \pmod{n(n+2)}$$

より詳しい技術的な説明は, 下記の項と関連項目を参照せよ.

(→ 双子素数定数, Brun定数, k 組素数予想)

関連項目
- 11.18

双子素数定数 u306
(*twin prime constant*)

Hardy(ハーディ)とLittlewood(リトルウッド)は x 以下の双子素数の個数はおよそ,

表 19: 100,000 以下のすべての覆素数

覆素数	含まれる素数の数	覆素数	含まれる素数の数	覆素数	含まれる素数の数	覆素数	含まれる素数の数
2	1	1013	11	10079	33	10367	64
13	3	1037	19	10123	35	10379	89
37	4	1079	21	10136	41	12379	96
107	5	1237	26	10139	53	13679	106
113	7	1367	29	10237	55		
137	11	1379	31	10279	60		

$$2 \prod_{p \geq 3} \frac{p(p-2)}{(p-1)^2} \int_2^x \frac{dt}{(\log t)^2}$$
$$\fallingdotseq 1.320323632 \int_2^x \frac{dt}{(\log t)^2}$$

であると予想した.この無限積の部分の値が双子素数定数である.

この定数は Wrench(レンチ)らにより評価され,おおよそ次の値であることがわかっている:

$$0.6601618158\cdots$$

(→ 双子素数,Brun 定数,k 組素数予想)

関連項目
・11.18
本書以外で関連するページ
・双子素数定数 u307

双子素数予想 u308
(*twin prime conjecture*)

(弱い)双子素数予想とは,双子素数は無限にあるというものである.

この予想の強い形式もあり,それは「双子素数定数」の項に現れる Hardy(ハーディ)と Littlewood(リトルウッド)の予想である.

(→ 双子素数定数,Brun 定数)

平方剰余 u309
(*quadratic residue*)

Diophantus 方程式の研究では整数 a が p を法としてある整数の平方になるかどうかを知ることが非常に重要である.これは素数そのものの研究にも驚くほどよく現れる.これが成り立つときに a は p を法として平方剰余であるという.そうでないときには p を法として平方非剰余であるという.たとえば,$4^2 \equiv 7 \pmod{9}$ であるから,7 は 9 を法として平方剰余である.他のいくつかの例をみてみよう(表 20).

表 20

法	平方剰余	平方非剰余
2	0,1	無し
3	0,1	2
4	0,1	2,3
5	0,1,4	2,3
6	0,1,3,4	2,5
7	0,1,2,4	3,5,6
8	0,1,4	2,3,5,6,7

奇の素数 p に対して,(ゼロも含めて)$(p+1)/2$ 個の平方剰余が存在し,$(p-1)/2$ 個の平方非剰余が存在する.こ

の平方剰余は数 $0^2, 1^2, \cdots, ((p-1)/2)^2$ からなる。これらは法 p に関してすべて異なっており，明らかに法 p でのすべての平方をつくしている。

二つの平方剰余の積，または二つの平方非剰余の積は平方剰余であり，平方剰余と平方非剰余の積は平方非剰余である。平方剰余に関する最も重要な結果の一つは，平方剰余の相互法則であり，これを証明するのは驚くほど難しい（「Legendre 記号」の項を参照せよ）。

（→ Legendre 記号, Jacobi 記号）

ほとんどすべての [u310]
(*almost all*)

しばしば数学者は「ほとんどすべての正の整数は合成数である」とか「ほとんどすべての実数は無理数である」というような表現を使う。ここで「ほとんどすべての」は「無視できる部分を除いて」という意味であるが，「無視できる」をどのように定義するかは基礎となる集合に依存する。

正の整数では次のようになる：

$P(n)$ を述語（「n は素数である」というような整数 n についての記述）とし，N より小さな正の整数 n で $P(n)$ を満たすものの個数を $\#P(N)$ で表すことにする。たとえば，$P(n)$ が「n は偶数である」ならば $\#P(N)$ は $\lfloor n/2 \rfloor$ である。

N が大きくなるにつれて，比 $\#P(N)/N$ がいくらでも 1 に近づく（すなわち，N が無限大に近づくとき $\lim \#P(N)/N = 1$ となる）ならば，「ほとんどすべての n に対して $P(n)$ である」という。

たとえば，$P(n)$ が「n は合成数である」ならば，$\#P(N)$ は（素数定理によって）およそ $(1 - 1/\log N)N$ であるから $\#P(N)/N$ はおよそ $1 - 1/\log N$ となる。これは N が大きくなると明らかに 1 に近づく。よって，ほとんどすべての正の整数は合成数である。

他の集合においては次のようになる：

他の集合においては「ほとんどすべての」という概念は違う方法で定義される。たとえば，実数において「ほとんどすべて」を定義する普通の方法は測度 0（普通は Lebesgue 測度）の集合を除いてすべてと指定することである。これらの概念はこの用語編の範疇を越えている。

未解決問題 [u311]
(*open question*)

もしかすると正しいかもしれないと思えるくらいの主張は，よく未解決問題と呼ばれる。未解決問題と言って，予想とは言わない。なぜならば，数学者は自分の直感の評判を大事にするからである。何かを予想と呼んで（つまり，それが正しいと信ずると表明し），その後で間違っていたことが証明されて，困ることもありうる。

（→ 予想, 発見的議論）

関連項目
・7.11

右切詰め素数 [u312]
(*right-truncable prime*)

73939133 は，はじめの何桁をとっても素数になっている最大の素数である $(7, 73, 739, \cdots)$。数を書くのを途中で

やめても，やはり素数を書いたことになる．こういう素数は，右切詰め素数と呼ばれている(1 を素数と考えてもいいのであれば，最大は 1979339333 と 1979339339 である)．

こういった素数は，いろいろな(未公認の)別称で呼ばれている．Card(カード)は，1968 年に「雪玉素数」と呼んだ．("Patterns in Primes" J. Rec. Math. 1 (1968) pp.93–9). Michael Stueban(スチューバン)は 1985 年に Alf van der Porten's note(Math. Int. 7:2 (1985) p.40)を読んだ後で「超素数」と名づけている．別の文献では同じものを「一級素数」と呼んでいる．

底(基数)を変えて右切詰め素数を探すとどうなるだろう？ 表 21 は最初のいくつかの底に対する答である：

表 21：右切詰め素数

底	この底での最大既知右切詰め素数
2	1011
3	2122
4	2333 (133313)
5	34222
6	2155555
7	25642 (166426)
8	2117717
9	3444224222

(→ 左切詰め素数，置換可能素数，消去可能素数)

三つ組素数 u313

(*prime triple*)

三つ組素数とは三つ連続した素数のことをいい，最初と最後の差は 6 である．たとえば，

(5,7,11), (7,11,13), (11,13,17), (13,17,19), (17,19,23), (37,41,43), (41,43,47), (67,71,73), (97,101,103), (101,103,107)

である．

このような素数の組は無限にあると予想されている．事実，Hardy-Littlewood の k 組素数予想によれば，x 未満の $(p, p+2, p+6)$ と $(p, p+4, p+6)$ の形の三つ組素数のそれぞれの個数は，おおよそ

$$\frac{9}{2} \prod_{p \geq 5} \frac{p^2(p-3)}{(p-1)^3} \int_2^x \frac{dt}{(\log t)^3}$$
$$\fallingdotseq 2.858248596 \int_2^x \frac{dt}{(\log t)^3}$$

である．100,000,000 未満の三つ組素数の実際の個数は，それぞれ 55,600 と 55,566 だが，Hardy-Littlewood の推定式によれば，これは 55,490 である．

(→ 素数座，双子素数，四つ組素数)

本書以外で関連するページ

・真 k 組素数(最大既知三つ組素数を含む) u314

文献：[Rie94]

無限 u315

(*infinite*)

二つの集合に 1 対 1 の対応がつく(一方の集合の各要素に他方の集合の要素がちょうど一つ対応する)とき，同等であることを思い出そう．これは，有限集合では要素の個数が等しいことを意味する．

無限集合とはそれ自身の真の部分集合と同等である集合である．たとえば，整数の集合は偶数の集合と同等であるが，偶数の集合は整数の集合の真の部分集合

である。これは $f(n) = 2n$ が整数から偶数への単射であることに注意すればよい。

この定義からいくつかのおもしろい結果が得られる。たとえば, $1, 2, 3, 4, \cdots$ と番号の付いた無限個の部屋を持つホテルがあり満室だとしよう。それでもまだ人が泊まれる部屋がある。それぞれの人に次の番号の部屋に移動してもらえばよい。実際, もし満室でも, すでに泊まっている人と同じ人数分の部屋がある。1を2へ, 2を4へ, 3を6へ, $\cdots$, n を $2n$ へ, というように移動すれば, $1, 3, 5, \cdots$ は空室となる。教訓は, 無限集合では要素の個数(濃度)の性質が有限集合の場合とは違うということだ。

無限集合は二つのタイプに分けられる。整数の部分集合と同等なもの(可算と呼ぶ)とそうでないもの(非可算と呼ぶ)である。素数全体, 合成数全体, 正の整数全体は明らかに可算である。さらに, 有理数全体, 整数係数多項式全体, 代数的数全体も可算である。非可算集合には, 実数全体, 複素数全体, 無理数全体, 超越数全体, 任意の可算集合の冪集合などがある。

無理数 [u316]
(*irrational number*)

実数は有理数でないとき無理数である。よくある例は, 2の平方根, 自然対数の底 e, 円周率 $\pi(= 3.14159\cdots)$ などである。無理数の十進展開には(同じ長さのブロックの)繰返しがないが,

$$0.101001000100001000001\cdots$$
$$0.123456789101112131415\cdots$$

のような単純なパターンはある。

ほとんどすべての実数は無理数である。したがって, もし「ランダム」に一つの実数をとれば, それが無理数である「確率」は1である(専門的には, 有理数の集合は可算なので区間 $[a, b]$ に含まれる無理数の集合の Lebesgue 測度は $b - a$ である)。

(→ 有理数, 代数的数)

メガ素数 [u317]
(*megaprime*)

タイタン素数という用語が 1,000 桁以上の素数に対して作られたように, 10,000 桁以上の素数にはギガ素数という用語が作られた。そして 1,000,000 桁以上の素数をメガ素数と定義する。

ほとんどすべての素数はメガ素数である(ほとんどすべての整数が百万桁以上だから)。しかし, 見つかっているのはたった一つである!

(→ タイタン素数, ギガ素数)

関連項目
・3, 4.2, 11.3

約数 [u318]
(*divisor*)

正の整数の約数または因数とはその数をちょうど割り切る整数である。たとえば, 28 の約数は 1, 2, 4, 7, 14, 28 である。もちろん 28 はそれぞれの負の数でも割り切れるが, 「約数」はふつう正の約数を表すものとする。素数とは約数が 1 とその数自身だけである 1 より大きな整数のことである。

いくつかの数論的関数は n の約数に関係している。たとえば, $\tau(n)$ は n の約数の個数であり, $\sigma(n)$ はそれらの和である。

'divisor' という語の別の使い方もあ

る．整数 a を 0 でない整数 b で割って商と余りを求めるとき（「除算アルゴリズム」の項を見よ），b を除数 (divisor)，a を被除数 (dividend) と呼ぶ．

（→ Euler のファイ関数，過剰数）

約数の個数 [u319]
(*number of divisors*)

n の正の約数の個数は $\tau(n)$（または $d(n)$）と表記される．表 22 に，この関数の最初のいくつかの値を示す：

表 22：約数の個数

n	$\tau(n)$	n	$\tau(n)$
1	1	9	3
2	2	10	4
3	2	11	2
4	3	12	6
5	2	13	2
6	4	14	4
7	2	15	4
8	4	16	5

明らかに，素数 p に対しては $\tau(p) = 2$ である．また，素数の冪乗に対しては $\tau(p^n) = n+1$ である．たとえば 3^4 には正の約数が $(4+1)$ 個あり，それぞれ $1, 3, 3^2, 3^3, 3^4$ である．

$\tau(x)$ は乗法的関数であるから，すべての n に対して $\tau(n)$ の値を得るにはこれだけで十分である．n の素因数分解の正規形*が $\prod_{i=1}^{k} p_i^{e_i}$ である場合，約数の個数は

$$\tau(n) = (e_1+1)(e_2+1)(e_3+1) \cdots (e_k+1)$$

である．

たとえば，4200 は $2^3 3^1 5^2 7^1$ であるから，$(3+1)(1+1)(2+1)(1+1) = 48$ 個の正の約数を持つ．

約数和列 [u320]
(*aliquot sequence*)

古代ギリシャ人によって定義されたいくつかの種類の数（完全数，不足数，過剰数など）は n のそれ自身を含まない正の約数の和にかかわっている．今日ではその約数の和をシグマ関数を用いて $\sigma(n) - n$ のように表す．n と $\sigma(n) - n$ を比較すると，以下の三通りの可能性がある：

起こりうる場合	n の呼び名
$\sigma(n) - n < n$	不足数
$\sigma(n) - n = n$	完全数
$\sigma(n) - n > n$	過剰数

近代の数学者にとって共通の疑問は，この計算を繰り返したらどのようになるか，ということである．たとえば 20 から始めると，$1+2+4+5+10 = 22$, $1+2+11 = 14$, $1+2+7 = 10$, $1+2+5 = 8$, $1+2+4 = 7$, $1 = 1$ となり，この後は 0 が永遠に繰り返す．伝統的には 1 になったらこの計算を止める．

このように繰り返して得られる数列は約数和列と呼ばれる．他の例として 12, 16, 15, 9, 4, 3, 1 をあげておく．これらは必ず 1 になって終わるのだろうか．そうでないことは，6 や 28 などの完全数から始めてみればわかる．

本当に何回も続けてみればループに入ってずっと繰り返すことになることに

---

* (訳注)「算術の基本定理」の項を参照せよ．

注意しよう．たとえば，220, 284, 220, 284, ⋯ のような友好数の組や

14288, 15472, 14536, 14264, 12496, 14288, 15472, 14536, 14264, 12496, ⋯

である．これらの繰り返す数の集合は社交的連鎖とか約数和循環列と呼ばれる．

それでは，これらの約数和列は 1 になるか約数和循環列になるかのどちらかなのだろうか．これも未解決問題である．1888 年に Catalan(カタラン)はそれが成り立つと予想したが，他の人々(たとえば Guy(ガイ)と Selfridge(セルフリッジ))はこれが小数の法則の別の例になるかもしれないと示唆した．実際ある人たちは，偶数から始まるほとんどすべての約数和列は繰り返さないと考えている．

次にあるのは 2,000 以下で約数和列が 1 になるか繰り返すかわかっていないものである(これら以外はすべて調べられている)．

276, 552, 564, 660, 966, 1074, 1134, 1464, 1476, 1488, 1512, 1560, 1578, 1632, 1734, 1920, 1992

(→ シグマ関数，完全数，友好数)

本書以外で関連するページ
- 約数和列 (Paul Zimmermann) [u321]
- 約数和列 (Juan L. Varona) [u322]
- 約 数 和 列 (Wolfgang Creyaufmueller) [u323]

唯一 [u324]
(*unique*)

数学で「唯一」(または「一意に」)という言葉は，ただ一つを意味する．したがって，ある定理(たとえば除法のアルゴリズム)で，「〜なる r が唯一存在する」*と述べた場合，「そのような r が存在し，かつ，そのような r はただ一つである」ということを意味している．

友好数 [u325]
(*amicable numbers*)

220 と 284 の組はお互いに他を「含む」という奇妙な性質を持っている．どのように含むのかというと，お互いの正の真の約数の和が他の数になるという意味においてである：

220	$1+2+4+5+10+11+20+22$ $+44+55+110=284$
284	$1+2+4+71+142=220$

このような数の組は友好数と呼ばれる．

友好数は奇術や占星術，媚薬やお守りの作り方において長い歴史も持っている．たとえば，Jacob(ヤコブ)は兄弟が自分を殺そうとしているのではないかと心配して兄弟に羊を送った(創世記32:14)が，その羊の数は 220 頭(雌を 200 頭と雄を 20 頭)であったと古代ユダヤ教の注釈者は考えた．哲学者 Iamblichus(ヤンブリコス)(紀元 250–330)は，Pythagoras 学派がこれらの数について知っていたと書いている．

彼らはある数を友好数と呼び，284 と 220 のような数の組に美徳と社会の品位を結び付けた．というのは，お互いの一部が他を作り出す力を持っているからで

---

* (訳注) 英語の表現では "there is a unique r such that ..." となる．

ある.

Pythagoras(ピタゴラス)は友人のことを「もう一人の私, 220 と 284 のような人」と言ったと記録されている. 現在, 多くの場合(そして正当にも)友好数は初等整数論の教科書の練習問題に追いやられている.

すべての友好数を求める公式や方法はないが, ある特別な形のものについての公式は発見されている. Thâbit ibn Kurrah(クラー)(紀元 850 年頃)は次のように述べた:

$n > 1$ のとき,
$$p = 3 \cdot 2^{n-1} - 1$$
$$q = 3 \cdot 2^n - 1$$
$$r = 9 \cdot 2^{2n-1} - 1$$
がすべて素数ならば, $2^n pq$ と $2^n r$ は友好数である.

それは, この公式が第 2, 第 3 の友好数を作り出す数世紀も前のことだった! Fermat(フェルマー)は 1636 年に Mersenne(メルセンヌ)宛の手紙で 17296 と 18416 ($n=4$) を公表した. Descartes(デカルト)は 1638 年 Mersenne に 9363584 と 9437056 の組 ($n=7$) を書いて送った. それから Euler(オイラー)は 64 組の新しい友好数の表を加えて彼ら二人をしのいだが, 彼は二つの間違いを犯した. 1909 年にそのうちの一つが友好数でないことがわかり, 1914 年に第 2 の組が同じ運命を辿った. 1866 年に 16 歳の少年 Paganini(パガニーニ)はそれまで知られていなかった組 (1184, 1210) を発見した.

現在ではコンピュータによる大規模な探索により 10 桁以下のすべての友好数の組が見つけられ, またもっと大きいものも多数発見されて, 7,500 組以上[*]になっている. 友好数が無限に多く存在するかどうかは知られていない. 互いに素な友好数の組が存在するかどうかも知られていない. もしそのような組があれば, それらは 26 桁以上で, 積は少なくとも 22 個の異なる素数で割り切れなければならない.

(→ 完全数, 過剰数, 不足数, シグマ関数)

本書以外で関連するページ

・友好数(既知の組をすべてリストする試み) [u326]

・Eric Weisstein(ワイスタイン)の数学の世界から友好数 [u327]

・Eric Weisstein の数学の世界から友数 [u328]

有理数 [u329]
(*rational number*)

数学での 'rational' とは「比のような」という意味である. だから有理数は二つの整数の比として書ける数のことである. たとえば $3 = 3/1, -17, 2/3$ は有理数である.

ほとんどの実数(数直線上の点)は無理数(有理数ではない数) である. 有理数は反復的十進展開を持つものである(たとえば $1/11 = 0.09090909\cdots$ であり, $1 = 1.000000\cdots = 0.999999\cdots$ となる). それらはまた有限回で終わる部分分数展開を持つ. 最後に, 実数 x が有理数となるのは, 不等式 $|x - a/b| < 1/b^2$ が有限個の整数解 a, b を持つときであり, かつ, そのときに限る.

(→ 無理数, 代数的数)

---
[*] (訳注) 2002 年 12 月の時点で 284 万組以上.

予想 [u330]
(*conjecture*)

数学者が研究しているとき(まだ)証明はできないけれども成り立つに違いないと思われる結果に出会うことがある．これらの結果は予想と呼ばれる．(未解決問題に対して)予想と呼ばれるためにはいくつかの強い証拠や発見的根拠がなければならない．予想が陥るかもしれない落とし穴の例として，「小数の法則」の項を見よ．

最終的に証明(または反証)されるまでに数百年も予想のままになっているものもある．たとえば，Fermat の最終定理は Wiles(ワイルズ)が証明するまで350 年間予想のままだった．

(→ 未解決問題，発見的議論，小数の法則)

関連項目
・7.11

四つ組素数 [u331]
(*prime quadruple*)

四つ組素数とは連続する四つの素数の組であって，最初と最後の項の差が 8 に等しいもののことである．以下の例がある：

(5, 7, 11, 13), (11, 13, 17, 19), (101, 103, 107, 109), (191, 193, 197, 199), (821, 823, 827, 829), (1481, 1483, 1487, 1489), (1871, 1873, 1877, 1879), (2081, 2083, 2087, 2089), (3251, 3253, 3257, 3259), (3461, 3463, 3467, 3469)

四つ組素数は無限にあることが予想されている．実際，Hardy(ハーディ)-Littlewood(リトルウッド)の k 組素数予想では，x より小さい四つ組素数の個数は次の式で近似される：

$$\frac{27}{2} \prod_{p \geq 5} \frac{p^3(p-4)}{(p-1)^4} \int_2^x \frac{dt}{(\log t)^4}$$

$$\fallingdotseq 4.151180864 \int_2^x \frac{dt}{(\log t)^4}$$

実際に 100,000,000 より小さいものは 4,768 個である．上の Hardy-Littlewood の評価では 4,734 となる．

(→ 素数座，三つ組素数)

本書以外で関連するページ
・真 k 組素数 [u332]

文献：[Rie94]

リトル o [u333]
(*little-o*)

$f(x)$ と $g(x)$ は $x > x_0$(ここで，x_0 はある固定された正の実数)で定義された実数値関数とする．このとき，x が無限大に近づくときの $f(x)/g(x)$ の極限値が 0 であるとき，すなわち $f(x)/g(x)$ が任意の正の数より小さくなるとき，

$$f(x) = o(g(x))$$

と書く．例：$10000x = o(x^2)$, $\log x = o(x)$, $x^n = o(e^x)$．ここで，$f(x) = o(g(x))$ は $f(x) = O(g(x))$ よりも強い条件であることに注意せよ．

リトル o 記法は，よく次のような形で使われる：

$$f(x) = g(x) + o(h(x))$$

これは，直感的に，$f(x)$ を $g(x)$ で近似するときの誤差は，$h(x)$ に比べて無視できるほど小さいということを意味する．

リトル o 記法は，1909 年 E. Landau

(ランダウ)によって最初に使用された.
　(→ ビッグO，同じオーダ，漸近的に等しい)

輪転因数分解 u334
(*wheel factorization*)

試行算算によりある整数が素数であることを確認する(あるいはその素因数を求める)場合，その平方根以下の素数で割ることになる．ただ素数で割る代わりに，次の方法がもっと実用的なことがある：

> まず $2, 3, 5$ で割り，その後で 30 を法として $1, 7, 11, 13, 17, 19, 23, 29$ と合同な数で割っていき，やはり平方根に達したところでやめる．

このような素因数分解の方法は輪転因数分解と呼ばれる．たとえば，3331 が素数であることを見るには，$2, 3, 5, 7, 11, 13, 17, 19, 23, 29, 31, 37, 41, 43, 47, 49, 53$ で割ればよい．

車輪*はどんな大きさでもよい．たとえば，素数 $2, 3, 5, 7$ から始めるのならば，210(この四素数の積)を法として以下の数と合同な数に対して検査しなければならない：

$1, 11, 13, 17, 19, 23, 29, 31, 37, 41,$
$43, 47, 53, 59, 61, 67, 71, 73, 79, 83,$
$89, 97, 101, 103, 107, 109, 113, 121,$
$127, 131, 137, 139, 143, 149, 151,$
$157, 163, 167, 169, 173, 179, 181,$
$187, 191, 193, 197, 199, 209.$

(→ 試行除算，Eratosthenes の篩)

---

* (訳注) 上の例の $30 = 2 \times 3 \times 5$.

零点(関数の) u335
(*zero of a function*)

関数の零点あるいは(古風に)根とは，そこで関数値が 0 になる変数の値をいう．たとえば $x^2 - 1$ の零点は $x = 1$ と $x = -1$ であり，$z^2 + 1$ の零点は $z = i$ と $z = -i$ である．ときどき，定義域を制限し，受け入れる零点の種類に制限を設けることがある．たとえば，$z^2 + 1$ は実数の零点を持たない(なぜなら二つの零点は実数ではない)．$x^2 - 2$ は有理数の零点を持たない(二つの零点は無理数である)．正弦関数は 0 以外の代数的数の零点を持たないが，無限に多くの超越数の零点 $-3\pi, -2\pi, -\pi, \pi, 2\pi, 3\pi, \cdots$ を持つ．

多項式の零点の多重度とは，それが現れる頻度である．たとえば $(x-3)^2(x-4)^5$ の零点は，多重度 2 の 3 と多重度 5 の 4 である．したがって，この多項式は互いに異なる二つの零点を持つが，多重度を入れれば，(合計)七つの零点を持つ．

代数学の基本定理は，(実数あるいは複素数係数の) n 次多項式は複素数の(多重度をこめて) n 個の零点を持つことを主張している．その帰結として，任意の実係数 n 次多項式は高々 n 個の実零点を持つことがいえる．最後に，実係数の多項式の複素数の零点は共役な組になる(すなわち，$a+bi$ が零点であれば，$a-bi$ もまた零点である)．

割り切る u336
(*divide*)

ある整数で他の整数を割ったときの余りが 0 であるとき，割り切るという．数学

者は少し形式的に

> a, b は整数で $a \neq 0$ とする. $b = ac$ となるような整数 c が存在するとき a は b を割り切るという.

のように表す.

この概念はよく使われるので, これを表す記号がある :

> $a|b$ a は b を割り切る
> $a \nmid b$ a は b を割り切らない

また, a を割り切る整数を a の約数と呼ぶ.

すべての整数 a, b, c, d に対して次の基本性質が成り立つことを証明してみるとよい :

(1) $a|0, 1|a, a|a$

(2) $a|1$ となるのは $a = \pm 1$ のときに限る.
(3) $a|b$ かつ $c|d$ ならば $ac|bd$
(4) $a|b$ かつ $b|c$ ならば $a|c$
(5) $a|b$ かつ $b|a$ となるのは $a = \pm b$ のときに限る.
(6) $a|b$ かつ $b \neq 0$ ならば $|a| < |b|$
(7) $a|b$ かつ $a|c$ ならば $a|(bx+cy)$ がすべての整数 x と y に対して成り立つ.

最後に, p を素数, k を正の整数とするとき, p^k が a を割り切り, p^{k+1} は a を割り切らないときに $p^k || a$ と表す記号も普及しだしている.

(→ 最大公約数, 素数, 互いに素)

第Ⅲ部

資料編

第 9 章

小さい素数のリスト

小さいとはどういうことか？それは言っている状況によるが，本書では（1,000 桁以上の）タイタン素数に焦点を合わせているので 500 桁未満の素数は小さいと言える．本章では，最初の 2, 3 百万の素数と 2, 3 百の証明済み素数（10 – 300 桁）を，いろいろなアルゴリズムをテストするためにあげることにする．

9.1 小さい素数

以下に，小さい素数を少しリストしておく．当然これらを暗号用に使うことはできない．それは剰余をとる数の素因数分解の秘密性に依存しているのだから（本書で述べているように）．しかし，アルゴリズムの検査に用いるには十分である．まず，ランダムな数の列（UBASIC の **irnd()** 関数を用いて作成した）を用意して，これらを小さい素数で割れるか確かめ，どれでも割り切れなければ，APRT-CL を適用し，素数性を証明した．

10 桁の素数 10 選

- 59155 87277
- 15004 50271
- 32670 00013
- 57548 53343

- 40930 82899
- 95768 90767
- 36282 73133
- 28604 86313
- 54634 58053
- 33679 00313

20 桁の素数 10 選

- 48112 95983 70820 48697
- 54673 25746 16306 79457
- 29497 51391 06524 90397
- 40206 83520 48405 13073
- 12764 78784 63584 41471
- 71755 44031 53425 36873
- 45095 08057 89854 54453
- 27542 47661 99009 00873
- 66405 89702 04623 43733
- 36413 32172 34400 03717

30 桁の素数 10 選

- 67199 80305 59713 96836 16669 35769
- 28217 44885 99599 50057 38499 80909
- 52141 96228 56657 68942 38726 13771
- 36273 60358 70515 33112 85273 30659
- 11575 69866 68303 65789 89624 67957
- 59087 26128 25179 55133 61021 96593
- 56481 96699 46735 51244 45435 56507
- 51382 12170 24129 24394 84110 56803
- 41606 47002 01658 30619 63201 37931
- 28082 93698 62134 71939 00366 17067

40 桁の素数 10 選

- 24259 67623 05237 07727 57633 15697 69824 69681
- 14517 30470 51377 84922 36629 59899 21660 35067
- 60753 80529 34545 88601 44577 39870 47616 14649
- 36154 15881 58511 79085 50243 50530 97855 26231
- 59928 30235 52414 27583 86850 63377 32586 81119
- 43841 65182 86724 05848 05930 97095 15750 13697
- 59918 10554 63339 65177 67024 96758 08943 21153

- 68479 44682 03744 46811 62770 67279 82889 13849
- 41461 62919 45853 01689 53357 28220 16211 24057
- 55703 73270 18318 16650 98052 48110 96789 89411

50 桁の素数 10 選

- 22953 68686 77196 91230 00270 78218 68552 60112 44723 29079
- 30762 54225 03012 70692 05146 05395 86166 92729 17327 54961
- 29927 40239 79912 86489 62783 77341 79186 38518 82963 82227
- 46484 72980 35401 83101 83016 78756 23788 79453 34412 16779
- 95647 80647 92755 28135 73378 12662 03904 79441 95630 64407
- 64495 32773 18876 93539 73855 86910 66839 10338 85673 00449
- 58645 56331 75643 09847 33447 87149 39069 49524 32006 74793
- 48705 09135 52388 82778 84290 92300 56712 14081 34601 57899
- 15452 41701 17757 87851 95104 73095 63159 38884 09463 09807
- 53542 88503 96152 45271 17435 53156 23704 33428 47735 68199

60 桁の素数 10 選

- 62228 80974 98926 49614 10958 69268 88399 95630 96063 59249 80552 90461
- 61069 25332 70508 75044 19312 26384 20985 64058 76657 99399 75471 71387
- 66848 60516 96691 19010 28953 06426 99937 03940 54817 50691 66290 01851
- 31353 95899 74026 66638 50103 19707 34176 10128 94704 05573 39524 84113
- 47028 77858 58076 44156 67235 07866 75109 29270 15824 83488 19067 63507
- 36172 09128 10755 40821 57084 60645 84285 97227 15865 20681 62379 44587
- 37834 89102 33465 64785 91844 21334 61553 25437 49747 18532 16340 86219
- 66948 31065 78092 40593 65608 31017 55615 46229 01950 04890 30166 51289
- 35130 00339 58683 65662 92811 97430 23695 10450 77917 07422 77788 34807
- 51170 43749 46917 49063 88511 04912 46228 41442 40813 12507 14541 26151

70 桁の素数 10 選

- 46695 23849 93213 05088 76392 55471 34075 21319 11723 96379 43224 98001 56761 56491
- 49062 75427 76780 23583 57703 73093 80873 62176 14264 26990 93827 93310 78882 53709
- 24091 30781 89498 65719 56777 72164 99688 01511 46591 54511 96376 26917 73050 66867
- 75950 09151 08001 66524 49223 79272 67489 85452 05294 54131 60073 64584 20908 27711
- 38225 35632 03350 94642 66159 81180 51978 54872 06704 29907 16005 80837 21946 64933

246　第9章　小さい素数のリスト

- 58859 03965 18058 66690 73549 36064 48005 83458 13823 80120 33647 53964 97350 17287
- 58507 25702 76682 92914 91370 71213 62860 09948 64212 51314 36113 34281 57864 44567
- 42370 80979 86860 77427 50808 60084 66383 18022 86359 31477 74739 55642 79432 94937
- 37731 80816 21938 46067 84189 53889 95531 10499 44229 57825 76702 22228 03849 17551
- 95478 48065 15377 33357 07495 88545 35661 20069 13027 02467 68806 79070 83939 09999

80桁の素数10選

- 18532 39550 09471 74450 70938 33849 36679 86838 34244 44311 40567 94632 80782 40579 62331 63977
- 39688 64483 68328 82526 17383 15775 36117 81581 84544 37810 43721 02216 44553 38199 58130 14959
- 44822 48151 16010 66098 71348 14531 61748 97984 97647 19554 03909 63956 88045 04805 33101 78487
- 54875 13338 68475 19273 10969 31542 04970 39547 50809 20935 35558 02452 52923 34330 59390 04903
- 40979 21840 44490 71854 38550 97437 72465 04338 40637 85613 46056 87052 89173 18184 69001 81503
- 56181 06987 34869 48735 85212 04934 17527 48522 65651 50317 82506 51060 74926 56730 66301 25961
- 19469 49535 53103 48270 99059 25801 91998 63922 14507 43640 95262 02369 03851 78970 03094 02857
- 34263 23306 48354 21125 26477 66081 63440 53792 57059 97962 34659 69778 03462 03384 10596 28723
- 14759 98436 18020 21245 41047 59281 01669 39534 87918 11705 70911 73741 29427 05186 13550 11151
- 67120 33336 85202 72532 94066 91122 28025 47497 05789 38046 28061 83943 71551 48898 83237 94243

90桁の素数10選

- 28275 54835 33707 28705 47521 84321 12134 57668 61480 69744 87034 43857 01215 32644 07439 76601 30424 02571
- 37033 26004 50952 64880 23456 09908 33505 82733 99487 35635 92630 38584 01782 71946 36172 56898 82577 69601
- 46319 90054 16013 82921 03234 11514 13284 59725 25641 60443 56932 87586 85133 28216 37442 81383 39424 27523

9.1 小さい素数

- 37441 34716 25854 95826 97068 03072 25920 21313 99386 82949 78362 77471 11721 60447 34280 92422 44629 69371
- 66486 91437 73196 60846 20017 72779 38265 03116 73568 54223 78525 46715 91313 56884 34614 73171 78448 68261
- 30913 38268 45331 27872 28823 30592 89012 03693 79620 94294 81993 56542 31879 54502 28858 35744 56353 14757
- 97652 26370 21306 40315 05519 33319 00613 77201 24048 62454 41720 72735 05578 04118 34104 86266 71559 22841
- 63575 23349 42676 00316 93136 26814 65569 59633 15290 12575 16552 87486 46009 16023 85142 40574 23651 91277
- 62516 17939 54624 74621 16792 99331 62156 79313 69768 94420 56357 91355 69472 77744 87677 70601 38420 58779
- 20400 57282 66090 04877 72532 07241 41666 90514 76369 21650 12667 54813 82161 99844 72224 78087 64883 44279

100桁の素数10選

- 20747 22246 77348 52078 21695 22210 76085 87480 99647 47211 17292 75299 25899 12196 68475 05496 58310 08441 67325 50077
- 23674 95770 21714 29952 64827 94866 68092 33066 40949 76998 70112 00314 93523 80375 12485 52300 68487 10937 32262 51983
- 18141 59566 81997 03079 82681 71682 21070 16038 92017 05043 91457 46256 34851 98126 91673 51672 60215 61952 34297 14031
- 53713 93606 02477 52512 56550 43677 35659 77406 72426 91529 42136 41576 27828 10562 55413 15990 74907 42601 07375 03501
- 65135 16734 60003 57183 00327 21125 09282 37178 28175 84944 17357 56008 68284 16863 92927 04514 37126 02194 98507 46381
- 56282 90459 05787 72918 09182 45038 12389 27697 31482 21339 23421 16937 80629 22140 08149 87344 24133 11203 28548 12293
- 29085 11952 81255 78724 34704 82039 72299 28450 53025 39901 58990 55073 19910 11846 57163 56210 25786 87988 15618 14989
- 21939 92993 21860 43108 84461 86461 80019 45131 79092 52825 31768 67916 90543 89241 52789 52221 69476 72369 16058 98517
- 52026 42720 98618 90870 34837 83233 78284 72969 80091 09265 01361 96787 20594 86045 71314 54501 16712 48868 50046 91423
- 72126 10147 29547 49095 44523 78504 34924 09969 38214 81867 65460 08250 00853 93519 55652 59214 55588 70542 30207 51421

9.2 はじめの 1,000 個の素数

はじめの 1,000 個の素数を以下に列挙する（1,000 番目の素数は 7919 である）．

2	3	5	7	11	13	17	19	23	29
31	37	41	43	47	53	59	61	67	71
73	79	83	89	97	101	103	107	109	113
127	131	137	139	149	151	157	163	167	173
179	181	191	193	197	199	211	223	227	229
233	239	241	251	257	263	269	271	277	281
283	293	307	311	313	317	331	337	347	349
353	359	367	373	379	383	389	397	401	409
419	421	431	433	439	443	449	457	461	463
467	479	487	491	499	503	509	521	523	541
547	557	563	569	571	577	587	593	599	601
607	613	617	619	631	641	643	647	653	659
661	673	677	683	691	701	709	719	727	733
739	743	751	757	761	769	773	787	797	809
811	821	823	827	829	839	853	857	859	863
877	881	883	887	907	911	919	929	937	941
947	953	967	971	977	983	991	997	1009	1013
1019	1021	1031	1033	1039	1049	1051	1061	1063	1069
1087	1091	1093	1097	1103	1109	1117	1123	1129	1151
1153	1163	1171	1181	1187	1193	1201	1213	1217	1223
1229	1231	1237	1249	1259	1277	1279	1283	1289	1291
1297	1301	1303	1307	1319	1321	1327	1361	1367	1373
1381	1399	1409	1423	1427	1429	1433	1439	1447	1451
1453	1459	1471	1481	1483	1487	1489	1493	1499	1511
1523	1531	1543	1549	1553	1559	1567	1571	1579	1583
1597	1601	1607	1609	1613	1619	1621	1627	1637	1657
1663	1667	1669	1693	1697	1699	1709	1721	1723	1733
1741	1747	1753	1759	1777	1783	1787	1789	1801	1811
1823	1831	1847	1861	1867	1871	1873	1877	1879	1889
1901	1907	1913	1931	1933	1949	1951	1973	1979	1987
1993	1997	1999	2003	2011	2017	2027	2029	2039	2053
2063	2069	2081	2083	2087	2089	2099	2111	2113	2129
2131	2137	2141	2143	2153	2161	2179	2203	2207	2213
2221	2237	2239	2243	2251	2267	2269	2273	2281	2287

9.2 はじめの 1,000 個の素数

2293	2297	2309	2311	2333	2339	2341	2347	2351	2357
2371	2377	2381	2383	2389	2393	2399	2411	2417	2423
2437	2441	2447	2459	2467	2473	2477	2503	2521	2531
2539	2543	2549	2551	2557	2579	2591	2593	2609	2617
2621	2633	2647	2657	2659	2663	2671	2677	2683	2687
2689	2693	2699	2707	2711	2713	2719	2729	2731	2741
2749	2753	2767	2777	2789	2791	2797	2801	2803	2819
2833	2837	2843	2851	2857	2861	2879	2887	2897	2903
2909	2917	2927	2939	2953	2957	2963	2969	2971	2999
3001	3011	3019	3023	3037	3041	3049	3061	3067	3079
3083	3089	3109	3119	3121	3137	3163	3167	3169	3181
3187	3191	3203	3209	3217	3221	3229	3251	3253	3257
3259	3271	3299	3301	3307	3313	3319	3323	3329	3331
3343	3347	3359	3361	3371	3373	3389	3391	3407	3413
3433	3449	3457	3461	3463	3467	3469	3491	3499	3511
3517	3527	3529	3533	3539	3541	3547	3557	3559	3571
3581	3583	3593	3607	3613	3617	3623	3631	3637	3643
3659	3671	3673	3677	3691	3697	3701	3709	3719	3727
3733	3739	3761	3767	3769	3779	3793	3797	3803	3821
3823	3833	3847	3851	3853	3863	3877	3881	3889	3907
3911	3917	3919	3923	3929	3931	3943	3947	3967	3989
4001	4003	4007	4013	4019	4021	4027	4049	4051	4057
4073	4079	4091	4093	4099	4111	4127	4129	4133	4139
4153	4157	4159	4177	4201	4211	4217	4219	4229	4231
4241	4243	4253	4259	4261	4271	4273	4283	4289	4297
4327	4337	4339	4349	4357	4363	4373	4391	4397	4409
4421	4423	4441	4447	4451	4457	4463	4481	4483	4493
4507	4513	4517	4519	4523	4547	4549	4561	4567	4583
4591	4597	4603	4621	4637	4639	4643	4649	4651	4657
4663	4673	4679	4691	4703	4721	4723	4729	4733	4751
4759	4783	4787	4789	4793	4799	4801	4813	4817	4831
4861	4871	4877	4889	4903	4909	4919	4931	4933	4937
4943	4951	4957	4967	4969	4973	4987	4993	4999	5003
5009	5011	5021	5023	5039	5051	5059	5077	5081	5087
5099	5101	5107	5113	5119	5147	5153	5167	5171	5179
5189	5197	5209	5227	5231	5233	5237	5261	5273	5279
5281	5297	5303	5309	5323	5333	5347	5351	5381	5387
5393	5399	5407	5413	5417	5419	5431	5437	5441	5443
5449	5471	5477	5479	5483	5501	5503	5507	5519	5521
5527	5531	5557	5563	5569	5573	5581	5591	5623	5639
5641	5647	5651	5653	5657	5659	5669	5683	5689	5693

5701	5711	5717	5737	5741	5743	5749	5779	5783	5791
5801	5807	5813	5821	5827	5839	5843	5849	5851	5857
5861	5867	5869	5879	5881	5897	5903	5923	5927	5939
5953	5981	5987	6007	6011	6029	6037	6043	6047	6053
6067	6073	6079	6089	6091	6101	6113	6121	6131	6133
6143	6151	6163	6173	6197	6199	6203	6211	6217	6221
6229	6247	6257	6263	6269	6271	6277	6287	6299	6301
6311	6317	6323	6329	6337	6343	6353	6359	6361	6367
6373	6379	6389	6397	6421	6427	6449	6451	6469	6473
6481	6491	6521	6529	6547	6551	6553	6563	6569	6571
6577	6581	6599	6607	6619	6637	6653	6659	6661	6673
6679	6689	6691	6701	6703	6709	6719	6733	6737	6761
6763	6779	6781	6791	6793	6803	6823	6827	6829	6833
6841	6857	6863	6869	6871	6883	6899	6907	6911	6917
6947	6949	6959	6961	6967	6971	6977	6983	6991	6997
7001	7013	7019	7027	7039	7043	7057	7069	7079	7103
7109	7121	7127	7129	7151	7159	7177	7187	7193	7207
7211	7213	7219	7229	7237	7243	7247	7253	7283	7297
7307	7309	7321	7331	7333	7349	7351	7369	7393	7411
7417	7433	7451	7457	7459	7477	7481	7487	7489	7499
7507	7517	7523	7529	7537	7541	7547	7549	7559	7561
7573	7577	7583	7589	7591	7603	7607	7621	7639	7643
7649	7669	7673	7681	7687	7691	7699	7703	7717	7723
7727	7741	7753	7757	7759	7789	7793	7817	7823	7829
7841	7853	7867	7873	7877	7879	7883	7901	7907	7919

9.3 回文素数となる米国の ZIP コード

ZIP	地名	ZIP	地名
10301	Staten Island NY	36263	Graham AL
10501	Amawalk NY	38083	Millington TN
10601	White Plains NY	38183	Germantown TN
11411	Cambria Heights NY	70507	Lafayette LA
12421	Denver NY	70607	Lake Charles LA
12721	Bloomingburg NY	72227	Little Rock AR
12821	Comstock NY	72727	Elkins AR
13331	Eagle Bay NY	74047	Mounds OK
14741	Great Valley NY	74747	Kemp OK
15451	Lake Lynn PA	76367	Iowa Park TX
15551	Markleton PA	76667	Mexia TX
16061	West Sunbury PA	77377	Tomball TX
16361	Tylersburg PA	77477	Stafford TX
16661	Madera PA	77977	Placedo TX
19891	Wilmington DE	78787	Austin TX
30103	Adairsville GA	79697	Abilene TX
30703	Calhoun GA	79997	El Paso TX
30803	Avera GA	93239	Kettleman City CA
31013	Clinchfield GA	94649	Oakland CA
31513	Baxley GA	94949	Novato CA
32323	Lanark Village FL	95959	Nevada City CA
32423	Bascom FL	96269	FPO AP
35053	Crane Hill AL	96769	Makaweli HI

編集：G. L. Honaker, Jr. 編集主幹：Prime Curios!

訳者付記 日本の郵便番号（2002 年 4 月 1 日現在）で同じことを試してみたら次の 8 個の回文素数を得たので，参考までにその結果を記す．

郵便番号	地名
〒314-0413	茨城県 鹿島郡波崎町 明神前
〒338-0833	埼玉県 さいたま市 桜田
〒340-0043	埼玉県 草加市 草加
〒709-3907	岡山県 苫田郡加茂町 宇野
〒730-0037	広島県 広島市中区 中町
〒731-0137	広島県 広島市安佐南区 山本
〒760-0067	香川県 高松市 松福町
〒771-5177	徳島県 阿南市 大井町

9.4 2の冪乗より少し小さい素数のリスト

Prime Pages には「アルゴリズムを設計していますが，64 ビットにちょうど納まる素数が必要です．どこで手に入りますか？」といった質問が寄せられることがある．答はここにある！ 次の表は，連続した n の値*に対し，$2^n - k$ が素数となるような正数 k の値を小さいほうから 10 個ずつ並べたものである．どれも UBASIC の APRT-CL を用いて素数と確認されている．この表の k に対しては，$2^n - k$ は n ビットの整数である．

$2^n - k$ が素数となる小さいほうから 10 個の k の値

n	$2^n - k$ が素数となる k の値
8	5, 15, 17, 23, 27, 29, 33, 45, 57, 59
9	3, 9, 13, 21, 25, 33, 45, 49, 51, 55
10	3, 5, 11, 15, 27, 33, 41, 47, 53, 57
11	9, 19, 21, 31, 37, 45, 49, 51, 55, 61
12	3, 5, 17, 23, 39, 45, 47, 69, 75, 77
13	1, 13, 21, 25, 31, 45, 69, 75, 81, 91
14	3, 15, 21, 23, 35, 45, 51, 65, 83, 111
15	19, 49, 51, 55, 61, 75, 81, 115, 121, 135
16	15, 17, 39, 57, 87, 89, 99, 113, 117, 123
17	1, 9, 13, 31, 49, 61, 63, 85, 91, 99
18	5, 11, 17, 23, 33, 35, 41, 65, 75, 93
19	1, 19, 27, 31, 45, 57, 67, 69, 85, 87
20	3, 5, 17, 27, 59, 69, 129, 143, 153, 185
21	9, 19, 21, 55, 61, 69, 105, 111, 121, 129
22	3, 17, 27, 33, 57, 87, 105, 113, 117, 123
23	15, 21, 27, 37, 61, 69, 135, 147, 157, 159
24	3, 17, 33, 63, 75, 77, 89, 95, 117, 167
25	39, 49, 61, 85, 91, 115, 141, 159, 165, 183
26	5, 27, 45, 87, 101, 107, 111, 117, 125, 135
27	39, 79, 111, 115, 135, 187, 199, 219, 231, 235
28	57, 89, 95, 119, 125, 143, 165, 183, 213, 273
29	3, 33, 43, 63, 73, 75, 93, 99, 121, 133
30	35, 41, 83, 101, 105, 107, 135, 153, 161, 173

---

*（訳注）原ページには 8 から 400 までの n に対する k の値がリストされているが，本書では 101 から 400 までの分に関しては割愛した．

9.4 2の冪乗より少し小さい素数のリスト

n	$2^n - k$ が素数となる k の値
31	1, 19, 61, 69, 85, 99, 105, 151, 159, 171
32	5, 17, 65, 99, 107, 135, 153, 185, 209, 267
33	9, 25, 49, 79, 105, 285, 301, 303, 321, 355
34	41, 77, 113, 131, 143, 165, 185, 207, 227, 281
35	31, 49, 61, 69, 79, 121, 141, 247, 309, 325
36	5, 17, 23, 65, 117, 137, 159, 173, 189, 233
37	25, 31, 45, 69, 123, 141, 199, 201, 351, 375
38	45, 87, 107, 131, 153, 185, 191, 227, 231, 257
39	7, 19, 67, 91, 135, 165, 219, 231, 241, 301
40	87, 167, 195, 203, 213, 285, 293, 299, 389, 437
41	21, 31, 55, 63, 73, 75, 91, 111, 133, 139
42	11, 17, 33, 53, 65, 143, 161, 165, 215, 227
43	57, 67, 117, 175, 255, 267, 291, 309, 319, 369
44	17, 117, 119, 129, 143, 149, 287, 327, 359, 377
45	55, 69, 81, 93, 121, 133, 139, 159, 193, 229
46	21, 57, 63, 77, 167, 197, 237, 287, 305, 311
47	115, 127, 147, 279, 297, 339, 435, 541, 619, 649
48	59, 65, 89, 93, 147, 165, 189, 233, 243, 257
49	81, 111, 123, 139, 181, 201, 213, 265, 283, 339
50	27, 35, 51, 71, 113, 117, 131, 161, 195, 233
51	129, 139, 165, 231, 237, 247, 355, 391, 397, 439
52	47, 143, 173, 183, 197, 209, 269, 285, 335, 395
53	111, 145, 231, 265, 315, 339, 343, 369, 379, 421
54	33, 53, 131, 165, 195, 245, 255, 257, 315, 327
55	55, 67, 99, 127, 147, 169, 171, 199, 207, 267
56	5, 27, 47, 57, 89, 93, 147, 177, 189, 195
57	13, 25, 49, 61, 69, 111, 195, 273, 363, 423
58	27, 57, 63, 137, 141, 147, 161, 203, 213, 251
59	55, 99, 225, 427, 517, 607, 649, 687, 861, 871
60	93, 107, 173, 179, 257, 279, 369, 395, 399, 453
61	1, 31, 45, 229, 259, 283, 339, 391, 403, 465
62	57, 87, 117, 143, 153, 167, 171, 195, 203, 273
63	25, 165, 259, 301, 375, 387, 391, 409, 457, 471
64	59, 83, 95, 179, 189, 257, 279, 323, 353, 363
65	49, 79, 115, 141, 163, 229, 301, 345, 453, 493
66	5, 45, 173, 203, 275, 297, 387, 401, 443, 495
67	19, 31, 49, 57, 61, 75, 81, 165, 181, 237
68	23, 83, 125, 147, 149, 167, 285, 315, 345, 357
69	19, 91, 93, 103, 129, 153, 165, 201, 255, 385
70	35, 71, 167, 215, 263, 267, 273, 447, 473, 585

n	$2^n - k$ が素数となる k の値
71	231, 325, 411, 435, 441, 465, 559, 577, 601, 721
72	93, 107, 129, 167, 249, 269, 329, 347, 429, 473
73	69, 181, 199, 273, 319, 433, 475, 501, 523, 645
74	35, 45, 57, 135, 153, 237, 257, 275, 461, 465
75	97, 207, 231, 271, 279, 289, 325, 381, 409, 427
76	15, 63, 117, 123, 143, 189, 215, 267, 285, 347
77	33, 43, 145, 163, 195, 261, 295, 379, 433, 451
78	11, 95, 111, 123, 147, 153, 191, 263, 303, 507
79	67, 199, 249, 277, 355, 367, 405, 447, 477, 511
80	65, 93, 117, 143, 285, 317, 549, 645, 765, 933
81	51, 63, 163, 205, 333, 349, 429, 433, 481, 553
82	57, 113, 185, 315, 363, 365, 375, 453, 623, 635
83	55, 97, 117, 121, 139, 285, 307, 405, 429, 561
84	35, 69, 213, 215, 333, 399, 525, 563, 587, 597
85	19, 61, 181, 295, 411, 433, 469, 519, 531, 823
86	35, 41, 65, 71, 113, 255, 261, 293, 357, 461
87	67, 129, 181, 195, 201, 217, 261, 277, 289, 339
88	299, 455, 483, 563, 605, 719, 735, 743, 753, 797
89	1, 21, 31, 49, 69, 99, 103, 265, 321, 441
90	33, 41, 53, 75, 227, 263, 273, 291, 297, 317
91	45, 81, 111, 201, 315, 339, 567, 619, 655, 771
92	83, 149, 197, 317, 363, 419, 485, 497, 519, 537
93	25, 51, 79, 105, 273, 405, 489, 553, 571, 579
94	3, 11, 105, 173, 273, 297, 321, 395, 407, 431
95	15, 37, 211, 339, 387, 415, 441, 447, 555, 561
96	17, 87, 93, 147, 165, 189, 237, 243, 315, 347
97	141, 165, 349, 399, 453, 595, 729, 741, 859, 885
98	51, 65, 107, 117, 141, 227, 273, 363, 471, 525
99	115, 145, 247, 319, 381, 427, 675, 717, 1207, 1231
100	15, 99, 153, 183, 267, 285, 357, 479, 603, 833

第 10 章

単独の素数

　最大既知素数トップ 5,000 のうちのいくつかはそれ自身の Web ページをもっている．最大のもののいくつかだけでなく，簡単に表すことができない(ので，全桁の数字を示さなければならない)ものもある．以下に，これらの素数のリストをあげる：

(1) 36,007 ビットのほぼランダムな素数 [u337]
(2) 50,005 ビットのほぼランダムな素数 [u338]
(3) Preda Mihailescu(ミハイレスク)の 50,005 ビットの素数性証明書 [u339]
(4) 最大既知素数

- $2^{1257787} - 1$(以前の記録) [u340]
- $2^{1398269} - 1$(以前の記録) [u341]
- $2^{2976221} - 1$(以前の記録) [u342]
- $2^{3021377} - 1$(以前の記録) [u343]
- $2^{6972593} - 1$ [u344]

10.1　36,007 ビットのほぼランダムな素数

この 10,839 桁の素数には，簡潔な表現がない．Mihailescu(ミハイレスク)はこれを「乱数」にその前の素数の2倍を掛けて1を加えて作られる素数の数列 p_i を計算して作った（[Mih94]および本書第2章を参照せよ）．以下に，この素数を公表したノートと，十六進表現の一部をあげる．

```
From: Preda Mihailescu
Date: Mon, 29 Dec 1997 21:10:12 +0100 (MET)
To: caldwell@utm.EdU
Subject: Re: Mersenne cofactors, personal note, etc.
```

円分判定法による新記録が続出しているが，別な種類の大きい素数がある：36,007ビットのほぼランダムな数で素数と証明されたものだ．当然，それは見かけは良くないし，その値を表すのにそのまま書くより短い方法がない．それが正にこれを作った目的でもあるが，大きい素数の領域で特殊な形の素数を避けるためである．この素数を作り，証明するのに用いたのが AP で，これは暗号的概素数を作る自作のアルゴリズムである (CRYPTO94)．ファイルを添付する．

以下はこの 36,007 ビットの数の十六進表記の一部である（その全体は Prime Pages にあるリスト[u345]を参照せよ）．

```
                        51614D4F13CE0B4085FF242E9D585C206B81736923
71ADC5422904A86A637091A5C610A8A1217D1DB80106889CFCE3410219DEE806721687
13AFD3862A77F05458EE6FD784896AD4B3F1A2A089BA678688D9F7B3DC335B0556F61D
E63590D840AF4E6971DE367E1782E9599C31E311839ACDF8134104652C4689D13C7EF3
CA1B39C3EFCF912946064171BF19626457E0A9B8C4A5530A751000B1D9CB27C527D177
1117BC41E31B48F9BE45CE405FA33384EAAA8A3F7647AAED3671EBF0D5FE549440869B
（120 行省略）
454876243D6AC9F244A3EC8EFF18F49913DB93CC6A76BFC1E1192C308003DB6DE5F425
B80BCF021B01F88B50F7EEB768D45A5ECDBEB44BF3BC3FF5548C681ABD5BF33A65A17D
2A33696E4013D6AEBAC2D6CC12D6D3B7A07C697BA346F2A0CEF2C8E715BEA189CFE4DB
```

10.2　50,005 ビットのほぼランダムな素数

　この（十進数で）15,053 桁の素数 (69943···35111) には，うまい短縮表現が無い！Preda Mihailescu は，「乱数」に前の素数の 2 倍を掛けて 1 加えて素数列 p_i を作り，この素数を構成した．素数性証明書[u346]もある．

　以下はこの 50,005 ビットの数の十六進表現（12,502 桁）の一部である（その全体は Prime Pages にあるリスト[u347]を参照せよ）．

```
                  16210BD81E34A137E00E656CAD05E102A8243F6250
C599F31656662EEA215AD3EC9D3B161E6FA9EFDBF8F5C74AE70708BA0846D06E5DCFC6
F293EAAF34DE6E913CFAD59B9B5DEF8292CE344179CA1DF8260AFA345651381496BE9A
7764A82631DADED4C72C9991D89DFBA2A57D0774F392BF0CCD688830C2558732E9045F
638FC2D09BA1222FBF43218849090886E6621287348DFECD4D7EF7D90B3CE54FE4CE48
A9EE02FBF9169C9E092613E6D0CC1F4357C236379B18D6341C81024A250481FFC8606A
B690FD6F46E46369EEC834BE64707EBE0361AB44FCACB6D87C35BD15F13FC74388CBB9
D502CAD236D9C0383042BD964C3AB0BC7DF053D3FEB895A056EB7E27C188EEA28C8017
4D2670685F52AFCAC2D38ACDE6CACE23061468A4DB172D0D2B1D267AAF592478C35FB3
（160 行，70x160 桁省略）
28de4802ebebf59ca016fcd6da405706dac158dd60c47b8858daaf44f54b29dfd7f1b1
C55e39b0bf6e7fc15d569d2c99925e8dc8285de509019e44307f1d3c8216eb47548865
C5ac8165c59928bee754caa5b151bda4f9373291ce8bbca490bbbf5a75978ee870762a
09d9b04cca4438c3b25e17c298512f413cff55e8460d95dc0a5385188680b0f0a22aae
9207BE59CE84C790095664E2BCD798AA79A0E43004EAFE925E0206D9E694EDE1BD1323
F6555CBCD19FCF06D9D735009D1D7B7258204EDB5428375241120CC96BFD4A52B86BF2
7BA5FE8C05A9A61264B5BC43BADE1435942FE08828AC5DB31B1C21C73225DC3925CBD6
0D8B16CECB9B885A9C59A438D118AB67B0995B017D803204449FADEE1B012D80CF7576
29F1A5ACAF6A326943EA22A6F5DA1BE5BE76B7630051A8E8D034D40A7F93089652623A
1B9002ED044009355CCF3D20D6CB9020D1C1512EF8114AAAF07A65C49A15DA3583E007
```

10.3　Ondrejka の素数トップ 10 ― 素数の構成カタログ

　長年，Rudolf Ondrejka(オンドレジュカ)は，自分のタイプライターを使って，いろいろな形の素数の記録を保守してきた．これは，実に印象的で愛情深い仕事である．彼の驚くべきリストには十数種類の異なる特殊な形式の素数の記録が列挙されている．一度御覧になるとよい．

Rudy の晩年 2〜3 年の間に，Dubner(ダブナー)（と彼の妻）は，これらのリストをオンラインで参照できる形式に変換した．現在，Harvey はそれを TeX 文書として保存している．

- DVI 版[u348]（139K，最終更新日: 2002 年 8 月 20 日（火曜）07:45:59 CDT）
- PDF 版[u349]（219K）

10.4 最小のタイタン素数

このリストは David Broadhurst(ブロードハースト)によって編集された．

(1) 最小のタイタン素数の組は
   - $10^{999} + 7$
   - $10^{999} + 663$

証明は Preda Mihailescu と Giovanni La Barbera(バルベラ)による．

(2) 最小のタイタンの双子素数は
   - $10^{999} + 1975081$
   - $10^{999} + 1975083$

証明は Daniel Heuer(ホイヤー)による（1999 年 10 月 11 日）．

(3) 最小のタイタンの Sophie Germain 素数は
   - $10^{999} + 2222239$
   - $2 \times 10^{999} + 4444479$

証明は Giovanni La Barbera による．

(4) 最小の準タイタンの 4 連等差数列は
   - $10^{999} + 1043119$
   - $5 \times 10^{998} + 521559$

証明は Giovanni La Barbera による．

(5) 最小のタイタンの 4 連等差数列は
   - $10^{999} + 2059323$
   - $10^{999} + 2139213$

- $10^{999} + 2219103$
- $10^{999} + 2298993$

証明は David Broadhurst による.

(6) 最小のタイタンの 3 連等差数列は
- $10^{999} + 61971$
- $10^{999} + 91737$
- $10^{999} + 121503$

証明は David Broadhurst による.

(7) 最小のタイタンの第 2 種 Cunningham 鎖は
- $10^{999} + 2209041$
- $2 \times 10^{999} + 4418081$

証明は David Broadhurst による.

(8) 最小の準タイタンの第 2 種 Cunningham 鎖は
- $10^{999} + 547137$
- $5 \times 10^{998} + 273569$

証明は David Broadhurst による.David Broadhurst の 11 の新しい素数は 9 回の Certifix の実行によって証明された.最小性は,$1,499,496$ 回の PrimeForm 判定法により証明された.

第 11 章

素数の記録庫（トップ 20）

　Prime Pages では，5,000 個の最大既知素数とその中のいくつかの形式を選んで，20 位までをリストしている．

11.1　素数の記録庫入りの基準

　Prime Pages では，最初の頃はすべての知られているタイタン素数のリストを保持しようとしていたが，数年前に個数が 50,000 に達し毎月 1,000 個ずつ増えるようになって，役立つというには大きくなりすぎたと判断した．ただ大きい素数を探すことよりも，（比較的）小さい素数の探索に人々の目を向けることが重要であると考えた．

　この時点で，ちょうど 5,000 個の最大既知素数のリストと選ばれた形式の 20 位までのリストを保持することにした．しかしどういう種類の素数をこの素数の記録庫に入れておくべきなのだろう？　議論を重ねた結果，次の定義を採用した：

> 記録庫入りできる素数の形式は，複数の数学雑誌の論文の主題に取り上げられ，複数の数学者の著者グループがそれを書いていることである．一人の著者が 2 本の論文を発表している場合には，少なくとも一つが有名な審査付きの雑誌（*Math. Comp.* が望ましい）であれば十分である

が，さもなくば 4 本の論文が必要である．その数が記録庫入りに値することを証明するには，参照している記事があればよい．Prime Pages のサイトでは，5,000 個の素数と保管すべき種類の素数それぞれの 20 個を保持している．

もともとは「興味深い (interesting) 素数」と呼んでいたが，「興味深い (interesting)」という言葉にはいろいろな付随する意味があり，状況によって受け取られ方が違いすぎる．ここで記録庫入り素数それぞれに「トップ 20」の節を用意した．好みの形式の素数が抜けていると思われたら，適切な参考文献を送ってくだされればよい（あるいは，必要な記事を執筆されてもよい）．私の素数リストは現在のところ，タイタン素数だけを保持しているので，大きい素数の例を持つ形式しかなく，この規則からはすばらしい形の Wilson 素数や Wieferich 素数がはずれてしまう（しかし，これらの形の知られている素数はすべて用語編にリストされている）．

これらの形式の素数トップ 20 はそれぞれの節に，その大きさは次節にリストしてある．

11.2 素数の大きさの基準

Prime Pages では，上位 5,000 個の最大既知素数と，いくつかの選択した形式の素数のトップ 20 のリストを維持している．現在では上位 5,000 位の素数は 25,346 桁の数になる．以下のグラフ（図 11.1）から，この限界がいかに早く変わってきたかを見てほしい．

11.2 素数の大きさの基準

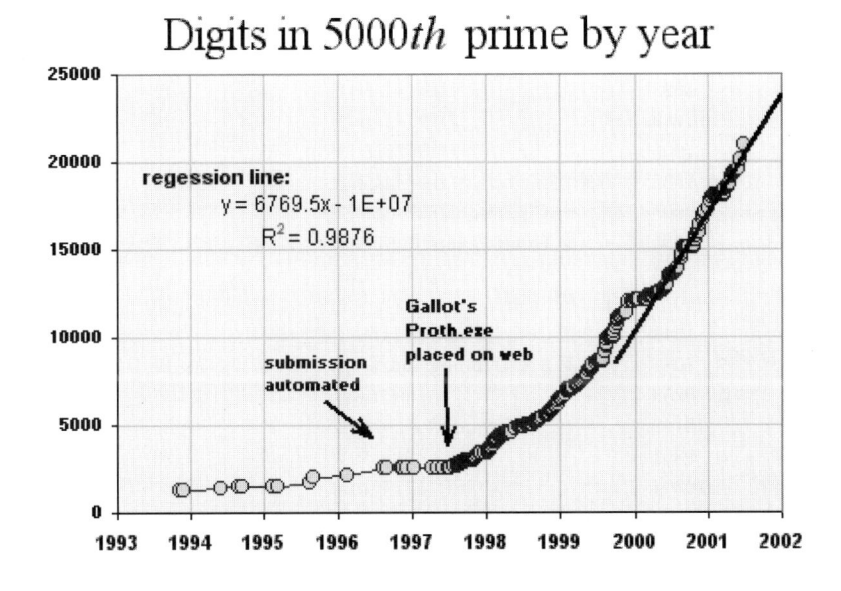

Digits in 5000th prime by year

regression line:
y = 6769.5x - 1E+07
$R^2 = 0.9876$

submission automated

Gallot's Proth.exe placed on web

図 11.1： 5,000 位の素数，桁数の推移

上位 5,000 に入るほど大きくない比較的小さい素数も，それがはじめのいくつか（通常 20 位）に入っていればリストに残されている．以下に，どのくらい大きければよいかをリストする．しかし，これは動く標的である事 — 毎月この記録の大きさが増えている事に注意せよ．したがって，リストにしばらく残りたいのであれば，数桁大きい素数ではなく，数千桁大きい素数を探さなければならない．

リスト中のそれぞれの形式の最小素数

桁数	形式	保管数	リスト数
5097	3-Carmichael 因子 (3)	5	5
1025	4-Carmichael 因子 (1)	5	5
1025	4-Carmichael 因子 (2)	5	5
1026	4-Carmichael 因子 (3)	5	5

第 11 章 素数の記録庫（トップ 20）

桁数	形式	保管数	リスト数
3070	4-Carmichael 因子 (4)	5	5
2345	APR-CL の補助	20	44
43069	等差数列 $(3, d=*)$	5	39
3023	等差数列 $(4, d=*)$	5	15
1280	等差数列 $(5, d=*)$	5	10
1000	等差数列 $(6, d=*)$	5	5
1538	等差数列 $(3, d=*)$ 上の連続素数	5	7
2005	Cunningham 鎖 $(2p+1)$	5	7
2005	Cunningham 鎖 $(4p+3)$	5	7
1573	Cunningham 鎖 (p)	5	7
7071	第 2 種 Cunningham 鎖 $(2p-1)$	5	10
1548	第 2 種 Cunningham 鎖 $(4p-3)$	5	5
7071	第 2 種 Cunningham 鎖 (p)	5	10
6258	円分素数	20	35
13149	Fermat 数 F_* の約数	20	20
9861	GF(*,10) の約数	20	20
10304	GF(*,12) の約数	20	20
11798	GF(*,3) の約数	20	20
11259	GF(*,5) の約数	20	20
12252	GF(*,6) の約数	20	20
14938	Phi の約数	20	20
3015	ECPP	20	120
1490	Fibonacci 数の原始部分	20	20
41964	一般 Cullen 素数	20	40
188194	一般 Fermat 素数	20	690
5751	一般 Lucas 素数	20	20
5497	一般 Lucas 数の原始部分	20	20
21991	一般 Woodall 数	20	20
7710	一般単位反復数	20	37
1150	Lucas 数の Aurifeuille 原始部分	20	20
2007	Lucas 数の原始部分	20	20
1332	Mersenne 素数	20	20
1008	Mersenne 数の原始部分	20	20
26015	多重階乗素数	20	20
30945	準反復数素数	20	32
15601	回文素数	20	29
2435	分割	20	20
1032	四つ組素数 (1)	5	5
1032	四つ組素数 (2)	5	5
1032	四つ組素数 (3)	5	5

11.2 素数の大きさの基準

桁数	形式	保管数	リスト数
1032	四つ組素数 (4)	5	5
7071	Sophie Germain 素数 ($2p+1$)	20	20
7071	Sophie Germain 素数 (p)	20	20
2140	三つ組素数 (1)	5	5
2140	三つ組素数 (2)	5	5
2140	三つ組素数 (3)	5	5
7615	双子素数	20	40

限度に至るまで見つかっていない素数

形式	保管数	リスト数	注釈
3-Carmichael 因子 (1)	4	5	3-Carmichael 因子
3-Carmichael 因子 (2)	4	5	3-Carmichael 因子
等差数列 (1,$d=*$)	37	0	等差数列 (選外)
等差数列 (2,$d=*$)	39	0	等差数列 (選外)
等差数列 (7,$d=*$)	1	5	等差数列
等差数列 (4,$d=*$) 上の連続素数	1	5	等差数列上の連続素数
Cullen 素数	11	20	
Cunningham 鎖 ($8p+7$)	2	5	Cunningham 鎖（その他）
Euler 非正則素数	8	20	
階乗素数	12	20	
Fibonacci 素数	8	20	
Gauss 的 Mersenne 素数	10	20	
非正則素数	9	20	
Lucas 素数	12	20	
Mills 素数	1	20	
素数階乗素数	19	20	
単位反復素数	1	20	
独自素数	11	20	
Woodall 素数	12	20	

ある形式の素数が許された数より多く載っているのはなぜか

ときどき，保管すべき数より多くリストに載っているものがある．これには二つの理由がある．まず，上位5,000に入る素数は保管され，ときおり該当する形式がいくつかある．5,000位からはずれたとき，リストから除かれ

る．たとえば，ある種の形式（一般単位反復数など）を保管する事はないが，そのリストには5,000位に入るものが残っていることがある．第2に，5,000位に入らない素数でも別な性質のためリストに残されることもある．たとえば，長い間リストに載っていた唯一のMills素数は，既知の最大ECCP素数でもあった．リストに残されていたのは後者の性質のためである．

11.3 最大既知素数

定義と付記

Prime Pagesでは，5,000個の最大既知素数のリストと，いくつかの選ばれた素数のリストを保持している．無限に多くの素数があることを示すのは容易である．事実 x 以下の素数の数はおよそ $x/\log(x)$ である（1.1節を参照せよ）．この事は下記の素数の間には数百万の（現在は未知の）素数があることを意味している．

記録

順位	素数	桁数　　発見年　備考 発見者
1	$2^{13466917}-1$	4053946桁　2001年　Mersenne 39? Cameron, Woltman, Kurowski, GIMPS
2	$2^{6972593}-1$	2098960桁　1999年　Mersenne 38 Hajratwala, Woltman, Kurowski, GIMPS
3	$2^{3021377}-1$	909526桁　1998年　Mersenne 37 Clarkson, Woltman, Kurowski, GIMPS
4	$2^{2976221}-1$	895932桁　1997年　Mersenne 36 Spence, Woltman, GIMPS
5	$2^{1398269}-1$	420921桁　1996年　Mersenne 35 Armengaud, Woltman, GIMPS
6	$126606^{65536}+1$	399931桁　2002年 Underbakke, Gallot
7	$5\times 2^{1320487}+1$	397507桁　2002年　GF(1320486,12) Toplic, Gallot

11.3 最大既知素数

順位	素数	桁数　　発見年　　備考 発見者
8	$857678^{65536}+1$	388847桁　2002年 Gallot, Fougeron, Gallot
9	$843832^{65536}+1$	388384桁　2001年 Gallot, Fougeron, Gallot
10	$671600^{65536}+1$	381886桁　2002年 Toplic, Gallot
11	$2^{1257787}-1$	378632桁　1996年　Mersenne 34 Slowinski, Gage
12	$108368^{65536}+1$	329968桁　2001年 Bodenstein, Gallot
13	$48594^{65536}+1$	307140桁　2000年 Scott, Gallot
14	$3\times 2^{916773}+1$	275977桁　2001年　GF(916771,3), GF(916772,10) Cosgrave, Jobling, Woltman, Gallot
15	$2^{859433}-1$	258716桁　1994年　Mersenne 33 Slowinski, Gage
16	$5\times 2^{819739}+1$	246767桁　2001年　GF(819738,3) Toplic, Gallot
17	$2^{756839}-1$	227832桁　1992年　Mersenne 32 Slowinski, Gage
18	$1519380^{32768}+1$	202561桁　2001年 Anderson, Robinson, Gallot
19	$667071\times 2^{667071}-1$	200815桁　2000年　Woodall Toplic, Gallot
20	$1277444^{32768}+1$	200093桁　2002年 HEUER, Fougeron, Gallot

関連ページ

- 3章 最大の既知素数
- 4.2節 素数探索の歴史
- 素数記録年代記[u350]

参考文献

[Rib95], [Rie94]

11.4 Mersenne 素数

定義と付記

Mersenne 素数は $2^p - 1$ の形の素数である．最初のいくつかを列挙すると，3, 7, 31, 127, 8191, 131071, 524287（それぞれ指数 $p =$ 2, 3, 5, 7, 13, 17, 19）である．Mersenne 数はまた，$p =$ 31, 61, 89, 107, 127, 521, 607, 1279, 2203, 2281, 3217, 4253, 4423, 9689, 9941, 11213, 19937, 21701, 23209, 44497, 86243, 110503, 132049, 216091, 756839, 859433, 1257787, 1398269, 2976221, 3021377, 6972593 の場合も素数になる．より詳しい情報，歴史と定理については 4.3 節を参照せよ．Luke(ルーク)の Web ページ「Marin Mersenne」 [u351] も優れた出発点である．

記録

次の表では，$M(n)$ は n 番目の Mersenne 素数を表す．

順位	素数	桁数 発見年 備考 発見者
1	$2^{13466917} - 1$	4053946桁　2001年　M(39)? Cameron, Woltman, Kurowski, GIMPS
2	$2^{6972593} - 1$	2098960桁　1999年　M(38) Hajratwala, Woltman, Kurowski, GIMPS
3	$2^{3021377} - 1$	909526桁　1998年　M(37) Clarkson, Woltman, Kurowski, GIMPS
4	$2^{2976221} - 1$	895932桁　1997年　M(36) Spence, Woltman, GIMPS
5	$2^{1398269} - 1$	420921桁　1996年　M(35) Armengaud, Woltman, GIMPS
6	$2^{1257787} - 1$	378632桁　1996年　M(34) Slowinski, Gage
7	$2^{859433} - 1$	258716桁　1994年　M(33) Slowinski, Gage
8	$2^{756839} - 1$	227832桁　1992年　M(32) Slowinski, Gage

11.4 Mersenne 素数

順位	素数	桁数　　発見年　備考 発見者
9	$2^{216091}-1$	65050桁　1985年　M(31) David Slowinski
10	$2^{132049}-1$	39751桁　1983年　M(30) David Slowinski
11	$2^{110503}-1$	33265桁　1988年　M(29) Welsh, Colquitt
12	$2^{86243}-1$	25962桁　1982年　M(28) David Slowinski
13	$2^{44497}-1$	13395桁　1979年　M(27) Slowinski, Nelson
14	$2^{23209}-1$	6987桁　1979年　M(26) L. Curt Noll
15	$2^{21701}-1$	6533桁　1978年　M(25) Nickel, Noll
16	$2^{19937}-1$	6002桁　1971年　M(24) Bryant Tuckerman
17	$2^{11213}-1$	3376桁　1963年　M(23) Donald B. Gillies
18	$2^{9941}-1$	2993桁　1963年　M(22) Donald B. Gillies
19	$2^{9689}-1$	2917桁　1963年　M(21) Donald B. Gillies
20	$2^{4423}-1$	1332桁　1961年　M(20) Alexander Hurwitz

関連ページ

- 4.3節 Mersenne 素数 – 歴史，理論，リスト
- Marin Mersenne [u352]
- Mersenne 素数の探索状況 [u353]
- Great Internet Mersenne Prime Search [u354]
- 用語編の「Mersenne 素数」
- 素数記録年代記 [u355]

参考文献

[BSW89], [CW91], [Gil64], [NN80], [Pet92], [Rob54], [Slo79], [Tuc71]

11.5　Fermat 約数

定義と付記

Fermat 素数は五つしか知られていない．また Fermat 数は素早く増大するので，判明していない最初のもの：$F_{33} = 2^{2^{33}} + 1$（250 万桁ある）が素数か合成数かがわかるまでは長い年数を要するだろう —— 運良くその約数が見つからなければ．Euler が最初に Fermat 約数（Fermat 合成数の約数）を発見してから，因数分解屋はこの種の稀少な数を収集している．

Euler は，$F_n(n > 2)$ の約数はすべて，ある整数 k に対し $k \times 2^{n+2} + 1$ という形をしていなければならないことを示した（k の値は小さい）．そこで，こういう数が Fermat 数を割り切るかどうかを調べるのが普通である（たとえば Gallot(ガロット)の Proth プログラムはこの検査を組み込んでいる）．

記録

順位	素数	桁数 左の素数が割り切る数	発見年	発見者
1	$63 \times 2^{270094} + 1$	81309桁 F_{270091}	2002年	Taura, Gallot
2	$927 \times 2^{104451} + 1$	31446桁 F_{104448}	2001年	Oleynick, Gallot
3	$7619 \times 2^{50081} + 1$	15080桁 F_{50078}	2002年	Axelsson, Gallot
4	$159 \times 2^{142462} + 1$	42888桁 F_{142460}	2001年	Melo, Gallot
5	$585 \times 2^{91215} + 1$	27462桁 F_{91213}	2001年	Axelsson, Gallot

11.5 Fermat 約数　271

順位	素数	桁数　発見年　発見者 左の素数が割り切る数
6	$2495 \times 2^{43667} + 1$	13149桁　2001年　Fougeron, PrimeForm F_{43665}
7	$3 \times 2^{382449} + 1$	115130桁　1999年　Cosgrave, Gallot F_{382447}; GF(382447,3), GF(382447,12), GF(382443,6)
8	$57 \times 2^{146223} + 1$	44020桁　2000年　Lewis, Gallot F_{146221}
9	$189 \times 2^{90061} + 1$	27114桁　1999年　Morenus, Gallot F_{90057}
10	$3 \times 2^{303093} + 1$	91241桁　1998年　Jeffrey Young F_{303088}; GF(303088,3), GF(303086,6), GF(303092,10), GF(303088,12), GF(303092,5)
11	$39 \times 2^{113549} + 1$	34184桁　1999年　Renze, Gallot F_{113547}; GF(113544,10), GF(113547,5)
12	$99 \times 2^{83863} + 1$	25248桁　1998年　Gusev, Gallot F_{83861}
13	$169 \times 2^{63686} + 1$	19174桁　1998年　Dubner, Gallot F_{63679}
14	$3 \times 2^{213321} + 1$	64217桁　1997年　Jeffrey Young F_{213319}; GF(213316,6), GF(213319,12)
15	$13 \times 2^{114296} + 1$	34408桁　1995年　Jeffrey Young F_{114293}; GF(114292,5), GF(114293,10)
16	$165 \times 2^{49095} + 1$	14782桁　1998年　Gallot F_{49093}
17	$21 \times 2^{94801} + 1$	28540桁　1995年　Jeffrey Young F_{94798}
18	$3 \times 2^{157169} + 1$	47314桁　1995年　Jeffrey Young F_{157167}; GF(157167,3), GF(157168,5), GF(157163,6), GF(157168,10), GF(157167,12)
19	$5 \times 2^{125413} + 1$	37754桁　1995年　Jeffrey Young F_{125410}; GF(125410,5), GF(125408,10)
20	$7 \times 2^{95330} + 1$	28699桁　1995年　Jeffrey Young F_{95328}; GF(95329,3), GF(95329,6), GF(95329,12)

重みつき記録

単に楽しみのためだけだが，次の二つの事実によってこれらの記録を順位づけてみよう．(1) 大きい素数は小さい素数より見つけるのが困難である．

(2) $N = k\,2^n + 1$ が Fermat 数を割り切る確率は $O(1/k)$ であるように思われる（すべての素数はこの形であることに注意せよ）.

具体的には，N が素数であると証明するのにかかる操作の数は

$$O((\log N)^3 \log \log N)$$

である．したがって，$N = k\,2^n + 1$ に対して，次の重みを与えるとよいだろう：

$$k\,(\log N)^3 \log \log N.$$

この重みを小さくするため，この式の対数をとる：

$$\log k + 3 \log \log N + \log \log \log N.$$

Yves Gallot は，これを Fermat 約数を探したいときは小さい n を使えということだと解釈した．記録に残る大きさの因数を探したいならば，小さい k を使うべきである．

順位	素数	桁数　発見年　発見者 左の素数が割り切る数
1	$3 \times 2^{382449} + 1$	115130桁　1999年　Cosgrave, Gallot F_{382447}; GF(382447,3), GF(382447,12), GF(382443,6)
2	$3 \times 2^{303093} + 1$	91241桁　1998年　Jeffrey Young F_{303088}; GF(303088,3), GF(303086,6), GF(303092,10), GF(303088,12), GF(303092,5)
3	$63 \times 2^{270094} + 1$	81309桁　2002年　Taura, Gallot F_{270091}
4	$3 \times 2^{213321} + 1$	64217桁　1997年　Jeffrey Young F_{213319}; GF(213316,6), GF(213319,12)
5	$3 \times 2^{157169} + 1$	47314桁　1995年　Jeffrey Young F_{157167}; GF(157167,3), GF(157168,5), GF(157163,6), GF(157168,10), GF(157167,12)
6	$57 \times 2^{146223} + 1$	44020桁　2000年　Lewis, Gallot F_{146221}
7	$159 \times 2^{142462} + 1$	42888桁　2001年　Melo, Gallot F_{142460}
8	$5 \times 2^{125413} + 1$	37754桁　1995年　Jeffrey Young F_{125410}; GF(125410,5), GF(125408,10)

順位	素数	桁数　　発見年　　発見者 左の素数が割り切る数
9	$13 \times 2^{114296} + 1$	34408桁　1995年　Jeffrey Young F_{114293}; GF(114292,5), GF(114293,10)
10	$39 \times 2^{113549} + 1$	34184桁　1999年　Renze, Gallot F_{113547}; GF(113544,10), GF(113547,5)
11	$927 \times 2^{104451} + 1$	31446桁　2001年　Oleynick, Gallot F_{104448}
12	$7 \times 2^{95330} + 1$	28699桁　1995年　Jeffrey Young F_{95328}; GF(95329,3), GF(95329,6), GF(95329,12)
13	$21 \times 2^{94801} + 1$	28540桁　1995年　Jeffrey Young F_{94798}
14	$585 \times 2^{91215} + 1$	27462桁　2001年　Axelsson, Gallot F_{91213}
15	$189 \times 2^{90061} + 1$	27114桁　1999年　Morenus, Gallot F_{90057}
16	$99 \times 2^{83863} + 1$	25248桁　1998年　Gusev, Gallot F_{83861}
17	$169 \times 2^{63686} + 1$	19174桁　1998年　Dubner, Gallot F_{63679}
18	$7619 \times 2^{50081} + 1$	15080桁　2002年　Axelsson, Gallot F_{50078}
19	$165 \times 2^{49095} + 1$	14782桁　1998年　Gallot F_{49093}
20	$2495 \times 2^{43667} + 1$	13149桁　2001年　Fougeron, PrimeForm F_{43665}

関連ページ

- Fermat 約数の探索 u356
- Fermat 数の因数分解の状況 u357
- 用語編の「Fermat 約数」

参考文献

[BLS+88], [DK95]

11.6 一般 Fermat 約数 (底=10)

定義と付記

$F_{b,n} = b^{2^n} + 1$ (ここで b は 1 より大きい整数) という形の数は一般 Fermat 数と呼ばれる (素数データベースでは添え字をさけるため $\mathrm{GF}(b,n)$ と表記される). 各底 b に対し, そのような素数は高々有限個しかないと予想するのが自然である.

Fermat 数の場合, 多くの人々がその数式とこれらの数の約数の分布に興味を惹かれた. b が偶数の場合, その約数は次の形をしている:

$$k \times 2^m + 1$$

ここで k は奇数であり, $m > n$ である. このため, 小さい k に対して $k \times 2^n + 1$ という形の大きい素数を探す場合, この数が Fermat 数を割り切るかどうかを検査することが多い. たとえば Gallot の Proth プログラムは, いくつかの b の値に対してこの検査をする機能を組み込んでいる.

$k \times 2^n + 1$ (k は奇数) の形の数は, 一般 Fermat 数のうち底 b の約 $1/k$ について割り切るだろう.

記録

以下は底が 10 の一般 Fermat 約数の記録である.

順位	素数	桁数　発見年　発見者 左の素数が割り切る数
1	$3 \times 2^{916773} + 1$	275977桁　2001年　Cosgrave, Jobling, Woltman, Gallot GF(916771,3), GF(916772,10)
2	$3 \times 2^{303093} + 1$	91241桁　1998年　Jeffrey Young F_{303088}; GF(303088,3), GF(303086,6), GF(303092,10), GF(303088,12), GF(303092,5)
3	$15 \times 2^{300488} + 1$	90458桁　2002年　Samidoost, Gallot GF(300479,6), GF(300484,10)

11.6 一般 Fermat 約数 (底=10)

順位	素数	桁数　発見年　発見者 左の素数が割り切る数
4	$3 \times 2^{157169} + 1$	47314桁　1995年　Jeffrey Young F_{157167}; GF(157167,3), GF(157168,5), GF(157163,6), GF(157168,10), GF(157167,12)
5	$371 \times 2^{127419} + 1$	38360桁　2001年　Jo, Gallot GF(127416,10)
6	$5 \times 2^{125413} + 1$	37754桁　1995年　Jeffrey Young F_{125410}; GF(125410,5), GF(125408,10)
7	$491 \times 2^{123281} + 1$	37114桁　2001年　Fougeron, PrimeForm GF(123280,10)
8	$13 \times 2^{114296} + 1$	34408桁　1995年　Jeffrey Young F_{114293}; GF(114292,5), GF(114293,10)
9	$39 \times 2^{113549} + 1$	34184桁　1999年　Renze, Gallot F_{113547}; GF(113544,10), GF(113547,5)
10	$133 \times 2^{109600} + 1$	32996桁　1999年　DavalDavis, Gallot GF(109598,10)
11	$201 \times 2^{100459} + 1$	30244桁　1998年　Wighman, Gallot GF(100456,10)
12	$855 \times 2^{71629} + 1$	21566桁　2000年　Rouse, Gallot GF(71625,10)
13	$215 \times 2^{67717} + 1$	20388桁　1998年　DavalDavis, Gallot GF(67715,10)
14	$171 \times 2^{57104} + 1$	17193桁　1998年　Dubner, Gallot GF(57103,10)
15	$357 \times 2^{56306} + 1$	16953桁　2000年　Melo, Gallot GF(56304,10)
16	$3 \times 2^{44685} + 1$	13453桁　1993年　Jeffrey Young GF(44684,10)
17	$2601 \times 2^{39729} + 1$	11964桁　2001年　Fougeron, PrimeForm GF(39728,10)
18	$13 \times 2^{38008} + 1$	11443桁　1992年　Harvey Dubner GF(38005,10)
19	$629 \times 2^{37915} + 1$	11417桁　2001年　Melo, Gallot GF(37914,10)
20	$83 \times 2^{32749} + 1$	9861桁　1997年　Patrick Demichel GF(32748,10)

参考文献

[BR98], [DK95], [RB94], [Rie69c]

11.7 一般 Fermat 約数（底=12）

記録

以下は底が 12 の一般 Fermat 約数の記録である．

順位	素数	桁数　　発見年　　発見者 左の素数が割り切る数
1	$5 \times 2^{1320487}+1$	397507桁　2002年　Toplic, Gallot GF(1320486,12)
2	$3 \times 2^{382449}+1$	115130桁　1999年　Cosgrave, Gallot F_{382447}; GF(382447,3), GF(382447,12), GF(382443,6)
3	$3 \times 2^{303093}+1$	91241桁　1998年　Jeffrey Young F_{303088}; GF(303088,3), GF(303086,6), GF(303092,10), 　GF(303088,12), GF(303092,5)
4	$73 \times 2^{227334}+1$	68437桁　1999年　Taura, Gallot GF(227333,12)
5	$37 \times 2^{218550}+1$	65792桁　2001年　Dodson, Gallot GF(218547,5), GF(218549,12)
6	$3 \times 2^{213321}+1$	64217桁　1997年　Jeffrey Young F_{213319}; GF(213316,6), GF(213319,12)
7	$15 \times 2^{184290}+1$	55478桁　1998年　Jeffrey Young GF(184288,12)
8	$3 \times 2^{157169}+1$	47314桁　1995年　Jeffrey Young F_{157167}; GF(157167,3), GF(157168,5), GF(157163,6), 　GF(157168,10), GF(157167,12)
9	$19 \times 2^{149146}+1$	44899桁　1998年　Gallot GF(149145,5), GF(149145,12)
10	$9 \times 2^{149143}+1$	44898桁　1995年　Jeffrey Young GF(149141,12)
11	$9 \times 2^{147073}+1$	44275桁　1995年　Jeffrey Young GF(147070,12)
12	$9 \times 2^{127003}+1$	38233桁　1995年　Jeffrey Young GF(126999,12)

順位	素数	桁数　　発見年　　発見者 左の素数が割り切る数
13	$295 \times 2^{95736} + 1$	28822桁　1998年　Misztal, Gallot GF(95735,12)
14	$7 \times 2^{95330} + 1$	28699桁　1995年　Jeffrey Young F_{95328}; GF(95329,3), GF(95329,6), GF(95329,12)
15	$11925 \times 2^{80011} + 1$	24090桁　2000年　Underbakke, Gallot GF(80004,12)
16	$6419 \times 2^{47131} + 1$	14192桁　2001年　Fougeron, PrimeForm GF(47130,12)
17	$669 \times 2^{44691} + 1$	13457桁　2001年　Axelsson, Gallot GF(44689,12)
18	$3 \times 2^{42665} + 1$	12844桁　1993年　Jeffrey Young GF(42663,12)
19	$1089 \times 2^{38674} + 1$	11646桁　2001年　Melo, Gallot GF(38670,12)
20	$15 \times 2^{34224} + 1$	10304桁　1993年　Harvey Dubner GF(34222,12)

参考文献

[BR98], [DK95], [RB94], [Rie69a]

11.8　一般 Fermat 約数（底=6）

記録

以下は底が6の一般 Fermat 約数の記録である.

順位	素数	桁数　　発見年　　発見者 左の素数が割り切る数
1	$3 \times 2^{382449} + 1$	115130桁　1999年　Cosgrave, Gallot F_{382447}; GF(382447,3), GF(382447,12), GF(382443,6)
2	$9 \times 2^{304607} + 1$	91697桁　1998年　Ballinger, Gallot GF(304604,6)

順位	素数	桁数　発見年　発見者 左の素数が割り切る数
3	$3 \times 2^{303093} + 1$	91241桁　1998年　Jeffrey Young F_{303088}; GF(303088,3), GF(303086,6), GF(303092,10), GF(303088,12), GF(303092,5)
4	$15 \times 2^{300488} + 1$	90458桁　2002年　Samidoost, Gallot GF(300479,6), GF(300484,10)
5	$63 \times 2^{263413} + 1$	79298桁　2002年　Taura, Gallot GF(263407,6)
6	$63 \times 2^{222861} + 1$	67090桁　2001年　Taura, Gallot GF(222859,6)
7	$3 \times 2^{213321} + 1$	64217桁　1997年　Jeffrey Young F_{213319}; GF(213316,6), GF(213319,12)
8	$3 \times 2^{157169} + 1$	47314桁　1995年　Jeffrey Young F_{157167}; GF(157167,3), GF(157168,5), GF(157163,6), GF(157168,10), GF(157167,12)
9	$63 \times 2^{125218} + 1$	37697桁　1999年　Taura, Gallot GF(125213,6)
10	$7 \times 2^{95330} + 1$	28699桁　1995年　Jeffrey Young F_{95328}; GF(95329,3), GF(95329,6), GF(95329,12)
11	$435 \times 2^{87221} + 1$	26259桁　2000年　DavalDavis, Gallot GF(87219,6)
12	$9 \times 2^{67943} + 1$	20454桁　1995年　Jeffrey Young GF(67941,6)
13	$501 \times 2^{63005} + 1$	18970桁　2000年　Eckhard, Gallot GF(63003,6)
14	$397 \times 2^{56874} + 1$	17124桁　2000年　Melo, Gallot GF(56873,6)
15	$545 \times 2^{51313} + 1$	15450桁　2000年　DavalDavis, Gallot GF(51312,6)
16	$483 \times 2^{47288} + 1$	14238桁　2000年　Melo, Gallot GF(47285,6)
17	$581 \times 2^{45345} + 1$	13653桁　2001年　Melo, Gallot GF(45344,6)
18	$15 \times 2^{43388} + 1$	13063桁　1995年　Jeffrey Young GF(43379,6)
19	$95 \times 2^{40937} + 1$	12326桁　1998年　Dubner, Gallot GF(40936,6)

順位	素数	桁数　　　発見年　　発見者
		左の素数が割り切る数
20	$69 \times 2^{40691} + 1$	12252桁　1997年　Patrick Demichel
		GF(40687,6)

参考文献

[BR98], [DK95], [RB94], [Rie69c], [Rie69a]

11.9　一般 Fermat 素数

定義と付記

一般 Fermat 数 $F_{b,n} = b^{2^n} + 1$（b は 1 より大きい整数）であって素数のものを一般 Fermat 素数と呼ぶ（Fermat 素数は $b = 2$ の特別な場合である）。

b の指数はなぜ 2 の冪乗なのか？ それは，m が n の奇数約数であれば $b^{n/m} + 1$ は $b^n + 1$ を割り切るため，後者が素数であるためには m は 1 でなければならないからである．指数が 2 の冪乗であるから，一般 Fermat 素数の個数は任意の b に対して有限個であると予想するのが理にかなっている．

記録

順位	素数	桁数	発見年	発見者
1	$1266062^{65536} + 1$	399931	2002	Underbakke, Gallot
2	$857678^{65536} + 1$	388847	2002	Gallot, Fougeron
3	$843832^{65536} + 1$	388384	2001	Gallot, Fougeron
4	$671600^{65536} + 1$	381886	2002	Toplic, Gallot
5	$108368^{65536} + 1$	329968	2001	Bodenstein, Gallot
6	$48594^{65536} + 1$	307140	2000	Scott, Gallot
7	$1519380^{32768} + 1$	202561	2001	Anderson, Robinson, Gallot
8	$1277444^{32768} + 1$	200093	2002	HEUER, Fougeron, Gallot
9	$1217284^{32768} + 1$	199407	2002	Rosenthal, Fougeron, Gallot
10	$1210354^{32768} + 1$	199325	2002	Rosenthal, Fougeron, Gallot
11	$1113768^{32768} + 1$	198142	2002	Hemsen, Gallot

順位	素数	桁数	発見年	発見者
12	$109638 2^{32768}+1$	197918	2002	Penrose, Fougeron, Gallot
13	$107454 2^{32768}+1$	197632	2001	Penrose, Fougeron, Gallot
14	$104187 0^{32768}+1$	197192	2000	Gallot
15	$99923 6^{32768}+1$	196598	2000	Scott, Gallot
16	$85512 4^{32768}+1$	194381	2001	Scott, Gallot
17	$83164 8^{32768}+1$	193985	2002	Carmody, Gallot
18	$82532 4^{32768}+1$	193876	2002	Carmody, Gallot
19	$74378 8^{32768}+1$	192396	2002	Welsch, Gallot
20	$55360 2^{32768}+1$	188194	2001	Hewgill, Gallot

関連ページ

- 一般 Fermat 素数を生成する最小の底の値[u358]（Gallot による）

参考文献

[BR98], [DK95], [Dub86], [Mor86], [RB94], [Rie69c], [Rie69a]

11.10 Cullen 素数

定義と付記

Cullen 素数は $n2^n + 1$ の形の素数である（Woodall 数と比べよ）. これらの数は Reverend James Cullen(カレン)にちなんで名づけられた. 彼は, 100 以下の n すべてについて, これらの数が合成数で, ありうる例外は $n = 53$ だけであることに気づいた[Cul05]. Cunningham(カニンガム)はこれに応えて, 5519 が C_{53} を割り切ることを示し, 141 という例外の可能性はあるが, 200 以下の n に対して C_n はすべて合成数であることを示した. 1957 年に Robinson(ロビンソン)が C_{141} は実は素数であることを示した[Rob58].

現在知られている Cullen 素数は $n =$1, 141, 4713, 5795, 6611, 18496, 32292, 32469, 59656, 90825, 262419, 61275 のもので, これら未満の n についてはすべて合成数である. さらなる情報は, Cullen 素数の探索状況の

ページを見よ.

ほとんどすべての Cullen 数は合成数であることが示された[Hoo76]. しかし, 依然として Cullen 素数は無限にあると予想されている. また C_p がある素数 p に対して素数になるかどうかも知られていない.

記録

順位	素数	桁数	発見年	発見者	備考
1	$481899 \times 2^{481899} + 1$	145072	1998	Morii, Gallot	Cullen
2	$361275 \times 2^{361275} + 1$	108761	1998	Smith, Gallot	Cullen
3	$262419 \times 2^{262419} + 1$	79002	1998	Smith, Gallot	Cullen
4	$90825 \times 2^{90825} + 1$	27347	1997	Jeffrey Young	Cullen
5	$59656 \times 2^{59656} + 1$	17964	1997	Jeffrey Young	Cullen
6	$32469 \times 2^{32469} + 1$	9779	1997	Masakatu Morii	Cullen
7	$32292 \times 2^{32292} + 1$	9726	1997	Masakatu Morii	Cullen
8	$18496 \times 2^{18496} + 1$	5573	1984	Wilfrid Keller	Cullen
9	$6611 \times 2^{6611} + 1$	1994	1984	Wilfrid Keller	Cullen
10	$5795 \times 2^{5795} + 1$	1749	1984	Wilfrid Keller	Cullen
11	$4713 \times 2^{4713} + 1$	1423	1984	Wilfrid Keller	Cullen

関連ページ

- Cullen 素数の探索状況のページ [u359]
- 用語編の「Cullen 数」
- Cullen 数の素因数分解表 [u360]
- 素数記録年代記 [u361]

参考文献

[Cul05], [Cun06], [CW17], [Hoo76], [Kar73], [Kel95], [Rib95, pp.360-1], [Rob58], [Ste79]

11.11 Woodall 素数

定義と付記

Woodall 素数は $n2^n - 1$ という形の素数である（Cullen 素数と比べよ）. $n \leq 30000$ の Woodall 素数は $n = 2, 3, 6, 30, 75, 81, 115, 123, 249, 362, 384, 462, 512, 751, 822, 5312, 7755, 9531, 12379, 15822, 18885$ のものである．Woodall 素数は無限にあると予想されている．

b が 2 以外のとき，$nb^n - 1$ の形の素数を一般 Woodall 素数と呼ぶ．

記録

順位	素数	桁数	発見年	発見者
1	$667071 \times 2^{667071} - 1$	200815	2000	Toplic, Gallot
2	$151023 \times 2^{151023} - 1$	45468	1998	OHare, Gallot
3	$143018 \times 2^{143018} - 1$ *注	43058	1998	Ballinger, Gallot
4	$98726 \times 2^{98726} - 1$	29725	1997	Jeffrey Young
5	$23005 \times 2^{23005} - 1$	6930	1997	Jeffrey Young
6	$22971 \times 2^{22971} - 1$	6920	1997	Jeffrey Young
7	$18885 \times 2^{18885} - 1$	5690	1987	Wilfrid Keller
8	$15822 \times 2^{15822} - 1$	4768	1987	Wilfrid Keller
9	$12379 \times 2^{12379} - 1$	3731	1984	Wilfrid Keller
10	$9531 \times 2^{9531} - 1$	2874	1984	Wilfrid Keller
11	$7755 \times 2^{7755} - 1$	2339	1984	Wilfrid Keller
12	$5312 \times 2^{5312} - 1$	1603	1984	Wilfrid Keller

注　公差 $(143018 \times 2^{83969} - 80047) \times 2^{59049}$ の 2 番目の素数

関連ページ

- Woodall 数の探索状況 [u362]
- 用語編の「Woodall 数」
- 素数年代記 [u363]

参考文献

[CW17], [Kar73], [Kel95], [Rib95, pp.360-1], [Rie69b]

11.12　Sophie Germain 素数

定義と付記

p と $2p+1$ の両方が素数である場合，p は Sophie Germain 素数と呼ばれる．Sophie Germain 素数を，はじめから少し列挙すると 2, 3, 5, 11, 23, 29, 41, 53, 83, 89, 113, 131 である．1825 年頃 Sophie Germain(ジェルマン)は，Fermat の最終定理の第 1 の場合*が，そのような素数に対して正しいことを示した．すぐさま Legendre(ルジャンドル)がこの結果を一般化して，$k=4,8,10,14,16$ の場合に，$kp+1$ もまた素数となる素数 p に対して FLT の第 1 の場合が成り立つことを示した．1991 年に Fee(フィー)と Granville(グランヴィル)[FG91]がこの結果を $k \leq 100$ で 3 の倍数でないものに拡張した．同様な結果が数多く示されたが，FLT が Wiles によって証明された現在，関心は薄れている．

Sophie Germain 素数は無限に存在するだろうか？ Ribenboim(リベンボイム)は，Brun(ブルン)の篩法（11.18 節を参照せよ）が $kp+a$ も素数となる素数 $p(<x)$ の個数の評価に使えることを指摘し，$Cx/(\log x)^2$ で抑えられることを示した（したがって，素数中の密度は 0 である）．発見的にはこれより小さい下限値があると予想できる理由があるように見える．N 以下の Sophie Germain 素数の個数は漸近的に以下の式に等しい．

$$2C_2 \int_2^N \frac{dx}{\log \log(2x+1)} \sim \frac{2C_2 N}{(\log N)^2}$$

ここで C_2 は双子素数定数である（この数は Wrench(レンチ)らにより，およそ $0.6601618158\cdots$ と評価されている）．この推定は驚くほどあっている．たとえば以下のようになる．

---

*（訳注）用語編の「Fermat の最終定理」の項を参照せよ．

N より小さい Sophie Germain 素数の個数

N	実際の値	評価値
1,000	37	39
100,000	1171	1166
10,000,000	56032	56128
100,000,000	423140	423295
1,000,000,000	3308859	3307888
10,000,000,000	26569515	26568824

Euler(オイラー)と Lagrange(ラグランジュ)は,$p \equiv 3 \pmod{4}$ なる素数 $p > 3$ に対して,$2p + 1$ が素数である(すなわち p が Sophie Germain 素数である)のは $2p + 1$ が Mersenne 数 $M(p)$ を割り切るときかつそのときに限ることを示した.

記録

順位	素数	桁数	発見年	発見者
1	$109433307 \times 2^{66452} - 1$	20013	2001	Underbakke, Jobling, Gallot
2	$984798015 \times 2^{66444} - 1$	20011	2001	Underbakke, Jobling, Gallot
3	$3714089895285 \times 2^{60000} - 1$	18075	2000	Indlekofer, Jarai, Wassing
4	$18131 \times 22817\# - 1$	9853	2000	Henri Lifchitz
5	$18458709 \times 2^{32611} - 1$	9825	1999	Kerchner, Gallot
6	$415365 \times 2^{30052} - 1$	9053	1999	Scott, Gallot
7	$18482685 \times 2^{27182} - 1$	8190	2001	Rouse, Gallot
8	$22717075 \times 2^{26000} + 1$	7835	2001	Paul Jobling
9	$161193945 \times 2^{25253} - 1$	7611	2001	Narayanan, Gallot
10	$121063995 \times 2^{25094} - 1$	7563	2001	Schoenberger, Gallot
11	$120136023 \times 2^{25094} - 1$	7563	2001	Schoenberger, Gallot
12	$1051054917 \times 2^{25000} - 1$	7535	2000	Jobling, Gallot
13	$626711007 \times 2^{24712} - 1$	7448	2001	Underbakke, Gallot
14	$885817959 \times 2^{24711} - 1$	7448	2001	Shefl, Gallot
15	$1392082887 \times 2^{24680} - 1$	7439	2000	Narayanan, Gallot
16	$14516877 \times 2^{24176} - 1$	7285	1999	Kerchner, Gallot
17	$72021 \times 2^{23630} - 1$	7119	1998	Gallot
18	$325034895 \times 2^{23472} - 1$	7075	2000	Underbakke, Jobling, Gallot
19	$1297743285 \times 2^{23470} - 1$	7075	2001	Underbakke, Jobling, Gallot
20	$1186447755 \times 2^{23457} - 1$	7071	2000	Underbakke, Gallot

関連ページ

- 数学の世界：Sophie Germain 素数[u364]
- 用語編の「Sophie Germain 素数」
- 素数記録年代記[u365]：Sophie Germain 素数の年別記録

参考文献

[Dub96], [Rib95]

11.13　第1種 Cunningham 鎖

定義と付記

Sophie Germain 素数は $q = 2p+1$ もまた素数となる素数 p であったことを思い出そう．さらに $r = 2q+1$ も素数で，$2r+1$ も素数で，$\cdots$ と続く列があるかを考えてみよう．長さ k の第1種 Cunningham 鎖とは，長さ k の素数列であって，続く素数が前の素数の 2 倍 $+1$ になっているものである．たとえば $\{2, 5, 11, 23, 47\}$ と $\{89, 179, 359, 719, 1439, 2879\}$．

次節に第2種 Cunningham 鎖を載せている．両種の Cunningham 鎖は準倍素数列とも呼ばれる．任意の k に対して，長さ k の鎖が無限にあるはずである．実際 N 以下の長さ k の鎖の個数は漸近的に次の式に等しい．

$$B_k \int_2^N \frac{dx}{\log x \log(2x) \cdots \log(2^{k-1}x)} \sim \frac{B_k N}{(\log N)^k}.$$

ここで，

$$B_k = 2^{k-1} \prod_{p>2} \frac{p^k - p^{k-1}\min(k, \operatorname{ord}_p(2))}{(p-1)^k}$$

であり，B_k をはじめから列挙すれば，1.32032 $(k=2)$, 2.85825, 5.553491, 20.2636, 71.9622, 233.878, 677.356 となる．

記録

順位	素数	桁数　発見年　発見者	Cunningham 鎖の型
1	$3464789640 \times 2633\# - 1$	1118桁　2001年　Frind, PrimeForm	Cunningham 鎖 $(8p+7)$
2	$5937246992 \times 2381\# - 1$	1020桁　2000年　Augustin, Jobling, PrimeForm	Cunningham 鎖 $(8p+7)$
3	$1838313165 \times 2^{10221} - 1$	3087桁　2001年　Angel, Augustin, Jobling, Gallot	Cunningham 鎖 $(4p+3)$
4	$2446100440 \times 6217\# - 1$	2668桁　2002年　Frind, PrimeForm	Cunningham 鎖 $(4p+3)$
5	$2401866192 \times 5987\# - 1$	2569桁　2001年　Frind, PrimeForm	Cunningham 鎖 $(4p+3)$
6	$1749900015 \times 2^{6820} - 1$	2063桁　2001年　Augustin, Jobling, Gallot	Cunningham 鎖 $(4p+3)$
7	$1999446945 \times 2^{6628} - 1$	2005桁　2000年　Scott, Gallot	Cunningham 鎖 $(4p+3)$
8	$109433307 \times 2^{66453} - 1$	20013桁　2001年　Underbakke, Jobling, Gallot	Sophie Germain $(2p+1)$
9	$984798015 \times 2^{66445} - 1$	20011桁　2001年　Underbakke, Jobling, Gallot	Sophie Germain $(2p+1)$
10	$3714089895285 \times 2^{60001} - 1$	18075桁　2000年　Indlekofer, Jarai, Wassing	Sophie Germain $(2p+1)$
11	$1732394820 \times 2633\# - 1$	1118桁　2001年　Frind, PrimeForm	Cunningham 鎖 $(4p+3)$
12	$36262 \times 22817\# - 1$	9854桁　2000年　Henri Lifchitz	Sophie Germain $(2p+1)$
13	$18458709 \times 2^{32612} - 1$	9825桁　1999年　Kerchner, Gallot	Sophie Germain $(2p+1)$
14	$2968623496 \times 2381\# - 1$	1019桁　2000年　Augustin, Jobling, PrimeForm	Cunningham 鎖 $(4p+3)$
15	$415365 \times 2^{30053} - 1$	9053桁　1999年　Scott, Gallot	Sophie Germain $(2p+1)$
16	$18482685 \times 2^{27183} - 1$	8191桁　2001年　Rouse, Gallot	Sophie Germain $(2p+1)$
17	$22717075 \times 2^{26001} + 3$	7835桁　2001年　Paul Jobling	Sophie Germain $(2p+1)$

11.13 第1種 Cunningham 鎖　287

順位	素数	桁数　発見年　Cunningham 鎖の型 発見者
18	$161193945 \times 2^{25254} - 1$	7611桁　2001年　Sophie Germain $(2p+1)$ Narayanan, Gallot
19	$121063995 \times 2^{25095} - 1$	7563桁　2001年　Sophie Germain $(2p+1)$ Schoenberger, Gallot
20	$120136023 \times 2^{25095} - 1$	7563桁　2001年　Sophie Germain $(2p+1)$ Schoenberger, Gallot

重みつき記録

楽しみのために（実用的ではないが），その長さの鎖がどれくらい稀であるかを評価し，それによってこれらの鎖に重みをつけてみよう．Sophie Germain 素数も長さ2の鎖だからここに含めておく．

重みを定式化するために，大きさ n の数の素数性を判定する難しさを表す量

$$(\log n)^2 \log \log n$$

から始める．これに，長さ k の鎖を見つけるまでに調べなければならない候補の個数の期待値（上記の漸近評価による）

$$(\log n)^k / B_k$$

を乗ずる．さらに，数の大きさを適度に小さくするためにもう1回対数をとる．

順位	素数	桁数　発見年　Cunningham 鎖の型 発見者
1	$1838313165 \times 2^{10221} - 1$	3087桁　2001年　Cunningham 鎖 $(4p+3)$ Angel, Augustin, Jobling, Gallot
2	$1838313165 \times 2^{10220} - 1$	3086桁　2001年　Cunningham 鎖 $(2p+1)$ Angel, Augustin, Jobling, Gallot
3	$1838313165 \times 2^{10219} - 1$	3086桁　2001年　Cunningham 鎖 (p) Angel, Augustin, Jobling, Gallot
4	$2446100440 \times 6217\# - 1$	2668桁　2002年　Cunningham 鎖 $(4p+3)$ Frind, PrimeForm

順位	素数	桁数　発見年　発見者	Cunningham 鎖の型
5	$1223050220 \times 6217\# - 1$	2667桁　2002年　Frind, PrimeForm	Cunningham 鎖 $(2p+1)$
6	$611525110 \times 6217\# - 1$	2667桁　2002年　Frind, PrimeForm	Cunningham 鎖 (p)
7	$2401866192 \times 5987\# - 1$	2569桁　2001年　Frind, PrimeForm	Cunningham 鎖 $(4p+3)$
8	$1200933096 \times 5987\# - 1$	2569桁　2001年　Frind, PrimeForm	Cunningham 鎖 $(2p+1)$
9	$600466548 \times 5987\# - 1$	2569桁　2001年　Frind, PrimeForm	Cunningham 鎖 (p)
10	$1749900015 \times 2^{6820} - 1$	2063桁　2001年　Augustin, Jobling, Gallot	Cunningham 鎖 $(4p+3)$
11	$1749900015 \times 2^{6819} - 1$	2062桁　2001年　Augustin, Jobling, Gallot	Cunningham 鎖 $(2p+1)$
12	$1749900015 \times 2^{6818} - 1$	2062桁　2001年　Augustin, Jobling, Gallot	Cunningham 鎖 (p)
13	$1999446945 \times 2^{6628} - 1$	2005桁　2000年　Scott, Gallot	Cunningham 鎖 $(4p+3)$
14	$1999446945 \times 2^{6627} - 1$	2005桁　2000年　Scott, Gallot	Cunningham 鎖 $(2p+1)$
15	$1999446945 \times 2^{6626} - 1$	2004桁　2000年　Scott, Gallot	Cunningham 鎖 (p)
16	$3464789640 \times 2633\# - 1$	1118桁　2001年　Frind, PrimeForm	Cunningham 鎖 $(8p+7)$
17	$1732394820 \times 2633\# - 1$	1118桁　2001年　Frind, PrimeForm	Cunningham 鎖 $(4p+3)$
18	$866197410 \times 2633\# - 1$	1117桁　2001年　Frind, PrimeForm	Cunningham 鎖 $(2p+1)$
19	$433098705 \times 2633\# - 1$	1117桁　2001年　Frind, PrimeForm	Cunningham 鎖 (p)
20	$5937246992 \times 2381\# - 1$	1020桁　2000年　Augustin, Jobling, PrimeForm	Cunningham 鎖 $(8p+7)$

注　上記にリストされた素数は，われわれのデータベースから抽出した．より大きい重みのより小さい素数がもれているかもしれないが，それはデータベースに無いからである．

関連ページ

- The Prime Links++ の Cunningham 鎖のリンク [u366]
- 用語編の「Cunningham 鎖」

参考文献

[Cun07], [Guy94, A7 節], [Leh65], [LM81], [Löh89], [Rib95, pp.333], [Yat82]

11.14 第 2 種 Cunningham 鎖

定義と付記

長さ k の第 2 種 Cunningham 鎖とは，長さ k の素数列であって，続く素数が前の素数の 2 倍 − 1 になっているものである．たとえば $\{2, 3, 5\}$ と $\{1531, 3061, 6121, 12241, 24481\}$．

記録

順位	素数	桁数　　発見年　　第 2 種 Cunningham 鎖の型　　発見者
1	$1531785651 \times 2^{10109} + 1$	3053桁　2001年　$(4p-3)$ Angel, Augustin, Jobling, Gallot
2	$1361835195 \times 2^{8193} + 1$	2476桁　2000年　$(4p-3)$ Nikkel2, Nikkel, Gallot
3	$6275013040 \times 4673\# + 1$	2007桁　2000年　$(4p-3)$ Augustin, Jobling, PrimeForm
4	$43251705 \times 2^{6629} + 1$	2004桁　2000年　$(4p-3)$ Scott, Gallot
5	$1884286245 \times 2^{5111} + 1$	1548桁　2000年　$(4p-3)$ Nikkel2, Nikkel, Gallot

順位	素数	桁数　発見年　発見者	第2種Cunningham鎖の型
6	$675558849 \times 2^{40218} + 1$	12116桁　2000年 Augustin, Jobling	$(2p-1)$
7	$16769025 \times 2^{34072} + 1$	10264桁　1998年 Lifchitz, Gallot	$(2p-1)$
8	$15015 \times 2^{23871} + 1$	7191桁　1993年 Jeffrey Young	$(2p-1)$
9	$2371105815 \times 2^{23457} + 1$	7071桁　2000年 Phil Carmody	$(2p-1)$
10	$2362762041 \times 2^{23457} + 1$	7071桁　2000年 Phil Carmody	$(2p-1)$
11	$1531785651 \times 2^{10108} + 1$	3052桁　2001年 Angel, Augustin, Jobling, Gallot	$(2p-1)$
12	$1361835195 \times 2^{8192} + 1$	2476桁　2000年 Nikkel2, Nikkel, Gallot	$(2p-1)$
13	$3137506520 \times 4673\# + 1$	2007桁　2000年 Augustin, Jobling, PrimeForm	$(2p-1)$
14	$43251705 \times 2^{6628} + 1$	2003桁　2000年 Scott, Gallot	$(2p-1)$
15	$1884286245 \times 2^{5110} + 1$	1548桁　2000年 Nikkel2, Nikkel, Gallot	$(2p-1)$
16	$675558849 \times 2^{40217} + 1$	12116桁　2000年 Augustin, Jobling	(p)
17	$16769025 \times 2^{34071} + 1$	10264桁　1998年 Lifchitz, Gallot	(p)
18	$15015 \times 2^{23870} + 1$	7190桁　1993年 Jeffrey Young	(p)
19	$2371105815 \times 2^{23456} + 1$	7071桁　2000年 Phil Carmody	(p)
20	$2362762041 \times 2^{23456} + 1$	7071桁　2000年 Phil Carmody	(p)

重みつき記録

第1種Cunningham鎖と同様に重みづけした記録をあげる.

11.14 第2種 Cunningham 鎖

順位	素数	桁数　発見年　発見者	第2種 Cunningham 鎖の型
1	$675558849 \times 2^{40218} + 1$	12116桁　2000年　Augustin, Jobling	$(2p-1)$
2	$675558849 \times 2^{40217} + 1$	12116桁　2000年　Augustin, Jobling	(p)
3	$16769025 \times 2^{34072} + 1$	10264桁　1998年　Lifchitz, Gallot	$(2p-1)$
4	$16769025 \times 2^{34071} + 1$	10264桁　1998年　Lifchitz, Gallot	(p)
5	$15015 \times 2^{23871} + 1$	7191桁　1993年　Jeffrey Young	$(2p-1)$
6	$15015 \times 2^{23870} + 1$	7190桁　1993年　Jeffrey Young	(p)
7	$2371105815 \times 2^{23457} + 1$	7071桁　2000年　Phil Carmody	$(2p-1)$
8	$2362762041 \times 2^{23457} + 1$	7071桁　2000年　Phil Carmody	$(2p-1)$
9	$2371105815 \times 2^{23456} + 1$	7071桁　2000年　Phil Carmody	(p)
10	$2362762041 \times 2^{23456} + 1$	7071桁　2000年　Phil Carmody	(p)
11	$1531785651 \times 2^{10109} + 1$	3053桁　2001年　Angel, Augustin, Jobling, Gallot	$(4p-3)$
12	$1531785651 \times 2^{10108} + 1$	3052桁　2001年　Angel, Augustin, Jobling, Gallot	$(2p-1)$
13	$1531785651 \times 2^{10107} + 1$	3052桁　2001年　Angel, Augustin, Jobling, Gallot	(p)
14	$1361835195 \times 2^{8193} + 1$	2476桁　2000年　Nikkel2, Nikkel, Gallot	$(4p-3)$
15	$1361835195 \times 2^{8192} + 1$	2476桁　2000年　Nikkel2, Nikkel, Gallot	$(2p-1)$
16	$1361835195 \times 2^{8191} + 1$	2475桁　2000年　Nikkel2, Nikkel, Gallot	(p)
17	$6275013040 \times 4673\# + 1$	2007桁　2000年　Augustin, Jobling, PrimeForm	$(4p-3)$
18	$3137506520 \times 4673\# + 1$	2007桁　2000年　Augustin, Jobling, PrimeForm	$(2p-1)$

順位	素数	桁数 発見年 発見者	第2種 Cunningham鎖の型
19	$1568753260 \times 4673\# + 1$	2006桁 2000年 Augustin, Jobling, PrimeForm	(p)
20	$43251705 \times 2^{6629} + 1$	2004桁 2000年 Scott, Gallot	$(4p-3)$

関連ページ

- The Prime Links++のCunningham鎖のリンク [u367]
- 用語編の「Cunningham鎖」

参考文献

[Cun07], [Guy94, A7節], [Leh65], [LM81], [Löh89], [Rib95], [Yat82].

11.15 Lucas 数の Aurifeuille 原始部分

David Broadhurst は「Lucas 数は $L(n) = L(n-1) + L(n-2), L(0) = 2, L(1) = 1$ で定義される」と書いている。したがって、黄金比 $\rho = (1+\sqrt{5})/2$ を用いて、

$$L(n) = \rho^n + (-\rho)^{-n}$$

となる。この数列は Fibonacci 数

$$u(n) = \frac{\rho^n - (-\rho)^{-n}}{\sqrt{5}} \quad (n \geq 0)$$

に対して、$L(n) = u(2n)/u(n)$ という関係がある。$L(n)$ の原始部分は、$n > 1$ に対して、

$$L^*(n) = \frac{\Phi_{2n}(-\rho^2)}{\rho^{\varphi(2n)}}$$

である[*1]. $L^*(1) = 1$ だから，素因数分解

$$L(2^r k) = \prod_{d|k} L^*(2^r d)$$

が，$r > 0$ と奇数の k に対して得られる．

奇数 k に対して $n = 5k$ のとき，次の Aurifeuille の因数分解がある：

$$L(5k) = L(k)A(5k)B(5k)$$
$$A(5k) = 5F(k)(u(k) - 1) + 1$$
$$B(5k) = 5F(k)(u(k) + 1) + 1$$

$L^*(n) = A^*(n)B^*(n)$ の Aurifeuille 原始部分は，$n \equiv 5 \pmod{10}$ に対して，

$$A^*(n) = \gcd(L^*(n), A(n)), \quad B^*(n) = \gcd(L^*(n), B(n))$$

である．これらの数は Möbius 変換[*2]を使って計算できる：

$$A^\pm(n) = \prod_{\substack{d|n \\ d^2 \equiv \pm 1 \pmod 5}} A\left(\frac{n}{d}\right)^{\mu(d)}$$
$$B^\pm(n) = \prod_{\substack{d|n \\ d^2 \equiv \pm 1 \pmod 5}} B\left(\frac{n}{d}\right)^{\mu(d)}$$

これらは一般には整数ではない．整数値をとる原始部分は $n \equiv 5 \pmod{10}$ で，

$$A^*(n) = A^+(n)B^-(n), \quad B^*(n) = B^+(n)A^-(n)$$

となる．

$A^*(n)$ は $n =$ 25, 35, 45, 55, 65, 75, 85, 95, 105, 125, 145, 165, 185, 275, 335, 355, 535, 655, 735, 805, 925, 955, 1095, 1195, 1215, 1275, 1305, 1325, 1435, 1575, 1655, 1765, 2015, 2205, 2715, 2745, 2885, 3905, 3935, 4275, 5705, 5995, 7755, 8565 の場合に素数であり，その他の $n < 10^4$ では

[*1] (訳注) Φ_m は m 次円分多項式，φ は Euler のファイ関数．
[*2] (訳注) μ は Möbius 関数である．その定義は 7.6 節の訳注を参照せよ．

合成数である．

$B^*(n)$ は $n =$ 5, 15, 25, 35, 45, 75, 85, 105, 145, 155, 165, 185, 225, 255, 305, 315, 325, 335, 355, 365, 375, 475, 485, 525, 565, 575, 635, 695, 715, 765, 885, 1235, 1325, 1375, 1515, 2255, 2285, 3085, 3185, 3355, 3565, 3745, 3885, 4325, 4995, 5525, 5915, 6195, 6565, 6975, 6995, 7785, 8855, 9435, 9925 の場合に素数であり，その他の $n < 10^4$ では合成数である．

$A^*(n)$ と $B^*(n)$ は，$n =$ 25, 35, 45, 75, 85, 105, 145, 165, 185, 335, 355, 1325 の場合に同時に素数であり，その他の $n < 10^4$ では合成数である．

記録

順位	素数	桁数 発見年 発見者 備考
1	$A(82975)$	6935桁 2001年 Broadhurst, Water, PrimeForm Lucas 数の Aurifeuille 原始部分
2	$B(48375)$	2634桁 2001年 Broadhurst, Water, Forbes Lucas 数の Aurifeuille 原始部分, APR-CL
3	$B(31145)$	2603桁 2001年 Broadhurst, Water, PrimeForm Lucas 数の Aurifeuille 原始部分
4	$A(26875)$	2195桁 2001年 Broadhurst, Water, Forbes Lucas 数の Aurifeuille 原始部分, APR-CL
5	$B(26155)$	2186桁 2001年 Broadhurst, Water, PrimeForm Lucas 数の Aurifeuille 原始部分
6	$A(25945)$	2169桁 2001年 Broadhurst, Water, Forbes Lucas 数の Aurifeuille 原始部分, APR-CL
7	$B(27625)$	2007桁 2001年 Broadhurst, Water, Titanix Lucas 数の Aurifeuille 原始部分, ECPP
8	$B(26495)$	1897桁 2001年 Broadhurst, Water, Titanix Lucas 数の Aurifeuille 原始部分, ECPP
9	$B(22115)$	1849桁 2001年 Broadhurst, Water, PrimeForm Lucas 数の Aurifeuille 原始部分
10	$A(22705)$	1791桁 2001年 Broadhurst, Water, Titanix Lucas 数の Aurifeuille 原始部分, ECPP
11	$A(22195)$	1766桁 2001年 Broadhurst, Water, Titanix Lucas 数の Aurifeuille 原始部分, ECPP

順位	素数	桁数 発見年 発見者 備考
12	$B(29775)$	1656桁 2001年 Broadhurst, Water, Forbes Lucas 数の Aurifeuille 原始部分, APR-CL
13	$B(18835)$	1575桁 2001年 Broadhurst, Water, Forbes Lucas 数の Aurifeuille 原始部分, APR-CL
14	$A(29535)$	1488桁 2001年 Broadhurst, Water, Titanix Lucas 数の Aurifeuille 原始部分, ECPP
15	$B(19525)$	1464桁 2001年 Broadhurst, Water, Titanix Lucas 数の Aurifeuille 原始部分, ECPP
16	$B(17035)$	1425桁 2001年 Broadhurst, Water, PrimeForm Lucas 数の Aurifeuille 原始部分
17	$A(16285)$	1361桁 2001年 Broadhurst, Water, PrimeForm Lucas 数の Aurifeuille 原始部分
18	$A(23565)$	1314桁 2001年 Broadhurst, Water, Forbes Lucas 数の Aurifeuille 原始部分, APR-CL
19	$A(18095)$	1155桁 2001年 Broadhurst, Water, Titanix Lucas 数の Aurifeuille 原始部分, ECPP
20	$B(14375)$	1150桁 2001年 Broadhurst, Water, PrimeForm Lucas 数の Aurifeuille 原始部分

関連ページ

- $2 \leq n < 10000$ の Lucas 数の素因数分解[u368]

参考文献

[BMS88], [DK99], [Sch62], [Ste87]

11.16 NSW 素数

定義と付記

Newman(ニューマン), Shanks(シャンクス), Williams(ウィリアムズ)の三人は, 1970 年代に次の形式の整数に関する論文を著した[NSW81].

$$S_{2m+1} = \left(\left(1+\sqrt{2}\right)^{2m+1} + \left(1-\sqrt{2}\right)^{2m+1} \right)/2$$

この数を三人の名前の頭文字を取って NSW 数と呼ぶ.

この数列をはじめから列挙すると $S_1 = 1, S_3 = 7, S_5 = 41, S_7 = 239, S_9 = 1393$ である.

記録

NSW 素数は言うまでもなく, 素数である NSW 数のことである. はじめから列挙すると $p = 3, 5, 7, 19, 29, 47, 59, 163, 257, 421, 937, 947, 1493, 1901$ に対する S_p である.

順位	素数	桁数	発見年	発見者 (備考)
1	W(13339)[u369]	5106	2001	Broadhurst, Walker (Cyclotomy)
2	S(9679)[u370]	3705	2001	Broadhurst, PrimeForm
3	W(8093)[u371]	3098	2001	Broadhurst, PrimeForm
4	S(8087)[u372]	3096	2001	Irvine, Broadhurst
5	S(6689)[u373]	2561	2001	Broadhurst, PrimeForm

関連ページ

- 数学の世界：NSW 数[u374] (Eric Weisstein による)
- A002315[u375] (Sloan による)

参考文献

[BBLR98], [NSW81], [Rib95, pp.367-9]

11.17 階乗素数と素数階乗素数

定義と付記

階乗素数には 2 種類ある．階乗プラス 1 ($n! + 1$) と，階乗マイナス 1 ($n! - 1$) である．$n! + 1$ は，$n =$1, 2, 3, 11, 27, 37, 41, 73, 77, 116, 154, 320, 340, 399, 427, 872, 1477, 6380 のときに素数となる（最後のものは 21,507 桁）．[Bor72], [Tem80], [BCP82], [Cal95]を参照せよ．$n! - 1$ は，$n=$3, 4, 6, 7, 12, 14, 30, 32, 33, 38, 94, 166, 324, 379, 469, 546, 974, 1963, 3507, 3610, 6917 のときに素数となる（最後のものは 23,560 桁）．両方とも $n = 10000$ まで検査されている[CG02]．

$p\#$（p-素数階乗）を p 以下の素数の積とする．たとえば次のようになる：

- $3\# = 2 \times 3 = 6$
- $5\# = 2 \times 3 \times 5 = 30$
- $13\# = 2 \times 3 \times 5 \times 7 \times 11 \times 13 = 30030$

$p\# + 1$ は，素数 $p =$ 2, 3, 5, 7, 11, 31, 379, 1019, 1021, 2657, 3229, 4547, 4787, 11549, 13649, 18523, 23801, 24029, 42209 に対して素数となる（最後のものは 18,241 桁）．[Bor72], [Tem80], [BCP82], [Cal95]を参照せよ．

$p\# - 1$ は，素数 $p =$3, 5, 11, 13, 41, 89, 317, 337, 991, 1873, 2053, 2377, 4093, 4297, 4583, 6569, 13033, 15877 に対して素数となる（最後のものは 6,845 桁）．

両方とも $p < 100000$ までの素数について検査されている[CG02]．階乗素数と素数階乗素数についての詳細は[Dub87], [Dub89]を参照せよ．

最後に，階乗素数を多重階乗関数を用いて一般化するのも自然だろう．多重階乗関数は以下のように定義される．

- $n! = (n)(n-1)(n-2)\cdots(1)$
- $n!! = n!_2 = (n)(n-2)(n-4)\cdots(1 \text{ か } 2)$
- $n!!! = n!_3 = (n)(n-3)(n-6)\cdots(1 \text{ か } 2 \text{ か } 3)$

たとえば $7! = 5040$, $7!! = 105$, $7!!! = 28$, $7!!!! = 21$, $7!!!!! = 14$ である。[CD34] を参照せよ。

記録

順位	素数	桁数	発見年	発見者	備考
1	$392113\# + 1$	169966	2001	HEUER, PrimeForm	素数階乗
2	$366439\# + 1$	158936	2001	HEUER, PrimeForm	素数階乗
3	$21480! - 1$	83727	2001	DavisK, Kuosa, PrimeForm	階乗
4	$145823\# + 1$	63142	2000	Anderson, Robinson, PrimeForm	素数階乗
5	$96743!_7 - 1$	62904	2002	Dohmen, PrimeForm	多重階乗
6	$92288!_7 - 1$	59738	2002	Dohmen, PrimeForm	多重階乗
7	$91720!_7 - 1$	59335	2002	Dohmen, PrimeForm	多重階乗
8	$27056!_2 - 1$	54087	2001	Kuosa, PrimeForm	多重階乗
9	$34706!_3 - 1$	47505	2000	Harvey, PrimeForm	多重階乗
10	$34626!_3 - 1$	47384	2000	Harvey, PrimeForm	多重階乗
11	$32659!_3 + 1$	44416	2000	Harvey, PrimeForm	多重階乗
12	$69144!_7 - 1$	43519	2000	Dohmen, PrimeForm	多重階乗
13	$28565!_3 + 1$	38295	2000	Harvey, PrimeForm	多重階乗
14	$61467!_7 - 1$	38238	2000	Dohmen, PrimeForm	多重階乗
15	$54481!_7 - 1$	33485	2000	Dohmen, PrimeForm	多重階乗
16	$24753!_3 + 1$	32671	2000	Routman, PrimeForm	多重階乗
17	$23109!_3 - 1$	30272	2000	Harvey, PrimeForm	多重階乗
18	$41990!_6 - 1$	29318	2000	Ballinger, PrimeForm	多重階乗
19	$22326!_3 + 1$	29135	2000	Harvey, PrimeForm	多重階乗
20	$21725!_3 + 1$	28265	2000	Harvey, PrimeForm	多重階乗

関連ページ

- 数学の世界：階乗素数 [u376]
- 用語編の「素数階乗素数」

- 用語編の「階乗素数」
- 用語編の「多重階乗素数」
- 素数記録年代記[u377]：年別階乗素数/素数階乗素数

参考文献

[BCP82], [Bor72], [Cal95], [CD34], [CG02], [Dub87], [Dub89], [Tem80]

11.18 双子素数

定義と付記

双子素数はその差が 2 の素数の組である．最初のいくつかの双子素数は $\{3,5\}, \{5,7\}, \{11,13\}, \{17,19\}$ である．双子素数は無限にあると予想されている（が証明されていない）．任意の整数 n と $n+2$ が素数である確率が独立事象であると仮定するならば，素数定理から，n 以下の双子素数は $n/(\log n)^2$ ある．この確率は独立ではなく，Hardy(ハーディ)と Littlewood(リトルウッド)は正しい推定は次の式になると予想している：

$$2 \prod_{p \geq 3} \frac{p(p-2)}{(p-1)^2} \int_2^x \frac{dt}{(\log t)^2}$$

$$\fallingdotseq 1.320323632 \int_2^x \frac{dt}{(\log t)^2}$$

この無限積は双子素数定数である(Wrench らにより，およそ $0.6601618158\cdots$ と評価されている)．推定の精度を上げるため積分を導入している．この推定式はよくあっている．たとえば，以下のようになる．

N	実際の値	評価値
10^6	8169	8248
10^8	440312	440368
10^{10}	27412679	27411417

Kutnib(クトニブ)と Richstein(リヒシュティン)による，より長い表が Web 上[u378]にある．

1919 年 Brun は双子素数の逆数の和が現在 Brun 定数と呼ばれる数に収束することを示した．Thomas R. Nicely(ナイスリー)は，双子素数を 10^{14} まで計算することにより（その過程で悪名高い Pentium のバグを発見し）Brun 定数の近似値 1.902160578 を**発見的**に求めた[u379]．

練習問題として Wilson の定理の次の版を証明してみるといいだろう．

定理 (Clement 1949)　整数 $n, n+2$ は次の条件を満たすとき，またそのときに限り双子素数となる：

$$4((n-1)!+1) \equiv -n \pmod{n(n+2)}$$

すばらしいが，残念なことに実用的な価値はない定理である．

記録

順位	素数	桁数	発見年	発見者 (PF: PrimeForm)
1	$318032361 \times 2^{107001} \pm 1$	32220	2001	Underbakke, Carmody, PF
2	$1807318575 \times 2^{98305} \pm 1$	29603	2001	Underbakke, Carmody, Gallot
3	$665551035 \times 2^{80025} \pm 1$	24099	2000	Underbakke, Carmody, Gallot
4	$781134345 \times 2^{66445} \pm 1$	20011	2001	Underbakke, Carmody, PF
5	$1693965 \times 2^{66443} \pm 1$	20008	2000	LaBarbera, Jobling, Gallot
6	$83475759 \times 2^{64955} \pm 1$	19562	2000	Underbakke, Jobling, Gallot
7	$291889803 \times 2^{60090} \pm 1$	18098	2001	Boivin, Gallot
8	$4648619711505 \times 2^{60000} \pm 1$	18075	2000	Indlekofer, Jarai, Wassing
9	$2409110779845 \times 2^{60000} \pm 1$	18075	2000	Indlekofer, Jarai, Wassing
10	$2230907354445 \times 2^{48000} \pm 1$	14462	1999	Indlekofer, Jarai, Wassing
11	$871892617365 \times 2^{48000} \pm 1$	14462	1999	Indlekofer, Jarai, Wassing
12	$361700055 \times 2^{39020} \pm 1$	11755	1999	Henri Lifchitz
13	$835335 \times 2^{39014} \pm 1$	11751	1998	Ballinger, Gallot
14	$242206083 \times 2^{38880} \pm 1$	11713	1995	Indlekofer, Jarai
15	$467921055 \times 2^{32921} \pm 1$	9919	2001	Rogerson, Gallot
16	$31769205 \times 2^{32773} \pm 1$	9874	2002	Underbakke, Gallot
17	$1958349 \times 2^{31415} \pm 1$	9464	2001	Oleynick, Gallot
18	$353665707 \times 2^{25814} \pm 1$	7780	2001	Altman, Gallot
19	$1031980281 \times 2^{25625} \pm 1$	7723	2001	Narayanan, Gallot

順位	素数	桁数	発見年	発見者 (PF: PrimeForm)
20	$141955329 \times 2^{25267} \pm 1$	7615	2002	Schoenberger, Gallot

関連ページ

- 数学の世界：双子素数[u380]
- Brun 定数[u381]
- Hardy-Littlewood 定数[u382]
- 二つの Hardy-Littlewood 予想[u383]
- 用語編の「双子素数」
- 10^{14} までの双子素数の表[u384]
- 素数記録年代記[u385]：年別双子素数の記録

参考文献

[For97], [IJ96], [PSZ90]

11.19 等差数列上の素数

定義と付記

多くの等差数列には無限に多くの素数が含まれているのだろうか？確かに，公差がその項と公約数を持っている場合（たとえば $6, 9, 12, 15, \cdots$）にはそうではない．1837 年 Dirichlet(ディリクレ)は，それ以外の場合にはこの質問の答がイエスであることを証明した：

等差数列上の素数に関する Dirichlet の定理 a と b とが互いに素な正の整数であれば，等差数列 $a, a+b, a+2b, a+3b, \cdots$ は無限に多くの素数を含む．

素数定理は，任意の n に対して漸近的に n 以下の素数が $n/\log n$ 個あることを言っていることを思い出そう．同様に，数列 $a + k \times b \, (k = 1, 2, 3, \cdots)$

には n 以下の素数が $n/(\varphi(b)\log n)$ 個ある．この評価式は a の選び方によらない！

Dirichlet の定理は（そう期待しがちであるが）この数列の中に，いくらでも長い（連続した項の）素数の列があるとは言っていない．しかし Dickson 予想は，任意の正の整数 n に対して，（明らかに成り立たない場合を除いて）等差数列には n 個の連続する素数がある，と述べている．これを量的に定式化して，どれくらいあるのかを発見的に評価することも可能である．たとえば Grosswald（グロスウォールド）[GPH79] は，次が成り立つと予想した：$N_k(x)$ を，x 以下の k 個の素数からなる（有限）等差数列の個数とすると，

$$N_k(x) \sim \frac{D_k x^2}{2(k-1)(\log x)^k}.$$

ここで，

$$D_k = \prod_{p<k} \frac{1}{p}\left(\frac{p}{p-1}\right)^{k-1} \prod_{p>k} \left(\frac{p}{p-1}\right)^{k-1} \frac{p-k+1}{p}$$

である（彼は $k=3$ の場合の証明に成功している）．

用語編の「Dickson 予想」の項で，固定した長さ k と固定した公差 d に対して，漸近的な評価式を与えている．以下の表では等差数列をなす最大既知素数をあげた（ただし，それぞれの数列に対し，第 3 項かそれ以上の項だけをあげている）．

注 等差数列上の素数は保管すべきなクラスであるが，それぞれの固定した長さについて全部保管すべきではないため，それぞれの長さについて上位 5 個までが保持されている．

記録

順位	素数	桁数　　発見年　　発見者 (PF:PrimeForm) 公差（第 3 項）
1	$262564928 \times 2383\# + 1$	1022桁　2002年　Fougeron, PF 第 7 項, 公差 $40384012 \times 2383\#$

11.19 等差数列上の素数

順位	素数	桁数　　発見年　　発見者 (PF:PrimeForm) 公差（第3項）
2	$(65 \times 2^{117395} - 191) \times 2^{73855} + 1$	57574桁　2001年　Anderson, Robinson $(65 \times 2^{117394} - 191) \times 2^{73855}$
3	$(413468055 \times 2^{78111} - 374475) \times 2^{73013} + 1$	45502桁　2001年　Anderson, Robinson $(413468055 \times 2^{78110} - 374475) \times 2^{73013}$
4	$(148755 \times 2^{67949} - 451605) \times 2^{81170} + 1$	44895桁　2000年　Anderson, Robinson $(148755 \times 2^{67948} - 451605) \times 2^{81170}$
5	$111 \times 2^{147346} - 1$	44358桁　2000年　Keller, Buechel, Gallot $(111 \times 2^{87346} - 1898960719425) \times 2^{59999}$
6	$577294575 \times 2^{143040} - 1$	43069桁　2000年　Brennen, Gallot $(577294575 \times 2^{78214} - 653554425) \times 2^{64825}$
7	$(143018 \times 2^{83970} - 80047) \times 2^{59049} - 1$	43059桁　2001年　Anderson, Robinson $(143018 \times 2^{83969} - 80047) \times 2^{59049}$
8	$(9435853 \times 2^{86923} - 337) \times 2^{44149} - 1$	39464桁　2001年　Anderson, Robinson $(9435853 \times 2^{86922} - 337) \times 2^{44149}$
9	$105915 \times 2^{131071} - 1$	39462桁　2000年　Harvey, PF $(105915 \times 2^{24059} - 167691135) \times 2^{107011}$
10	$(561 \times 2^{62042} - 187357695) \times 2^{53040} - 1$	34646桁　2001年　Anderson, Robinson $(561 \times 2^{62041} - 187357695) \times 2^{53040}$
11	$(163 \times 2^{29769} - 569239) \times 2^{80018} + 1$	33052桁　2000年　Anderson, Robinson $(163 \times 2^{29768} - 569239) \times 2^{80018}$
12	$(39 \times 2^{27589} - 3) \times 2^{80190} + 1$	32447桁　2000年　Anderson, Robinson $(39 \times 2^{27588} - 3) \times 2^{80190}$
13	$(109174275 \times 2^{47013} - 3347665156605) \times 2^{60000} - 1$	32223桁　2002年　Anderson, Robinson $(109174275 \times 2^{47012} - 3347665156605) \times 2^{60000}$
14	$171168483 \times 2^{107012} - 1$	32223桁　2001年　Underbakke, Gallot $(171168483 \times 2^{47012} - 745907638245) \times 2^{59999}$
15	$(11637675 \times 2^{69255} - 271044345) \times 2^{37758} - 1$	32222桁　2002年　Anderson, Robinson $(11637675 \times 2^{69254} - 271044345) \times 2^{37758}$
16	$(1206499119 \times 2^{46938} - 293966955) \times 2^{60066} - 1$	32221桁　2002年　Anderson, Robinson $(1206499119 \times 2^{46937} - 293966955) \times 2^{60066}$
17	$(1116307695 \times 2^{47004} - 2778167377755) \times 2^{60000} - 1$	32221桁　2002年　Anderson, Robinson $(1116307695 \times 2^{47003} - 2778167377755) \times 2^{60000}$
18	$1206499119 \times 2^{107003} - 1$	32221桁　2001年　Underbakke, Carmody, PF $(1116307695 \times 2^{43295} - 334639305) \times 2^{63707}$

順位	素数	桁数　発見年　発見者 (PF:PrimeForm) 公差（第3項）
19	$(700000077 \times 2^{54821}$ $-219) \times 2^{48877} - 1$	31226桁　2001年　Anderson, Robinson $(700000077 \times 2^{54820} - 219) \times 2^{48877}$
20	$8311875 \times 2^{101851} - 1$	30668桁　2001年　Nikkel, Gallot $(8311875 \times 2^{41761} - 80274357) \times 2^{60089}$

重みつき記録

この種の列を見つける難しさはその長さによって違う．たとえば，20個のタイタン素数の数列を見つけるまでには長い時間がかかった．ちょっとおもしろいので，これらの数列をどのくらい長いかで順位づけてみよう．

順位をつけるため，大きさ n の数の素数性を判定する難しさを表す量

$$(\log n)^2 \log \log n$$

に，長さ k の列を一つ見つけるまでに調べなければならない候補の個数の期待値

$$\sqrt{2(k-1)/D_k}(\log n)^{(2+k/2)} \log \log n$$

を掛ける．

さらに，数の大きさを減らすためさらにもう1回対数をとる．

注　重みの計算には自然対数を用いる．D_k は k=1, 2, 3, 4, 5, 6, 7, 8 に対して 1.32032, 2.858525, 4.15118, 10.1318, 17.2986, 53.9720 である［GPH79］．

順位	素数	桁数　発見年　発見者 (PF:PrimeForm) 公差（すべて第3項）
1	$(65 \times 2^{117395}$ $-191) \times 2^{73855} + 1$	57574桁　2001年　Anderson, Robinson $(65 \times 2^{117394} - 191) \times 2^{73855}$
2	$(413468055 \times 2^{78111}$ $-374475) \times 2^{73013} + 1$	45502桁　2001年　Anderson, Robinson $(413468055 \times 2^{78110} - 374475) \times 2^{73013}$
3	$(148755 \times 2^{67949}$ $-451605) \times 2^{81170} + 1$	44895桁　2000年　Anderson, Robinson $(148755 \times 2^{67948} - 451605) \times 2^{81170}$

11.19 等差数列上の素数

順位	素数	桁数　発見年　発見者 (PF:PrimeForm) 公差（すべて第 3 項）
4	$111 \times 2^{147346} - 1$	44358桁　2000年　Keller, Buechel, Gallot $(111 \times 2^{87346} - 1898960719425) \times 2^{59999}$
5	$577294575 \times 2^{143040} - 1$	43069桁　2000年　Brennen, Gallot $(577294575 \times 2^{78214} - 653554425) \times 2^{64825}$
6	$(143018 \times 2^{83970}$ $-80047) \times 2^{59049} - 1$	43059桁　2001年　Anderson, Robinson $(143018 \times 2^{83969} - 80047) \times 2^{59049}$
7	$(9435853 \times 2^{86923}$ $-337) \times 2^{44149} - 1$	39464桁　2001年　Anderson, Robinson $(9435853 \times 2^{86922} - 337) \times 2^{44149}$
8	$105915 \times 2^{131071} - 1$	39462桁　2000年　Harvey, PF $(105915 \times 2^{24059} - 167691135) \times 2^{107011}$
9	$(561 \times 2^{62042}$ $-187357695) \times 2^{53040} - 1$	34646桁　2001年　Anderson, Robinson $(561 \times 2^{62041} - 187357695) \times 2^{53040}$
10	$(163 \times 2^{29769}$ $-569239) \times 2^{80018} + 1$	33052桁　2000年　Anderson, Robinson $(163 \times 2^{29768} - 569239) \times 2^{80018}$
11	$(39 \times 2^{27589}$ $-3) \times 2^{80190} + 1$	32447桁　2000年　Anderson, Robinson $(39 \times 2^{27588} - 3) \times 2^{80190}$
12	$(109174275 \times 2^{47013}$ $-3347665156605) \times 2^{60000} - 1$	32223桁　2002年　Anderson, Robinson $(109174275 \times 2^{47012} - 3347665156605) \times 2^{60000}$
13	$171168483 \times 2^{107012} - 1$	32223桁　2001年　Underbakke, Gallot $(171168483 \times 2^{47012} - 745907638245) \times 2^{59999}$
14	$(11637675 \times 2^{69255}$ $-271044345) \times 2^{37758} - 1$	32222桁　2002年　Anderson, Robinson $(11637675 \times 2^{69254} - 271044345) \times 2^{37758}$
15	$(1206499119 \times 2^{46938}$ $-293966955) \times 2^{60066} - 1$	32221桁　2002年　Anderson, Robinson $(1206499119 \times 2^{46937} - 293966955) \times 2^{60066}$
16	$(1116307695 \times 2^{47004}$ $-2778167377755) \times 2^{60000} - 1$	32221桁　2002年　Anderson, Robinson $(1116307695 \times 2^{47003} - 2778167377755) \times 2^{60000}$
17	$1206499119 \times 2^{107003} - 1$	32221桁　2001年　Underbakke, Carmody, PF $(1116307695 \times 2^{43295} - 334639305) \times 2^{63707}$
18	$(700000077 \times 2^{54821}$ $-219) \times 2^{48877} - 1$	31226桁　2001年　Anderson, Robinson $(700000077 \times 2^{54820} - 219) \times 2^{48877}$
19	$8311875 \times 2^{101851} - 1$	30668桁　2001年　Nikkel, Gallot $(8311875 \times 2^{41761} - 80274357) \times 2^{60089}$
20	$465 \times 2^{98511} - 1$	29658桁　2000年　Andrews, Gallot $(465 \times 2^{50854} - 69) \times 2^{47656}$

関連ページ

- 等差数列中の大きい素数[u386]
- 等差数列中の10連素数の発表[u387]

参考文献

[BH77], [Cho44], [DN97], [GPH79], [Gro82], [Guy94, A6 節], [LP67b], [Ros94, 第 13 章]

11.20 等差数列中の連続素数

定義と付記

すべての等差数列に素数が含まれているか？ だとしたらどれだけか？ Dirichletの定理は，その答は通常「イエス」であり「無限に多くの素数がある」と答えている．

この定理は，数列上で**連続した**素数が無限にあることは述べていない (Chowa(チョワ)が3連続項の場合に証明した)．より重要なのは，正の整数 n に対して，n 個の**連続した素数**がそれぞれの（明らかに成り立たない場合を除いて）等差数列中にあることを述べてはいない，ということである．そうであると予想されているが，$n = 3$ の場合でさえ証明されてはいない．

1967年Jones(ジョーンズ)，Lal(ラル)，Blundon(ブルンドン)は，等差数列上の5個の連続した素数を発見した ($10^{10} + 24493 + 30k$, $k = 0, 1, 2, 3, 4$)．同年Landor(ランドル)とParkin(パーキン)は6連を発見した ($121174811 + 30k$, $k = 0, 1, \cdots, 5$)．20年の時をおいてDubnerとNelson(ネルソン)によりこの数は6から7に増やされ，すぐさま8, 9ついには10へとDubner, Lygros(リグラス)，Mizony(ミゾニ)，Nelson, Zimmermann(ツィマーマン)によって増やされた．

9連と10連の探索にはインターネットコミュニティの助けが得られた．信じがたい偶然の一致であるが，この二つの数値の実際の発見者は同一人物

Manfred Toplic(トプリック)である．現在の記録保持者達は，この10連素数の記録はしばらく破られないだろうと予想している．等差数列上の11の連続素数はその公差が 2,310 以上必要であり，彼らの予想によれば，新しい発想か1兆倍のコンピュータの速度向上が無ければまともな探索はできない．

記録

順位	素数	桁数　発見年　項 発見者 (PF:PrimeForm)	公差	方法
1	$37\#^{137} - 2444^2 + 3017$	1764桁　2002年　第3項 Broadhurst, Titanix	1500	ECPP
2	$37\#^{137} - 2444^2 + 1517$	1764桁　2002年　第2項 Broadhurst, Titanix	1500	ECPP
3	$37\#^{137} - 2444^2 + 17$	1764桁　2002年　第1項 Broadhurst, Titanix	1500	ECPP
4	$10^{1699} + 1609581$	1700桁　2000年　第3項 Fougeron, Titanix	462	ECPP
5	$10^{1699} + 1609119$	1700桁　2000年　第2項 Fougeron, Titanix	462	ECPP
6	$10^{1699} + 1608657$	1700桁　2000年　第1項 Fougeron, Titanix	462	ECPP
7	$3623\# + 12632813$	1545桁　2000年　第3項 PF, Rosenthal, Jobling, Forbes	2682	APR-CL
8	$3623\# + 12630131$	1545桁　2000年　第2項 PF, Rosenthal, Jobling, Forbes	2682	APR-CL
9	$3623\# + 12627449$	1545桁　2000年　第1項 PF, Rosenthal, Jobling, Forbes	2682	APR-CL
10	$3617\# + 9033119$	1542桁　2000年　第3項 PF, Rosenthal, Jobling, Forbes	2436	APR-CL
11	$3617\# + 9030683$	1542桁　2000年　第2項 PF, Rosenthal, Jobling, Forbes	2436	APR-CL
12	$3617\# + 9028247$	1542桁　2000年　第1項 PF, Rosenthal, Jobling, Forbes	2436	APR-CL
13	$3613\# + 9402857$	1538桁　2000年　第3項 PF, Rosenthal, Jobling, Forbes	5838	APR-CL
14	$3613\# + 9397019$	1538桁　2000年　第2項 PF, Rosenthal, Jobling, Forbes	5838	APR-CL

順位	素数	桁数　発見年　項　公差 発見者 (PF:PrimeForm)	方法
15	$3613\# + 9391181$	1538桁　2000年　第1項　5838 PF, Rosenthal, Jobling, Forbes	APR-CL
16	$3593\# + 4820689$	1531桁　2000年　第3項　210 PF, Rosenthal, Jobling, Forbes	APR-CL
17	$3593\# + 4820479$	1531桁　2000年　第2項　210 PF, Rosenthal, Jobling, Forbes	APR-CL
18	$3593\# + 4820269$	1531桁　2000年　第1項　210 PF, Rosenthal, Jobling, Forbes	APR-CL
19	$2^{3332} + 445242793$	1004桁　2000年　第4項　396 Fougeron, Titanix	ECPP
20	$2^{3332} + 445242397$	1004桁　2000年　第3項　396 Fougeron, Titanix	ECPP
21	$2^{3332} + 445242001$	1004桁　2000年　第2項　396 Fougeron, Titanix	ECPP
22	$2^{3332} + 445241605$	1004桁　2000年　第1項　396 Fougeron, Titanix	ECPP

関連ページ

- 等差数列上の10連素数の発表 [u388]

参考文献

[Cho44], [DFL$^+$98], [DN97], [Guy94], [JLB67], [LP67a], [LP67b]

11.21　一般単位反復素数

定義と付記

単位反復数は（10を底とする）展開が1の繰返しとなる数である（たとえば11, 11111111）．（bを底とする）一般単位反復数とは，bを底とする展開がすべて1となる数である．たとえば，Mersenne素数は2を底とする（二進の）一般単位反復数である．n「桁」の（bを底とする）一般単位反復数を

11.21 一般単位反復素数

表す式は次のようになる：

$$(b^n - 1)/(b - 1)$$

もちろん一般単位反復素数は，素数である一般単位反復数のことである．

すべての奇素数 p は $p-1$ を底とする一般単位反復数 であり，事実この底で "11" と表される．したがって，すべての一般単位反復素数を収集したりはしない．桁数が底の 1/5 以上あるものに限る（さらに底は正の数でなければならない！）．この人為的な制限は（10 を底として）11 が（通常の単位反復数と同様に）一般単位反復数でもあるように選ばれている．

以下に $b > 2$ の単位反復素数の記録を載せる．Mersenne 素数 $(b = 2)$ は独立した節にあるので除く．

記録

順位	素数	桁数	発見年	発見者 (PF:PrimeForm, TX:Titanix)
1	$(7568^{3361} - 1)/7567$	13034	2001	Andrew A. D. Steward
2	$(10708^{3061} - 1)/10707$	12331	2002	Steward, PF, TX
3	$(3048^{3121} - 1)/3047$	10871	2002	Steward, Broadhurst, Water, PF, TX
4	$(2781^{3121} - 1)/2780$	10746	2001	Steward, PF, TX
5	$(3164^{3061} - 1)/3163$	10711	2002	Steward, PF, TX
6	$(8917^{2689} - 1)/8916$	10619	2001	Steward, PF, TX
7	$(10268^{2521} - 1)/10267$	10109	2001	Broadhurst, Water, PF
8	$(9926^{2521} - 1)/9925$	10072	2001	Irvine, Broadhurst
9	$(8854^{2521} - 1)/8853$	9947	2001	Broadhurst, PF
10	$(978^{3061} - 1)/977$	9151	2001	Steward, PF, TX
11	$(5968^{2341} - 1)/5967$	8836	2002	Steward, PF, TX
12	$(9751^{2161} - 1)/9750$	8617	2001	Broadhurst, PF
13	$(2409^{2521} - 1)/2408$	8523	2001	Irvine, Broadhurst
14	$(2302^{2521} - 1)/2301$	8473	2001	Broadhurst, PF
15	$(7147^{2161} - 1)/7146$	8325	2001	Broadhurst, PF
16	$(31^{5581} - 1)/30$	8322	2001	Irvine, Broadhurst
17	$(5701^{2161} - 1)/5700$	8113	2001	Broadhurst, PF
18	$(4676^{2161} - 1)/4675$	7927	2001	Broadhurst, PF
19	$(4411^{2161} - 1)/4410$	7873	2001	Broadhurst, PF
20	$(3709^{2161} - 1)/3708$	7710	2001	Broadhurst, PF

関連ページ

- 一般単位反復数の素因数分解[u389]

参考文献

[AG74], [Bei64], [BLS+88], [Dub93], [Obl56], [Rot87], [WD86], [Yat82].

11.22 準反復数素数

定義と付記

単位反復素数は11111···111（単位数の繰返し）の形をした素数である．二進法では，これはMersenne素数である．十進法では，ほんのわずかしか知られていない．他の数字を繰り返すと合成数になる．たとえば777777は7で割り切れる．より一般的な形を得るため，次の二つの拡張を試みた．

- 1桁だけ1以外の数でよい．これを準単位反復素数と呼ぶ．
- 1桁を除き同じ数字である．これを準反復数素数と呼ぶ（準単位反復素数を含んでいる）．

記録

順位	素数	桁数	発見年	発見者(備考)
1	$10^{100000} - 10^{61403} - 1$	100001	2001	egroup, PrimeForm
2	$10^{50897} - 5 \times 10^{25448} - 1$	50897	2001	HEUER, PrimeForm （回文）
3	$10^{50103} - 4 \times 10^{50097} - 1$	50103	2000	Carmody, PrimeForm
4	$8 \times 10^{49808} - 1$	49809	2002	Sorensen, Gallot
5	$3 \times 10^{49314} - 1$	49315	2002	Sorensen, Gallot
6	$9 \times 10^{48051} - 1$	48052	2000	Dubner, Gallot

順位	素数	桁数	発見年	発見者(備考)
7	$10^{46069} - 1$ $\times 10^{23034} - 1$	46069	2001	HEUER, PrimeForm （回文）
8	$10^{45305} - 8$ $\times 10^{22652} - 1$	45305	2001	HEUER, PrimeForm （回文）
9	$9 \times 10^{41917} - 1$	41918	2002	Sorensen, Gallot
10	$9 \times 10^{41475} - 1$	41476	2000	Augustin, Gallot
11	$10^{38500} - 10^{18168} - 1$	38501	2000	Underwood, PrimeForm
12	$2 \times 10^{38232} - 1$	38233	2001	Sorensen, Gallot
13	$10^{36155} - 8$ $\times 10^{18077} - 1$	36155	2001	HEUER, PrimeForm （回文）
14	$10^{35729} - 5$ $\times 10^{17864} - 1$	35729	2001	HEUER, PrimeForm （回文）
15	$6 \times 10^{34936} - 1$	34937	2001	Sorensen, Gallot
16	$3 \times 10^{34507} - 1$	34508	2002	Sorensen, Gallot
17	$3 \times 10^{33058} - 1$	33059	2000	Harvey Dubner
18	$6 \times 10^{32544} - 1$	32545	2001	Sorensen, Gallot
19	$93 \times 10^{31128} - 1$	31130	2002	Sorensen, Gallot
20	$99 \times 10^{30943} - 1$	30945	2002	Sorensen, Gallot

参考文献

［Cal89］，［Cal90］，［CD95］，［Hel98］

第 12 章

発見者のリスト

Samuel D. Yates(イェーツ)は，その著書 *Titanic Primes* [Yat84] と *Sinkers of the Titanics* [Yat85] のなかで，1,000 桁以上の素数をタイタン素数と定義し，これを発見しタイタン素数の素数性を証明した人物をタイタンと定義した．Prime Pages では，最大既知素数のリストに載っているタイタンの個人データをリストしている（本書では割愛した）．また発見者個人および発見者グループに発見者コードを割り当てている．

12.1　発見者コードトップ 20

誰が素数の記録をいちばん多く持っているのか？ 表 12.1 に，発見した素数の個数順に上位の発見者コードをあげる．また，表 12.2 には，スコア順に上位の発見者コードをあげる．

スコアの意味

300,000 桁の素数一つは，1,000 桁の素数いくつかよりも明らかに「価値が高い」．素数を発見するのにかかる時間の普通の推定に基づき（以下を参照），それぞれの発見者に対して発見した素数 n について $(\log n)^3 \log \log n$ の定数倍の和をとって，さらにその和の対数をとった（スコアの範囲を狭め

表 12.1：個数別発見者コードトップ 20(2002/3/26)

順位	発見者コード	素数の個数	スコア
1	x22	910	19.31
2	p43	455	19.49
3	g144	402	21.08
4	g182	240	18.46
5	g78	226	18.71
6	g162	130	19.35
7	g41	119	18.14
8	p15	119	18.13
9	g209	116	17.50
11	g171	94	17.45
12	g232	91	19.55
13	g0	86	19.39
14	g174	82	17.91
15	g116	69	18.22
16	p16	67	19.02
17	x10	67	16.63
18	g59	60	18.28
19	gt	57	19.04
20	Y	55	17.68

るため)．

どのようにして $c(\log n)^3 \log \log n$ に落ち着いたのか．リスト上の素数の検証アルゴリズムはおよそ $O(\log n)$ のステップがかかり，ステップ数は乗算回数になっている．FFT 乗算は

$$O(\log n \cdot \log \log n \cdot \log \log \log n)$$

の操作を要する．しかし，実用的には $O(\log \log \log n)$ は，この数の範囲では定数である（これは，FFT を実行する際の精度で，64 ビットあれば 2,000,000 桁以下の数には十分である）．次に，素数定理から，n の大きさの素数を見つけるまでにテストしなければならない回数は $O(\log n)$ である（ここで定数は試行除算によるふるい落しにだけ依存する）．したがって，n の大きさの素数を見つけるまでにかかる時間のおよその見積もりは，これらを掛け合わせることで得られる：

表 12.2：スコア別発見者コードトップ 20(2002/3/26)

順位	発見者コード	スコア	素数の個数
1	G5	27.64	1
2	G4	25.63	1
3	G3	23.06	1
4	G2	23.01	1
5	g55	21.32	11
6	GF0	21.14	5
7	g144	21.08	402
8	SG	20.78	3
9	G1	20.69	1
10	g141	20.27	32
11	g181	19.96	3
12	g232	19.55	91
13	p43	19.49	455
14	g245	19.39	1
15	g0	19.39	86
16	g162	19.35	130
17	x22	19.31	910
18	g242	19.16	25
19	GF4	19.08	2
20	GF3	19.06	2

$$O((\log n)^3 \log \log n)$$

最後に，プログラムしやすいように，$\log n$ の代わりに桁数 d を使う（当然 $d = \lfloor \log n / \log_{10} n \rfloor$ である）．

12.2 素数発見者トップ 20

表 12.3 に，発見した素数の個数別の発見者の上位リストをあげる（ただし，ある素数を 3 人で発見した場合にはそれぞれが 1/3 個発見したとする）．

また，発見者コードのときと同様に，スコアによる順位も表 12.4 にあげる．

現在，多くの発見者コードは一人の個人ではなく複数の人間を表している．したがって，たとえば発見者コード ZX が Zelda Zincor と Xerses Xigot を表すとすると，Zincor と Xigot はそのコードの得点を 1/2 ずつ分けあうよ

うにした.

表 12.3: 個数別発見者トップ 20(2002/3/26)

順位	発見者	素数の個数	スコア
1	Yves Gallot	1587.57	22.47
2	David Underbakke	702.17	20.56
3	Phil Carmody	551.33	19.27
4	PrimeForm	495.95	19.70
5	Jim Fougeron	307.00	20.67
6	Kimmo Herranen	209.50	18.68
7	Dr. James McElhatton	120.00	17.76
8	David Broadhurst	81.62	12.71
9	Steven L. Harvey	62.00	17.45
10	George F. Woltman	61.42	26.40
11	Anton Oleynick	59.50	17.45
12	Bouk de Water	57.20	13.54
13	Jeffrey Young	55.00	17.68
14	Titanix/Primo	54.45	10.35
15	Hans Rosenthal	53.17	18.48
16	Paul Jobling	49.57	18.35
17	Michael J. Angel	49.17	18.92
18	Göran Axelsson	47.00	16.76
19	Daniel Heuer	46.67	19.26
20	Thomas J. Engelsma	41.00	17.21

表 12.4: スコア別発見者トップ 20(2002/3/26)

順位	発見者	スコア	素数の個数
1	George F. Woltman	26.40	61.42
2	Great Internet Mersenne Prime Search	26.40	1.42
3	Scott Kurowski	26.39	0.75
4	Michael Cameron	26.26	0.25
5	Nayan Hajratwala	24.24	0.25
6	Yves Gallot	22.47	1587.57
7	Gordon Spence	21.91	0.33
8	Roland Clarkson	21.67	0.25
9	Jim Fougeron	20.67	307.00
10	Manfred Toplic	20.63	5.50
11	David Underbakke	20.56	702.17
12	David Slowinski	20.09	5.00
13	Paul Gage	20.09	1.50
14	PrimeForm	19.70	495.95
15	Joel Armengaud	19.59	0.33
16	Stephen Scott	19.58	16.00
17	Phil Carmody	19.27	551.33
18	Klaus Bodenstein	19.26	1.50
19	Daniel Heuer	19.26	46.67
20	Michael J. Angel	18.92	49.17

第IV部

参考文献
URL一覧
索 引

参考文献

[AB99]   A. O. L. Atkin and D. J. Bernstein. Prime sieves using binary quadratic forms. *Math. Comp.*, 1999. Submitted August 1999. Available on-line [u390].

[ADS98] T. Agoh, K. Dilcher, and L. Skula. Wilson quotients for composite moduli. *Math. Comp.*, Vol. 67, pp. 843–861, 1998.

[AG74]   I. O. Angell and H. J. Godwin. Some factorizations of $10^n \pm 1$. *Math. Comp.*, Vol. 28, pp. 307–308, 1974.

[AGLL95] D. Atkins, M. Graff, A. K. Lenstra, and P. C. Leyland. The magic words are squeamish ossifrage. In *Proceedings Asiacrypt '94*, No. 917 in Lecture Notes in Comput. Sci., pp. 263–277, 1995.

[AGP94a] W. R. Alford, A. Granville, and C. Pomerance. On the difficulty of finding reliable witnesses. In L. M. Adleman and M.-D. Huang, editors, *Algorithmic Number Theory, First International Symposium, ANTS-I*, Vol. 877 of *Lecture Notes in Computer Science*, pp. 1–16. Springer-Verlag, 1994.

[AGP94b] W. R. Alford, A. Granville, and C. Pomerance. There are infinitely many Carmichael numbers. *Ann. Math.*, Vol. 140, pp. 703–722, 1994.

[AM93]   A. O. L. Atkin and F. Morain. Elliptic curves and primality proving. *Math. Comp.*, Vol. 61, No. 203, pp. 29–68, July 1993.

[Apo76] T. M. Apostol. *Introduction to Analytic Number Theory*. Springer-Verlag, New York, NY, 1976.

[APR83] L. M. Adleman, C. Pomerance, and R. S. Rumely. On distinguishing prime numbers from composite numbers. *Ann. Math.*, Vol. 117, pp. 173–206, 1983.

[Arn95] F. Arnault. Rabin-Miller primality test: composite numbers which pass it. *Math. Comp.*, Vol. 64, pp. 355–361, 1995.

[AS74]   M. Abramowitz and I. Stegun, editors. *Handbook of mathematical functions–with formulas, graphs, and mathematical tables*. Dover Pub., New York, NY, 1974.

[Atk86] A. O. L. Atkin. Lecture notes of a conference. August 1986.

[Bac85] E. Bach. *Analytic Methods in the Analysis and Design of Number-Theoretic Algorithms*. A.C.M. Distinguished Dissertations. The MIT Press, Cambridge, 1985.

[BBLR98] E. Barcucci, S. Brunetti, A. Del Lungo, and F. Del Ristoro. A combinatorial interpretation of the recurrence $f_{n+1} = 6f_n - f_{n-1}$. *Discrete Math.*, Vol. 190, pp. 235–240, 1998. MR99f:05001.

[BCP82] J. P. Buhler, R. E. Crandall, and M. A. Penk. Primes of the form $n! \pm 1$ and $2 \cdot 3 \cdot 5 \cdots p \pm 1$. *Math. Comp.*, Vol. 38, pp. 639–643, 1982. Corrigendum in *Math. Comp.* **40** (1983), 727.

[BCtR91] R. P. Brent, G. L. Cohen, and H. J. J. te Riele. Improved techniques for lower bounds for odd perfect numbers. *Math. Comp.*, Vol. 57, pp. 857–868, 1991.

[Bei64] A. Beiler. *Recreations in the theory of numbers*. Dover Pub., New York, NY, 1964.

[Ber94] D. J. Bernstein. The multiple-lattice number field sieve. In *Proceedings Crypto '93*, No. 773 in Lecture Notes in Comput. Sci., pp. 159–165, 1994. numbero field sieve[u391].

[BH62] P. T. Bateman and R. A. Horn. A heuristic asymptotic formula concerning the distribution of prime numbers. *Math. Comp.*, Vol. 16, pp. 363–367, 1962.

[BH77] C. Bayes and R. Hudson. The segmented sieve of Eratosthenes and primes in arithmetic progression. *BIT*, Vol. 17, pp. 121–127, 1977.

[BH96] R. C. Baker and G. Harman. The difference between consecutive primes. *Proc. Lond. Math. Soc.*, Vol. 72, pp. 261–280, 1996.

[BLS75] J. Brillhart, D. H. Lehmer, and J. L. Selfridge. New primality criteria and factorizations of $2^m \pm 1$. *Math. Comp.*, Vol. 29, pp. 620–647, 1975.

[BLS+88] J. Brillhart, D. H. Lehmer, J. L. Selfridge, B. Tuckerman, and Jr. S. S. Wagstaff. *Factorizations of $b^n \pm 1$, $b = 2,3,5,6,7,10,12$ Up to High Powers*. Amer. Math. Soc., Providence RI, 1988.

[BLZ94] J. Buchmann, J. Loho, and J. Zayer. *An Implementation of the General Number Field Sieve*. Advances in Cryptology–Crypto '93. Springer-Verlag, New York, NY, 1994.

[BM80] R. P. Brent and E. M. McMillan. Some new algorithms for high-precision computation of Euler's constant. *Math. Comp.*, Vol. 34, pp. 305–312, 1980.

[BMS88] J. Brillhart, P. L. Montgomery, and R. D. Silverman. Tables of Fibonacci and Lucas factorizations. *Math. Comp.*, Vol. 50, pp. 251–260, 1988. Supplement S1-S15.

[BNW87] J. Bogoshi, K. Naidoo, and J. Webb. The oldest mathematical artifact. *Math. Gazette*, Vol. 71, No. 458, p. 294, 1987.

[Bor69] W. Borho. über die fixpunkte der k-fach iterierten teilersummenfunktion. *Mitt. Math. Gesellsch. Hamburg*, Vol. 9, pp. 34–38, 1969.

[Bor72] A. Borning. Some results for $k! \pm 1$ and $2 \cdot 3 \cdot 5 \cdots p \pm 1$. *Math. Comp.*, Vol. 26, pp. 567–570, 1972.

[BR98]   A. Björn and H. Riesel. Factors of generalized Fermat numbers. *Math. Comp.*, Vol. 67, pp. 441–446, 1998.
[Bre74]   R. P. Brent. The distribution of small gaps between succesive primes. *Math. Comp.*, Vol. 28, pp. 315–324, 1974.
[Bre75]   R. P. Brent. Irregularities in the distribution of primes and twin primes. *Math. Comp.*, Vol. 29, pp. 43–56, 1975.
[Bre89]   D. M. Bressoud. *Factorizations and Primality Testing*. Springer-Verlag, New York, NY, 1989.
[Bru93]   J. W. Bruce. A really trivial proof of the lucas-lehmer test. *Amer. Math. Monthly*, Vol. 100, pp. 370–371, 1993.
[BS96]   E. Back and J. Shallit. *Algorithmic Number Theory*, Vol. I: Efficient Algorithms of *Foundations of Computing*. The MIT Press, 1996.
[BSW89]   P. T. Bateman, J. L. Selfridge, and S. S. Wagstaff, Jr. The new Mersenne conjecture. *Amer. Math. Monthly*, Vol. 96, pp. 125–128, 1989.
[Bur80]   D. M. Burton. *Elementary Number Theory*. Allyn and Bacon, 1980.
[Bur97]   D. M. Burton. *Elementary Number Theory*. McGraw-Hill, third edition, 1997.
[BvdH90]   W. Bosma and M.-P. van der Hulst. Faster primality testing. In J.-J. Quisquater and J. Vandewalle, editors, *Advances in Cryptology–EUROCRYPT '89 Proceedings*, pp. 652–656. Springer-Verlag, 1990.
[BY88]   D. A. Buell and J. Young. Some large primes and the Sierpiński problem. Src techn. rep. 88004, Super-Computing Res. Center, Lanham, MD, 1988.
[Cal87a]   C. Caldwell. Permutable primes. *J. Recreational Math.*, Vol. 19, No. 2, pp. 135–138, 1987.
[Cal87b]   C. Caldwell. Truncatable primes. *J. Recreational Math.*, Vol. 19, No. 1, pp. 30–33, 1987.
[Cal89]   C. Caldwell. The near repdigit primes $333\cdots331$. *J. Recreational Math.*, Vol. 21, No. 4, pp. 299–304, 1989.
[Cal90]   C. Caldwell. The near repdigit primes $a_n b$, ab_n, and UBASIC. *J. Recreational Math.*, Vol. 22, No. 2, pp. 100–109, 1990.
[Cal95]   C. Caldwell. On the primality of $n! \pm 1$ and $2\cdot 3\cdot 5\cdots p \pm 1$. *Math. Comp.*, Vol. 64, No. 2, pp. 889–890, 1995.
[Cal97]   C. Caldwell. Unique (period) primes and the factorization of cyclotomic polynomial minus one. *Mathematica Japonica*, Vol. 46, No. 1, pp. 189–195, 1997.
[CD95]   C. Caldwell and H. Dubner. The near repunit primes $1_{n-k-1}0_1 1_k$. *J. Recreational Math.*, Vol. 27, pp. 35–41, 1995.
[CD98]   C. Caldwell and H. Dubner. Unique period primes. *J. Recreational Math.*, Vol. 29, No. 1, pp. 43–48, 1998.

[CD34]   C. Caldwell and H. Dubner. Primorial, factorial and multifactorial primes. *Math. Spectrum*, Vol. 26, No. 1, pp. 1–7, 1993/4.

[CDP97]   R. Crandall, K. Dilcher, and C. Pomerance. A search for Wieferich and Wilson primes. *Math. Comp.*, Vol. 66, No. 217, pp. 433–449, 1997.

[CF94]   R. Crandall and B. Fagin. Discrete weighted transforms and large-integer arithmetic. *Math. Comp.*, Vol. 62, No. 205, pp. 305–324, 1994.

[CG02]   C. Caldwell and Y. Gallot. On the primality of $n! \pm 1$ and $2 \times 3 \times 5 \times \cdots \times p \pm 1$. *Math. Comp.*, Vol. 71, No. 237, pp. 441–448, 2002.

[Cho44]   S. Chowla. There exists an infinity of 3–combinations of primes in A. P. *Proc. Lahore Phil. Soc.*, Vol. 6, pp. 15–16, 1944.

[Cip02]   M. Cipolla. La determinatzione assintotica dell'n^{imo} numero primo. *Matematiche Napoli*, Vol. 3, pp. 132–166, 1902.

[CL84]   H. Cohen and H. W. Lenstra, Jr. Primality testing and Jacobi sums. *Math. Comp.*, Vol. 42, pp. 297–330, 1984.

[CL87]   H. Cohen and A. K. Lenstra. Implementation of a new primality test. *Math. Comp.*, Vol. 48, pp. 103–121, 1987.

[Coh87]   G. L. Cohen. On the largest component of an odd perfect number. *J. Austral. Math. Soc. Ser. A*, Vol. 42, pp. 280–286, 1987.

[Coh93]   H. Cohen. *A Course in Computational Algebraic Number Theory*, Vol. 138 of *Graduate Texts in Mathematics*. Springer-Verlag, New York, NY, 1993.

[Con89]   B. Conrey. More than two fifths of the zeros of the Riemann zeta function are on the critical line. *J. Reine Angew. Math.*, Vol. 399, pp. 1–26, 1989.

[CP01]   R. Crandall and C. Pomerance. *Prime numbers: a computational perspective*. Springer-Verlag, New York, 2001.

[Cra36]   H. Cramér. On the order of magnitude of the differences between consecutive prime numbers. *Acta. Arith.*, Vol. 2, pp. 396–403, 1936.

[Cul05]   J. Cullen. Question 15897. *Educ. Times*, p. 534, December 1905.

[Cun06]   A. Cunningham. Solution of question 15897. *Math. Quest. Educ. Times*, Vol. 10, pp. 44–47, 1906.

[Cun07]   A. Cunningham. On hyper-even numbers and on Fermat's numbers. *Proc. Lond. Math. Soc.*, Vol. 5, pp. 237–274, 1907.

[CW17]   A. J. C. Cunningham and H. J. Woodall. Factorisation of $q = (2^q \pm q)$ and $q \ast 2^q \pm 1$. *Math. Mag.*, Vol. 47, pp. 1–38, 1917.

[CW25]   A. J. C. Cunningham and H. J. Woodall. *Factorizations of $y^n \mp 1, y = 2, 3, 5, 6, 7, 10, 11, 12$ up to high powers (n)*. Hodgson, London, 1925.

[CW89]   J. R. Chen and Y. Wang. On the odd Goldbach problem. *Acta Math. Sinica*, Vol. 32, pp. 702–718, 1989.

[CW91]   W. N. Colquitt and L. Welsh, Jr. A new Mersenne prime. *Math.*

Comp., Vol. 56, pp. 867–870, 1991.

[Del98] M. Deléglise. Bounds for the density of abundant integers. *Experimental Math.*, Vol. 7, No. 2, pp. 137–143, 1998.

[DEtRZ97] J.-M. Deshouillers, G. Effinger, H. te Riele, and D. Zinoviev. A complete Vinogradov 3-primes theorem under the Riemann hypothesis. *ERA Amer. Math. Soc.*, Vol. 3, pp. 94–104, 1997.

[DFL+98] H. Dubner, T. Forbes, N. Lygeros, M. Mizony, H. Nelson, and P. Zimmermann. Ten consecutive primes in arithmetic progression. preprint, 1998.

[dH62] J. de Heinzelin. Ishango. *Scientific American*, Vol. 206, No. 6, pp. 105–116, June 1962.

[Dic19] L. E. Dickson. *History of the Theory of Numbers*. Carnegie Institute of Washington, 1919. Reprinted by Chelsea Publishing, New York, 1971.

[DK95] H. Dubner and W. Keller. Factors of generalized Fermat numbers. *Math. Comp.*, Vol. 64, pp. 397–405, 1995.

[DK99] H. Dubner and W. Keller. New Fibonacci and Lucas primes. *Math. Comp.*, Vol. 68, No. 225, pp. 417–427, S1–S12, 1999.

[DL95] B. Dodson and A. K. Lenstra. Nfs with four large primes: an explosive experiment. In *Proceedings Crypto '95*, No. 963 in Lecture Notes in Comput. Sci., pp. 372–385, 1995.

[DN97] H. Dubner and H. Nelson. Seven consecutive primes in arithmetic progression. *Math. Comp.*, Vol. 66, pp. 1743–1749, 1997.

[DO94] H. Dubner and R. Ondrejka. A PRIMEr on palindromes. *J. Recreational Math.*, Vol. 26, No. 4, pp. 256–267, 1994.

[DR96] M. Deléglise and J. Rivat. Computing $\pi(x)$: The Meissel, Lehmer, Lagarias, Miller, Odlyzko method. *Math. Comp.*, Vol. 65, pp. 235–245, 1996.

[DtRS98] J. M. Deshouillers, H. J. J. te Riele, and Y. Saouter. New experimental results concerning the Goldbach conjecture. In *Proc. 3rd Int. Symp. on Algorithmic Number Theory*, Vol. 1423 of *LNCS*, pp. 204–215, 1998.

[Dub87] H. Dubner. Factorial and primorial primes. *J. Recreational Math.*, Vol. 19, No. 3, pp. 197–203, 1987.

[Dub89] H. Dubner. A new primorial prime. *J. Recreational Math.*, Vol. 21, No. 4, p. 276, 1989.

[Dub93] H. Dubner. Generalized repunit primes. *Math. Comp.*, Vol. 61, pp. 927–930, 1993.

[Dub96] H. Dubner. Large Sophie Germain primes. *Math. Comp.*, Vol. 65, No. 213, pp. 393–396, 1996.

[Dub86] H. Dubner. Generalized Fermat primes. *J. Recreational Math.*,

[Dus99]   P. Dusart. The kth prime is greater than $k(\ln k + \ln \ln k - 1)$ for $k \geq 2$. *Math. Comp.*, Vol. 68, No. 225, pp. 411–415, January 1999.

[EE85]   F. Ellison and W. Ellison. *Prime Numbers*. John Wiley and Sons, New York, NY, 1985. translated from Les nombres premiers, Herman, 1975.

[EH95]   R. M. Elkenbracht-Huizing. *An implementation of the number field sieve*. Experimental Mathematics. Centrum voor Wiskunde en Informatica, Amsterdam, 1995. Technical Report NM-R9511.

[EP86]   P. Erdös and C. Pomerance. On the number of false witnesses for a composite number. *Math. Comp.*, Vol. 46, pp. 259–279, 1986.

[ER88]   P. Erdös and H. Riesel. On admissible constellations of consecutive primes. *BIT*, Vol. 28, No. 3, pp. 391–396, 1988.

[Erd49]   P. Erdös. On a new method in elementary number theory which leads to an elementary proof of the prime number theorem. *Proc. Nat. Acad. Sci. U. S. A.*, Vol. 35, pp. 374–384, 1949.

[Erd76]   P. Erdös. Problems and results on consecutive integers. *Publ. Math. Debrecen*, Vol. 23, pp. 271–282, 1976.

[Erd56]   P. Erdös. Problems and results on consecutive integers. *Eureka*, Vol. 38, pp. 3–8, 1975/6.

[ES80]   P. Erdös and E. G. Straus. Remarks on the differences between consecutive primes. *Elem. Math.*, Vol. 35, pp. 115–118, 1980.

[FG91]   G. Fee and A. Granville. The prime factors of Wendt's binomial circulant determinant. *Math. Comp.*, Vol. 57, pp. 839–848, 1991.

[For97]   T. Forbes. A large pair of twin primes. *Math. Comp.*, Vol. 66, pp. 451–455, 1997.

[For99]   T. Forbes. Prime clusters and Cunningham chains. *Math. Comp.*, Vol. 68, No. 228, pp. 1739–1747, 1999.

[FR89]   H. F. Fliegel and D. S. Robertson. Goldbach's comet: the numbers related to Goldbach's conjecture. *J. Recreational Math.*, Vol. 21, No. 1, pp. 1–7, 1989.

[Für55]   H. Fürstenberg. On the infinitude of primes. *Amer. Math. Monthly*, Vol. 62, p. 353, 1955.

[Gar68]   M. Gardner. Mathematical games. *Scientific American*, Vol. 218, pp. 121–124, 1968.

[Gar85]   M. Gardner. *Magic Numbers of Dr. Matrix*. Prometheus Books, 1985.

[Gil64]   D. B. Gillies. Three new Mersenne primes and a statistical theory. *Math. Comp.*, Vol. 18, pp. 93–95, 1964. Corrigendum in *Math. Comp.* **31** (1977), 1051.

[GK86]   S. Goldwasser and J. Kilian. Almost all primes can be quickly certified. In *18th Annual Symposium on Foundations of Computer Sci-*

	ence, pp. 316–329, Berkeley, California, May 1986. IEEE.
[GLM94]	R. Golliver, A. K. Lenstra, and K. S. McCurley. Lattice sieving and trial division. In *Algorithmic number theory symposium, proceedings*, No. 877 in Lecture Notes in Comput. Sci., pp. 18–27, 1994.
[Gol81]	S. W. Golomb. The evidence for Fortune's conjecture. *Math. Mag.*, Vol. 54, pp. 209–210, 1981.
[GPH79]	E. Grosswald and Jr. P. Hagis. Arithmetic progression consisting only of primes. *Math. Comp.*, Vol. 33, No. 148, pp. 1343–1352, October 1979.
[Gra87]	A. Granville. *Diophantine Equations with varying exponents*. PhD thesis, Queen's University in Kingston, 1987.
[Gra98]	J. Grantham. A probable prime test with high confidence. *J. Number Theory*, Vol. 72, pp. 32–47, 1998.
[Gra01]	J. Grantham. Frobenius pseudoprimes. *Math. Comp.*, Vol. 70, pp. 873–891, 2001.
[Gro82]	E. Grosswald. Arithmetic progressions that consist only of primes. *J. Number Theory*, Vol. 14, pp. 9–31, 1982.
[GtRvdL89]	A. Granville, H. J. J. te Riele, and J. van de Lune. *Number Theory and its Applications*, chapter Checking the Goldbach conjecture on a vector computer, pp. 423–433. Kluwer, Dordrect, 1989.
[Guy88]	R. K. Guy. The strong law of small numbers. *Amer. Math. Monthly*, Vol. 95, pp. 697–712, 1988.
[Guy94]	R. K. Guy. *Unsolved Problems in Number Theory*. Springer-Verlag, New York, NY, 1994.
[Hel98]	J. P. Heleen. More near-repunit primes $1_{n-k-1} d_1 1_k, d = 2, 3, \ldots, 9$. *J. Recreational Math.*, Vol. 29, No. 3, pp. 190–195, 1998.
[HL23]	G. H. Hardy and J. E. Littlewood. Some problems of 'partitio numerorum' : III: On the expression of a number as a sum of primes. *Acta Math.*, Vol. 44, pp. 1–70, 1923. Reprinted in "Collected Papers of G. H. Hardy," Vol. I, pp. 561-630, Clarendon Press, Oxford, 1966.
[Hof99]	P. Hoffman. *The Man Who Loved Only Numbers: The Story of Paul Erdös and the Search for Mathematical Truth*. Hyperion, 1999.
[Hoo76]	C. Hooley. *Applications of the Sieve Methods to the Theory of Numbers*, Vol. 70 of *Cambridge Tracts in Math.* Cambridge University Press, 1976.
[HS76]	M. Hausmann and H. Shapiro. Perfect ideals over the gaussian integers. *Comm. Pure Appl. Math.*, Vol. 29, No. 3, pp. 323–341, 1976.
[HW79]	G. H. Hardy and E. M. Wright. *An Introduction to the Theory of Numbers*. Oxford University Press, 1979.
[IJ96]	K. Indlekofer and A. Járai. Largest known twin primes. *Math. Comp.*, Vol. 65, pp. 427–428, 1996.

[Ive62] K. E. Iverson. *A Programming Language.* Wiley, 1962.
[Jae83] G. Jaeschke. On the smallest k such that $k \cdot 2^n + 1$ are composite. *Math. Comp.*, Vol. 40, pp. 381–384, 1983.
[Jae93] G. Jaeschke. On strong pseudoprimes to several bases. *Math. Comp.*, Vol. 61, pp. 915–926, 1993.
[JLB67] M. F. Jones, M. Lal, and W. J. Blundon. Statistics on certain large primes. *Math. Comp.*, Vol. 21, No. 97, pp. 103–107, 1967.
[Jos91] G. Joseph. *The Crest of the Peacock.* Penguin Books, 1991.
[JSWW76] J. P. Jones, D. Sato, H. Wada, and D. Wiens. Diophantine representation of the set of prime numbers. *Amer. Math. Monthly*, Vol. 83, pp. 449–464, 1976.
[Kan92] R. Kanigel. *The Man Who Knew Infinity.* Pocket Books, New York, NY, 1992.
[Kar73] E. Karst. Prime factors of Cullen numbers $n \cdot 2^n \pm 1$. In A. Brousseau, editor, *Number Theory Tables*, pp. 153–163. Fibonacci Assoc., San Jose, CA, 1973.
[Kel83] W. Keller. Factors of Fermat numbers and large primes of the form $k \cdot 2^n + 1$. *Math. Comp.*, Vol. 41, pp. 661–673, 1983.
[Kel92] W. Keller. Factors of Fermat numbers and large primes of the form $k \cdot 2^n + 1$ ii. September 1992.
[Kel95] W. Keller. New Cullen primes. *Math. Comp.*, Vol. 64, pp. 1733–1741, 1995. Supplement S39-S46.
[Kel98] W. Keller. Prime solutions p of $a^{p-1} \equiv$ (mod p^2) for prime bases a. *Abstracts Amer. Math. Soc.*, Vol. 19, p. 394, 1998.
[Knu81] D. E. Knuth. *Seminumerical Algorithms*, Vol. 2 of *The Art of Computer Programming.* Addison-Wesley, Reading MA, 2nd edition, 1981.
[Knu97] D. E. Knuth. *Seminumerical Algorithms*, Vol. 2 of *The Art of Computer Programming.* Addison-Wesley, Reading MA, 3rd edition, 1997.
[KP89] S. H. Kim and C. Pomerance. The probability that a random probable prime is composite. *Math. Comp.*, Vol. 53, pp. 721–741, 1989.
[KR98a] W. Keller and J. Richstein. Prime solutions p of $a^{p-1} \equiv 1$ (mod p^2) for prime bases a, II. submitted, 1998.
[KR98b] R. Kumanduri and C. Romero. *Number theory with computer applications.* Prentice Hall, Upper Saddle River, New Jersey, 1998.
[Leh14] D. N. Lehmer. List of primes numbers from 1 to 10,006,721. Carnegie Institution, Washington, D.C., 1914.
[Leh30] D. N. Lehmer. An extended theory of Lucas' functions. *Ann. Math.*, Vol. 31, pp. 419–448, 1930. Reprinted in *Selected Papers*, D. McCarthy editor, v. **1**, Ch. Babbage Res. Center, St. Pierre, Manitoba Canada, pp. 11-48 (1981).
[Leh65] D. H. Lehmer. On certain chains of primes. *Proc. Lond. Math. Soc.*,

	Vol. 14A, pp. 183–186, 1965. MR 31, #2222.
[LL90]	A. K. Lenstra, Jr. and H. W. Lenstra, Jr. Algorithms in number theory. In *Handbook of Theoretical Computer Science, Vol A: Algorithms and Complexity*, pp. 673–715, Amsterdam and New York, 1990. The MIT Press.
[LL93]	A. K. Lenstra and H. W. Jr. Lenstra. *The development of the number field sieve*. Lecture Notes in Math. Springer-Verlag, 1554, Berlin, 1993.
[LM81]	C. Lalout and J. Meeus. Nearly-doubled primes. *J. Recreational Math.*, Vol. 13, pp. 30–35, 1980-81.
[LMO85]	J. C. Lagaris, V. S. Miller, and A. M. Odlyzko. Computing $\pi(x)$: The Meissel-Lehmer method. *Math. Comp.*, Vol. 44, pp. 537–560, 1985.
[Löh89]	G. Löh. Long chains of nearly doubled primes. *Math. Comp.*, Vol. 53, pp. 751–759, 1989.
[Lot83]	M. Lothaire. *Encylopedia of Mathematics and Its Applications*, Vol. 17, chapter Combinatorics on Words. Addison-Wesley, 1983.
[LP67a]	L. J. Lander and T. R. Parkin. Consecutive primes in arithmetic progression. *Math. Comp.*, Vol. 21, p. 489, 1967.
[LP67b]	L. J. Lander and T. R. Parkin. On first appearance of prime differences. *Math. Comp.*, Vol. 21, No. 99, pp. 483–488, 1967.
[Mai85]	H. Maier. Primes in short intervals. *Michigan Math. J.*, Vol. 32, pp. 221–225, 1985.
[Mar72]	A. Marshack. *The Roots of Civilization*. McGraw-Hill, 1972.
[Mat71]	Y. V. Matijasevic. Diophantine representation of the set of prime numbers (in Russian). *Dokl. Akad. Nauk SSSR*, Vol. 196, pp. 770–773, 1971. English translation by R. N. Goss, in Soviet Math. Dokl., 12, 1971, 354-358.
[Mat77]	Y. V. Matijasevic. Primes are nonnegative values of a polynomial in 10 variables (in Russian). *Zapiski Sem. Leningrad Mat. Inst. Steklov*, Vol. 68, pp. 62–82, 1977. English translation by L. Guy and J. P. Jones, J. Soviet math., 15, 1981, 33–44.
[McD87a]	W. McDaniel. The existence of infinitely many k-Smith numbers. *Fibonacci Quart.*, Vol. 25, pp. 76–80, 1987.
[McD87b]	W. McDaniel. Palindromic Smith numbers. *J. Recreational Math.*, Vol. 19, No. 1, pp. 34–37, 1987.
[McD74]	W. McDaniel. Perfect Gaussian integers. *Acta. Arith.*, Vol. 25, pp. 137–144, 1973/74.
[Mig99]	M. Mignotte. Catalan's equation just before 2001. In M. Jutila and T. Metsänkylä, editors, *Proceedings of the meeting in memory of K. Inkeri*. to appear, May 1999.
[Mih94]	P. Mihailescu. *Advances in Cryptology-Asiacrypt '94*, Vol. 839 of Lec-

[Mih98] *ture Notes in Computer Science*, chapter Fast Generation of Primes Using Search in Arithmetic Progressions, pp. 282–293. Springer-Verlag, New York, NY, 1994.

[Mih98] P. Mihailescu. Cyclotomy primality proving – recent developments. In *Proceedings of the III Applied Number Theory Seminar, ANTS III, Portland, Oregon 1998*, Vol. xxx of *Lecture Notes in Computer Science*, pp. 95–110, 1998. Available on-line^{u392}.

[Mil47] W. H. Mills. A prime-representing function. *Bull. Amer. Math. Soc.*, Vol. 53, p. 604, 1947.

[Mon80] L. Monier. Evaluation and comparsion of two efficient probablistic primality testing algorithms. *Theoretical Computer Science*, Vol. 12, pp. 97–108, 1980.

[Mon91] P. Montgomery. New solutions of $a^{p-1} \equiv 1 \pmod{p^2}$. *Math. Comp.*, Vol. 61, pp. 361–363, 1991. MR 94:d:11003.

[Mon93] P. L. Montgomery. New prime solutions of $a^{p-1} \equiv 1 \pmod{p^2}$. *Math. Comp.*, Vol. 61, pp. 361–363, 1993.

[Mon95] Peter L. Montgomery. A block lanczos algorithm for finding dependencies over gf(2). In *Proceedings Eurocrypt 1995*, No. 921 in Lecture Notes in Comput. Sci., pp. 106–120, 1995.

[Mor75] M. Morrison. A note on primality testing using Lucas sequences. *Math. Comp.*, Vol. 29, pp. 181–182, 1975.

[Mor86] M. Morimoto. On prime numbers of Fermat types. *Sûgaku*, Vol. 38, pp. 350–354, 1986. Japanese.

[Mor98] F. Morain. Primality proving using elliptic curves: an update. In J. P. Buhler, editor, *Algorithmic Number Theory, Third International Symposium, ANTS-III*, Vol. 1423 of Lecture Notes in Comput. Sci., pp. 111–127. Springer-Verlag, June 1998.

[MR96] J. Massias and G. Robin. Bornes effectives pour certaines fonctions concernant les nombres premiers. *J. Théory Nombres Bordeaux*, Vol. 8, pp. 215–242, 1996.

[MW51] J. C. P. Miller and D. J. Wheeler. Large prime numbers. *Nature*, Vol. 168, p. 838, 1951.

[MW86] R. Mollin and P. Walsh. On powerful numbers. *Intern. J. math. Math. Scu.*, Vol. 9, pp. 801–806, 1986.

[Nel79] H. Nelson. Problem 654. *J. Recreational Math.*, Vol. 11, p. 231, 1978-79.

[Nic95] T. Nicely. Enumeration to 10^14 of the twin primes and brun's constant. *Virginia Journal of Science*, Vol. 46, No. 3, pp. 195–204, 1995.

[Nic99] T. Nicely. New maximal prime gaps and first occurrences. *Math. Comp.*, Vol. 68, No. 227, pp. 1311–1315, July 1999. MR 99i:11004.

[NN] T. Nicely and B. Nyman. First occurrence of a prime gap of 1000 or

	greater. preprint available on-line[u393].
[NN80]	C. Noll and L. Nickel. The 25th and 26th Mersenne primes. *Math. Comp.*, Vol. 35, pp. 1387–1390, 1980.
[NSW81]	M. Newman, D. Shanks, and H. C. Williams. Simple groups of square order and an interesting sequence of primes. *Acta. Arith.*, Vol. 38, No. 2, pp. 129–140, 1980/81. MR82b:20022.
[Obl56]	R. Obláth. Une propriété des puissances parfaites. *Mathesis*, Vol. 65, pp. 356–364, 1956.
[Odl93]	A. M. Odlyzko. Iterated absolute values of differences of consecutive primes. *Math. Comp.*, Vol. 61, pp. 373–380, 1993.
[Odl94]	A. M. Odlyzko. Public key cryptology. *AT&T Tech. J.*, Vol. 73, No. 5, pp. 17–23, Sept-Oct 1994.
[Ond89]	R. Ondrejka. On tetradic or 4-way primes. *J. Recreational Math.*, Vol. 21, No. 1, pp. 21–25, 1989.
[OW83]	S. Oltikar and K. Wayland. Construction of Smith numbers. *Math. Magazine*, Vol. 56, pp. 36–37, 1983.
[Pet92]	I. Peterson. Striking paydirt in prime-number terrain. *Science News*, Vol. 141, No. 14, p. 213, 1992.
[Pet00]	I. Peterson. Prime proof zeros in on crucial numbers. *Science News*, Vol. 158, p. 357, December 2000. Short note that Miailescu showed solutions to Catalan's are Wierferich double primes.
[Pin93]	R. Pinch. The Carmichael numbers up to 10^15. *Math. Comp.*, Vol. 61, No. 203, pp. 381–391, 1993.
[Pin98]	R. Pinch. Economical numbers. preprint, 1998.
[Pol93]	J. M. Pollard. *The lattice sieve*, pp. 43–49. Springer-Verlag, 1993. [LL93].
[Pom84]	C. Pomerance. *Lecture notes on primality testing and factoring (notes by G. M. Gagola Jr.)*, Vol. 4 of *Notes*. Mathematical Association of America, 1984.
[Pom94]	C. Pomerance, editor. *Cryptology and Computational Number Theory*, Vol. 42 of *Proc. Symp. Appl. Math.* Amer. Math. Soc., 1994.
[Pri87]	P. Pritchard. Linear prime-number sieves: A family tree. *Sci. Comput. Programming*, Vol. 9, pp. 17–35, 1987.
[Pro77]	F. Proth. Théorèmes sur les nombres premiers. *C. R. Acad. Sci. Paris*, Vol. 85, pp. 329–331, 1877.
[PSW80]	C. Pomerance, J. L. Selfridge, and S. S. Wagstaff, Jr. The pseudoprimes to $25 \cdot 10^9$. *Math. Comp.*, Vol. 35, pp. 1003–1026, 1980.
[PSZ90]	B. K. Parady, J. F. Smith, and S. E. Zarantonello. Largest known twin primes. *Math. Comp.*, Vol. 55, pp. 381–382, 1990.
[Rab80]	M. O. Rabin. Probablistic algorithm for primality testing. *J. Number Theory*, Vol. 12, pp. 128–138, 1980.

[Ram95] O. Ramaré. On Schnirelmann's constant. *Ann. Sc. Norm. Super. Pisa*, Vol. 22, No. 4, pp. 645–706, 1995.

[RB94] H. Riesel and A. Börn. Generalized Fermat numbers. In W. Gautschi, editor, *Mathematics of Computation 1943-1993: A Half-Century of Computational Mathematics*, Vol. 48 of *Proc. Symp. Appl. Math.*, pp. 583–587, Providence, RI, 1994. Amer. Math. Soc. MR 95j:11006.

[Reu56] K. G. Reuschle. *Mathematische Abhandlung, enhaltend: Neue Zahlentheorische Tabellen*. Stuttgart, 1856.

[Rib83] P. Ribenboim. 1093. *Math. Intelligencer*, Vol. 5, No. 2, pp. 28–34, 1983.

[Rib88] P. Ribenboim. *The Book of Prime Number Records*. Springer-Verlag, New York, NY, 2nd edition, 1988.

[Rib91] P. Ribenboim. *The Little Book of Big Primes*. Springer-Verlag, New York, NY, 1991.

[Rib94] P. Ribenboim. *Catalan's conjecture: are 8 and 9 the only consecutive powers?* Academic Press, 1994.

[Rib95] P. Ribenboim. *The New Book of Prime Number Records*. Springer-Verlag, New York, NY, 3rd edition, 1995.

[Ric01] J. Richstein. Verifying the goldbach conjecture up to $4 \cdot 10^{14}$. *Math. Comp.*, Vol. 70, pp. 1745–1749, 2001.

[Rie56] H. Riesel. Naagra stora primtal. *Elementa*, Vol. 39, pp. 258–260, 1956. Swedish: Some large primes.

[Rie69a] H. Riesel. Common prime factors of the numbers $a_n = a^{2^n} + 1$. *BIT*, Vol. 9, pp. 264–269, 1969.

[Rie69b] H. Riesel. Lucasian criteria for the primality of $n = h \cdot 2^n - 1$. *Math. Comp.*, Vol. 23, No. 108, pp. 869–875, 1969.

[Rie69c] H. Riesel. Some factors of the numbers $G_n = 6^{2^n} + 1$ and $H_n = 10^{2^n} + 1$. *Math. Comp.*, Vol. 23, No. 106, pp. 413–415, 1969.

[Rie94] H. Riesel. *Prime Numbers and Computer Methods for Factorization*, Vol. 126 of *Progress in Mathematics*. Birkihäuser Boston, 1994.

[Rob54] R. M. Robinson. Mersenne and Fermat numbers. *Proc. Amer. Math. Soc.*, Vol. 5, pp. 842–846, 1954.

[Rob58] R. M. Robinson. A report on primes of the form $k \cdot 2^n + 1$ and on factors of Fermat numbers. *Proc. Amer. Math. Soc.*, Vol. 9, pp. 673–681, 1958.

[Rob83] G. Robin. Estimation de la fonction de tschebyshef theta sur le k-ième nombre premier et grandes valeurs de la fonction $w(n)$, nombre de diviseurs premiers de n. *Acta. Arith.*, Vol. 42, pp. 367–389, 1983.

[Ros93] S. Ross. *Introduction to Probability Models*. Academic Press, San Diego, CA, 5th edition, 1993.

[Ros94] H. E. Rose. *A course in number theory*. Clarendon Press, Oxford,

second edition, 1994.
[Rot87] A. Rotkiewicz. Note on the diophantine equation $1+x+x^2+\ldots+x^n = y^m$. *Elem. d. Math.*, Vol. 42, p. 76, 1987.
[RS62] J. B. Rosser and L. Schoenfeld. Approximate formulas for some functions of prime numbers. *Illinois J. Math.*, Vol. 6, pp. 64–94, 1962.
[San95] B. Santos. Problem 2204: Equidigital representations. *J. Recreational Math.*, Vol. 21, No. 1, pp. 58–59, 1995.
[Sao98] Y. Saouter. Checking the odd Goldbach conjecture up to 10^{20}. *Math. Comp.*, Vol. 67, pp. 863–866, 1998.
[Say86] M. D. Sayers. An improved lower bound for the total number of factors of an odd perfect number. M.app.sc., NSW Inst. Tech., 1986.
[Sch62] A. Schinzel. On primitive prime factors of $a^n - b^n$. *Proc. Cambridge Philos. Soc*, Vol. 58, pp. 555–562, 1962.
[Sch83] M. R. Schroeder. Where is the next Mersenne prime hiding? *Math. Intelligencer*, Vol. 5, No. 3, pp. 31–33, 1983.
[Sch96] B. Schneier. *Applied Cryptography*. John Wiley and Sons, New York, NY, 2nd edition, 1996.
[Sch98] B. Schechter. *My Brain is Open: The Mathematical Journeys of Paul Erdös*. Simon & Schuster, New York, NY, 1998.
[Sel49] A. Selberg. An elementary proof of the prime number theorem. *Ann. Math.*, Vol. 50, pp. 305–313, 1949.
[Sha78] D. Shanks. *Solved and Unsolved Problems in Number Theory*. Chelsea, New York, NY, 1978.
[Sha00] J. Shallit. Minimal primes. *J. Recreational Math.*, Vol. 30, No. 2, pp. 113–117, 1999–2000.
[Shu84] J. Shurkin. *Engines of the Mind: A History of the Computer*. W. W. Norton & Co., 1984.
[Sie60] W. Sierpiński. Sur un probléme concernment les nombres $k \cdot 2^n + 1$. *Elem. Math.*, Vol. 15, pp. 63–74, 1960.
[Sil88] J. H. Silverman. Wieferich's criterion and the abc-conjecture. *J. Number Theory*, Vol. 30, No. 30, pp. 226–237, 1988.
[Sim91] G. Simmons, editor. *Contemporary Cryptology*. IEEE Press, 1991.
[Sin93] M. Sinisalo. Checking the Goldbach conjecture up to $4 \cdot 10^{11}$. *Math. Comp.*, Vol. 61, No. 204, pp. 931–934, 1993.
[Slo79] D. Slowinski. Searching for the 27th Mersenne prime. *J. Recreational Math.*, Vol. 11, pp. 258–261, 1978-79.
[Spi61] R. Spira. The complex sum of divisors. *Amer. Math. Monthly*, Vol. 68, pp. 120–124, 1961.
[SS58] A. Schinzel and W. Sierpiński. Sur certaines hypotheses concernment les nombres premiers. *Acta. Arith.*, Vol. 4, pp. 185–208, 1958. Erratum **5** (1958).

[SS92]	Z. Sun and Z. Sun. Fibonacci numbers and Fermat's last theorem. *Acta. Arith.*, Vol. 60, pp. 371–388, 1992. MR 93e:11025.
[Ste79]	R. P. Steiner. On Cullen numbers. *BIT*, Vol. 19, pp. 276–277, 1979.
[Ste87]	P. Stevenhagen. On Aurifeuillian factorizations. *Nederl. Akad. Wetensch. Indag. Math.*, Vol. 49, No. 4, pp. 451–468, 1987.
[Tem80]	M. Templer. On the primality of $k!+1$ and $2*3*5*\cdots*p+1$. *Math. Comp.*, Vol. 34, pp. 303–304, 1980.
[Tri83]	C. W. Trigg. Reflectable primes. *J. Recreational Math.*, Vol. 15, No. 4, pp. 251–256, 1982-83.
[Tuc71]	B. Tuckerman. The 24th Mersenne prime. *Proc. Nat. Acad. Sci. U. S. A.*, Vol. 68, pp. 2319–2320, 1971.
[TW95]	R. Taylor and A. Wiles. Ring-theoretic properties of certain hecke algebras. *Math. Ann.*, Vol. 141, No. 3, pp. 553–572, 1995.
[vdLtRW86]	J. van de Lune, H. J. J. te Riele, and D. T. Winter. On the zeros of the Riemann zeta function in the critical strip. *Math. Comp.*, Vol. 46, pp. 667–681, 1986.
[Vin37]	I. M. Vinogradov. Representation of an odd number as the sum of three primes. *Dokl. Akad. Nauk SSSR*, Vol. 16, pp. 179–195, 1937. Russian.
[Wag78]	S. S. Wagstaff, Jr. The irregular primes to 125,000. *Math. Comp.*, Vol. 32, pp. 583–591, 1978.
[Wag83]	S. Wagstaff. Divisors of Mersenne numbers. *Math. Comp.*, Vol. 40, No. 161, pp. 385–397, January 1983.
[Wal60]	D. D. Wall. Fibonacci series modulo m. *Amer. Math. Monthly*, Vol. 67, p. 67, 1960. MR 22:10945.
[Wal63]	A. Walfisz. *Weylsche Exponentialsummen in der neueren Zahlentheorie*. VEB Deutscher Verlag der Wissenschaften, Berlin, 1963. MR 36, #3737.
[Wan84]	Y. Wang, editor. *Goldbach Conjecture*, Vol. 4 of *Series in Pure Mathematics*. World Scientific, Singapore, 1984.
[Was82]	L. Washington. *Introduction to Cyclotomic Fields*, Vol. 83 of *Graduate Texts in Mathematics*. Springer-Verlag, New York, NY, 1982.
[WD86]	H. C. Williams and H. Dubner. The primality of $R1031$. *Math. Comp.*, Vol. 47, pp. 703–711, 1986.
[Wes31]	E. Westzynthius. Über die verteilung der zahlen die zu den n ersten primzahlen teilerfremd sind. *Comm. Phys. Math. Helingsfors*, Vol. 5, No. 5, pp. 1–37, 1931.
[Wie09]	A. Wieferich. Zum letzten Fermat'schen theorem. *J. Reine Angew. Math.*, Vol. 136, pp. 293–302, 1909.
[Wil78]	H. C. Williams. Primality testing on a computer. *Ars Combin.*, Vol. 5, pp. 127–185, 1978.

[Wil82a]   A. Wilansky. Smith numbers. *Two-Year College Math. J.*, Vol. 13, p. 21, 1982.
[Wil82b]   H. Wilf. What is an answer? *Amer. Math. Monthly*, Vol. 89, pp. 289–292, 1982.
[Wil82c]   H. C. Williams. The influence of computers in the development of number theory. *Comput. Math. with Appl.*, Vol. 8, pp. 75–93, 1982. MR 83c:10002.
[Wil95]   A. Wiles. Modular elliptic curves and Fermat's last theorem. *Ann. Math.*, Vol. 141, No. 3, pp. 443–551, 1995.
[Wil98]   H. C. Williams. *Édouard Lucas and primality testing*, Vol. 22 of *canadian math. Soc. Series of Monographs and Adv. Texts*. John Wiley and Sons, New York, NY, 1998.
[Yat82]   S. Yates. *Repunits and Repetends*. Star Publishing Co., Inc., Boynton Beach, Florida, 1982.
[Yat92]   S. Yates. Collecting gigantic and titanic primes. *J. Recreational Math.*, Vol. 24, No. 3, pp. 193–201, 1992.
[Yat84]   S. Yates. Titanic primes. *J. Recreational Math.*, Vol. 16, No. 4, pp. 250–262, 1983-84.
[Yat85]   S. Yates. Sinkers of the titanics. *J. Recreational Math.*, Vol. 17, No. 4, pp. 268–274, 1984-85.
[YP89]   J. Young and A. Potler. First occurrence of prime gaps. *Math. Comp.*, Vol. 53, pp. 221–224, 1989.
[Zha01]   Z. Zhang. Finding strong pseudoprimes to several bases. *Math. Comp.*, Vol. 70, pp. 863–872, 2001.

URL 一覧

1. http://numbers.computation.free.fr/Constants/Primes/countingPrimes.html
2. http://www.math.Princeton.EDU/~arbooker/nthprime.html
3. ftp://ftp.dpmms.cam.ac.uk/pub/PSP/
4. ftp://ftp.dpmms.cam.ac.uk/pub/Carmichael/
5. http://www.pseudoprime.com/pseudo.html
6. http://primes.utm.edu/links/programs/seeking_large_primes/
7. http://www.utm.edu/research/primes/search/search.html
8. http://www.utm.edu/research/primes/ftp/all.txt
9. http://www.utm.edu/research/primes/ftp/all.zip
10. http://www.utm.edu/research/primes/ftp/short.txt
11. http://www.ltkz.demon.co.uk/ktuplets.htm
12. http://www.utm.edu/research/primes/search/primes.cgi/orial/
13. http://www.utm.edu/research/primes/search/primes.cgi/Sophie/
14. http://www.turing.org.uk/turing/
15. http://www.mersenne.org/status.htm
16. http://www.mersenne.org/ips/
17. http://www.fpx.de/fp/Software/Sieve.html
18. http://cr.yp.to/primegen.html
19. http://www.math.uiuc.edu/~galway/SieveStuff/
20. http://www.holcroft.cjb.net/java/sieve.java
21. http://www.holcroft.cjb.net/java/sieve.java
22. http://www.utm.edu/research/primes/programs/Eratosthenes/Eratosthenes.txt
23. http://www.informatik.hu-berlin.de/~obecker/XSLT/##erastothenes
24. http://www.inetarena.com/~pdx4d/ocn/numeracy2.html##sieve
25. http://www.utm.edu/research/primes/programs/NewPGen/newpgen.zip
26. http://www.utm.edu/research/primes/programs/NewPGen/newpgenlinux.zip
27. http://www.utm.edu/research/primes/programs/NewPGen/snewpgenlinux.zip
28. http://www.utm.edu/research/primes/programs/gallot/Proth.exe
29. http://www.utm.edu/research/primes/programs/gallot/Proth.zip
30. http://science.kennesaw.edu/~jdemaio/generali.htm
31. http://www.prothsearch.net/index.html

32	http://perso.wanadoo.fr/yves.gallot/primes/gfn.html
33	http://www.utm.edu/research/primes/programs/NewPGen/
34	http://www.mersenne.org/gimps/
35	http://pages.prodigy.net/chris_nash/primeform.html
36	http://www.stormpages.com/starshine/prothbench.html
37	http://primes.utm.edu/links/programs/
38	http://www.utm.edu/research/primes/programs/gallot/##search
39	http://www.ams.org/authors/
40	http://www.ams.org/index/mathweb/mi-listserv.html
41	http://www.ams.org/meetings/
42	http://www.maa.org/pubs/journals.html
43	http://www.maa.org/meetings/meetings.html
44	http://www.utm.edu/research/primes/cgi/submit/proths.cgi
45	http://www.utm.edu/research/primes/glossary/BealsConjecture.html
46	http://www.math.unt.edu/~mauldin/beal.html
47	http://www.utm.edu/research/primes/glossary/BernoulliNumber.html
48	http://www.mscs.dal.ca/~dilcher/bernoulli.html
49	http://www.utm.edu/research/primes/glossary/BertrandPostulate.html
50	http://www.math.niu.edu/~rusin/known-math/97/bertrand
51	http://www.utm.edu/research/primes/glossary/BrunsConstant.html
52	http://www.mathsoft.com/asolve/constant/brun/brun.html
53	ftp://ftp.mathworks.com/pub/pentium/README.txt
54	http://www.trnicely.net/index.html
55	http://www.utm.edu/research/primes/glossary/CarmichaelNumber.html
56	ftp://ftp.dpmms.cam.ac.uk/pub/Carmichael/
57	http://primes.utm.edu/glossary/page.php/CatalansProblem.html
58	http://www.utm.edu/research/primes/glossary/Cullens.html
59	http://www.prothsearch.net/cullen.html
60	ftp://ftp.ox.ac.uk/pub/math/factors/cullen
61	http://www.utm.edu/research/primes/glossary/CunninghamChain.html
62	http://primes.utm.edu/links/theory/special_forms/Cunningham_chains/
63	http://www.utm.edu/research/primes/glossary/CunninghamProject.html
64	http://www.cerias.purdue.edu/homes/ssw/cun/index.html
65	ftp://sable.ox.ac.uk/pub/math/cunningham/
66	http://www.utm.edu/research/primes/glossary/DicksonsConjecture.html
67	http://www.utm.edu/research/primes/glossary/Diophantus.html
68	http://www.utm.edu/research/primes/glossary/DirichletsTheorem.html
69	http://www.mathsoft.com/asolve/constant/linnik/linnik.html
70	http://www.utm.edu/research/primes/glossary/Eratosthenes.html
71	http://www.utm.edu/research/primes/glossary/page.php/SieveOfEratosthenes.html

72	http://www.utm.edu/research/primes/glossary/Erdos.html
73	http://www.acs.oakland.edu/~grossman/erdoshp.html
74	http://www.utm.edu/research/primes/glossary/Euclid.html
75	http://www.utm.edu/research/primes/glossary/EuclideanAlgorithm.html
76	http://www.utm.edu/research/primes/glossary/theElements.html
77	http://aleph0.clarku.edu/~djoyce/java/elements/elements.html
78	http://www.utm.edu/research/primes/glossary/Euler.html
79	http://www.utm.edu/research/primes/glossary/EulerPRP.html
80	ftp://ftp.dpmms.cam.ac.uk/pub/PSP/
81	http://www.utm.edu/research/primes/glossary/Gamma.html
82	http://www.cecm.sfu.ca/projects/ISC/dataB/isc/C/gamma.txt
83	http://www.mathsoft.com/asolve/constant/euler/euler.html
84	http://www.utm.edu/research/primes/glossary/EulerZetaFunction.html
85	http://www.utm.edu/research/primes/glossary/EulersTheorem.html
86	http://www.utm.edu/research/primes/glossary/EulersPhi.html
87	http://www.utm.edu/research/primes/glossary/Fermat.html
88	http://www.utm.edu/research/primes/glossary/FermatQuotient.html
89	http://www.informatik.uni-giessen.de/cnthFermatQuotient.html
90	http://www.utm.edu/research/primes/glossary/Fermats.html
91	http://www.prothsearch.net/fermat.html
92	http://www.utm.edu/research/primes/glossary/FermatsLastTheorem.html
93	http://www.ams.org/notices/199507/faltings.pdf
94	http://web-cr02.pbs.org/wgbh/nova/proof/resources.html
95	http://www.utm.edu/research/primes/glossary/FermatsLittleTheorem.html
96	http://www.utm.edu/research/primes/glossary/FermatsMethod.html
97	http://www.utm.edu/research/primes/glossary/FermatDivisor.html
98	http://www.prothsearch.net/fermat.html
99	http://www.utm.edu/research/primes/glossary/Fibonacci.html
100	http://www.utm.edu/research/primes/glossary/FibonacciNumber.html
101	http://www.mcs.surrey.ac.uk/Personal/R.Knott/Fibonacci/fib.html
102	http://www.utm.edu/research/primes/glossary/FibonacciPrime.html
103	http://www.utm.edu/research/primes/glossary/FrobeniusPseudoprime.html
104	http://www.pseudoprime.com/pseudo.html
105	http://www.utm.edu/research/primes/glossary/GaussianMersenne.html
106	http://www.research.att.com/cgi-bin/access.cgi/as/njas/sequences/eisA.cgi?Anum=A007671
107	http://www.research.att.com/cgi-bin/access.cgi/as/njas/sequences/eisA.cgi?Anum=A007670
108	http://www.utm.edu/cgi-bin/caldwell/primes.cgi?Comment=Gaussian

109	http://www.utm.edu/research/primes/glossary/GilbreathsConjecture.html
110	http://www.utm.edu/research/primes/glossary/GIMPS.html
111	http://www.utm.edu/research/primes/glossary/GoldbachConjecture.html
112	http://www.informatik.uni-giessen.de/staff/richstein/ca/Goldbach.html
113	http://www.utm.edu/research/primes/glossary/IshangoBone.html
114	http://www.math.buffalo.edu/mad/Ancient-Africa/ishango.html
115	http://www.utm.edu/research/primes/glossary/JacobiSymbol.html
116	http://www.utm.edu/research/primes/glossary/ktuple.html
117	http://primes.utm.edu/glossary/includes/file.php/ktuple.html
118	http://www.utm.edu/research/primes/glossary/PrimeKtupleConjecture.html
119	http://www.ltkz.demon.co.uk/ktuplets.htms
120	http://www.utm.edu/research/primes/glossary/LamesTheorem.html
121	http://www.utm.edu/research/primes/glossary/LegendreSymbol.html
122	http://www.utm.edu/research/primes/glossary/LinniksConstant.html
123	http://www.mathsoft.com/asolve/constant/linnik/linnik.html
124	http://www.utm.edu/research/primes/glossary/MatijasevicPoly.html
125	http://www.utm.edu/research/primes/glossary/MersenneNumber.html
126	http://www.utm.edu/research/primes/glossary/Mersennes.html
127	http://www.mersenne.org/prime.htm
128	http://www.utm.edu/research/primes/glossary/MersenneDivisor.html
129	http://www.utm.edu/research/primes/glossary/MersennesConjecture.html
130	http://www.utm.edu/research/primes/glossary/MertensTheorem.html
131	http://www.utm.edu/research/primes/glossary/MillersTest.html
132	http://www.utm.edu/research/primes/glossary/MillsConstant.html
133	http://www.utm.edu/research/primes/glossary/MillsTheorem.html
134	http://www.mathsoft.com/asolve/constant/mills/mills.html
135	http://www.utm.edu/research/primes/glossary/NSWNumber.html
136	http://www.utm.edu/research/primes/glossary/PepinsTest.html
137	http://www.prothsearch.net/fermat.html
138	http://www.utm.edu/research/primes/glossary/ProthPrime.html
139	http://www.utm.edu/research/primes/glossary/Pythagoras.html
140	http://www.utm.edu/research/primes/glossary/RiemannZetaFunction.html
141	http://www.utm.edu/research/primes/glossary/RiemannHypothesis.html
142	http://match.stanford.edu/rh/index.html
143	http://www.utm.edu/research/primes/glossary/RieselNumber.html
144	http://www.prothsearch.net/rieselprob.html
145	http://www.prothsearch.net/rieselsearch.html
146	http://www.utm.edu/research/primes/glossary/RSA.html

147 http://www.stack.nl/~galactus/remailers/attack-2.html
148 http://www.rsasecurity.com/rsalabs/faq/
149 http://www.eff.org/
150 http://www.utm.edu/research/primes/glossary/RSAExample.html
151 http://www.utm.edu/research/primes/glossary/
152 http://www.seventeenorbust.com/
153 http://vamri.xray.ufl.edu/proths/sierp.HTML
154 http://www.utm.edu/research/primes/glossary/SmithNumber.tex
155 http://eagle.eku.edu/faculty/pjcostello/smith.htm
156 http://www.utm.edu/research/primes/glossary/SophieGermain
157 http://www.pbs.org/wgbh/nova/proof/germain.html
158 http://www.utm.edu/research/primes/glossary/StirlingsFormula.html
159 http://www.utm.edu/research/primes/glossary/Vinogradov.html
160 http://www.utm.edu/research/primes/glossary/WallSunSunprime.html
161 http://www.utm.edu/research/primes/glossary/
162 http://www.loria.fr/~zimmerma/records/Wieferich.status
163 http://www.utm.edu/research/primes/glossary/
164 http://www.loria.fr/~zimmerma/records/Wieferich.status
165 http://www.utm.edu/research/primes/glossary/WilsonsTheorem.html
166 http://www.utm.edu/research/primes/glossary/Wolstenholme.html
167 http://www.math.uga.edu/~andrew/Binomial
168 http://www.utm.edu/research/primes/glossary/WoodallNumber.html
169 http://vamri.xray.ufl.edu/proths/woodall.HTML
170 ftp://ftp.ox.ac.uk/pub/math/factors/woodall
171 http://primes.utm.edu/top20/page.php?id=7
172 http://science.kennesaw.edu/~jdemaio/generali.htm
173 http://www.utm.edu/research/primes/glossary/GeneralizedFermatNumber.html
174 http://www.utm.edu/cgi-bin/caldwell/primes.cgi/GeneralizedFermat
175 http://www.utm.edu/research/primes/glossary/GeneralizedFermatPrime.html
176 http://perso.wanadoo.fr/yves.gallot/primes/gfn.html
177 http://www.utm.edu/research/primes/glossary/GeneralizedRepunit.html
178 http://www.utm.edu/cgi-bin/caldwell/primes.cgi/GeneralizedRepunit
179 http://www.users.globalnet.co.uk/~aads/index.html
180 http://www.utm.edu/research/primes/glossary/Illegal.html
181 http://www.cs.cmu.edu/~dst/DeCSS/Gallery/
182 http://www.eff.org/ip/Video/MPAA_DVD_cases/20000202_ny_memorandum_order.html
183 http://www.cs.cmu.edu/links/curiosities/illeagal_primes
184 http://www.utm.edu/research/primes/glossary/CircularPrime.html

185 http://www.ping.be/~ping6758/circular.htm
186 http://www.utm.edu/research/primes/glossary/Cyclotomy.html
187 http://www.inf.ethz.ch/~mihailes/CYCLOPROV/
188 http://www.utm.edu/research/primes/glossary/SameOrederofMagnitude.tex
189 http://www.utm.edu/research/primes/glossary/Factorial.html
190 http://www.utm.edu/research/primes/glossary/FactorialPrime.html
191 http://www.denhulster.nl/primeform/deffac.html
192 http://www.utm.edu/research/primes/glossary/PRP.html
193 ftp://ftp.dpmms.cam.ac.uk/pub/PSP/
194 http://www.utm.edu/research/primes/glossary/Strobogrammatic.html
195 http://www.utm.edu/research/primes/glossary/Palindrome.html
196 http://www.utm.edu/research/primes/glossary/PalindromicPrime.html
197 http://www.ping.be/~ping6758/palpri.shtml
198 http://primes.utm.edu/cgi-bin/caldwell/primes.cgi/palindrom
199 http://www.utm.edu/research/primes/glossary/AbundantNumber.html
200 http://www.utm.edu/research/primes/glossary/HypothesisH.html
201 http://www.utm.edu/research/primes/glossary/CompletelyMultiplicative.html
202 http://www.utm.edu/research/primes/glossary/PerfectNumber.html
203 http://www.mersenne.org/prime.htm
204 http://www.utm.edu/research/primes/glossary/GiganticPrime.html
205 http://www.utm.edu/research/primes/glossary/Radix.html
206 http://www.utm.edu/research/primes/glossary/OddGoldbachConjecture.html
207 http://www.utm.edu/research/primes/glossary/Pseudoprime.html
208 ftp://ftp.dpmms.cam.ac.uk/pub/PSP/
209 http://www.utm.edu/research/primes/glossary/
210 http://www.utm.edu/research/primes/glossary/PowerfulNumber.html
211 http://www.utm.edu/research/primes/glossary/Limit.html
212 http://www.utm.edu/research/primes/glossary/MinimalPrime.html
213 http://www.utm.edu/research/primes/glossary/CeilingFunction.html
214 http://www.utm.edu/research/primes/glossary/FloorFunction.html
215 http://www.utm.edu/research/primes/glossary/EconomicalNumber.html
216 http://www.utm.edu/research/primes/glossary/FortunateNumber.html
217 http://www.research.att.com/cgi-bin/access.cgi/as/njas/sequences/eisA.cgi?Anum=A005235
218 http://www.utm.edu/research/primes/glossary/PublicKey.html
219 http://www.rsasecurity.com/rsalabs/faq/
220 http://www.eff.org/
221 http://www.utm.edu/research/primes/glossary/Composite.html

222	http://www.utm.edu/research/primes/glossary/Compositorial.html
223	http://www.denhulster.nl/primeform/compositorials.html
224	http://www.utm.edu/research/primes/glossary/Congruence.html
225	http://www.utm.edu/research/primes/glossary/CongruenceClass.html
226	http://www.utm.edu/research/primes/glossary/LCM.html
227	http://www.utm.edu/research/primes/glossary/GCD.html
228	http://www.utm.edu/research/primes/glossary/FloorFunction.html
229	http://www.utm.edu/research/primes/glossary/JumpingChampion.html
230	http://pauillac.inria.fr/~harley/wnt.html
231	http://www.utm.edu/research/primes/glossary/FundamentalTheorem.html
232	http://www.utm.edu/research/primes/glossary/TriadicPrime.html
233	http://www.utm.edu/research/primes/glossary/
234	http://www.utm.edu/research/primes/glossary/TrialDivision.html
235	http://www.utm.edu/research/primes/glossary/ExecutablePrime.html
236	http://asdf.org/~fatphil/maths/
237	http://primes.utm.edu/curios/page.php/49310...43537\%20(1811-digits).html
238	http://primes.utm.edu/curios/page.php/9923.html
239	http://www.utm.edu/research/primes/glossary/
240	http://www.utm.edu/research/primes/glossary/SociableNumbers.html
241	http://xraysgi.ims.uconn.edu/amicable.html
242	http://www.utm.edu/research/primes/glossary/PeriodOfADecimal.html
243	http://www.utm.edu/research/primes/glossary/DeletablePrime.html
244	http://www.utm.edu/research/primes/glossary/LawOfSmall.html
245	http://www.utm.edu/research/primes/glossary/MultiplicativeFunction.html
246	http://www.utm.edu/research/primes/glossary/MultiplyPerfect.html
247	http://www.uni-bielefeld.de/~achim/mpn.html
248	http://www.utm.edu/research/primes/glossary/Residue.html
249	http://www.utm.edu/research/primes/glossary/DivisionAlgorithm.html
250	http://www.utm.edu/research/primes/glossary/PrimeKTuplet.html
251	http://www.ltkz.demon.co.uk/ktuplets.htm
252	http://www.utm.edu/research/primes/glossary/NewMersenneConjecture.html
253	http://orca.st.usm.edu/~cwcurry/NMC.html
254	http://www.utm.edu/research/primes/glossary/Emirp.html
255	http://mathworld.wolfram.com/Emirp.html
256	http://www.utm.edu/research/primes/glossary/Sequence.html
257	http://www.utm.edu/research/primes/glossary/Regular.html
258	http://www.utm.edu/research/primes/glossary/
259	http://www.utm.edu/research/primes/glossary/ZetaFunction.html

260	http://www.utm.edu/research/primes/glossary/AsymptoticallyEqual.html
261	http://www.utm.edu/research/primes/glossary/LinearCongruential.html
262	http://www.utm.edu/research/primes/glossary/MutuallyRelativelyPrime.html
263	http://www.utm.edu/research/primes/glossary/Prime.html
264	http://www.utm.edu/research/primes/glossary/PrimeFactorial.html
265	http://www.utm.edu/research/primes/glossary/PrimorialPrime.html
266	http://www.denhulster.nl/primeform/deffac.html
267	http://www.utm.edu/research/primes/glossary/PrimeGaps.html
268	http://www.trnicely.net/gaps/gaplist.html
269	http://www.utm.edu/research/primes/glossary/PrimeConstellation.html
270	http://www.ltkz.demon.co.uk/ktuplets.htm
271	http://www.utm.edu/research/primes/glossary/Certificate.html
272	http://www.utm.edu/research/primes/glossary/PrimeNumberThm.html
273	http://www.utm.edu/research/primes/glossary/PeriodOfAPrime.html
274	http://www.utm.edu/research/primes/glossary/TableOfPrimes.html
275	http://www.utm.edu/research/primes/lists/index.html
276	http://www.math.Princeton.EDU/~arbooker/nthprime.html
277	http://www.utm.edu/research/primes/glossary/FormulasForPrimes.html
278	http://www.ams.org/new-in-math/press/prime1.html
279	http://www.math.Princeton.EDU/~arbooker/nthprime.html
280	http://www.utm.edu/research/primes/glossary/Log.html
281	http://www.mathsoft.com/asolve/constant/e/e.html
282	http://www.cecm.sfu.ca/projects/ISC/dataB/isc/C/expof1.txt
283	http://www.utm.edu/research/primes/glossary/AgebraicNumber.html
284	http://www.utm.edu/research/primes/glossary/TitanicPrime.html
285	http://www.utm.edu/research/primes/glossary/Tau.html
286	http://www.utm.edu/research/primes/glossary/ECPP.html
287	http://www.utm.edu/research/primes/glossary/RelativelyPrime.html
288	http://www.utm.edu/research/primes/glossary/MultifactorialPrime.html
289	http://www.utm.edu/research/primes/glossary/Repunit.html
290	http://www.utm.edu/research/primes/glossary/PermutablePrime.html
291	http://www.utm.edu/research/primes/glossary/ChineseRemainderTheorem.html
292	http://www.utm.edu/research/primes/glossary/ArithmeticSequence.html
293	http://www.ltkz.demon.co.uk/ar2/10primes.htm
294	http://www.primepuzzles.net/records/reclargest.htm
295	http://www.utm.edu/research/primes/glossary/GeometricSequence.html
296	http://www.utm.edu/research/primes/glossary/uniqueprime.html
297	http://www.utm.edu/research/primes/glossary/PairwiseRelativelyPrime.html

298	http://www.utm.edu/research/primes/glossary/BinaryExponentiation.html
299	http://www.utm.edu/research/primes/glossary/Heuristic.html
300	http://www.utm.edu/research/primes/glossary/LeftTruncablePrime.html
301	http://www.utm.edu/research/primes/glossary/big-oh.html
302	http://www.utm.edu/research/primes/glossary/Primeval.html
303	http://users.aol.com/s6sj7gt/primeval.htm
304	http://www.utm.edu/research/primes/glossary/DeficientNumber.html
305	http://www.utm.edu/research/primes/glossary/TwinPrime.html
306	http://www.utm.edu/research/primes/glossary/TwinPrimeConstant.html
307	http://www.mathsoft.com/asolve/constant/hrdyltl/hrdyltl.html
308	http://www.utm.edu/research/primes/glossary/TwinPrimeConjecture.html
309	http://www.utm.edu/research/primes/glossary/QuadraticResidue.html
310	http://www.utm.edu/research/primes/glossary/AlmostAll.html
311	http://www.utm.edu/research/primes/glossary/OpenQuestion.html
312	http://www.utm.edu/research/primes/glossary/RightTruncatablePrime.html
313	http://www.utm.edu/research/primes/glossary/Triple.html
314	http://www.ltkz.demon.co.uk/ktuplets.htm
315	http://www.utm.edu/research/primes/glossary/Infinite.html
316	http://www.utm.edu/research/primes/glossary/IrrationalNumber.html
317	http://www.utm.edu/research/primes/glossary/MegaPrime.html
318	http://www.utm.edu/research/primes/glossary/Divisor.html
319	http://www.utm.edu/research/primes/glossary/Tau.html
320	http://www.utm.edu/research/primes/glossary/AliquotSequence.html
321	http://www.loria.fr/~zimmerma/records/aliquot.html
322	http://www.unirioja.es/dptos/dmc/jvarona/aliquot.html
323	http://home.t-online.de/home/Wolfgang.Creyaufmueller/aliquote.htm
324	http://www.utm.edu/research/primes/glossary/Unique.html
325	http://www.utm.edu/research/primes/glossary/AmicableNumber.html
326	http://amicable.homepage.dk/knwnap.htm
327	http://mathworld.wolfram.com/AmicableNumbers.html
328	http://mathworld.wolfram.com/FriendlyPair.html
329	http://www.utm.edu/research/primes/glossary/RationalNumber.html
330	http://www.utm.edu/research/primes/glossary/Conjecture.html
331	http://www.utm.edu/research/primes/glossary/Quadruple.html
332	http://www.ltkz.demon.co.uk/ktuplets.htm
333	http://www.utm.edu/research/primes/glossary/LitleOh.html
334	http://www.utm.edu/research/primes/glossary/WheelFactorization.html
335	http://www.utm.edu/research/primes/glossary/zero.html
336	http://www.utm.edu/research/primes/glossary/Divides.html

337	http://www.utm.edu/research/primes/lists/single_primes/36000bit.html
338	http://www.utm.edu/research/primes/lists/single_primes/50005bit.html
339	http://www.utm.edu/research/primes/lists/single_primes/50005cert.txt
340	http://www.utm.edu/research/primes/notes/1257787.html
341	http://www.utm.edu/research/primes/notes/1398269/
342	http://www.utm.edu/research/primes/notes/2976221/
343	http://www.utm.edu/research/primes/notes/3021377/
344	http://www.utm.edu/research/primes/notes/6972593/
345	http://www.utm.edu/research/primes/lists/single_primes/36000bit.html
346	http://www.utm.edu/research/primes/lists/single_primes/50005cert.txt
347	http://www.utm.edu/research/primes/lists/single_primes/50005bit.html
348	http://www.utm.edu/research/primes/lists/top_ten/topten.dvi
349	http://www.utm.edu/research/primes/lists/top_ten/topten.pdf
350	http://perso.wanadoo.fr/yves.gallot/primes/chrrcds.html
351	http://www.scruznet.com/~luke/mersenne.htm
352	http://www.scruznet.com/~luke/mersenne.htm
353	http://www.mersenne.org/status.htm
354	http://www.mersenne.org/prime.htm
355	http://perso.wanadoo.fr/yves.gallot/primes/chrrcds.html
356	http://www.fermatsearch.org/program.htm
357	http://www.prothsearch.net/fermat.html
358	http://perso.wanadoo.fr/yves.gallot/primes/gfn.html
359	http://www.prothsearch.net/cullen.html
360	ftp://ftp.ox.ac.uk/pub/math/factors/cullen
361	http://perso.wanadoo.fr/yves.gallot/primes/chrrcds.html
362	http://www.prothsearch.net/woodall.html
363	http://perso.wanadoo.fr/yves.gallot/primes/chrrcds.html
364	http://mathworld.wolfram.com/SophieGermainPrime.html
365	http://perso.wanadoo.fr/yves.gallot/primes/chrrcds.html##Sophie
366	http://primes.utm.edu/links/theory/special_forms/Cunningham_chains/
367	http://primes.utm.edu/links/theory/special_forms/Cunningham_chains/
368	http://home.att.net/~blair.kelly/mathematics/fibonacci/lucas.txt
369	http://groups.yahoo.com/group/primeform/message/2268
370	http://groups.yahoo.com/group/primeform/message/2206
371	http://groups.yahoo.com/group/primeform/message/2245
372	http://groups.yahoo.com/group/primeform/message/2237
373	http://groups.yahoo.com/group/primeform/message/2196
374	http://mathworld.wolfram.com/NSWNumber.html
375	http://www.research.att.com/cgi-bin/access.cgi/as/njas/sequences/eisA.cgi?Anum=A002315
376	http://mathworld.wolfram.com/FactorialPrime.html

377　http://perso.wanadoo.fr/yves.gallot/primes/chrrcds.html\#factorial
378　http://www.informatik.uni-giessen.de/staff/richstein/tab.html
379　http://www.trnicely.net/index.html
380　http://mathworld.wolfram.com/TwinPrimes.html
381　http://www.mathsoft.com/asolve/constant/brun/brun.html
382　http://www.mathsoft.com/asolve/constant/hrdyltl/hrdyltl.html
383　http://www.mathsoft.com/asolve/constant/hrdyltl/taylor.html
384　http://www.informatik.uni-giessen.de/staff/richstein/tab.html
385　http://perso.wanadoo.fr/yves.gallot/primes/chrrcds.html\#twin
386　http://ksc9.th.com/warut/ap/
387　http://www.ltkz.demon.co.uk/ar2/10primes.htm
388　http://www.ltkz.demon.co.uk/ar2/10primes.htm
389　http://www.users.globalnet.co.uk/~aads/index.html
390　ftp://koobera.math.uic.edu/www/papers.html
391　ftp://koobera.math.uic.edu/pub/papers/mlnfs.dvi
392　http://www.inf.ethz.ch/~mihailes/
393　http://www.trnicely.net/index.html
394　http://www.utm.edu/cgi-bin/caldwell/primes.cgi/strobo（現在はリンク切れ）

英日索引

Symbol

2-tuple(二つ組) 166
3-primes problem(三素数問題) 193
3-tuple(三つ組) 166
5-tuple(五つ組) 166

A

abc-conjecture(abc 予想) 180
abundant(過剰) 190
abundant number(過剰数)
.... 190, 235, 237
admissible(許容) 166, 217
algebraic number(代数的数) 222
algebraic number field(代数体) 213
algebraic number theory
(代数的整数論) 213
aliquot cycle(約数和循環列) 236
aliquot divisor(真の約数) 210
aliquot sequence(約数和列) 207, 235
almost all(ほとんどすべての) 232
amicable numbers(友好数)
.... 192, 207, 236
APR test(APR 判定法) 42, 186, 223
APRT-CL 42
arithmetic sequence(～progression)
(等差数列) 105, 119, 145, 146,
168, 225, 301, 306
Arithmetica(『数論』) ... 145, 154, 155
Ars Conjectandi(『推論の技法』) .. 139
ASCII character(ASCII 文字) 186
associate(同伴) 127

asymptotically equal(漸近的に等しい)
.... 187, 214
Athens(アテネ) 146
Aurifeuillian factorization
(～の因数分解) 159, 293
Aurifeuillian primitive part
(～原始部分) 293
axiom(公理) 149

B

base(底) 28, 31, 189, 277
Beal's conjecture(～予想) 139
Bernoulli number(～数)
.... 120, 139, 152, 179, 182, 213
Bertrand's postulate(～の仮説) 140
big-O(ビッグ O) 229
bilinear form(双一次形式) 179
binary exponentiation(二進冪乗法)
.... 177, 188, 227
Brun's constant(～定数) .. 123, 140, 300

C

calendar stick(カレンダー棒) 165
Carmichael number(～数)
.... 28, 140, 141, 145
Catalan equation(～方程式) 141
Catalan sequence(～数列) 78, 79
Catalan's conjecture(～予想) 141
Catalan's problem(～の問題) 141
ceiling function(切上げ関数) 198
certificate of primality(素数性証明書)
.... 217, 255, 257

Certifix 259
challenge-response(質疑応答) 200
Chandah-sutra(『チャンダストラ』)
  227
Chebyshev's theorem(〜の定理) 171
Chinese remainder theorem
  (中国剰余定理) 130, 225
circle method(円周法) 163
circular prime(円環的素数) 170, 186
class number(類数) 213
classical test(古典的判定法)
  .... 24, 25, 32, 35
Cogitata Physica-Mathematica
  (『物理数学思索』) 70, 170
combined test(複合判定法) 38
common logarithm(常用対数) 221
common notion(公準) 149
comparable(比較可能) 197
complete chain(完全鎖) 143
complete residue system(完全剰余系)
  166
complete system of residues
  (剰余の完全系) 211
completely multiplicative function
  (完全乗法的関数) 191, 192
composite number(合成数) 200
compositorial(合成数階乗) 201
compositorial prime(合成数階乗素数)
  201
congruence(合同式) 137, 201, 202
congruence class(合同類) 202
congruent class(剰余類) 211
conic section(円錐切片) 149
conjecture(予想)
  .... 122, 139, 229, 232, 238
continued fraction expansion
  (部分分数展開) 237
convolution(畳込み) 130
countable(可算) 14, 234
Cray Research 62, 95, 97
critical line(臨界線) 121

critical strip(臨界帯) 12, 121
Cullen number(〜数) 142, 182
Cullen prime(〜素数)
  .... 91, 142, 173, 280, 281
Cullen prime of the second kind
  (第 2 種〜素数) 182
Cunningham chain(〜鎖)
  .... 143, 144, 285–288
Cunningham chain of the first kind
  (第 1 種〜鎖) 143, 285–289
Cunningham chain of the second kind
  (第 2 種〜鎖) 143, 259, 289–292
Cunningham number(〜数) 182
Cunningham project(〜プロジェクト)
  .... 57, 143, 144, 160
cycle(サイクル) 49
CYCLOPROV 42
cyclotomic polynomial(円分多項式)
  .... 227, 293
cyclotomy(円分判定法)
  .... 186, 201, 218, 223
Cyrene(シレネー) 146

──────── D ────────

decrypt(平文化) 176
DeCSS 184
deficient(不足) 230
deficient number(不足数)
  .... 190, 230, 235, 237
deletable prime(消去可能素数) 208
Dickson's conjecture(〜予想)
  .... 144, 145, 167, 191, 302
Diffie-Hellman key exchange
  (〜鍵交換) 200
Digital Millenium Copyright Act
  (デジタルミレニアム著作権法)
  184
diophantine equation(〜方程式)
  .... 146, 150, 231

Dirichlet's theorem(〜の定理)
.... 119, 146, 168, 185, 221, 301
discriminant(判別式)............... 36
Disquisitiones Arithmeticae
(『数論考究』)............. 52, 201
divide(割り切る).............. 137, 239
dividend(被除数)................. 235
division algorithm(除算アルゴリズム)
.... 149, 211
divisor(約数).................. 234, 240
divisor function(約数関数)......... 160
double-Mersenne number(二重〜数)
.... 78
double-Mersenne prime(二重〜素数)
.... 78

E

e-prime(偶素数).................... 205
economical number(経済的数)...... 198
ECPP................... 44, 201, 223
ECPP test(ECPP判定法)........... 43
EFF............................. 98
Elements(『原論』)
.... 60, 125, 149, 150, 192, 204
elliptic curve(楕円曲線).......... 33, 43
elliptic curve primality proving
(楕円曲線素数判定法)
.... 44, 218, 223
emirp(数素)...................... 212
encrypt(暗号化).................... 176
encryption(暗号).............. 176, 201
equidigital number(均衡数)........ 199
equivalence relation(同値関係)..... 202
equivalent(同等)................... 14
Erdös number(〜数)............... 148
Essai sur la Théorie des Nombres
(『整数論試論』)................. 10
Euclid's theorem(〜の定理)........ 221
Euclidean algorithm
(Euclidのアルゴリズム)....... 149,
166, 167, 198, 203
Euclidean method(Euclidの流儀).. 155
Euler probable prime(〜概素数)
.... 150, 151
Euler PRP 151
Euler pseudoprime(〜擬素数)
.... 31, 151, 152
Euler zeta function(〜のゼータ関数)
.... 152
Euler's constant(〜定数)
.... 79, 80, 151, 171
Euler's phi function(〜のファイ関数)
.... 153
Euler's product(〜無限積)......... 120
Euler's theorem(〜の定理) 153, 176
executable prime(実行可能素数)
.... 186, 206, 207
exponent(指数).................... 176
extended Euclidean algorithm
(拡張〜アルゴリズム).......... 176
extravagant number(贅沢数).. 198, 199

F

factor(因数)....................... 234
factor base(因子基底).............. 48
factorial(階乗).................... 187
factorial minus one(階乗マイナス1)
.... 297
factorial plus one(階乗プラス1).... 297
factorial prime(階乗素数).. 55, 188, 297
factoring bound(素因数の下限)...... 39
FAFNER.......................... 48
Fermat composite(〜合成数)....... 270
Fermat divisor(〜約数)
.... 91, 157, 270–273
Fermat number(〜数)
... 34, 154, 155, 173, 183, 221, 227,
270, 273, 274
Fermat prime(〜素数)
.... 24, 124, 155, 228, 270

Fermat quotient(〜商) 154
Fermat test(〜概素数判定法) 29
Fermat's last theorem(〜の最終定理)
  .. 139, 141, 154–156, 178, 180, 213, 238
Fermat's little theorem(〜の小定理)
  ..... 26, 27, 35, 106, 141, 150, 153, 154, 156, 180, 181, 188
Fermat's method of factoring
  (〜の素因数分解法) 156
Fermat-Catalan conjecture(〜予想)
  141
Fermat-Catalan equation(〜方程式)
  141
FFT 61, 130, 162, 314
Fibonacci number(〜数)
  .... 157–159, 167, 179, 292
Fibonacci prime(〜素数) 158
Fibonacci sequence(〜数列) 36, 158
floor function(切捨て関数)
  .... 110, 128, 198
FLT 156
formulas for the primes(素数を表す式)
  221
fortunate number(幸運数) 199
friendly pair(友数) 237
Frobenius pseudoprime(〜擬素数)
  .... 28, 30, 159
frugal number(倹約数) 199
full period prime(全周期素数) 219
fundamental theorem of algebra
  (代数学の基本定理) 239
fundamental theorem of arithmetic
  (算術の基本定理) 51, 126, 150, 204

━━━━━━ G ━━━━━━

Galois group(〜群) 43
gamma function(ガンマ関数) .. 151, 179
gap(ギャップ) 17, 19, 82, 83, 162

gaps between primes(素数間ギャップ)
  .... 17, 124, 199, 216, 218
Gaussian integer(Gauss 整数)
  .... 126, 127, 159
Gaussian Mersenne number
  (Gauss 的〜数) 159, 160
Gaussian Mersenne prime
  (Gauss 的〜素数) 159
Gaussian prime(Gauss 素数) 159
general purpose test(汎用の判定法)
  .... 25, 41
general reciprocity law(一般相互法則)
  42
generalized Cullen number(一般〜数)
  142
generalized Cullen prime(一般〜素数)
  142
generalized Fermat divisor
  (一般〜約数) 274–279
generalized Fermat number(一般〜数)
  .... 183, 274, 279
generalized Fermat prime(一般〜素数)
  .... 183, 279
generalized repunit(一般単位反復数)
  .... 184, 264, 308
generalized repunit prime
  (一般単位反復素数) 184, 185, 308, 309
generalized Riemann hypothesis
  (一般〜予想) 31, 172, 194
generalized Woodall prime
  (一般〜素数) 183, 282
genus(種数) 43
geometric sequence(等比数列) 226
geometric series(等比級数) 226
gigantic prime(ギガ素数) 193
Gilbreath's conjecture(〜予想) 161
GIMPS 72, 76, 96, 97, 162, 192
Goldbach's conjecture(〜予想)
  .... 122, 163, 179, 193

greatest common divisor(最大公約数) 149, 203
greatest common factor (最大共通因子) 203
greatest integer function (最大整数関数) 198, 203
gzip 185

H

harmonic number(調和数) 152
harmonic series(調和級数) 14, 15
heuristic argument(発見的議論) 79, 209, 228
high jumper(高飛び素数) 204
History of the Theory of Numbers (『数論の歴史』) 171
hopping sieve(跳躍篩) 88
hypothesis H(仮説 H) 145, 191

I

ideal theory(イデアル論) 213
identity(恒等元) 126
illegal prime(違法な素数) 184, 186
inclusion-exclusion principle (包除原理) 110
infinite(無限) 233
Intel 62
Introductio Arithmetica (『算術入門』) 190
invertible prime(可逆転素数) 189
irrational number(無理数) 174, 234, 237
irreducible(既約元) 127
irregular(非正則) 213
irregular prime(非正則素数) 213
Ishango bone(〜の骨) 164, 219
island theory(島理論) 83

J

Jacobi sum(〜和) 42
Jacobi sum method(〜和法) 186
Jacobi symbol(〜記号) 165, 168
jumping champion(最頻ギャップ) 203–205

K

k-perfect(k 完全) 210
k-tuple(k 組) 166
Karatsuba method (Karatsuba の方法) 130

L

Lagrange's theorem(〜の定理) .. 51, 153
Lamé's theorem(〜の定理) 167, 198
Lanczos algorithm(〜アルゴリズム) 49
largest known prime(最大既知素数) 32, 95, 99, 255, 261, 266, 267
lattice sieving(束篩) 48
law of small numbers(小数の法則) 78, 209, 212, 236
least common multiple(最小公倍数) 202
least integer function(最小整数関数) 198
least nonnegative residue (最小非負剰余) 211
Lebesgue measure(〜測度) 22, 232, 234
left-to-right binary exponentiation (左二進冪乗法) 227
left-truncatable prime(左切詰め素数) 208, 229, 230
Legendre symbol(〜記号) 165, 167
less-fortunate number(小幸運数) ... 199
Liber Abaci(『算術の書』) 157, 158

limit(極限) 196
linear congruential sequence
　(線形合同列) 214
linear segmented wheel sieve
　(線形分割輪篩) 148
Linnik's constant(〜定数) 146, 168
little-o(リトル o) 238
logarithmic function(対数関数) 221
Lucas number(〜数) 292
Lucas sequence(〜数列) 36, 37
Lucas test(〜の判定法) 32, 75
Lucas-Lehmer residue(〜剰余) 162
Lucas-Lehmer test(〜判定法)
　...... 24, 35, 37, 74, 114, 162, 170

―――― M ――――

M.P.A.A.(アメリカ映画協会) 184
Manchester 66
Mascheroni's constant(〜定数) 151
Matijasevic's polynomial(〜多項式)
　........................ 168, 218
maximal gap(極大ギャップ)
　................. 18, 19, 21, 162
megaprime(メガ素数) 234
Mersenne composite(〜合成数) 77
Mersenne divisor(〜約数) .. 26, 113, 170
Mersenne number(〜数)
　..... 37, 65, 77, 145, 169–171, 178, 227, 229
Mersenne prime(〜素数)
　... 24, 54, 61, 70–73, 75–77, 79, 80, 82–85, 95, 96, 98–100, 111, 150, 151, 159, 160, 162, 169, 171, 190, 192, 212, 229, 268, 269
Mersenne's conjecture(〜予想)
　.................. 162, 170, 212
Mertens' theorem(〜の定理)
　.................. 80, 81, 171
Miller's test(〜の判定法) ... 31, 171, 172
Mills' constant(〜定数) 118, 172

Mills' number(〜数) 118
Mills' prime(〜素数) 266
Mills' theorem(〜の定理)
　.................. 117, 172, 221
minimal composite(極小合成数) 197
minimal prime(極小素数) 197
Möbius function(〜関数) 110, 293
Möbiustransformation(〜変換) 293
modular arithmetic(モデュラー算術)
　.............................. 201
multifactorial(多重階乗) 55
multifactorial function(多重階乗関数)
　.......................... 223, 297
multifactorial prime(多重階乗素数)
　...................... 55, 56, 223
multiplicative(乗法的) 210
multiplicative function(乗法的関数)
　.......... 153, 190, 192, 206, 210
multiply perfect(乗法的完全) 210
multiply perfect number
　(乗法的完全数) 210, 211
Musée d'Histoire Naturelle
　(自然史博物館) 164
mutually relatively prime(全体に素)
　........................ 215, 223

―――― N ――――

natural logarithm(自然対数) 221
near repdigit prime(準反復数素数)
　........................ 310, 311
near repunit prime(準単位反復素数)
　.............................. 310
nearly doubled primes(準倍素数列)
　.............................. 285
nearly random(ほぼランダムな)
　.......................... 255–257
new Mersenne prime conjecture
　(新〜素数予想) 77, 96, 212
NewPGen 89, 92
non-Mersenne prime(非〜素数) .. 64, 75

norm(ノルム) 159
NSW number(NSW 数) 172, 296
NSW prime(NSW 素数) .. 172, 295, 296
number field(数体) 33, 128
number of divisors(約数の個数) 235
number theoretic function
　　(数論的関数) 234
number theoretic transform
　　(数論的変換) 130
Number Theory(『数論』) 127

O

odd Goldbach conjeckure(奇数〜予想)
　　.................... 122, 163, 193
one-time pad(使い捨て鍵暗号) 199
open question(未解決問題)
　　.............. 79, 229, 232, 238
order(位数) 208, 219

P

pairwise relatively prime
　　(2 個ずつ互いに素) 223, 227
palindrome(回文) 190
palindromic number(回文数) 190
palindromic prime(回文素数)
　　............. 190, 205, 212, 251
palindromic reflectable prime
　　(回文鏡像素数) 205
partition(分割) 264
Pentium 98
Pentium bug(Pentium のバグ)
　　.................... 62, 140, 300
Pentium II 62
Pentium Pro 62
Pepin's test(〜判定法)
　　.............. 24, 32, 34, 172, 173
perfect number(完全数)
　　...... 60, 71, 72, 76, 108, 111, 160,
　　170, 192, 210, 230, 235, 237

period of a decimal expansion
　　(十進展開の周期) 208
period of a prime(素数の周期) 219
permutable prime(置換可能素数) ... 224
PGP 200, 201
Pocklington's theorem(〜の定理) 34
Poisson process(〜過程) 82, 83
Pollard's ρ method(〜の ρ 法) 176
position numbering system
　　(位取り表記) 193
power residue symbol(冪剰余記号) ... 42
powerful number(強力な数) 195
preprint(プレプリント) 132
primality proving(素数判定) 25, 218
primality proving test(素数判定法)
　　..................... 30, 173, 201
prime 3-tuple(三つ組素数)
　　　　　　　　　　　　→ prime triple
prime 4-tuple(四つ組素数)
　　　　　　　　　　　→ prime quadruple
prime constellation(素数座) ... 166, 217
prime factorization(素因数分解) 175
prime ideal(素イデアル) 49, 128
prime k-tuple(k 組素数) 211, 217
prime k-tuple conjecture
　　(k 組素数予想) 22, 145, 166,
　　204, 233, 238
prime k-tuplet(真 k 組素数) 211
prime number(素数) 3, 215
prime number theorem(素数定理)
　　... 4, 6–12, 121, 171, 175, 216, 218,
　　219
Prime Pages
　　...... 51, 56, 93, 95, 131, 137, 252,
　　256, 257, 261, 262
prime quadruple(四つ組素数)
　　..................... 211, 217, 238
prime quadruplet(真四つ組素数) 211
prime triple(三つ組素数)
　　..................... 211, 217, 233
prime triplet(真三つ組素数) 211

prime-prime(一級素数) 233
Prime95 100
PrimeNet 76, 162
primeval number(覆素数) 229–231
primitive part(原始部分) 292, 293
primitive root(原始根) 215
PRIMO 223
primorial(素数階乗)
　............ 199, 201, 204, 216, 297
primorial prime(素数階乗素数)
　...................... 55, 216, 297
principal ideal domain
　(主イデアル整域) 128
private key(秘匿鍵) 176, 200
probable primality test(概素数判定法)
　.............. 24, 27, 188, 195, 228
probable prime(概素数)
　...... 24, 26, 27, 45, 158, 188, 189
Proth prime(〜素数) 173
Proth's theorem(〜の定理) 35, 44
Proth.exe(Proth プログラム)
　.................... 89, 91–93, 270
prover(認証機構) 134
PRP test　→ probable primality test
pseudoprime(擬素数)
　.................. 26, 109, 188, 194
public key(公開鍵) 176
public key cryptosystem
　(公開鍵暗号系) 175, 199, 200
Pythagorean(Pythagoras 学派)
　......................... 173, 236
Pythagorean theorem
　(Pythagoras の定理) 174
Pythagorean triple
　(Pythagoras の三つ組) 174

―――― Q ――――

quadratic(2 次の項) 145
quadratic non-residue(平方非剰余)
　............................... 231
quadratic reciprocity law
　(平方剰余の相互法則) 168, 232
quadratic residue(平方剰余)
　................. 165, 167, 179, 231
quotient(商) 211

―――― R ――――

radix(基数) 193
Ramsey theory(〜理論) 148
random number(乱数) 110, 229
rational number(有理数)
　..................... 174, 208, 237
rational point(有理点) 43
rational prime(有理素数) 159
reflexive property(反射律) 202
regular(正則) 213
regular prime(正則素数) 213
relation(リレーション) 48
relatively prime(互いに素) 223
remainder(余り) 211
repeated squaring(反復 2 乗法) 27
repunit(単位反復数)
　................ 184, 223, 264, 308
repunit prime(単位反復素数)
　................. 170, 178, 184, 224
repunit probable prime
　(単位反復概素数) 224
residue(剰余) 202, 210
reversable prime(反転素数) 159
Riemann function(〜関数) 209
Riemann hypothesis(〜予想)
　.... 12, 22, 120, 121, 163, 171, 174,
　175, 193
Riemann zeta function(〜のゼータ関数)
　............... 11, 12, 121, 139, 174
Riemann's Li function(〜の Li 関数)
　............................... 218
Riesel number(〜数) 175, 177
right-to-left binary exponentiation
　(右二進冪乗法) 227

right-truncatable prime
　　(右切詰め素数) 208, 232, 233
ring(環) 127, 215
RSA 175, 200, 201
RSA cryptosystem(RSA 暗号系)
　　.................. 175, 176, 200
RSA encryption(RSA 暗号)
　　.................... 23, 25, 176
RSA encryption example
　　(RSA 暗号の例) 176

──────── S ────────

same order of magnitude(同じオーダ)
　　.............................. 187
sequence(数列) 212
Sierpiński conjecture(〜予想) ... 91, 173
Sierpiński number(〜数)
　　................. 173, 175, 177
Sierpiński problem(〜問題) 177
sieve(篩) 147
sieve of Eratosthenes(〜の篩)
　　............. 25, 87, 147, 218, 220
sieves of Atkin(〜の篩) 87
sigma function(シグマ関数)
　　.................... 206, 235, 237
Skews' number(〜数) 209
Smith number(〜数) 178
snowball prime(雪玉素数) 233
sociable chain(社交的連鎖) 236
sociable numbers(社交的数) 207
Sophie Germain prime(〜素数)
　　... 56, 143, 144, 178, 258, 283, 285
SPRP test(強概素数判定法)
　　....................... 24, 29, 194
Stirling's formula(〜の公式)
　　................... 139, 178, 179
strobogrammatic number(回転対称数)
　　.............................. 189
strobogrammatic prime
　　(回転対称素数) 188, 189

strong prime k-tuple conjecture
　　(強 k 組素数予想) 143
strong probable primality
　　(強概素数性) 29
strong probable prime(強概素数)
　　.............. 29, 172, 176, 195
super-prime(超素数) 233
SWAC 66
Sylvester's sequence(〜数列) 105
symmetric property(対称律) 202

──────── T ────────

tables of primes(素数表) 219
tau function(タウ関数) 222
Taylor expansion(〜展開) 139
tetradic number(四方対称数) 207
tetradic prime(四方対称素数) 207
titan(タイタン) 222, 313
titanic prime(タイタン素数)
　　... 51, 193, 206, 222, 226, 243, 258,
　　259, 261, 313
Titanix 44, 223
transcendental number(超越数) 222
transitive property(推移律) 202
translate(並進値) 166
triadic prime(三方対称素数) 205
trial division(試行除算)
　　............. 26, 195, 206, 218, 239
triangular number(三角数) 174
truncatable prime(切詰め素数) 229
twin prime(双子素数)
　　... 53, 123, 140, 201, 211, 217, 230,
　　231, 258, 299, 301
twin prime conjecture(双子素数予想)
　　...... 15, 17, 22, 123, 140, 166, 231
twin prime constant(双子素数定数)
　　............. 62, 164, 230, 231, 299

U

uncountable(非可算) 234
unique(唯一) 236
unique prime(独自素数) 226
unit(単数) 126, 127, 159, 196
UNIX 85

V

Vernam cipher(Vernam 暗号系) 199
VFYPR 42

W

Wagstaff conjecture(〜予想) 79
Wall-Sun-Sun prime(〜素数) 179
weak probable prime(弱概素数) 27
well ordering principle(整列可能原理)
    .... 205, 211, 213
wheel factorization(輪転因数分解)
    .... 26, 239

Wieferich prime(〜素数)
    .... 77, 116, 154, 180
Wilson conposite(〜合成数) 181
Wilson prime(〜素数) 181
Wilson's theorem(〜の定理)
    .... 107, 129, 181, 230, 300
witness(証言数) 31, 32
Wolstenholme prime(〜素数) .. 181, 182
Wolstenholme's theorem(〜の定理)
    182
Woodall number(〜数) ... 142, 182, 282
Woodall prime(〜素数) 182, 282
www-factoring project
    (WWW 因数分解プロジェクト)
    47

Z

zero(零点) 239
zeta function(ゼータ関数) 11, 214

日英索引

A

abc 予想 (abc-conjecture) 180
APRT-CL 42
APR 判定法 (APR test) ... 42, 186, 223
ASCII 文字 (ASCII character) 186
Atkin の篩 (sieves of ∼) 87
Aurifeuille 原始部分
　　(Aurifeuillian primitive part)
　　............................. 293
Aurifeuille の因数分解
　　(Aurifeuillian factorization)
　　......................... 159, 293

B

Beal 予想 (∼'s conjecture) 139
Bernoulli 数 (∼ number)
　　....... 120, 139, 152, 179, 182, 213
Bertrand の仮説 (∼'s postulate) 140
Brun 定数 (∼'s constant)
　　..................... 123, 140, 300

C

Carmichael 数 (∼ number)
　　................. 28, 140, 141, 145
Catalan 数列 (∼ sequence) 78, 79
Catalan の問題 (∼'s problem) 141
Catalan 方程式 (∼ equation) 141
Catalan 予想 (∼'s conjecture) 141
Certifix 259
Chebyshev の定理 (∼'s theorem) ... 171
Cray Research 62, 95, 97

Cullen 数 (∼ number) 142, 182
Cullen 素数 (∼ prime)
　　............. 91, 142, 173, 280, 281
Cunningham 鎖 (∼ chain)
　　................ 143, 144, 285–288
Cunningham 数 (∼ number) 182
Cunningham プロジェクト
　　(∼ project) 57, 143, 144, 160
CYCLOPROV 42

D

DeCSS 184
Dickson 予想 (∼'s conjecture)
　　.............. 144, 145, 167, 191, 302
Diffie-Hellman 鍵交換
　　(∼ key exchange) 200
Diophantus 方程式
　　(diophantine equation) 146,
　　150, 231
Dirichlet の定理 (∼'s theorem)
　　....... 119, 146, 168, 185, 221, 301

E

ECPP 44, 201, 223
ECPP 判定法 (ECPP test) 43
EFF 98
Eratosthenes の篩 (sieve of ∼)
　　.............. 25, 87, 147, 218, 220
Erdös 数 (∼ number) 148
Euclid のアルゴリズム
　　(Euclidean algorithm) 149, 166,
　　167, 198, 203

Euclid の定理 (〜's theorem) 221
Euclid の流儀 (Euclidean method)
.... 155
Euler PRP 151
Euler 概素数 (〜 probable prime)
.... 150, 151
Euler 擬素数 (〜 pseudoprime)
.... 31, 151, 152
Euler 定数 (〜's constant)
.... 79, 80, 151, 171
Euler のゼータ関数 (〜 zeta function)
.... 152
Euler の定理 (〜's theorem) ... 153, 176
Euler のファイ関数 (〜's phi function)
.... 153
Euler 無限積 (〜's product)......... 120

F

FAFNER 48
Fermat-Catalan 方程式 (〜 equation)
.... 141
Fermat-Catalan 予想 (〜 conjecture)
.... 141
Fermat 概素数判定法 (〜 test) 29
Fermat 合成数 (〜 composite) 270
Fermat 商 (〜 quotient) 154
Fermat 数 (〜 number)
... 34, 154, 155, 173, 183, 221, 227, 270, 273, 274
Fermat 素数 (〜 prime)
.... 24, 124, 155, 228, 270
Fermat の最終定理 (〜's last theorem)
.. 139, 141, 154–156, 178, 180, 213, 238
Fermat の小定理 (〜's little theorem)
..... 26, 27, 35, 106, 141, 150, 153, 154, 156, 180, 181, 188
Fermat の素因数分解法
 (〜's method of factoring) 156

Fermat 約数 (〜 divisor)
.... 91, 157, 270–273
FFT 61, 130, 162, 314
Fibonacci 数 (〜 number)
.... 157–159, 167, 179, 292
Fibonacci 数列 (〜 sequence) ... 36, 158
Fibonacci 素数 (〜 prime).......... 158
FLT 156
Frobenius 擬素数 (〜 pseudoprime)
.... 28, 30, 159

G

Galois 群 (〜 group)................ 43
Gauss 整数 (Gaussian integer)
.... 126, 127, 159
Gauss 素数 (Gaussian prime)....... 159
Gauss 的 Mersenne 数
 (Gaussian 〜 number) 159, 160
Gauss 的 Mersenne 素数
 (Gaussian 〜 prime).......... 159
Gilbreath 予想 (〜's conjecture) 161
GIMPS 72, 76, 96, 97, 162, 192
Goldbach 予想 (〜's conjecture)
.... 122, 163, 179, 193
gzip 185

I

Intel 62
Ishango の骨 (〜 bone) 164, 219

J

Jacobi 記号 (〜 symbol) 165, 168
Jacobi 和 (〜 sum) 42
Jacobi 和法 (〜 sum method)....... 186

K

Karatsuba の方法

(Karatsuba method)........... 130
k 完全 (k-perfect)................. 210
k 組 (k-tuple).................... 166
k 組素数 (prime k-tuple)...... 211, 217
k 組素数予想
　(prime k-tuple conjecture)..... 22,
　145, 166, 204, 233, 238

──────── L ────────

Lagrange の定理 (∼'s theorem)
　........................... 51, 153
Lamé の定理 (∼'s theorem)... 167, 198
Lanczos アルゴリズム (∼ algorithm)
　................................. 49
Lebesgue 測度 (∼ measure)
　...................... 22, 232, 234
Legendre 記号 (∼ symbol).... 165, 167
Linnik 定数 (∼'s constant).... 146, 168
Lucas-Lehmer 剰余 (∼ residue).... 162
Lucas-Lehmer 判定法 (∼ test)
　....... 24, 35, 37, 74, 114, 162, 170
Lucas 数 (∼ number).............. 292
Lucas 数列 (∼ sequence)........ 36, 37
Lucas の判定法 (∼ test)......... 32, 75

──────── M ────────

Manchester....................... 66
Mascheroni 定数 (∼'s constant).... 151
Matijasevic 多項式 (∼'s polynomial)
　.......................... 168, 218
Mersenne 合成数 (∼ composite)..... 77
Mersenne 数 (∼ number)
　..... 37, 65, 77, 145, 169–171, 178,
　227, 229
Mersenne 素数 (∼ prime)
　... 24, 54, 61, 70–73, 75–77, 79, 80,
　82–85, 95, 96, 98–100, 111, 150, 151,
　159, 160, 162, 169, 171, 190, 192,
　212, 229, 268, 269

Mersenne 約数 (∼ divisor)
　.................... 26, 113, 170
Mersenne 予想 (∼'s conjecture)
　.................... 162, 170, 212
Mertens の定理 (∼' theorem)
　.................... 80, 81, 171
Miller の判定法 (∼'s test)
　.................... 31, 171, 172
Mills 数 (∼' number).............. 118
Mills 素数 (∼' prime).............. 266
Mills 定数 (∼' constant)....... 118, 172
Mills の定理 (∼' theorem)
　.................... 117, 172, 221
Möbius 関数 (∼ function)..... 110, 293
Möbius 変換 (∼ transformation).... 293

──────── N ────────

NewPGen...................... 89, 92
NSW 数 (NSW number)....... 172, 296
NSW 素数 (NSW prime)
　.................... 172, 295, 296

──────── P ────────

Pentium........................... 98
Pentium II....................... 62
Pentium Pro...................... 62
Pentium のバグ (Pentium bug)
　.................... 62, 140, 300
Pepin 判定法 (∼'s test)
　............... 24, 32, 34, 172, 173
PGP......................... 200, 201
Pocklington の定理 (∼'s theorem)... 34
Poisson 過程 (∼ process)........ 82, 83
Pollard の ρ 法 (∼'s ρ method)..... 176
Prime Pages
　...... 51, 56, 93, 95, 131, 137, 252,
　256, 257, 261, 262
Prime95......................... 100
PrimeNet..................... 76, 162

PRIMO 223
Proth 素数 (〜 prime) 173
Proth の定理 (〜's theorem) 35, 44
Proth プログラム (Proth.exe)
　................... 89, 91–93, 270
Pythagoras 学派 (Pythagorean)
　....................... 173, 236
Pythagoras の定理
　(Pythagorean theorem) 174
Pythagoras の三つ組
　(Pythagorean triple) 174

─── R ───

Ramsey 理論 (〜 theory) 148
Riemann 関数 (〜 function) 209
Riemann の Li 関数 (〜's Li function)
　............................ 218
Riemann のゼータ関数
　(〜 zeta function) 11, 12, 121,
　139, 174
Riemann 予想 (〜 hypothesis)
　.... 12, 22, 120, 121, 163, 171, 174,
　175, 193
Riesel 数 (〜 number) 175, 177
RSA 175, 200, 201
RSA 暗号 (RSA encryption)
　....................... 23, 25, 176
RSA 暗号系 (RSA cryptosystem)
　.................... 175, 176, 200
RSA 暗号の例
　(RSA encryption example) 176

─── S ───

Sierpiński 数 (〜 number)
　.................... 173, 175, 177
Sierpiński 問題 (〜 problem) 177
Sierpiński 予想 (〜 conjecture) .. 91, 173
Skews 数 (〜' number) 209
Smith 数 (〜 number) 178

Sophie Germain 素数 (〜 prime)
　... 56, 143, 144, 178, 258, 283, 285
Stirling の公式 (〜's formula)
　................... 139, 178, 179
SWAC 66
Sylvester 数列 (〜's sequence) 105

─── T ───

Taylor 展開 (〜 expansion) 139
Titanix 44, 223

─── U ───

UNIX 185

─── V ───

Vernam 暗号系 (Vernam cipher) 199
VFYPR 42

─── W ───

Wagstaff 予想 (〜 conjecture) 79
Wall-Sun-Sun 素数 (〜 prime) 179
Wieferich 素数 (〜 prime)
　.................. 77, 116, 154, 180
Wilson 合成数 (〜 conposite) 181
Wilson 素数 (〜 prime) 181
Wilson の定理 (〜's theorem)
　........... 107, 129, 181, 230, 300
Wolstenholme 素数 (〜 prime)
　........................ 181, 182
Wolstenholme の定理 (〜's theorem)
　................................ 182
Woodall 数 (〜 number) .. 142, 182, 282
Woodall 素数 (〜 prime) 182, 282
WWW 因数分解プロジェクト
　(www-factoring project) 47

ア

アテネ (Athens)................. 146
余り (remainder)................ 211
アメリカ映画協会 (M.P.A.A.)...... 184
暗号 (encryption)........... 176, 201
暗号化 (encrypt)................. 176

イ

位数 (order)............... 208, 219
一級素数 (prime-prime)........... 233
五つ組 (5-tuple)................. 166
一般 Cullen 数 (generalized ～ number)
.... 142
一般 Cullen 素数 (generalized ～ prime)
.... 142
一般 Fermat 数 (generalized ～ number)
.... 183, 274, 279
一般 Fermat 素数
 (generalized ～ prime).... 183, 279
一般 Fermat 約数
 (generalized ～ divisor)... 274–279
一般 Riemann 予想
 (generalized ～ hypothesis)..... 31,
 172, 194
一般 Woodall 素数
 (generalized ～ prime).... 183, 282
一般相互法則 (general reciprocity law)
.... 42
一般単位反復数 (generalized repunit)
.... 184, 264, 308
一般単位反復素数
 (generalized repunit prime)... 184,
 185, 308, 309
イデアル論 (ideal theory).......... 213
違法な素数 (illegal prime)..... 184, 186
因子基底 (factor base)............. 48
因数 (factor)..................... 234

エ

円環的素数 (circular prime).... 170, 186
円周法 (circle method)............ 163
円錐切片 (conic section).......... 149
円分多項式 (cyclotomic polynomial)
.... 227, 293
円分判定法 (cyclotomy)
.... 186, 201, 218, 223

オ

同じオーダ (same order of magnitude)
.... 187

カ

階乗 (factorial).................. 187
階乗素数 (factorial prime)
.... 55, 188, 297
階乗プラス 1 (factorial plus one)... 297
階乗マイナス 1 (factorial minus one)
.... 297
概素数 (probable prime)
.... 24, 26, 27, 45, 158, 188, 189
概素数判定法
 (probable primality test, PRP test)
.... 24, 27, 188, 195, 228
回転対称数 (strobogrammatic number)
.... 189
回転対称素数 (strobogrammatic prime)
.... 188, 189
回文 (palindrome)................. 190
回文鏡像素数
 (palindromic reflectable prime)
.... 205
回文数 (palindromic number)....... 190
回文素数 (palindromic prime)
.... 190, 205, 212, 251
可逆転素数 (invertible prime)....... 189

拡張 Euclid アルゴリズム
(extended Euclidean algorithm)
.... 176
可算 (countable) 14, 234
過剰 (abundant) 190
過剰数 (abundant number)
.... 190, 235, 237
仮説 H(hypothesis H) 145, 191
カレンダー棒 (calendar stick)....... 165
環 (ring)...................... 127, 215
完全鎖 (complete chain)............ 143
完全乗法的関数
(completely multiplicative function) 191, 192
完全剰余系 (complete residue system)
.... 166
完全数 (perfect number)
...... 60, 71, 72, 76, 108, 111, 160,
170, 192, 210, 230, 235, 237
ガンマ関数 (gamma function)
.... 151, 179

―――― キ ――――

ギガ素数 (gigantic prime) 193
基数 (radix)....................... 193
奇数 Goldbach 予想
(odd $\sim$ conjecture) 122, 163,
193
擬素数 (pseudoprime)
.... 26, 109, 188, 194
既約元 (irreducible) 127
ギャップ (gap) 17, 19, 82, 83, 162
強 k 組素数予想
(strong prime k-tuple conjecture) 143
強概素数 (strong probable prime)
.... 29, 172, 176, 195
強概素数性
(strong probable primality) 29
強概素数判定法 (SPRP test)
.... 24, 29, 194

強力な数 (powerful number)........ 195
極限 (limit)........................ 196
極小合成数 (minimal composite).... 197
極小素数 (minimal prime).......... 197
極大ギャップ (maximal gap)
.... 18, 19, 21, 162
許容 (admissible).............. 166, 217
切上げ関数 (ceiling function) 198
切捨て関数 (floor function)
.... 110, 128, 198
切詰め素数 (truncatable prime)..... 229
均衡数 (equidigital number)........ 199

―――― ク ――――

偶素数 (e-prime) 205
位取り表記
(position numbering system)
.... 193

―――― ケ ――――

経済的数 (economical number) 198
原始根 (primitive root)............. 215
原始部分 (primitive part)...... 292, 293
倹約数 (frugal number)............. 199
『原論』(Elements)
.... 60, 125, 149, 150, 192, 204

―――― コ ――――

幸運数 (fortunate number)......... 199
公開鍵 (public key) 176
公開鍵暗号系
(public key cryptosystem) 175,
199, 200
公準 (common notion) 149
合成数 (composite number) 200
合成数階乗 (compositorial).......... 201
合成数階乗素数 (compositorial prime)
.... 201

恒等元 (identity) 126
合同式 (congruence) 137, 201, 202
合同類 (congruence class) 202
公理 (axiom) 149
古典的判定法 (classical test)
 .... 24, 25, 32, 35

━━━━━ サ ━━━━━

サイクル (cycle) 49
最小公倍数 (least common multiple)
 202
最小整数関数 (least integer function)
 198
最小非負剰余
 (least nonnegative residue) 211
最大既知素数 (largest known prime)
 ...... 32, 95, 99, 255, 261, 266, 267
最大共通因子
 (greatest common factor) 203
最大公約数 (greatest common divisor)
 .... 149, 203
最大整数関数
 (greatest integer function) 198, 203
最頻ギャップ (jumping champion)
 203–205
三角数 (triangular number) 174
『算術入門』(Introductio Arithmetica)
 190
算術の基本定理
 (fundamental theorem of arithmetic) 51, 126, 150, 204
『算術の書』(Liber Abaci) 157, 158
三素数問題 (3-primes problem) 193
三方対称素数 (triadic prime) 205

━━━━━ シ ━━━━━

シグマ関数 (sigma function)
 .... 206, 235, 237

試行除算 (trial division)
 .... 26, 195, 206, 218, 239
指数 (exponent) 176
自然史博物館
 (Musée d'Histoire Naturelle) ... 164
自然対数 (natural logarithm) 221
質疑応答 (challenge-response) 200
実行可能素数 (executable prime)
 .... 186, 206, 207
四方対称数 (tetradic number) 207
四方対称素数 (tetradic prime) 207
島理論 (island theory) 83
弱概素数 (weak probable prime) 27
社交的数 (sociable numbers) 207
社交的連鎖 (sociable chain) 236
主イデアル整域
 (principal ideal domain) 128
種数 (genus) 43
十進展開の周期
 (period of a decimal expansion) 208
準単位反復素数 (near repunit prime)
 310
準倍素数列 (nearly doubled primes)
 285
準反復数素数 (near repdigit prime)
 .... 310, 311
商 (quotient) 211
消去可能素数 (deletable prime) 208
証言数 (witness) 31, 32
小幸運数 (less-fortunate number) ... 199
小数の法則 (law of small numbers)
 .... 78, 209, 212, 236
乗法的 (multiplicative) 210
乗法的関数 (multiplicative function)
 .... 153, 190, 192, 206, 210
乗法的完全 (multiply perfect) 210
乗法的完全数
 (multiply perfect number) 210, 211
剰余 (residue) 202, 210
常用対数 (common logarithm) 221

剰余の完全系
   (complete system of residues)
   211
剰余類 (congruent class) 211
除算アルゴリズム (division algorithm)
   .... 149, 211
シレネー (Cyrene) 146
真 k 組素数 (prime k-tuplet) 211
新 Mersenne 素数予想
   (new $\sim$ prime conjecture)...... 77,
   96, 212
真の約数 (aliquot divisor) 210
真三つ組素数 (prime triplet) 211
真四つ組素数 (prime quadruplet) ... 211

──────── ス ────────

推移律 (transitive property) 202
『推論の技法』(Ars Conjectandi) .. 139
数素 (emirp) 212
数体 (number field) 33, 128
数列 (sequence) 212
『数論』(Arithmetica) ... 145, 154, 155
『数論』(Number Theory) 127
『数論考究』
   (Disquisitiones Arithmeticae)
   .... 52, 201
数論的関数
   (number theoretic function) ... 234
数論的変換
   (number theoretic transform)
   130
『数論の歴史』
   (History of the Theory of Numbers)
   171

──────── セ ────────

『整数論試論』
   (Essai sur la Theorie des Nombres)
   10

正則 (regular) 213
正則素数 (regular prime) 213
贅沢数 (extravagant number) .. 198, 199
整列可能原理 (well ordering principle)
   .... 205, 211, 213
ゼータ関数 (zeta function) 11, 214
漸近的に等しい (asymptotically equal)
   .... 187, 214
線形合同列
   (linear congruential sequence)
   214
線形分割輪篩
   (linear segmented wheel sieve)
   148
全周期素数 (full period prime) 219
全体に素 (mutually relatively prime)
   .... 215, 223

──────── ソ ────────

素イデアル (prime ideal) 49, 128
素因数の下限 (factoring bound) 39
素因数分解 (prime factorization) ... 175
双一次形式 (bilinear form) 179
束篩 (lattice sieving) 48
素数 (prime number) 3, 215
素数階乗 (primorial)
   .... 199, 201, 204, 216, 297
素数階乗素数 (primorial prime)
   .... 55, 216, 297
素数間ギャップ (gaps between primes)
   .... 17, 124, 199, 216, 218
素数座 (prime constellation) ... 166, 217
素数性証明書 (certificate of primality)
   .... 217, 255, 257
素数定理 (prime number theorem)
   ... 4, 6–12, 121, 171, 175, 216, 218,
   219
素数の周期 (period of a prime) 219
素数判定 (primality proving) ... 25, 218

素数判定法 (primality proving test)
.... 30, 173, 201
素数表 (tables of primes).......... 219
素数を表す式
　(formulas for the primes)...... 221

━━━━ タ ━━━━

第 1 種 Cunningham 鎖
　(〜 chain of the first kind) 143,
　285–289
第 2 種 Cullen 素数
　(〜 prime of the second kind)
　.............................. 182
第 2 種 Cunningham 鎖
　(〜 chain of the second kind)
　.............. 143, 259, 289–292
対称律 (symmetric property)....... 202
代数学の基本定理
　(fundamental theorem of algebra)
　.............................. 239
対数関数 (logarithmic function) 221
代数体 (algebraic number field)..... 213
代数的数 (algebraic number)....... 222
代数的整数論
　(algebraic number theory)..... 213
タイタン (titan)............... 222, 313
タイタン素数 (titanic prime)
　... 51, 193, 206, 222, 226, 243, 258,
　259, 261, 313
タウ関数 (tau function)............ 222
楕円曲線 (elliptic curve)......... 33, 43
楕円曲線素数判定法
　(elliptic curve primality proving)
　................... 44, 218, 223
互いに素 (relatively prime)......... 223
高飛び素数 (high jumper).......... 204
多重階乗 (multifactorial)............ 55
多重階乗関数 (multifactorial function)
　....................... 223, 297

多重階乗素数 (multifactorial prime)
　.................... 55, 56, 223
畳込み (convolution).............. 130
単位反復概素数
　(repunit probable prime)...... 224
単位反復数 (repunit)
　.............. 184, 223, 264, 308
単位反復素数 (repunit prime)
　.............. 170, 178, 184, 224
単数 (unit).......... 126, 127, 159, 196

━━━━ チ ━━━━

置換可能素数 (permutable prime)... 224
『チャンダストラ』(Chandah-sutra)
　.............................. 227
中国剰余定理
　(Chinese remainder theorem)
　......................... 130, 225
超越数 (transcendental number).... 222
超素数 (super-prime).............. 233
跳躍篩 (hopping sieve).............. 88
調和級数 (harmonic series)....... 14, 15
調和数 (harmonic number)......... 152

━━━━ ツ ━━━━

使い捨て鍵暗号 (one-time pad)..... 199

━━━━ テ ━━━━

底 (base).............. 28, 31, 189, 277
デジタルミレニアム著作権法
　(Digital Millenium Copyright Act)
　.............................. 184

━━━━ ト ━━━━

等差数列
　(arithmetic sequence, 〜progression)

.... 105, 119, 145, 146, 168, 225, 301, 306
同値関係 (equivalence relation) 202
同等 (equivalent) 14
同伴 (associate) 127
等比級数 (geometric series) 226
等比数列 (geometric sequence) 226
独自素数 (unique prime) 226

───── ニ ─────

2個ずつ互いに素
　　(pairwise relatively prime) 223, 227
2次の項 (quadratic) 145
二重 Mersenne 数 (double-～ number)
　　................................. 78
二重 Mersenne 素数 (double-～ prime)
　　................................. 78
二進冪乗法 (binary exponentiation)
　　..................... 177, 188, 227
認証機構 (prover) 134

───── ノ ─────

ノルム (norm) 159

───── ハ ─────

発見的議論 (heuristic argument)
　　..................... 79, 209, 228
反射律 (reflexive property) 202
反転素数 (reversable prime) 159
反復2乗法 (repeated squaring) 27
判別式 (discriminant) 36
汎用の判定法 (general purpose test)
　　........................... 25, 41

───── ヒ ─────

非 Mersenne 素数 (non-～ prime)
　　............................ 64, 75
比較可能 (comparable) 197
非可算 (uncountable) 234
被除数 (dividend) 235
非正則 (irregular) 213
非正則素数 (irregular prime) 213
左切詰め素数 (left-truncatable prime)
　　..................... 208, 229, 230
左二進冪乗法
　　(left-to-right binary exponentiation)
　　............................... 227
ビッグ O(big-O) 229
秘匿鍵 (private key) 176, 200
平文化 (decrypt) 176

───── フ ─────

複合判定法 (combined test) 38
覆素数 (primeval number) 229–231
不足 (deficient) 230
不足数 (deficient number)
　　............. 190, 230, 235, 237
双子素数 (twin prime)
　　... 53, 123, 140, 201, 211, 217, 230, 231, 258, 299, 301
双子素数定数 (twin prime constant)
　　............ 62, 164, 230, 231, 299
双子素数予想 (twin prime conjecture)
　　...... 15, 17, 22, 123, 140, 166, 231
二つ組 (2-tuple) 166
『物理数学思索』
　　(*Cogitata Physica-Mathematica*)
　　......................... 70, 170
部分分数展開
　　(continued fraction expansion)
　　............................... 237
篩 (sieve) 147
プレプリント (preprint) 132
分割 (partition) 264

ヘ

並進値 (translate) 166
平方剰余 (quadratic residue)
.... 165, 167, 179, 231
平方剰余の相互法則
(quadratic reciprocity law) 168, 232
平方非剰余 (quadratic non-residue)
.... 231
冪剰余記号 (power residue symbol) .. 42

ホ

包除原理
(inclusion-exclusion principle)
.... 110
ほとんどすべての (almost all) 232
ほぼランダムな (nearly random)
.... 255–257

ミ

未解決問題 (open question)
.... 79, 229, 232, 238
右切詰め素数 (right-truncatable prime)
.... 208, 232, 233
右二進冪乗法
(right-to-left binary exponentiation)
.... 227
三つ組 (3-tuple) 166
三つ組素数 (prime triple, ～ 3-tuple)
.... 211, 217, 233

ム

無限 (infinite) 233
無理数 (irrational number)
.... 174, 234, 237

メ

メガ素数 (megaprime) 234

モ

モデュラー算術 (modular arithmetic)
.... 201

ヤ

約数 (divisor) 234, 240
約数関数 (divisor function) 160
約数の個数 (number of divisors) 235
約数和循環列 (aliquot cycle) 236
約数和列 (aliquot sequence) ... 207, 235

ユ

唯一 (unique) 236
友好数 (amicable numbers)
.... 192, 207, 236
友数 (friendly pair) 237
有理数 (rational number)
.... 174, 208, 237
有理素数 (rational prime) 159
有理点 (rational point) 43
雪玉素数 (snowball prime) 233

ヨ

予想 (conjecture)
.... 122, 139, 229, 232, 238
四つ組素数 (prime quadruple, ～ 4-tuple)
.... 211, 217, 238

ラ

乱数 (random number) 110, 229

―――― リ ――――

リトル o(little-o) 238
リレーション (relation) 48
臨界線 (critical line) 121
臨界帯 (critical strip) 12, 121
輪転因数分解 (wheel factorization)
　　　　　......................... 26, 239

―――― ル ――――

類数 (class number) 213

―――― レ ――――

零点 (zero) 239

―――― ワ ――――

割り切る (divide) 137, 239

人名索引（アルファベット順）

A

Adleman, Leonard
  アドルマン (1945-) 42, 175, 176, 186
al-Kashi, Ghiyath al-Din Jamshid Mas'ud
  アル・カーシー (1380-1429) 228
Allen, David
  アレン 88
Armengaud, Joel
  アルマンゴー 68, 73, 96
Arnault
  アーノート 194
Arndt, Joerg
  アーント 38
Atkin, A.O.L.
  エトケン 44, 88
Augustinus, Aurelius
  アウグスチヌス (354-430) 192
Aurifeuille
  オーリフユイユ 160

B

Babbege
  バベッジ 182
Bach, Eric
  バック 32, 172
Baker, R.
  ベーカー 22, 131
Ballinger, Ray
  ベリンジャ 91, 92
Barbera, Giovanni La
  バルベラ 258
Barlow, Peter
  バーロウ 74
Bateman
  ベイトマン 77, 191, 212
Baxter, Lew
  バクスター 224
Bay
  ベイ 220
Beal, Andre
  ビール 139
Becker, Oliver
  ベッカー 88
Beiler, A. H.
  ベイラー 224
Bennion, Robert
  ベニオン 88
Bernoulli, Jacob
  ベルヌーイ (1654-1705) 64, 139
Bernstein, Dan
  バーンスタイン 87, 88
Bertrand, Joseph Louis Fnançois
  ベルトラン (1822-1900) 140
Biermann, K.
  ビアマン 64
Blundon
  ブルンドン 306
Borevich
  ボレビッチ 126
Borho, Walter
  ボーホ 208
Borodzkin
  ボロズキン 123, 193
Bosma, Wieb
  ボスマ 187

Brent
　ブレント....................... 220
Bressoud, David M.
　ブレッスー............. 26, 29, 195
Brillhart
　ブリルハート.................. 144
Broadhurst, David
　ブロードハースト.... 226, 258, 259, 292
Brown, J.
　ブラウン....................... 69
Bruce, J. W.
　ブルース...................... 115
Brun
　ブルン.......... 123, 140, 283, 300

━━━━━ C ━━━━━

Caldwell, Chris K.
　コードウェル.................. 137
Camboa, Iago
　カンボア...................... 201
Cameron, Michael
　キャメロン........... 52, 68, 73, 99
Card
　カード........................ 233
Carmody, Phil
　カモディ........ 185, 186, 206, 207
Carpenter, Paul
　カーペンター.................. 199
Catalan, Engène Charles
　カタラン (1814-1894)........... 60, 78, 141, 236
Cataldi, Pietro
　カタルディ...... 60, 63, 65, 70, 73, 219
Causen, Thomas
　コザン........................ 64
Chebyshev, Pafnuty Lwowich
　チェビシェフ (1821-1894)... 11, 140

Chen, J. R.
　チェン.......... 122, 123, 163, 193
Chowa
　チョワ........................ 306
Cipolla
　シッポラ........................ 9
Clarkson, Roland
　クラークソン........ 68, 73, 97, 98
Clausen, Thomas
　クラウゼン (1801-1885)......... 64
Clement
　クレメント.................... 230
Cohen, Henri
　コーエン............... 27, 42, 188
Colquitt, Walter N.
　コルキット............. 73, 75, 162
Conrey
　コンレイ...................... 121
Conway, John Horton
　コンウェイ.................... 204
Cowie, Jim
　カウィー....................... 50
Cramèr, Harald
　クラーメル (1893-1985)......... 22
Crandall, Richard E.
　クランドル................. 61, 95
Creyaufmueller, Wolfgang
　クレヨフムラー................ 236
Cullen, Reverend James
　カレン (1867-1933)... 142, 182, 280
Cunningham, A. J. C.
　カニンガム... 60, 142–144, 182, 280
Curry, Conrad
　カーリー.................. 108, 212

━━━━━ D ━━━━━

de la Vallèe-Poussin, Charles Jean
　ド・ラ・ヴァレ・プサン..... 11, 12, 121, 151

de Polignac, Alphonse
　ド・ポリニャック (1817-1890) .. 123
Deléglise, Mark
　デレグリーズ 6, 190
DeMaio, Joe
　デメイオ 92
Descartes, Renè
　デカルト (1596-1650) 60, 163,
　211, 237
Deshouillers, Jean-Marc
　デズゥイエ 122, 163, 194
Dickson, L. E.
　ディクソン (1874-1954) 78, 144,
　170, 189, 198
Diophantus
　ディオファンタス (200-284) 145,
　146, 154, 155
Dirichlet, Johann Peter Gustav Lejeune
　ディリクレ (1805-1859) ... 110, 119,
　146, 179, 301
Dohmen, Reno
　ドーメン 216
Dubner
　ダブナー 158, 224, 258, 306
Dusart, Pierre
　デュザール 8, 9

E

Effinger
　エフィンガー 194
Eisenstein
　アイゼンシュタイン 154
Elkenbracht-Huizing, Marije
　エルケンブラット・ヒュイジン ... 50
Ellison
　エリスン 117
Encke
　エンケ 10
Eratosthenes
　エラトステネス (276-194 B.C.) .. 87,
　146, 147
Erdös, Paul
　エルデシュ ... 11, 46, 140, 148, 163,
　196, 204
Erhardt
　エアハルト 79
Euclid
　ユークリッド (330?-275? B.C.)
　.... 3, 13, 55, 60, 61, 103–105, 111,
　125, 126, 149, 150, 170, 192, 204,
　205, 216, 219
Euler, Leonhard
　オイラー (1707-1783) 60, 63–65,
　70, 72, 73, 77, 104, 106, 111, 113,
　120, 122, 139, 148, 150, 152, 153,
　155–157, 163, 168, 170, 173, 174,
　178, 192, 208, 237, 270, 284
Eves, Howard
　イブズ 189

F

Fauquembergue, E.
　ファウケンベルグ 131
Fee
　フィー 178, 283
Fermat, Pierre de
　フェルマー (1601-1665) 26, 28,
　60, 63, 64, 72, 106, 113, 153–156,
　170, 171, 192, 211, 221, 228, 237
Ferrier
　フェリエ 65
Fibonacci
　フィボナッチ (1180?-1250?) ... 157,
　158
Forbes, Tony
　フォーブス 42, 53, 79, 143, 226
Fortune, Reo
　フォーチュン 199
Frénicle
　フレニクル 60, 106, 171

Friedlander, John
フリードランダー............ 221
Furmanski, Wojtek
フルマンスキー............... 50
Fürstenberg
フュルスタンバーグ........... 105

Grosswald
グロスウォールド............ 302
Gruenberger
グルエンバーガー............ 220
Guy, Richard K.
ガイ.... 78, 161, 209, 210, 212, 236

——— G ———

Gage, Paul
ゲージ................ 68, 73, 95
Gallot, Yves
ガロット...... 89, 91, 92, 270, 272, 274, 280
Galway, William
ガルウェイ..................... 88
Gauss, Carl Friedrich
ガウス (1777-1855)..... 10, 11, 52, 64, 155, 201, 202, 219
Germain, Sophie
ジェルマン (1776-1831).... 56, 178, 283
Gilbreath
ギルブレス.................... 161
Gillies
ギリーズ............... 67, 68, 73
Goldbach, Christian
ゴールドバッハ (1690-1764).... 64, 104, 122, 163, 179
Goldwasser, S.
ゴールドワッサー............... 44
Golomb
ゴロム....................... 196
Gourdon, Xavier
グルドン....................... 6
Grantham, Jon
グランサム............ 28, 30, 159
Granville
グランヴィル............ 178, 283
Griffith, Shaun
グリフィス.................... 88

——— H ———

Hadamard, Jacues Salomon
アダマール (1865-1963)..... 11, 12, 121
Hajratwala, Nayan
ハジュラトワラ.......... 68, 73, 98
Hannum, Charles M.
ハナム................... 186, 207
Hardy, Godfrey Harold
ハーディ (1877-1947)...... 11, 121, 124, 129, 163, 167, 193, 225, 230, 231, 233, 238, 299
Harman, G.
ハーマン...................... 22
Hausman
ハウスマン................... 160
Haworth, Guy
ヘイワース................... 162
Heilborn
ハイルボルン................. 167
Heuer, Daniel
ホイヤー................ 201, 258
Hilbert, David
ヒルベルト (1862-1943)........ 121
Hoheisel
ホハイゼル.................... 21
Holcroft, Peter
ホルクロフト.................. 88
Honaker, G. L., Jr.
ホネーカー................... 190
Horn
ホーン....................... 191

Huddleston, Scott
　ハドルストン 47
Hudson
　ハドソン 220
Hurwitz, Adolf
　フルウィッツ (1859-1919) 67,
　68, 73, 173

─────── I ───────

Iamblichus, of Chalcis
　ヤンブリコス (250-330) 236
Ingham
　インガム 21
Iverson
　アイバーソン 198
Iwaniec, Henryk
　イワニエック 221

─────── J ───────

Jacob
　ヤコブ 236
Jacobi, Carl Gustav Jacob
　ヤコビ (1804-1851) 165
Jaeschke
　ジェシュケ 30
Jobling, Paul
　ジョブリング 88, 92
Jones
　ジョーンズ 169, 306

─────── K ───────

Keith, Mike
　キース 230
Keller, Wilfrid
　ケラー 154, 158, 175
Kilian, J.
　キリアン 44

Kim, Su Hee
　キム 45
Knuth, D. E.
　クヌース 215
Kraitchik
　クライチック 32
Kruppa, Alexander
　クルッパ 157
Kulik
　クーリック 5, 219
Kummer, Ernst Eduard
　クンマー (1810-1893) 55, 104,
　213
Kurowski, Scott
　クロウスキ 52, 68, 73, 76, 97,
　100, 162
Kurrah, Thâbit ibn
　クラー (836-901) 237
Kutnib
　クトニブ 300

─────── L ───────

Lagarias
　ラガリア 6
Lagrange, Joseph Louis
　ラグランジュ (1736-1813) 113,
　178, 284
Lal
　ラル 306
Lamé, Rue Gabriel
　ラメ (1795-1870) 167
Landau, Edmund Georg
　ランダウ (1877-1938) 238
Landor
　ランドル 306
Landry
　ランドリー 60, 64, 65, 160
Langlois
　ラングロワ 29

人名索引（アルファベット順）

Lec, Stanislaw
  レック 164
Legendre, Adrien Marie
  ルジャンドル (1752-1833) .. 10, 178, 219, 283
Lehmer, D. H.
  レーマー ... 5, 6, 27, 32, 37, 60, 65, 74, 114, 194, 219
Leibniz
  ライプニッツ 60, 63, 106, 156
Lenstra, Arjen K.
  レンストラ 42, 50, 79, 186
Leonardo
  レオナルド 157
Linnik
  リニック 168
Littlewood, Jphn Edensor
  リトルウッド (1885-1977) 11, 163, 167, 193, 225, 230, 231, 233, 238, 299
Looff
  ルフ 64
Lucas, François Édouard Anatole
  リュカ (1842-1891) 28, 32, 38, 60, 65, 70, 73–75, 78, 114, 157, 171, 218
Luke
  ルーク 268
Lygros
  リグラス 306

——— M ———

Marcov, Andrej Andrevitch
  マルコフ (1856-1922) 179
Martin, Greg
  マーティン 219
Martin, Marcel
  マルタン 223
Massias, J.
  マシアス 8

Matijasevic
  マチャシェヴィッツ 169
Mayer, Ernst
  メイヤー 101
McDaniel, Wayne
  マクダニエル 178
McGrogan, Steve
  マクグローガン 162
Mead, Margaret
  ミード 199
Meissel
  メイセル 5, 6
Mersenne, Marin
  メルセンヌ (1588-1647) 60, 63, 70, 77, 154, 162, 169–171, 192, 237, 268
Mertens, Franz
  メルテンス 171
Mihailescu, Preda
  ミハイレスク 42, 141, 255–258
Miller
  ミラー 6, 66, 68
Mills
  ミルズ 117, 118, 172
Mináč
  ミネク 129
Mirimanoff
  ミリマノフ 154, 180
Mizony
  ミゾニ 306
Mollin
  モーリン 196
Montgomery, Peter L.
  モンゴメリー 49, 50
Morain, François
  モラン 44, 223
Moran
  モラン 225
Morrison
  モリソン 39

人名索引（アルファベット順） 375

N

Nagura
ナグラ 20
Nash, Chris
ナッシュ 93
Nelson
ネルソン 68, 73, 204, 306
Neumann, John von
ノイマン 215
Newman, M. H. A.
ニューマン 66, 172, 295
Nicely, Thomas R.
ナイスリー 62, 140, 300
Nickel
ニケル 68, 73, 75
Nikomachos
ニコマコス (50-150?) 190
Noll, Landon Curt
ノル 68, 69, 73, 75, 78, 83
Novarese, Paul Victor
ノヴァリス 101

O

O'Sullivan, Edwin
オ・サリバン 108
Oakes
オークス 160
Odlyzko, Andrew M.
オドリズコ 6, 161, 204
Ondrejka, Rudolf
オンドレジュカ 257
Opperman
オッペルマン 124

P

Paganini, Nicolo
パガニーニ 237

Parady, B.
パラディ 69
Parkin
パーキン 306
Pascal
パスカル 154
Peano
ペアノ 125
Pell
ペル 154
Penrose, Andy
ペンローズ 93
Pepin
ペパン 60, 172
Pervushin
パヴシン 70, 73
Pilhofer, Frank
ピルホファ 87
Pinch, Richard
ピンチ 28, 141, 198
Pingala
ピンガラ 227
Plato
プラトン 146
Pocklington
ポックリントン 33
Pollard
ポラード 48
Pomerance, Carl
ポメランス 30, 42, 45, 46, 79, 186
Porter
ポーター 167
Poulet, P.
プーレ 207
Powers, R. E.
パワーズ 70, 73, 131
Pritchard
プリチャード 148, 225
Proclus
プロクルス 149

Proth, François
  プロス (1852-79) 161, 173
Ptolemaios
  プトレマイオス 149
Putnam
  プトナム 60, 169
Pythagoras
  ピタゴラス (572-492 B.C.) 173, 174, 237

───── R ─────

Regius
  レジウス 70
Ribenboim, Paulo
  リベンモイム 79, 103, 104, 128, 283
Ricci, Curbastro Gregorio
  リッチ (1853-1925).............. 22
Richstein, Jörg
  リヒシュティン 122, 154, 164, 300
Riemann, Georg Friedrich Bernhard
  リーマン (1826-1866)...... 11, 120, 121, 174, 175
Riesel
  リーゼル.... 26, 29, 67, 68, 73, 175, 177, 195
Rivat
  リバット 6
Rivest, Ronald
  リベスト 175, 176
Roberval
  ロバーバル 153
Robin, G.
  ロバン 8
Robinson, Raphael
  ロビンソン 66, 68, 73, 131, 142, 280
Rohrbach
  ロールバッハ 20

Rubinstein
  ルービンシュタイン 204
Rumely, R. S.
  ルメリ 42, 186

───── S ─────

Santos
  サントス 198
Saouter, Yannick
  サウター 122, 163
Sato, (佐藤)
  サトウ 169
Schinzel
  シンツェル 145
Schnizel
  シュナイツェル 122, 191
Schoenfeld, Lowell
  シェーンフェルド...... 20, 171, 194
Schönhage
  シェンハーグ 61
Selberg, Atle
  セルバーグ 11
Selfridge, John
  セルフリッジ....... 30, 67, 77, 173, 177, 212, 236
Shafarevich
  シャファレビッチ 126
Shallit
  シャリット 197, 198
Shamir, Adi
  シャミア 175, 176
Shanks
  シャンクス 19, 63, 172, 295
Shapiro
  シャピロ 160
Sierpiński, Waclaw
  シェルピンスキ (1882-1969) ... 128, 145, 175, 177, 191
Silverman, J. H.
  シルバーマン 180

Sinisalo
　シニサロ 122
Skews
　スキューズ 209
Sloan
　スローン 160
Slowinski, David
　スロウィンスキ 62, 68, 73, 75,
　95, 97, 98
Smith, G.
　スミス 69
Smith, J.
　スミス 69
Spence, Gordon
　スペンス 68, 73, 97
Spencer, Gary
　スペンサー 174
Spira
　スピラ 160
Stäkel
　ステケル 230
Stirling
　スターリング 179
Strassen
　ストラセン 61
Straus
　シュトラウス 204
Stueban, Michael
　スチューバン 233
Sun, Z.-H.
　ソン 180
Sun, Zhi-Wei
　ソン 180
Suyama, (須山)
　スヤマ 183
Sylvester
　シルベスター 11, 60

――――― T ―――――

Tanner

　タネール 171
te Riele, Herman
　テ・リエル 11, 122, 163, 194
Thyssen
　ティッセン 225
Tijdeman, Robert
　タイドマン 141
Toplic, Manfred
　トプリック 307
Trigg
　トリグ 205
Tuckerman
　タッカーマン 67, 68, 73
Turing, Alan
　チューリング 66

――――― U ―――――

Urner, Kirby
　アーナ 88
Uspenski, Ya V.
　ウスペンスキー 179

――――― V ―――――

Valor, Guillermo Ballester
　ヴァロー 101
van der Hulst
　ファン・デル・フルスト 187
Varona, Juan L.
　ヴァローナ 236
Vinogradov, Ivan
　ヴィノグラードフ 123, 163, 179,
　193
von Koch
　フォン・コッホ 12, 122, 175
Voronoi
　ボロノイ 179

W

Wada, （和田）
　ワダ．．．．．．．．．．．．．．．．．．．．．．．．． 169
Wagstaff
　ワグスタッフ．．．． 30, 77, 79, 80, 85, 212, 213
Walsh
　ウォルシュ．．．．．．．．．．．．．．．．．．．． 196
Wang, Y.
　ワン．．．．．．．．．．．．．．．．．．．．．． 123, 193
Waring, Edward
　ワーリング．．．．．．．．．．．．．．． 107, 181
Weber, Damian
　ウェーバー．．．．．．．．．．．．．．．．．．．．． 50
Weintraub
　ウェイントラウブ．．．．．．．．．．．．．．． 19
Weis
　ワイス．．．．．．．．．．．．．．．．．．．．．．．．． 20
Weisstein, Eric
　ワイスタイン．．．．．．．．．．．．． 212, 237
Welsh, Luther
　ウェルシュ．．．．．．．．．．．．． 73, 75, 162
Westzynthius
　ウェスツィンティウス．．．．．．．．．． 18
Wheeler
　ウィラー．．．．．．．．．．．．．．．．．．． 66, 68
Wieferich, Arthur
　ヴィーフェリッヒ．．．．．．．．． 154, 180
Wiens
　ウィーンズ．．．．．．．．．．．．．．．．．．．． 169
Wilansky, Albert
　ウィランスキー．．．．．．．．．．． 177, 178
Wiles, Andrew
　ワイルズ (1953-)．．．．．．． 27, 56, 106, 139, 154, 156, 178, 180, 238, 283
Willans
　ウィランズ．．．．．．．．．．．．．．．．．．．． 129

Williams, Hugh
　ウィリアムズ．．．．．． 35, 41, 172, 295
Williams, Scott W.
　ウィリアムズ．．．．．．．．．．．．．．．．．． 165
Wilson, John
　ウィルソン．．．．．．．．．．．．．．． 107, 181
Wolf
　ウォルフ．．．．．．．．．．．．．．．．．．．．．． 204
Wolstenholme
　ウォルステンホルム．．．．．．．．．．． 182
Woltman, George
　ウォルトマン．．．． 52, 68, 73, 76, 92, 96, 97, 100, 162
Woodall, H. J.
　ウッドール．．．．．．．．．．．．．．． 143, 182
Wrench
　レンチ．．．．．．．．．．．．．．． 231, 283, 299
Wright
　ライト．．．．．．．．．．．．．．． 11, 124, 129

Y

Yates, Samuel D.
　イェーツ．．．． 51, 193, 222, 226, 313

Z

Zarantonello, S.
　ツァラントネロ．．．．．．．．．．．．．．．．． 69
Zayer, Joerg
　ゼイヤー．．．．．．．．．．．．．．．．．．． 47, 50
Zimmermann, Paul
　ツィマーマン．．．．．．．．． 13, 236, 306
Zinoviev
　ジノヴィエフ．．．．．．．．．．．．．．．．．． 194

人名索引 (50 音順)

ア

アーナ (Urner) 88
アーノート (Arnault) 194
アーント (Arndt) 38
アイゼンシュタイン (Eisenstein) 154
アイバーソン (Iverson) 198
アウグスチヌス (Augustinus) 192
アダマール (Hadamard) 11, 12, 121
アドルマン (Adleman)
 .... 42, 175, 176, 186
アル・カーシー (al-Kashi) 228
アルマンゴー (Armengaud) .. 68, 73, 96
アレン (Allen) 88

イ

イェーツ (Yates)
 .... 51, 193, 222, 226, 313
イブズ (Eves) 189
イワニエック (Iwaniec) 221
インガム (Ingham) 21

ウ

ヴァロー (Valor) 101
ヴァローナ (Varona) 236
ヴィーフェリッヒ (Wieferich) .. 154, 180
ウィーンズ (Wiens) 169
ヴィノグラードフ (Vinogradov)
 .... 123, 163, 179, 193
ウィラー (Wheeler) 66, 68
ウィランズ (Willans) 129
ウィランスキー (Wilansky) 177, 178
ウィリアムズ (Williams) 165
ウィリアムズ (Williams)
 .... 35, 41, 172, 295
ウィルソン (Wilson) 107, 181
ウェイントラウブ (Weintraub) 19
ウェーバー (Weber) 50
ウェスツィンティウス (Westzynthius)
 18
ウェルシュ (Welsh) 73, 75, 162
ウォルシュ (Walsh) 196
ウォルステンホルム (Wolstenholme)
 182
ウォルトマン (Woltman)
 ..... 52, 68, 73, 76, 92, 96, 97, 100,
 162
ウォルフ (Wolf) 204
ウスペンスキー (Uspenski) 179
ウッドール (Woodall) 143, 182

エ

エアハルト (Erhardt) 79
エトケン (Atkin) 44, 88
エフィンガー (Effinger) 194
エラトステネス (Eratosthenes)
 .... 87, 146, 147
エリスン (Ellison) 117
エルケンブラット・ヒュイジン
 (Elkenbracht-Huizing) 50
エルデシュ (Erdös)
 .... 11, 46, 140, 148, 163, 196, 204
エンケ (Encke) 10

オ

オ・サリバン (O'Sullivan) 108
オイラー (Euler)
..... 60, 63–65, 70, 72, 73, 77, 104,
106, 111, 113, 120, 122, 139, 148,
150, 152, 153, 155–157, 163, 168,
170, 173, 174, 178, 192, 208, 237,
270, 284
オークス (Oakes) 160
オーリフュイユ (Aurifeuille) 160
オッペルマン (Opperman) 124
オドリズコ (Odlyzko) 6, 161, 204
オンドレジュカ (Ondrejka) 257

カ

カード (Card) 233
カーペンター (Carpenter) 199
カーリー (Curry) 108, 212
ガイ (Guy)
.... 78, 161, 209, 210, 212, 236
カウィー (Cowie) 50
ガウス (Gauss)
.. 10, 11, 52, 64, 155, 201, 202, 219
カタラン (Catalan) 60, 78, 141, 236
カタルディ (Cataldi)
.... 60, 63, 65, 70, 73, 219
カニンガム (Cunningham)
.... 60, 142–144, 182, 280
カモディ (Carmody)
.... 185, 186, 206, 207
ガルウェイ (Galway) 88
カレン (Cullen) 142, 182, 280
ガロット (Gallot)
...... 89, 91, 92, 270, 272, 274, 280
カンボア (Camboa) 201

キ

キース (Keith) 230
キム (Kim) 45
キャメロン (Cameron) 52, 68, 73, 99
キリアン (Kilian) 44
ギリーズ (Gillies) 67, 68, 73
ギルブレス (Gilbreath) 161

ク

クーリック (Kulik) 5, 219
クトニブ (Kutnib) 300
クヌース (Knuth) 215
クラー (Kurrah) 237
クラークソン (Clarkson)
.... 68, 73, 97, 98
クラーメル (Cramér) 22
クライチック (Kraitchik) 32
クラウゼン (Clausen) 64
グランヴィル (Granville) 178, 283
グランサム (Grantham) 28, 30, 159
クランドル (Crandall) 61, 95
グリフィス (Griffith) 88
グルエンバーガー (Gruenberger) 220
クルッパ (Kruppa) 157
グルドン (Gourdon) 6
クレメント (Clement) 230
クレヨフムラー (Creyaufmueller) ... 236
クロウスキ (Kurowski)
...... 52, 68, 73, 76, 97, 100, 162
グロスウォールド (Grosswald) 302
クンマー (Kummer) 55, 104, 213

ケ

ゲージ (Gage) 68, 73, 95
ケラー (Keller) 154, 158, 175

コ

コーエン (Cohen) 27, 42, 188
コードウェル (Caldwell) 137

ゴールドバッハ (Goldbach)
.... 64, 104, 122, 163, 179
ゴールドワッサー (Goldwasser)...... 44
コザン (Causen) 64
コルキット (Colquitt)....... 73, 75, 162
ゴロム (Golomb).................. 196
コンウェイ (Conway)............... 204
コンレイ (Conrey) 121

サ

サウター (Saouter)............ 122, 163
サトウ (Sato)..................... 169
サントス (Santos).................. 198

シ

シェーンフェルド (Schoenfeld)
.... 20, 171, 194
ジェシュケ (Jaeschke)............... 30
シェルピンスキ (Sierpiński)
.... 128, 145, 175, 177, 191
ジェルマン (Germain)..... 56, 178, 283
シェンハーグ (Schönhage)........... 61
シッポラ (Cipolla).................... 9
シニサロ (Sinisalo)................. 122
ジノヴィエフ (Zinoviev)............ 194
シャピロ (Shapiro)................. 160
シャファレビッチ (Shafarevich)..... 126
シャミア (Shamir)............. 175, 176
シャリット (Shallit)........... 197, 198
シャンクス (Shanks)... 19, 63, 172, 295
シュトラウス (Straus).............. 204
シュナイツェル (Schnizel)..... 122, 191
ジョーンズ (Jones)............ 169, 306
ジョブリング (Jobling).......... 88, 92
シルバーマン (Silverman).......... 180
シルベスター (Sylvester)........ 11, 60
シンツェル (Schinzel).............. 145

ス

スキューズ (Skews)................ 209
スターリング (Stirling)............. 179
スチューバン (Stueban)............ 233
ステケル (Stäkel) 230
ストラセン (Strassen).............. 61
スピラ (Spira)..................... 160
スペンサー (Spencer).............. 174
スペンス (Spence) 68, 73, 97
スミス (Smith, G.).................. 69
スミス (Smith, J.).................. 69
スヤマ (Suyama).................. 183
スロウィンスキ (Slowinski)
.... 62, 68, 73, 75, 95, 97, 98
スローン (Sloan)................... 160

セ

ゼイヤー (Zayer) 47, 50
セルバーグ (Selberg)................ 11
セルフリッジ (Selfridge)
...... 30, 67, 77, 173, 177, 212, 236

ソ

ソン (Sun, Z. -H.) 180
ソン (Sun, Zhi -Wei).............. 180

タ

タイドマン (Tijdeman)............. 141
タッカーマン (Tuckerman)... 67, 68, 73
タネール (Tanner) 171
ダブナー (Dubner)... 158, 224, 258, 306

チ

チェビシェフ (Chebyshev)...... 11, 140
チェン (Chen)....... 122, 123, 163, 193

チューリング (Turing) 66
チョワ (Chowa) 306

―――― ツ ――――

ツァラントネロ (Zarantonello) 69
ツィマーマン (Zimmermann)
 .... 13, 236, 306

―――― テ ――――

テ・リエル (te Riele)
 .... 11, 122, 163, 194
ディオファンタス (Diophantus)
 .... 145, 146, 154, 155
ディクソン (Dickson)
 .... 78, 144, 170, 189, 198
ティッセン (Thyssen) 225
ディリクレ (Dirichlet)
 .... 110, 119, 146, 179, 301
デカルト (Descartes)
 .... 60, 163, 211, 237
デズウイエ (Deshouillers)
 .... 122, 163, 194
デメイオ (DeMaio) 92
デュザール (Dusart) 8, 9
デレグリーズ (Deléglise) 6, 190

―――― ト ――――

ド・ポリニャック (de Polignac) 123
ド・ラ・ヴァレ・プサン
 (de la Vallèe-Poussin) 11, 12,
 121, 151
ドーメン (Dohmen) 216
トプリック (Toplic) 307
トリグ (Trigg) 205

―――― ナ ――――

ナイスリー (Nicely) 62, 140, 300
ナグラ (Nagura) 20
ナッシュ (Nash)..................... 93

―――― ニ ――――

ニケル (Nickel) 68, 73, 75
ニコマコス (Nikomachos) 190
ニューマン (Newman) 66, 172, 295

―――― ネ ――――

ネルソン (Nelson) 68, 73, 204, 306

―――― ノ ――――

ノイマン (Neumann) 215
ノヴァリス (Novarese) 101
ノル (Noll) 68, 69, 73, 75, 78, 83

―――― ハ ――――

パーキン (Parkin) 306
ハーディ (Hardy)
 ... 11, 121, 124, 129, 163, 167, 193,
 225, 230, 231, 233, 238, 299
ハーマン (Harman) 22
バーロウ (Barlow) 74
バーンスタイン (Bernstein) 87, 88
ハイルボルン (Heilborn) 167
パヴシン (Pervushin) 70, 73
ハウスマン (Hausman) 160
パガニーニ (Paganini) 237
バクスター (Baxter) 224
ハジュラトワラ (Hajratwala)
 .... 68, 73, 98
パスカル (Pascal) 154
バック (Bach) 32, 172
ハドソン (Hudson) 220
ハドルストン (Huddleston) 47
ハナム (Hannum) 186, 207

バベッジ (Babbege) 182
パラディ (Parady) 69
バルベラ (Barbera) 258
パワーズ (Powers) 70, 73, 131

———— ヒ ————

ビアマン (Biermann) 64
ビール (Beal) 139
ピタゴラス (Pythagoras)
.... 173, 174, 237
ヒルベルト (Hilbert) 121
ピルホファ (Pilhofer) 87
ピンガラ (Pingala) 227
ピンチ (Pinch) 28, 141, 198

———— フ ————

ファウケンベルグ (Fauquembergue)
.... 131
ファン・デル・フルスト
(van der Hulst) 187
フィー (Fee) 178, 283
フィボナッチ (Fibonacci) 157, 158
プーレ (Poulet) 207
フェリエ (Ferrier) 65
フェルマー (Fermat)
.... 26, 28, 60, 63, 64, 72, 106, 113,
153–156, 170, 171, 192, 211, 221,
228, 237
フォーチュン (Fortune) 199
フォーブス (Forbes)
.... 42, 53, 79, 143, 226
フォン・コッホ (von Koch)
.... 12, 122, 175
プトナム (Putnam) 60, 169
プトレマイオス (Ptolemaios) 149
フュルスタンバーグ (Fürstenberg) .. 105
ブラウン (Brown) 69
プラトン (Plato) 146
フリードランダー (Friedlander) 221

プリチャード (Pritchard) 148, 225
ブリルハート (Brillhart) 144
フルウィッツ (Hurwitz)
.... 67, 68, 73, 173
ブルース (Bruce) 115
フルマンスキー (Furmanski) 50
ブルン (Brun) 123, 140, 283, 300
ブルンドン (Blundon) 306
ブレッスー (Bressoud) 26, 29, 195
フレニクル (Frénicle) 60, 106, 171
ブレント (Brent) 220
ブロードハースト (Broadhurst)
.... 226, 258, 259, 292
プロクルス (Proclus) 149
プロス (Proth) 161, 173

———— ヘ ————

ペアノ (Peano) 125
ベイ (Bay) 220
ベイトマン (Bateman) 77, 191, 212
ベイラー (Beiler) 224
ヘイワース (Haworth) 162
ベーカー (Baker) 22, 131
ベッカー (Becker) 88
ベニオン (Bennion) 88
ペパン (Pepin) 60, 172
ベリンジャ (Ballinger) 91, 92
ペル (Pell) 154
ベルトラン (Bertrand) 140
ベルヌーイ (Bernoulli) 64, 139
ペンローズ (Penrose) 93

———— ホ ————

ホイヤー (Heuer) 201, 258
ポーター (Porter) 167
ボーホ (Borho) 208
ホーン (Horn) 191
ボスマ (Bosma) 187
ポックリントン (Pocklington) 33

ホネーカー (Honaker) 190
ホハイゼル (Hoheisel) 21
ポメランス (Pomerance)
.... 30, 42, 45, 46, 79, 186
ポラード (Pollard) 48
ホルクロフト (Holcroft) 88
ボレビッチ (Borevich).............. 126
ボロズキン (Borodzkin) 123, 193
ボロノイ (Voronoi)................. 179

──── マ ────

マーティン (Martin) 219
マクグローガン (McGrogan)........ 162
マクダニエル (McDaniel)........... 178
マシアス (Massias) 8
マチャシェヴィッツ (Matijasevic)... 169
マルコフ (Marcov) 179
マルタン (Martin).................. 223

──── ミ ────

ミード (Mead) 199
ミゾニ (Mizony) 306
ミネク (Mináč) 129
ミハイレスク (Mihailescu)
.... 42, 141, 255–258
ミラー (Miller)............... 6, 66, 68
ミリマノフ (Mirimanoff) 154, 180
ミルズ (Mills) 117, 118, 172

──── メ ────

メイセル (Meissel) 5, 6
メイヤー (Mayer) 101
メルセンヌ (Mersenne)
.. 60, 63, 70, 77, 154, 162, 169–171,
192, 237, 268
メルテンス (Mertens) 171

──── モ ────

モーリン (Mollin) 196
モラン (Morain)............... 44, 223
モラン (Moran) 225
モリソン (Morrison)................. 39
モンゴメリー (Montgomery) 49, 50

──── ヤ ────

ヤコビ (Jacobi) 165
ヤコブ (Jacob) 236
ヤンブリコス (Iamblichus).......... 236

──── ユ ────

ユークリッド (Euclid)
.... 3, 13, 55, 60, 61, 103–105, 111,
125, 126, 149, 150, 170, 192, 204,
205, 216, 219

──── ラ ────

ライト (Wright) 11, 124, 129
ライプニッツ (Leibniz)
.... 60, 63, 106, 156
ラガリア (Lagarias) 6
ラグランジュ (Lagrange)
.... 113, 178, 284
ラメ (Lamé) 167
ラル (Lal) 306
ラングロワ (Langlois) 29
ランダウ (Landau) 238
ランドリー (Landry) 60, 64, 65, 160
ランドル (Landor) 306

──── リ ────

リーゼル (Riesel)
... 26, 29, 67, 68, 73, 175, 177, 195

人名索引 (50 音順)

リーマン (Riemann)
　............ 11, 120, 121, 174, 175
リグラス (Lygros).................. 306
リッチ (Ricci)...................... 22
リトルウッド (Littlewood)
　... 11, 163, 167, 193, 225, 230, 231,
　233, 238, 299
リニック (Linnik).................. 168
リバット (Rivat).................... 6
リヒシュティン (Richstein)
　................. 122, 154, 164, 300
リベスト (Rivest)............. 175, 176
リベンボイム (Ribenboim)
　............. 79, 103, 104, 128, 283
リュカ (Lucas)
　.. 28, 32, 38, 60, 65, 70, 73–75, 78,
　114, 157, 171, 218

―――― ル ――――

ルーク (Luke)..................... 268
ルービンシュタイン (Rubinstein)... 204
ルジャンドル (Legendre)
　................. 10, 178, 219, 283
ルフ (Looff)....................... 64
ルメリ (Rumely).............. 42, 186

―――― レ ――――

レーマー (Lehmer)
　... 5, 6, 27, 32, 37, 60, 65, 74, 114,
　194, 219

レオナルド (Leonardo)............. 157
レジウス (Regius).................. 70
レック (Lec)...................... 164
レンストラ (Lenstra).... 42, 50, 79, 186
レンチ (Wrench)......... 231, 283, 299

―――― ロ ――――

ロールバッハ (Rohrbach)............ 20
ロバーバル (Roberval)............. 153
ロバン (Robin)...................... 8
ロビンソン (Robinson)
　.......... 66, 68, 73, 131, 142, 280

―――― ワ ――――

ワーリング (Waring).......... 107, 181
ワイス (Weis)...................... 20
ワイスタイン (Weisstein)...... 212, 237
ワイルズ (Wiles)
　.... 27, 56, 106, 139, 154, 156, 178,
　180, 238, 283
ワグスタッフ (Wagstaff)
　........ 30, 77, 79, 80, 85, 212, 213
ワダ (Wada)...................... 169
ワン (Wang)................. 123, 193

編訳者 SOJIN メンバー紹介

田中裕一（たなか ゆういち）
1981年 東京大学大学院工学系研究科中退
現　在 アルティスリサーチ

成田良一（なりた りょういち）
1986年 東京大学大学院理学系研究科相関理化学専攻 博士課程中退
現　在 東邦学園短期大学経営情報科・教授

泉谷益弘（いずみや ますひろ）
1982年 東京大学大学院理学系研究科相関理化学専攻 修士課程修了
現　在 矢島塾

茂垣眞人（もがき まさと）
1982年 東京大学大学院理学系研究科相関理化学専攻 修士課程修了
現　在 (株)日立製作所

鈴木真理子（すずき まりこ）
1982年 東京大学大学院理学系研究科相関理化学専攻 修士課程修了
現　在 TIS(株)

素数大百科

2004年 2 月29日 初版 1 刷発行
2004年 6 月 5 日 初版 2 刷発行

編訳者　田中裕一，成田良一，泉谷益弘
　　　　茂垣眞人，鈴木真理子　©2004

発行者　南條光章

発行所　共立出版株式会社
東京都文京区小日向 4-6-19
電話 03-3947-2511（代表）
郵便番号 112-8700／振替口座 00110-2-57035
URL http://www.kyoritsu-pub.co.jp/

印　刷　壮光舎印刷
製　本　中條製本

検印廃止
NDC 412

ISBN 4-320-01759-5　　Printed in Japan

社団法人 自然科学書協会 会員

■数学関連書

http://www.kyoritsu-pub.co.jp/　共立出版

数学小辞典	矢野健太郎編
数学 英和・和英辞典	小松勇作編
共立 数学公式 附函数表 改訂増補	泉 信一他編
数学公式集 (共立全書138)	小林幹雄編
数(すう)の単語帖	飯島徹穂編著
数はどこから来たのか	斎藤 憲訳
クライン：19世紀の数学	彌永昌吉監修
復刻版 カジョリ 初等数学史	小倉金之助補訳
復刻版 ギリシア数学史	平田 寛他訳
復刻版 近世数学史談・数学雑談	高木貞治著
大学新入生のための数学入門	石村園子著
やさしく学べる基礎数学	石村園子著
Excelで学ぶ基礎数学	作花一志他著
高校数学から理解して使える経営ビジネス数学	芳沢光雄著
線形数学Ⅰ・Ⅱ (共立数学講座3・4)	入江昭二著
クイックマスター線形代数 改訂版	小寺平治著
テキスト線形代数	小寺平治著
明解演習線形代数	小寺平治著
やさしく学べる線形代数	石村園子著
線形代数の基礎	川原雄作他著
詳解 線形代数の基礎	川原雄作他著
理工系の線形代数入門	阪井 章著
理工・システム系の線形代数	阿部剛久他著
詳解 線形代数演習	鈴木七緒他編
統計解析のための線形代数	三野大來著
線形代数Ⅰ・Ⅱ	村上信吾監修
行列と連立一次方程式	泉屋周一他著
線形写像と固有値	石川剛郎他著
代数学の基本定理	新妻 弘他訳
代数学講義 改訂新版	高木貞治著
群・環・体 入門	新妻 弘他著
演習 群・環・体 入門	新妻 弘著
リー群論	杉浦光夫著
可積分系の世界	高崎金久著
カー・ブラックホールの幾何学	井川俊彦訳
コマの幾何学	高崎金久訳
差分と超離散	広田良吾他著
やさしい幾何学問題ゼミナール	前原 濶他著
素数の世界 第2版	吾郷孝視編著
ユークリッド原論 縮刷版	中村幸四郎他訳・解説
NURBS 第2版	原 孝成他訳
基準課程 図 学	井野 智他著
理工系 図 学	関谷 壮他著
直観トポロジー	前原 濶他著
応用特異点論	泉屋周一他著
数論入門講義	織田 進訳
初等整数論講義 第2版	高木貞治著
基礎 微分積分	後藤憲一他編
明解演習微分積分	小寺平治著
クイックマスター微分積分	小寺平治著
やさしく学べる微分積分	石村園子著
工学・理学を学ぶための微分積分学	三好哲彦他著
はじめて学ぶ微分積分演習	丸本嘉彦他著
理工系の微分積分入門	阪井 章著
わかって使える微分・積分	竹之内 脩監修
詳解 微分積分演習Ⅰ・Ⅱ	福田安蔵他編
微分積分学Ⅰ・Ⅱ	宮島静雄著
演習 解析Ⅰ・Ⅱ・Ⅲ	鈴木義也他著
解析学Ⅰ・Ⅱ	宮岡悦良他著
ウェーブレット解析	芦野隆一他著
Advancedベクトル解析	立花俊一他著
超幾何・合流型超幾何微分方程式	西本敏彦著
詳解 微分方程式演習	福田安蔵他編
ポントリャーギン常微分方程式 新版	千葉克裕訳
わかりやすい微分方程式	渡辺昌昭著
微分方程式	剱持勝衛他著
使える数学フーリエ・ラプラス変換	楠田 信他著
MATLABによる微分方程式とラプラス変換	芦野隆一他著
Q&A 数学基礎論入門	久馬栄道著
数学の基礎体力をつけるためのろんりの練習帳	中内伸光著
はじめての確率論測度から確率へ	佐藤 坦著
詳解 確率と統計演習	鈴木七緒他編
数理計画法 —最適化の手法—	一森哲男著
新装版 ゲーム理論入門	鈴木光男著
Excelによる数値計算法	趙 華安著
数値計算の常識	伊理正夫他著
Mathematicaによる数値計算	玄 光男他訳
数値解析 第2版 (共立数学講座12)	森 正武著
応用システム数学	伊理正夫他著
これなら分かる応用数学教室	金谷健一著
逆問題の数学	堤 正義著
Mathematicaによる工科系数学	下地貞夫他著
はやわかりMathematica 第2版	榊原 進著
はやわかりMaple	赤間世紀著
はやわかりMATLAB	芦野隆一他著
Windows版 統計解析ハンドブック 基礎統計	田中 豊他編
Windows版 統計解析ハンドブック 多変量解析	田中 豊他編
Windows版 統計解析ハンドブック ノンパラメトリック法	田中 豊他編

■数学関連書（代数・解析・幾何学）

http://www.kyoritsu-pub.co.jp/　共立出版

大学新入生のための数学入門	石村園子著
やさしく学べる基礎数学 −線形代数・微分積分−	石村園子著
理工科系一般教育代数・幾何教科書	占部　実他編
テキスト線形代数	小寺平治著
演習 線形代数	大野芳希代著
概説 線形代数	大野芳希代著
基礎 線形代数	後藤憲一編
クイックマスター線形代数 改訂版	小寺平治著
詳解 線形代数演習	鈴木七緒編
詳解 線形代数の基礎	川原雄作著
線形代数 I・II	村上信吾監修
線形代数教科書	佐久間元敬他編
線形代数の基礎	川原雄作著
TEXT線形代数	黒木哲徳他著
統計解析のための線形代数	三野大寿著
入門 線形代数	永田幸令他著
明解演習 線形代数	小寺平治著
やさしく学べる線形代数	石村園子著
4次元世界の線形代数	丹羽敏雄著
理工科系一般教育線形代数	荒木 淳著
理工系の線形代数入門	阪井　章著
理工・システム系の線形代数	阿部剛久他著
経営情報学のための線形代数	石原辰雄編著
行列と連立一次方程式	泉屋周一他著
線形写像と固有値	石川剛郎他著
楽しい反復法	仁木　滉他著
代数学の基本定理	新妻 弘他訳
代数学講義 改訂新版	高木貞治著
群・環・体 入門	新妻 弘他著
演習 群・環・体入門	新妻 弘著
リー群論	杉浦光夫著
可積分系の世界	高崎金久著
幾何学講義	三村　護訳
幾何学的測度論	儀我美一監訳
幾何学の散歩道	P.Frankl他著
コマの幾何学	高崎金久訳
カー・ブラックホールの幾何学	井川俊彦訳
フェルマーの最終定理 −13講 第2版−	吾郷博範訳
やさしい幾何学問題ゼミナール	P.Frankl他著
素数の世界 第2版	吾郷孝　訳編
ユークリッド原論 縮刷版	中村幸四郎他訳・解説
NURBS 第2版	原　孝成他訳
解析幾何学	本部　均著
微分幾何学とトポロジー	本部 均他訳
基準課程 図学	井野 智他著
要説 図 学	田中政夫著
理工 図 学	関谷 壮他著
直観トポロジー	前原 濶著
応用特異点論	泉屋周一他著
集合・位相・距離	梅垣壽春他著
数論入門講義	織田 進訳
初等整数論講義 第2版	高木貞治著
基礎 数学 −微分積分−	小島政利他著
基礎 微分積分	後藤憲一他著
クイックマスター微分積分	小寺平治著
工学・理学を学ぶための微分積分学	三好哲彦他著
大学教養わかりやすい微分積分	渡辺昌昭著
はじめて学ぶ微分積分演習	丸本嘉彦他著
微分積分エッセンシアル	大平武司他著
微分積分学	小林幹雄著
明解演習 微分積分	小寺平治著
やさしく学べる微分積分	石村園子著
理工系の微積分入門	阪井　章著
理工科系一般教育微分・積分教科書	占部　実他編
理工科系わかりやすい微分積分	渡辺昌昭著
わかって使える微分・積分	竹之内 脩監修
はじめて学ぶ微分	丸本嘉彦他著
詳解 微積分演習 I・II	福田安蔵他編
新課程 微積分	石原 繁他著
微積分学	中島日出雄他著
例題による微積分	土屋 進著
はじめて学ぶ積分	丸本嘉彦他著
微分積分学 I・II	宮島静雄著
演習 解析I −微分− II −積分− III −級数−	鈴木義也他著
解析 I −微分−	鈴木 斉他著
解析 II −積分−	鈴木義也他著
解析 III −級数−	高橋豊文他著
解析学 I・II	宮岡悦良他著
級数	井上純治他著
微分方程式	嶺持勝衛他著
ウェーブレット解析	芦野隆一他著
応用解析学	廣池和利他著
応用解析学概論	明石重男他著
応用解析入門	阪井　章著
応用解析 −微分方程式−	阪井　章著
応用解析 −複素解析／フーリエ解析−	阪井　章著
応用数学の基礎 第6版	久保忠雄訳
Advancedベクトル解析	立花俊一他著
使える数学ベクトル解析	平居孝之他著
複素関数概説	黒田 正著
超幾何・合流型超幾何微分方程式	西本敏彦著
測度・積分・確率	梅垣壽春他著
詳解 微分方程式演習	福田安蔵他著
新課程 微分方程式	石原 繁他著
解いて分って使える微分方程式	土岐 博著
わかりやすい微分方程式	渡辺昌昭著
ポントリャーギン常微分方程式 新版	千葉克裕訳
微分方程式と変分法	高桑昇一郎著

■数学（確率論・統計学）

http://www.kyoritsu-pub.co.jp/　共立出版

入門 統計学	橋本智雄著
基礎課程 統計学	橋本智雄著
医学・薬学・生物学のための統計処理	西村昂三編
基礎数学 統計学通論 第2版	北川敏男他著
経済・経営 統計入門	稲葉三男他著
経済・商系 基礎統計	稲葉三男他著
社会科学系学生のための統計学	佐々木正文著
社会統計学概説	細野助博著
情報量統計学 (情報科学講座A・5・4)	坂元慶行他著
知の統計学1 第2版	福井幸男著
知の統計学2	福井幸男著
知の統計学3	福井幸男著
統計学への入門	長尾壽夫著
統計学概論	岡田泰栄著
統計学入門	稲葉三男著
統計学へのステップ	長畑秀和著
統計モデル入門	田中 豊他訳
パソコンでわかる統計的手法入門	田中善喜著
パソコン統計学入門	丘本 正著
ビギナーのための統計学	渡邊宗孝他著
メディカル/コ・メディカルの統計学	仮谷太一他著
Excelによるメディカル/コ・メディカル統計入門	勝野恵子他著
やってみよう統計	野田一雄他著
Excelによる統計クイックリファレンス	井川俊彦著
理工・医歯薬系の統計学要論 増補版	久保忠助監修
演習 数理統計	鈴木義也他著
概説 数理統計	鈴木義也他編著
数理統計学の基礎	野田一雄著
入門・演習 数理統計	野田一雄著
明解演習 数理統計	小寺平治著
経済モデルの推定と検定 (応用統計数学シリーズ)	森棟公夫著
信頼性モデルの統計解析 (応用統計数学シリーズ)	真壁 肇他著
多変量推測統計の基礎 (応用統計数学シリーズ)	竹村彰通著
多変量解析へのステップ	長畑秀和著
ホントにわかる多変量解析	長谷川勝也著
Windowsで楽しむ統計	前田功雄編著
Excelで学ぶやさしい統計処理のテクニック	三和義秀著
Excel統計解析フォーム集	長谷川勝也著
サイコロとExcelで体感する統計解析	石川幹人著
統計解析環境XploRe	垂水共之監訳
統計解析入門	白旗慎吾著
Lisp-Statによる統計解析入門	垂水共之著
Windows版 統計解析ハンドブック 基礎統計	田中 豊他編
Windows版 統計解析ハンドブック 多変量解析	田中 豊他編
Windows版 統計解析ハンドブック ノンパラメトリック法	田中 豊他編
新しい誤差論	吉澤康和著
データ分析のための統計入門	岡太彬訓編著
データマイニング	山本英子他訳
データマイニング事例集	上田太一郎著
データマイニング実践集	上田太一郎著
データマイニングの極意	上田太一郎編著
情報処理技術者必携 統計・OR入門	黒澤和人著
数理計画法 最適化の手法	一森哲男著
数理計画法入門	馬場則夫他著
数理計画法の基礎	仁木 滉訳
新装版 ゲーム理論入門	鈴木光男著
Excelによる数値計算法	趙 華安著
数値計算の常識	伊理正夫他著
Mathematicaによる数値計算	玄 光男他訳
初等数値解析 (共立全書548)	村上温夫訳
数値解析とシミュレーション (共立全書211)	戸川隼人著
確率論	熊谷 隆著
はじめての確率論 測度から確率へ	佐藤 坦著
使える数学 確率・統計入門	平居孝之他著
例題で学ぶ技術者の確率統計学	岡田憲夫他著
詳解 確率と統計演習	鈴木七緒他編
ORへのステップ	長畑秀和著
オペレーションズ・リサーチ入門	河原 靖著
オペレーションズ・リサーチ 経営科学入門	岡太彬訓他著
オペレーションズ・リサーチ モデル化と最適化	大鹿 譲他著
組合せ論入門	樹下眞一著
入門 組合せ論	秋山 仁他翻案
組合せ数学入門Ⅰ・Ⅱ (共立全書541・542)	伊理正夫他訳
Sと統計モデル	柴田里程訳
品質管理のための統計的方法	安藤貞一他著
技術者のための統計的品質管理入門	安藤貞一他著
「ザ・SQCメソッド」による統計的方法の実践Ⅰ	安藤貞一監修
「ザ・SQCメソッド」による統計的方法の実践Ⅱ	安藤貞一監修